21

外国美学

International Aesthetics

中国社会科学院文学研究所文学理论研究室
中华美学学会外国美学学术委员会 编

江蘇教育出版社

图书在版编目(CIP)数据

外国美学．第二十一辑／汝信主编．—南京：江苏教育出版社，2013.10
ISBN 978-7-5499-3222-1

Ⅰ.①外…　Ⅱ.①汝…　Ⅲ.①美学—国外—丛刊
Ⅳ.①B83-55

中国版本图书馆CIP数据核字(2013)第174838号

书　　名	《外国美学》第二十一辑
主　　编	汝　信
责任编辑	周敬芝
出版发行	凤凰出版传媒股份有限公司 江苏教育出版社(南京市湖南路1号A楼　邮编210009)
苏教网址	http://www.1088.com.cn
照　　排	南京前锦排版服务有限公司
印　　刷	镇江中山印务有限公司(电话0511—86917816　86917818)
厂　　址	丹阳市朝阳路1-3号
开　　本	787毫米×1092毫米　1/16
印　　张	24
版　　次	2013年10月第1版　2013年10月第1次印刷
书　　号	ISBN　978-7-5499-3222-1
定　　价	50.00元
网店地址	http://jsfhjy.taobao.com
新浪微博	http://e.weibo.com/jsfhjy
盗版举报	025-83658579

目　录

Contents

城 市 美 学

城市漫步的美学[①]

［德］ 海因兹·佩茨沃德 邓文华 译

在这一讲演中，我想集中探讨一种突出的都市现象，所侧重的是“都市”两字。这一现象在现代都市文化理论中占有举足轻重的地位。“城市漫步”(city strolling)所指涉的是我们穿越城市时的行走方式。它常被仅仅理解成某种视觉系统的霸权。但是，这种理解是片面的。我将表明，城市漫步与城市某处景观的氛围的身体体验，有着同样密切的关系。

在拙文中，我将首先对城市漫步追根溯源（第一节），然后对这一现象本身进行现象学意义上的描述（第二节）。随后，对城市漫步进行简短粗略的谱系学介绍（第三节），并由此引出都市规划的一些概念（第四节）。此后，我将明确文章的论题，即：城市漫步之目的，尤其是为了探索城市的氛围（第五至七节）。文章的最后，我将探讨米歇尔·德塞都(Michel de Certeau)的“散步修辞学”(rhetoric of walking)（第八节），并通过我的一些结论，引出一种与城市漫步紧密相连的现象，这一现象在当代关于都市文化的讨论中已然发展成为一种潮流，它就是：街头艺术（第九至十节）。

一

“城市漫步”是法语词汇 *flanerie* 最恰当的翻译。毫无疑问，城市漫步是现代都市文化最为显著的特征之一。其起源于 19 世纪的巴

---

① 海因兹·佩茨沃德，前国际美学协会会长，德国卡塞尔大学教授。此文是他 2012 年 5 月在江苏徐州“美学与艺术：传统与当代”国际学术研讨会上的发言稿。作者于同年 6 月 9 日不幸去世。本刊特译此文以示纪念。——编者。

黎，从1830年革命，至50和60年代百货大楼纷纷拔地而起，以及乔治·欧仁·奥斯曼男爵(Baron Georges Eugene de Haussmann, 1809－1891)大兴土木修建林荫大道而达到了最早的巅峰。在它的首个鼎盛时期，城市漫步与拱廊街(arcade)的兴建有着密切的关系。

作为一种建筑形式，拱廊乃是一种通道，将宽阔的、彼此相隔不太远的街道连接了起来。这些通道建有商店，摆设着琳琅满目的奢侈商品。拱廊街与城市的结构浑然天成，为穿越城市的行人提供了捷径。从严格意义上说，拱廊街应被定义为各街区之间的一种玻璃盖顶的通道。事实上，拱廊街是私人用地上空的公共空间，而且只供行人使用。1799年至1830年，巴黎共建成了19条拱廊街。至1855年，又修建了7条。[①]

虽然作为狭义上的*flanerie*的城市漫步起源于巴黎并且在拱廊街这里得到最初的表现，但是，城市漫步这一现象可以超出这具体的场所。

二

在这里，一个必须提出的问题是：什么是城市漫步？为此，我给出了一个现象学意义上的描述。城市漫步是现代性的大城市之迷宫中一种漫无目的的、随波漂流的游荡。通常情况下，城市漫步始于城市中简单的逗留或闲逛。不同于当下时兴的慢跑、举棋不定的闲荡或者商店购物，城市漫步是一种特殊的散步行为。我们迈动双脚的重复动作和节奏，令我们的步伐充满了自信。然而，如果有人前弓着腰，上下挥动其臂，心急如焚地赶路搭乘火车、公共汽车或电车，那么，他就不是在漫步。

城市漫步的一个悖论是：它具有很强的目的性，同时却融入一种无目的地通往某个地点的结构当中。从某种特定意义上讲，漫步并没有目标。放任自己，让都市的人群推动着自己前行，这就是漫步的一个令人无比畅怀的特征。摆动的步伐，奏响了一种稳定的节奏。一旦

① David Frisby: The *flaneur* in social theory. In: *The Flaneur*. Edited by Keith Tester. London and New York: Routledge 1994, pp. 81－110; here: pp. 84－85. 比较：Johann Friedrich Geist: *Passagen: Ein Bautyp des 19. Jahrhunderts*. München: Pestel 1982, p. 12.

达到这种基本上无意图的状态，意向性——更详尽的、更有目的性的观察——就能够发挥其作用了。倾斜的台阶、陡峭的街道或设红绿灯的十字路口，都是城市漫步的障碍物。它们仿佛就是刹车，因为我们在过陡坡或者红绿灯时必须集中注意力于我们的步伐上。如果楼梯的升降是自动化的，比如像我们自己的公寓或办公室中的那样，那么，我们就不能再讨论漫步了。

城市漫步的乐趣之一，在于“诗化”(poeticizing)我们的所见所闻。我们展开想象力。我们尝试为周围瞬息万变的现象赋予意义。比方说，在城市的滨水地段，我们观赏潮起潮落的美景。在人行道，我们转而欣赏商店的橱窗，或者瞅瞅那些与我们擦肩而过的行人。在她的《美国大城市的死与生》(*Death and Life of Great American Cities*, 1961)这部名著中，美国都市学家简·雅各布斯(Jane Jacobs)曾把人行道的人生中所发生的种种出其不意的动作和变化称为“城市的艺术形式”，并将其比作“舞蹈”。她说，这是一种“精妙的芭蕾舞”；“好城市的人行道芭蕾”，就在我们的眼皮底下上演着。①

尤其是亚洲城市，如首尔，夜雾下，我们惬意地欣赏都市风景的一个结构元素：灯光夜景，此外还有教堂的红十字标志，商店橱窗和摩天大厦闪烁的霓虹灯，等等。白南准(Nam Jun Paik)这样的艺术家，长大成名在首尔，绝非偶然。虽然我刚才从视觉方面对“诗化”活动作了说明，但在散步时，我们同样体验到了气味和声音。作曲家们，如约翰·凯奇(John Cage)、史蒂夫·赖克(Steve Reich)和汉斯·维尔纳·亨策(Hans Werner Henze)，尤其利用了都市生活的噪音和节奏。赖克的作品《城市生活》(*City Life*, 1995)证明了我之所言。威廉·福赛斯(William Forsyte)编排的舞蹈作品 Alie/na(c)tion (1992)，描述了现代大都市的人们在行走和聆听炙手可热的政治领袖或精神领袖的讲话时所流露出来的焦虑和迷惘。这样，城市(如纽约)的声音进入了一种秩序、一种旋律，并不断重复，逐步增强。在穿过城市的漫步中，我们对房屋的形状及其对于广场或公园的关系进行了综合。我们听到了有轨电车的哐啷声和嘎吱声，这些声音构成了我们本人在都市空间中所处位置的背景。城市漫步与禅宗的散步截然不同，因为城市

---

① Jane Jacobs: *The Death and Life of Great American Cities*. New York: Vintage Books 1961, p. 50.

漫步缺少对于内心世界的凝神关注。城市漫步关注的是周围的世界，当然，周围的世界与作为漫步者的我，处于一种互动的关系。

这种持续性的诗化活动是如何形成的呢？我认为，恩斯特·卡西尔（Ernst Cassirer）的“符号的充盈”（symbolic pregnance）概念有助于理解这一问题。卡西尔对“符号的充盈”界定如下：“所谓符号的充盈，指知觉在作为感性经验的同时，也包含了某种非直觉性的意义，它直接地、具体地表征了这层意义。”[①]诚如卡西尔所解释的那样，符号之充盈，并不在于自上而下地赋予感官素材以某种象征性意义，它所生产的是一种“特殊的总体性意义”。符号的表述由知觉自身所承担。简言之，“符号的充盈”所指涉的，是所有进一步发展的符号活动的开端。它是一种原初意义，适宜进行符号上的澄清和提炼。史蒂夫·赖克就是利用了城市的噪音，并赋予了它们某种意义结构。

必须强调的是，城市漫步的主体不是群体，而是个体。[②] 不同于星期天下午成双成对的饭后散步，也不同于晚上逛街或者在意大利或克罗地亚的考索大街购物的群体性事件，城市漫步迄今仍是孤独行者的活动。在陌生的城市，两个人结伴漫步，会事半功倍，因为两人会完全沉浸于所看、所听和所闻，以便把握此地的氛围、建筑景观以及街道和广场上人群的行为举止。

毋庸置疑，街道和广场上交通灯的变换节奏影响城市漫步的模式。每一个城市都有其节奏，在调控人们的日常生活。纽约的节奏不同于巴黎、新加坡、上海、北京、东京或罗马。罗马城里，忙乱一片，而纽约川流不息的人群，宛如熔岩翻滚向前。在新加坡，城市漫步是轻松惬意、悠然自得和舒缓有度的。在东京和北京，城市漫步颇似纽约城里滔滔人群奔流向前，但较之后者，其特殊性尤甚。这是因为，在这两个城市中，存在一些具有特殊内涵的城区，比如与上野大相径庭的

---

① Ernst Cassirer: *The Philosophy of Symbolic Forms*. Volume 3: *The Phenomenology of Knowledge*. Translated by Ralph Manheim. Introductory note by Charles W. Hendel. New Haven and London: Yale University Press 1957, p. 202. (German original 1929).

② 一位当代的社会学家写道：“Flanerie 是‘一’的社会性，其强调并保存个体的分离性。”他进而指出 19 世纪 flanerie 的文化和社会语境，说：“它是普遍化的、民主化的个体主义的一种社会实践，这在 19 世纪欧洲，是一个新生事物。它表现了对于匿名和审慎的迷恋，这种迷恋在中产阶级对于公众谦卑的重视中，也得到了体现。”参阅：Rob Shields: Fancy Footwork: Walter Benjamin's notes on *flanerie*. In: *The Flaneur*. Edited by Keith Tester, pp. 81 - 110; here: pp. 84 - 85.

银座，与天安门周边绝然异样的后海。一般情况下，虽然城市的节奏随不同城区而改变，整个城市的总低音却没有因此而消逝。

三

如我所言，城市漫步缺乏对于内心世界的凝神关注。相反，它总是将注意力引向社会世界的氛围转换和建筑景观。因此，正如弗兰茨·黑塞尔(Franz Hessel)所体验和描述的那样，城市漫步可以采取"在人群里洗浴"(a bathe in the crowd)的形式。对他者的观察以及自我的被看，在愉悦的边界上进行着，但或许，仅仅是在边界上而已。散步的驱动力要求持续性地行进。因此，与弗兰茨·黑塞尔相反，瓦尔特·本雅明(Walter Benjamin)将他本人的漫步描述为一种被迫的行为(being compelled)，甚或是一种受本能驱动的行为(being driven)。弗吉尼亚·伍尔夫(Virginia Woolf)为城市漫步者归结出了一种能力，即忘记自己既定的"身份"，从而融入到民主的、无名的城市游荡者中去。人群中的洗浴、本能的驱使、自我身份的转换等等，所有这些都是现代性大都市中漫步的显著特征。虽然这些特征也许相互冲突，但铭记这些方面，是很重要的。在此，我想补充我个人对于城市漫步的体验。它是一种捕捉万变瞬息的方式。它是一种转向波德莱尔意义上的"现时"的关注。它揭示了"现时"，在查尔斯·波德莱尔(Charles Baudelaire)看来，"现时"就是现代都市之美的一个组成部分。我们一旦漫步，就要实现我们对于怪异的、新奇的、时尚的以及神秘事物的欲望。我们的好奇心受到挑战，从而一而再、再而三地迸发出来。

在城市中漫步，不仅仅是在城市中行走，它还意味着无休止的散步，以及对于商店陈列柜中所展览之珍品的凝神关注。城市漫步所关注的是街道和广场上的都市景观的氛围。它也不仅仅是一种散步和观察的实践活动，而且还是一种理论探索和写作的方式。它是一种文化活动。证明这一点的，不仅有本雅明、黑塞尔、西格弗里德·克拉考尔(Siegfried Kracauer)和弗吉尼亚·伍尔夫等人，还有罗伯特·E. 帕克(Robert E. Park)。帕克在20世纪20年代成为芝加哥学派都市研究的奠基人，而且还是一个充满激情的漫步者。他在城市各场所和不同的社会环境之间穿梭漫步，为的是能够理解和把握不同的都市生活世界。在某种程度上，我们可以争辩说，欧洲人的 *flaneur* 纠缠于一种要对当代的城市和历史上的先行者进行比较的念想，而芝加哥学派的美国式 *flaneur* 则相反，它更直接地放眼于当下。

城市漫步绝非过眼云烟。在当代诗人当中，不乏城市漫步的辩护者，如《纽约巨人》(*The Colossus of New York*，2003)的作者科尔森·怀特海(Colson Whitehead)、策斯·诺特博姆(Cees Noteboom)、埃里克·德库伊佩(Eric de Kuyper)和杜库拉夫卡·乌戈雷西克(Dubravka Ugresic)等。此外，莫里斯·梅洛-庞蒂(Maurice Merleau-Ponty)、齐格蒙特·鲍曼(Zygmunt Bauman)或米歇尔·德塞都，都是这方面的理论家。齐格蒙特·鲍曼对后现代漫步者进行了分析，将其与流浪、赌博、旅游之类的后现代生活方式以及与陌生人邂逅相遇的后现代境况联系了起来。陌生人似乎有股神秘的力量，能发出热切的或危险的邀请，一起去寻求更强烈的快感。与亨宁·贝赫(Henning Bech)一样，鲍曼强调了人群中行走的爱欲—审美特质(erotic-aesthetic qualities)。可以说，它是对于肌肤之亲的殷切期盼。[①]

四

毫无疑问，城市漫步的文化是现代都市文化的显著特征之一。都市生活美学必须包含这一文化，将其作为一个重要的组成部分。进而言之，这种美学必须将注意力集中在现代城市的结构布局之上。住房、百货商店、写字楼和博物馆的建筑风格，以及街道和广场、地铁线路和公园、购物中心和剧院之间的关系，都是举足轻重的。

在西方世界，都市学(urbanism)作为一门把城市规划作为关注点的现代学科，滥觞于阿尔达方索·塞达(Ildefonso Cerda)的《城市化总纲》(*Teoria General de Urbanizacion*，1867)。塞达为巴塞罗那提出了新的设计方案，并对城市设计的理论予以了反思。卡米诺·西特(Camillo Sitte)在《基于艺术原则之上的城市规划》(*City Planning According to Artistic Principles*，1889)一书中，复归中世纪和文艺复

---

① Zygmund Bauman: *Life in Fragments*. Essays in Postmodern Morality. Oxford U. K. & Cambridge USA: Blackwell 1995, pp. 72 - 138.

兴时期的城市设计理念。埃比尼泽·霍华德(Ebenezer Howard)的《通往真正改革的和平之路》(*A Peaceful Path to Real Reform*, 1899),提出了"花园城市"的理念。当然,勒·柯布西耶的《都市学》(*Urbanisme*, 1925),则由于功能主义的都市设计概念而备受称道。上述著作,都是西方都市学研究中的里程碑。然而,功能主义的影响力是全球性的。都市学既是一种理论话语,又是一种为都市环境赋形的实践活动。

自20世纪60年代,我们注意到勒·柯布西耶的功能主义的都市设计受到了猛烈的批评。批评者为了都市文化而要求恢复街道上的人行道,并为都市区域的混合使用作出辩护。简·雅各布斯的《美国大城市的死与生》(1961)一书就表达了这样的意思。科林·罗(Colin Rowe)和弗瑞德·科特(Fred Koetter)在《拼贴的城市》(*Collage City*, 1978)一书中倡导的观点是,一位都市建筑师更像"杂活匠"(bricoleur),而不是像技术人员。他必须熟识某个特定城市的政治和审美文化,而且通常只设计都市环境的局部,而非全部。城市设计之所以与拼贴物异曲同工,是因为它必须整合各种绝然迥异的元素。

近年来的著名都市学家有阿尔多·罗西(Aldo Rossi)、雷姆·科尔哈斯(Rem Koolhaas)、威廉·利姆(William S. W. Lim)等。然而,真正的、公认的后功能主义都市设计,却仍然刚刚起步。

五

在前文某处,我说过,通过漫步而体验都市环境,可以形成某种特殊的审美经验,即对于城市氛围转换的经验。行走的节奏,影响到了对于氛围的意识。要确定整个城市的氛围,并非易事。因此,我更愿意将氛围与城市各个特定场所和位置联系起来:广场、街道、火车站、地铁站、市场、购物中心、江滨、湖畔或运河边上。

六

为了更加贴切地理解对于城市氛围的经验,我必须做出一个观念上的区分，这一区分在其他理论中大多缺乏充分的认识。我们必须区分通过加入和参与某一群体或某一小团体而体验到的氛围，以及在城市漫步时所体验到的氛围。我所体验的前一种氛围，源于人们在同一房间的聚会。从人们环顾左右和看着我的眼神，我解读这氛围是轻松的、沉重的或压抑的，抑或是轻快和温暖的。在这里，人与人之间的互动模式，似乎有了某种空间振感。最主要的是，房间里的人让氛围有了色调。当然，氛围的色调还来自墙壁上的颜料、家具、房间的大小以及音响效果等。

后一种氛围则属于都市的环境。在这里，楼房的建筑、街道设施和广场的设计、地面上的人行道、声学效果、(夜晚、黎明和正午时分的)灯光效果以及人们的各种活动，所有这些都是创造一个城市场所的氛围所需要的主要因素。我的孤独，或被人群包围的感觉，则是次要特征。

格诺特・伯梅(Gernot Böhme)对于"内移性"(ingression)和"相异性"(discrepancy)的区分，是另一层面上的。这一区分处理的是某种氛围的体验方式：比如说，我是否被聚集在一起的人们的欢乐气氛所打动，所感染。伯梅给这种情况贴上了"内移性"的标签。或者，我的脾性与周围的氛围格格不入，如果我心情忧伤，我对绚烂可爱之夏日的体验，则与内心感觉形成强烈反差。伯梅称之为"相异性"。①

对于都市场景的氛围特质的经验，与舞台戏剧的经验有着某些相似点。我会被眼前所发生的一切深深触动。我会与其保持一定的距离。广场的氛围在经验中可能是令人恐惧的，或广阔无垠的；它或是通道，或是寻常活动之场所，或是激发美感之地。② 地理学家已经证明，氛围特质的这种分类学，可以用来作为实证研究的基础。

七

我所要强调的是，对于都市场景的氛围的体验，是瞬间而成的。

---

① 参阅：Gernot Böhme：*Aisthetik. Vorlesungen über Ästhetik als allgemeine Wahrnehmungslehre*. München：Wilhelm Fink 2001. pp. 46 – 50.

② 参阅：Rainer Kazig："Typische Atmosphären städtischer Plätze，" in：Jürgen Hasse (ed.) *Die alte Stadt*, pp. 153 – 159.

它发生在解剖式的分析之前。氛围无须推理就控制了我们。我们先是体验了氛围，尔后再将注意力集中于场景的诸细节。氛围在经验中是单一的、完整的实体。城市漫步是人们意识到一个都市广场、都市江滨或火车站的氛围这一可能性的条件。我并不是先产生了杂乱无章的感觉，然后通过智识活动对其进行综合。相反，我先是对氛围产生了整体性的身体意识，然后才接着对诸细节进行分析。

城市的氛围不仅仅是由某个感官所揭示。相反，所有感官都参与了这一过程。或许，一个更好的表述是，所有感官都融为一体了。有时，气味被深深铭刻于记忆当中，正如前德意志民主共和国的城市中的火车站和建筑一样。就此而言，我们可以说，氛围几近于“联觉”(synesthesia)。

八

本节中，我将进入分析的最后一个环节。在今天，文化现象学都要运用哲学的语言学转向或符号转向。米歇尔·德赛都就借助罗兰·巴尔特对于“城市符号学”的直觉，对某一个重要领域进行了研究，而这一研究恰恰符合我这里的语境。德赛都的《城市里的散步》(“*The Walking in the City*”)一文①，对于城市漫步文化的现象学而言，具有方法论上的重要性。原因有二：

第一，德赛都对于建筑师和城市规划者的都市学的很多观点，并不能证明是一种内行的专家知识。他直接忽略了一点，即我们已经从现代都市学的奠基人阿尔达方索·塞达那里找到了城市符号学卓有成效的研究方法。塞达仔细地检查街道名称的魅力和诗意，以及城区的诗学，以便更充分地理解城市的发展进程。德赛都往往简单地将都市学等同于“功能主义”。然而，这确实也是一个富有成效的观念。德赛都将其“散步修辞学”理解为米歇尔·福柯关于“权力结构”的分析的“结果”或“对应物”。因此，功能主义的城市提供了一种权力结构，在其中，“散步修辞学”发挥着自己的作用，而这种权力结构则受到了

① De Certeau: *The Practice of Everyday Life*. Berkeley Los Angeles London: University of California Press 1984, pp. 91 - 110.

严峻的挑战、批驳和阻挠。[①] 从方法论的角度上看，德赛都调和了都市学的、建筑学的话语和都市社会学的、文化科学的话语。

第二，更重要的是，德赛都的方法使得人们对散步的现象学有了全新的理解。人们借助后结构主义理论的概念装置，对都市空间里的散步，以及（注意这点）在一种特殊的、可归属于具体的个人的动觉（kinesthetics）和字面意义上的迈步的身体风格下的散步，进行了分析和理论概括。[②] 散步的理解，具有了指号或符号理论的视角。在今天，任何的文化哲学都必须能够整合现象学和符号学两端。

让我们更仔细地检查德赛都的方法。对于德赛都而言，城市里散步的行为和方式，可在陈述话语中找到其对等物。每一个语言话语暗含语言作为一个系统而被加以接受和使用，即作为"语言"（langue）意义上的语言（费尔迪南·德·索绪尔）。相应地，每一个散步行为都预设着对于特定城市的地形系统的使用。不仅如此，每一个行人，都实现了一个场所、一个地点，正如每一个"言语行为"（塞尔）都暗含"语言"（langue）向"言语"（parole）的转换（索绪尔）。最后，言语行为的施事能力（illocutionary aspect），亦即言语行为的社会束缚力，可在地形位置之间的语用关系的构成中找到其对等物。因此，散步就是"语言表述的空间"（space of enunciation）。[③] 在此，所侧重的是"空间"的概念。

在散步的行为中，个体实现了都市地形各种具体的可能性——比如横跨广场，走后街而不是走主街——并赋予它们一个"表象"。然而，可以说，人们散步时也能创造出都市空间的新的可能性。当散步者绕道而行，或即兴踏上新的道路时，这种情况就发生了。在这些情况下，我们必须说的是，"空间性的能指"（spatial signifier）被转换成了字面意义之外的其他东西。[④]

德赛都富有成效的观念是，人们可以将城市的功能主义概念理解成一个具有固定的和限定性的"所指"（signified）的既定规范。实际上的"行人的散步"，可以解读为一个与功能主义的规范截然相反的"文体辞格"（stylistic figure）。由于其隐喻性，"文体辞格"超越了"所指"

---

① De Certeau：*The Practice of Everyday Life*，pp. 99，100；p. 96.

② *Ibid.*，p. 97.

③ *Ibid.*，pp. 97－98.

④ *Ibid.*，p. 98.

所包含的规范。换言之，人们的实际散步，在逗弄都市设计系统所预示的指涉规则，在其中造成了“幻影”(shadows)和“复义”(ambiguities)。[①]

这一点，可通过一个例子来解释。“提喻”(synecdoche)是那种以部分替代整体的修辞格：比如说，“头脑”被用来替代“人”。如果我们真正想说“后面有一个‘精明的人’”，那么我们可以说：“后面有一颗‘精明的头脑’。”按照这些思路，我建议，由于巴黎拱廊街里的古典漫步者将拱廊街即城市的局部区域视为城市的整体，对于他们的散步风格的阐释，应当与提喻不无二致。散步速度的明显放缓(此为漫步者的典型特征)，以及观察之欣喜，不过是漫步者的提喻辞格的一些构成要素而已。

在德赛都看来，“提喻”和“散珠”(asyndeton)恰恰构成了一对。散珠省略了副词、连词和系词(“各就各位[On your mark]，预备[get set]，跑[go]!”)。它仅仅留下了空间连续体的残余。德赛都将神话性归于散珠，因为二者都了解显要场所，比如与世俗之地相对立的圣地。[②]

德赛都说，散步的修辞学在都市空间“禁忌”或“允许”的“字面意义”上，阐明了一种“二序的、诗性的地理学”。[③] 令人印象深刻的是，如果我们将德赛都的重构视为对于瓦尔特·本雅明的某些反思的振奋人心的翻译，那么，本雅明的这些反思就具有了分析层面上的精确性和敏感性。本雅明的观念与此相关。本雅明其时已然在论及街道名称的魅力。对于在荷兰生活了20多年的我来说，荷兰人为了划分城区而将政治家或海军英雄的名字用作街道名称的做法，至今仍有着某种光晕和魅力。我过去在阿姆斯特丹所居住的城区，叫做*Staatsliedenbuurt*，意为“政界区”。我所居住的*Van der Hoopstraat*街，则没有这层意思，它不是指“希望之街”，而是暗指政治家德霍普。范·德霍普(Joan Cornelis van der Hoop，1742－1825)担任过荷兰律师、检察官和部长等职位，曾在不同政权下担任国家要职。他才是这里所指。居住在*Staatsliedenbuurt*一带的无政府主义党派人士，自嘲

---

① De Certeau：*The Practice of Everyday Life*，p. 101.

② *Ibid.*，pp. 101－102.

③ *Ibid.*，p. 105.

为 *Staatsverlangen*,意为“渴望政权”。

在德赛都看来,在诸如此类的“符号化内核”(symbolizing kernels)中,包含着“空间的和指涉的实践之间关系的三种截然不同的(但相互关联)的功能”,亦即:“可信的”、“可记忆的”和“原始的”。他得出结论说:“这三种符号机制通过某种方式而构成了城市话语的基本主题(传说、记忆,以及梦),规避了都市设计的系统性。”[①]换言之,街道名称和城区名称的符号意义,使得城市的这些地方变成可居的。它们“回忆”或“暗指”人们的“姿态”和散步风格中所隐藏的“幻影”。它们宰制了一段历史。举例而言,想一想证券交易所和银行林立的市中心的银行雇员紧张不安的姿态。在大楼里,在街道上,随处可见这些姿态。无须强调,根据数字来划分城市,会破坏都市空间的所有诗学,即使这种划分能够促进都市的经营管理。

关于德赛都的散步修辞学,我已经从几方面作了介绍。其可追溯至一个预设:“话语”(德赛都和本韦尼斯特[Benveniste]一样,都认为“话语”意谓“语言”,即“正在开口说话的、处于主体间性条件下的人所使用”的语言)和“梦”是相似的。语言和梦都是基于对同一种“文体程序”(stylistic procedures)的使用,而且它们的各自使用都属于符号化的同一种模式。最重要的模式是“移位(displacement)和“凝缩”(condensation)。既然语言和散步彼此契合,语言通过梦的延伸也同样适用于散步。因此,话语、梦和散步,有着共同的、可比较表现语域(register of expression)。[②]概言之,我要说的是,德赛都的散步修辞学与都市理论息息相关,因为它证明了漫步背后暗藏着无政府主义的随波逐流。进而言之,散步的修辞学或诗学的相关性还在于,它表明每一种文化活动如散步,是一个编码和再编码的过程。当然,这是一个福柯式的观念。我的结论是:氛围被符号化和编码了。但这是如何发生的呢?

在此,我要回到恩斯特·卡西尔的“符号的充盈”概念。这一概念指符号意义的首次编码。我并不是先有一个感觉,然后再赋予这一感觉某种意义。相反,所有感觉已经充满了某种符号意义。一个场景的氛围被直接体验,而无概念的干扰。它被感知为可怖的、优美的、友好的或迷人的。这些都是氛围的特征。或许,散步时,我还

---

①② De Certeau: *The Practice of Everyday Life*, p. 105.

没完全弄清楚氛围有何独特之处，就已经沉浸于其中了。这意味着，对于艺术品的经验，可能有助于我意识到对我发生影响的那种具体的氛围。

九

文至此处，足可得出一些结论。首先，城市漫步从使用和挪用都市设施和都市形态的视角展现了城市胜地。历史上，第一个在诗歌中揭示都市生活的西方诗人是查尔斯·波德莱尔。其著作《恶之花》(*Les Fleurs du Mal*，1868)作为一部艺术作品，既不是关于自然，也不是关于爱情，同样也不是关于上帝，而是关于都市生活。而自现代性发端以降，都市生活一直都是电影、摄影、音乐、小说等等的主题。所有这些，言之不虚。

我要指出我的叙事中的另一主线。以盖依·德波(Guy Debord)、阿斯格·尤恩(Asger Jorn)、康斯坦特(Constant)等人为代表的先锋派组织“情境主义国际”，已经开始了“漂移”(*dérive*)的实践模式。[①] 情境主义的“漂移”与城市漫步密切相关，其目的是揭示一个城市各区的多样性。[②] 这种思路，促使理论家如罗兰·巴尔特和亨利·勒菲弗(Henri Lefebvre)指出了都市生活的具体特质。而这些特质将被“漂移”和城市漫步所救赎，它们包括探险性、突发性，以及邂逅陌生人的舞台。一言以蔽之，城市漫步恢复了后功能主义形态的现代城市的典型特征，使其成为了活生生的存在：在巴尔特看来，城市的情欲主义(eroticism)可以等同于都市生活的“社会性”(sociality)。城市融合了背景和意图全然不同的人群。这恰恰属于城市的结构。罗兰·巴尔特争辩说：“城市是我们与他人相遇的地方。”他进而说道：“正是因为

---

① Guy Debord：Theory of the Dérive. In：Situationist International Anthology, revised and expanded edition. Edited and translated by Ken Knabb. Berkeley：Bureau of Public Secrets 2006，pp. 62－66.

② Simon Sadler：*The Situationist City*. Cambridge，Massachusetts London England：MIT Press 1999.

这点，中心成为任何一座城市的聚集点；市中心尤其是青、少年的建构。”①

亨利·勒菲弗认为，“都市形式”(urban form)一方面具备分歧和差异并存的“共时性”，另一方面却提供了陌生人彼此之间的“偶遇”。②政治哲学家艾里斯·扬(Iris Marion Young)接受了巴尔特的“情欲主义”观念，将其作为城市生活的合格标记。她对这一概念予以新的解读，使其包含由于社会差异的经验以及审美惊喜所导致的快感。艾里斯·扬说，情欲的诱惑源自一个政治团体强烈的“共感”(sense of commonality)。“在理想的团体中，人们有受肯定的感觉，因为那些与他们有着共同的经验、知觉和目标的人，认可他们并被他们所认可；他们从对方身上，看到了自己的映像。”然而，这种理想的共感，基本上只适用于早期现代性更小的共和社区，比如一座像日内瓦这样的城市。它已经不符合作为陌生人之城的现代大城市的规模。诚如艾里斯·扬所言，人们的愉悦在于“突破自我，从而知道城市还存在其他的意义、惯例和视角，而通过与他人的互动，可以学习或体验更多不同的事物”。

最后，在我们的时代，城市的情欲主义有两个来源：一是社会的他者意识(otherness)，二是审美的多样性。我们必须思考“高楼大厦”的“宏伟”，以及“不同时代、不同风格以及不同目的的建筑的并置”，等等。简言之，由于审美多样化的物体和环境融为一体，城市空间提供了“愉悦”和“惊喜”。③

因此，我要争辩的是，就审美而言，城市漫步具有双面性。一方面，城市漫步加强了主体性的感觉力和审美敏感力，从而把艺术作品所暗含的诺言转换成日常生活，并赋予其某种结构和风格；但另一方面，城市漫步是艺术作品的感知力自由发展这一可能性的条件。一方面，城市漫步不是博物馆里与世隔绝、被置于神龛之中的作品，但另一

---

① Roland Barthes: Semiology and Urbanism, in: R. Barthes: *The Semiotic Challenge*. Translated by Richard Howard. Berkeley Los Angeles: University of California Press 1995, pp. 191 - 201; here: p. 199.

② Henri Lefebvre: *Writings on Cities*. Translated and edited by Eleonore Kofman and Elizabeth Lebas. Oxford Malden Massachusetts: Blackwell Publishers 1996, pp. 129, 148.

③ Iris Marion Young: *Justice and the Politics of Difference*. Princeton, New Jersey: Princeton University Press 1990, pp. 239 - 240.

方面，城市漫步在理解和生产艺术作品中发现自身的目的。诚如勒菲弗所言，生产和作品，二者不谋而合。

十

文章临近结尾，我想转向一个新现象，这一现象近期已经发展为都市生活的一个潮流，它就是：街头艺术。街头艺术的先行者也许是20世纪70和80年代在墙上、房屋和办公楼上所出现的涂鸦艺术和政治标语。然而，今天的街头艺术有着迥然不同的特征。它不应和公共空间（如广场上的纪念碑）中的艺术混为一谈。[①] 较之后者，街头艺术展现的是城市景观和都市场所"刹那间的"美。以下特征，仅仅是街头艺术介入都市结构的一些方式的简化列表：街头艺术在具体的、色彩绚丽的绘画中展现了与单调乏味的墙壁之间的反差；街头艺术嘲弄了某个广告，这一广告出现在某一交通标志的旁边或上面，或出现在一栋楼的某个重要位置，如窗户或在某处别出心裁地凿出的洞口；街头艺术的介入也许能让你想起超现实主义或构成主义这样一些历史上众所周知的艺术风格，但它有时也形成某个令人意想不到的群系，其接近于"情境主义国际"的成员艺术家所说的"异轨"（*détournement*），介乎塞迪·普朗特（Sadie Plant）所说的"颠覆"（subversion）和"转移"（diversion）之间；[②]最后，街头艺术也许是混凝土台柱的粉饰。

毋庸置疑，街头艺术促进和激发了我们的审美敏感力（比如说，如果我们记得美国的艺术家和活动家丹·维茨[Dan Witz]的话）。[③] 这是当代漫步者的艺术经验。街头艺术的目标既不是成为永恒，亦不是挤进博物馆，而是对某个给定的瞬间以及某个特定城市的都市生活中某个给定的群系的"现时性"（now-ness）做出反应。街头艺术大多具有诗学-政治学的意涵。如果我们承认街头艺术提升了我们的审

---

① Malcolm Miles: *Art, Space, and the City*. London: Routledge, 1997.

② Sadie Plant: *The Most Radical Gesture*: The Situationist International in a Postmodern Age. London and New York: Routledge 1992. p. 86.

③ Dan Witz: *In Plain View*: 30 Years of Artworks Illegal and Otherwise. Berkeley: Gingko Press, 2010.

美敏感力，那么我们可以争辩说，街头艺术应处于作为真实艺术而被接受的层面，或处于艺术在现代大城市的语境下转换为日常生活的层面。

（译者单位：南方医科大学外国语学院）

重构风景艺术

[美]乔瑟夫·玛戈利斯　李素军 译　高艳萍 校

当我很年轻的时候，我承认我为自己从没吸过烟而感到沾沾自喜，也许这是只有处女才能理解的一种满足吧。我还回想起某次惊险，那就是我在加拿大教书的时候，在一场完美盛宴结束之后，我似乎不可能拒绝研究生院院长，一个令人愉快的人，递上的一支餐后雪茄：我不知道如何去品味雪茄——或者说如何吸它——我立刻看到我刻板性格的愚蠢的一面。但是更加使我震惊的是若干年以后的一个发现，现在则几乎不值一提，那就是我一直都是一个身不由己的吸烟者，一个“二手烟”的烟民。我感觉这些和观赏风景有几分相似，尽管眼下在阅读了米拉尼的令人愉悦的小书《风景的艺术》(*The Art of Landscape*)之后，我得承认我算是一个有学识的无知者。我根本不清楚如何去正确地品味风景，诚然，我也认识到在有生之年我都将是个观赏风景方面的“二手烟民”——而且毋庸置疑，在一些或另一些时候，不假思索地拥护某些权威理论。然而，在我们的时代，有没有一种观赏风景的适当方式，而不仅仅是怀旧？对此我无法肯定。

我想我可能会对偶遇的景观无动于衷，这些景观或如画或浪漫或崇高或巴洛克式。它们可能适合17世纪和18世纪之间的有教养的业余爱好者，但是在今天显然韶华已逝。我当然不会认为我的鉴赏力是我们族类的典范。但是我似乎无法寻回风景艺术标题式的天真，正如我不能恢复康德美学的纯度一样。博洛尼亚地震；银河和仙女座即将发生的碰撞；路易斯安那州的盐水通道有利于深水油井却污染了淡水水源；英国工业革命时期的制造业小镇；在中国，人口增长迅速却有无人居住的建筑群甚至一整个没有居住史的城市的出现；新的加尔各答遗忘了旧的加尔各答——在这些景观中，我得说——我发现准确界定现在的风景艺术意指什么，是很困难的。这超越了怀旧和社会团结。

我想拒绝道德生态学的诱惑。我不否认生态学是严肃的且必需的。如果我们可以避免迂腐的话，它肯定能够丰富风景理论。但是它太容易遮蔽一些更脆弱微妙的问题了。除此之外，从个人来说，我对道德生态学抱有疑虑，正如我对美学持有怀疑一样。我认为我们必须抓住这个世界酝酿出的所有理论，并对它们所青睐的时代的宏大例证致以敬意；在那些时代，经典的样本（或可接受的最近替代品）仍然可见。我想起为建造阿斯旺大坝而导致古埃及可见部分的淹没，帕台农神庙的厄运，赫梯世界的濒临灭绝，波斯波利斯的毁灭。我们必须放弃的至少跟我们所保护的同样的多，无论是建筑上经改造的人文景观还是我们成问题地称之为自然景观的地方，譬如塞伦盖蒂平原、黄石国家公园、阿尔卑斯山脉、大峡谷或者是亚马逊丛林。

当然，在自然和人文景观之间并没有一条既定的分界线；此外，还存在着无法克服的短暂性，持续的转化，概念的耗尽，甚至一些不相关的东西压倒关于风景的“美”和“崇高”的主要理论。举个例子说，如画般的美对新的一代人来说，正在变得越来越稀少，越来越不重要，越来越无法引起兴趣，它不得不勉力争取保持自己的影响力；浪漫，曾被构想为18世纪晚期到19世纪早期艺术和思想的精神，现在它在一些重要的样本中仍然有效，但却无法担当它曾被认为如此贴合的那个角色（这个角色明确宣称提供了关于什么[我们确信]是艺术表现和艺术愿望中最本质之物的可靠表述）。比如，崇高曾经如此自信地与阿尔卑斯山脉和喜马拉雅山，对透纳（Turner）的地平线和海上景观的沉思，面对夜晚星空的激动的谦卑相联系——如今这些已变得平淡无奇和固定化了。崇高已经完全丧失了提供令人信服的例子以确证其最壮观理论的能力，也无法证明为康德、博克及其仰慕者们所珍爱的这些理论做出争论是有意义的。

有闲阶级的习惯发生了改变；人类的需要和兴趣改变了；技术和纯粹的发现改变了；我们关于自身的概念也改变了。地球的破坏和枯竭如今是路人皆知。直到最近，哈勃太空望远镜提供的来自遥不可及之处的信息，让我们开始明白宇宙真正的浩瀚无限。如今，我们思量永生的不可能，现在和未来的局限，以及我们的技术的普罗米修斯式的许诺。宇宙比我们想象得要大得多，复杂得多，更加暴力、危险、难以控制；尽管如此，它仍被勉强居处，它的遥不可及反而使它具有熟知意义上的崇高。从某种意义上说，我们知道这在之前绝无可能。但是无论如何，它依然是一种尊重美和崇高的体面而人道的策略；美和崇高在之前的时代是极被推崇的，尤其是在一些它们仍能吸引旧的关注（以及旧的争论）的地方，这些关注和争论与其原初的样本相契合。但是我们现在对这些残存的行为和情绪（比我们自己的还要早），更多地是一种生物意义上特有的忠诚，而非实实在在地复兴（通过英勇的论断）被歌德和罗斯金这些人所赞赏过的风景理论了。今天经典的理论介于戏剧性和对自然之广袤性进行的枯燥的理解之间。难怪膨胀的宇宙是一个惊奇的概念了，但是，我想它并非崇高。我们必须更加清楚地了解我们自己。我认为，风景会经过一个勇敢和顺从的阶段，会被各种新形式的探索的欲望所照亮。但是，到头来，其参与整个人类的强度几乎无法与持续的战争和处于道德威胁下的人类的自我关注相提并论。

礼貌性的唠叨暂且搁置。我们无法在最宽泛的意义上谈论风景，除非我们准备弄清楚人类这个概念——也就是说，了解我们自身。在那一点上，我承认我愿意被一个小小的悖论所吸引，它可能不会给你们留下任何印象。迄今为止我能弄明白的是，风景理论在 17 和 18 世纪达到其哲学顶点，但是直到 18 世纪中期，关于明确的人类世界中的人的哲学理论才刚刚开始形成——之后也只是断断续续地——其真正的“现代的现代”的资源和直觉。

事实上，它还没有得出任何可靠的定论；当然，它最好的愿景不可能在后黑格尔主义和后达尔文主义的思考之前所能瞥见。那个时候，生物学、文化人类学、历史学、古生物学、哲学以及人文科学，最先在我们称之为自我的定义中发现了共同根据。也就是说，不可能早于马克思、尼采、狄尔泰、哲学人类学家、美国实用主义者、后胡塞尔现象学家、早期法兰克福批判学派或者卡西尔——坦率地讲，即使有他们，也几难成立。亦即，一百年多年以前，这几乎不可能。

我确信美学、艺术哲学、道德哲学和政治哲学的基本特性都直接源于这种令人震惊的差异。尽管西方哲学是辉煌的，但是从其古代的开端直到 18 世纪，它几乎完全被剥夺了像现代的历史和文化的概念这样的资源；至于 18 世纪本身，单就康德和休谟的成就来看，他们几乎没有意识到生物学和化学的动力，而且恶名昭彰地未曾产生出关于人类自身的跟得上时代的理论。当然这是一桩丑闻。

我自己的观点——我不会让你们为此烦恼：自我是一个可确定时期的、偶然发生的、结合了生物的和文化的演进的混杂的人为产物，它是真正语言的逐渐发明及其成功传达和跨时代掌握的条件的功能性对应物（浮现而出的场所）。因此，它是个人和人类社会的独一无二的反身的、施事的、生产的、历史化的力量。这样来看，把风景理论的发展趋势理解为自我的文化演变，并非是不合理或不公平的。因此，并没有一个风景哲学必须采用的唯一的教条式正确的方向——不管是道德的还是美学的；但是，鉴于其实际历史，它几乎不可能意识不到它需要指出同时期社会中的常规关注，换言之，它们得承认什么是自己社会的关注点以及什么是其他社会的关注点，这都在知识和承诺的人为的、历史化的条件下接受检验；全部的客观性和责任心皆出自于这种条件。

到此为止，我从哲学的轨迹中得出的最重要的教训，肯定不是毫无争议的，但是于我而言，对于重构风景艺术理论至关重要，它包含以下几点：(i)主观的（subject-ive）和客观的（object-ive）（用连字符连接的形式）牢不可破地交织在一起，某种程度上这主要归功于康德和黑格尔的创新，比如说，各种形式的后康德的唯心论以最轻微的可能形式被去超验化了，而变成是后天的（下画线为作者所加——下同），从而与唯实论密不可分；(ii)所有形式的认知性特权和基础论、必然论、本质论、理性主义以及与此相似的东西都必须无条件地抛弃；(iii)人类的行为、活动、知识、承诺、鉴赏、判断等的标准（目的）的客观性立场完全从属于（在智人的被人为改变的成员中）人的生命的被转换特征，尽管动物的需要和价值观念也可见于人类婴儿和初具身形的人当中（它们属于非人类的动物），虽然它们也通过行为进行表达（完全缺乏标准的立场）；而且(iv)无论如何，如同认知的和推理的标准无法用统一的方法进行论证，道德的和审美的标准也完全是辅助性的、依附性的，或者说是在自我群体中聪明成员的全部生活和实践的自属的标准和目的之内建构的。纯属为了方便，我把这种标记当成当代实用主义特别精练的表述，这绝不仅仅局限于美国的那些流派；我只是简单地承认这种标记（以上所给出的）是对后黑格尔主义和后达尔文主义对人类世界所描绘图景的言简意赅的、完全自然主义式的投射。也许这个可算作是我的概念中的条目。但是如果你们允许的话，我想你们应该接着问问你们自己，现在在这样一个改变了的视野中，风景艺术意味着什么。当然,它应该从哲学的演变开始。

将对于自我的思考看成是“完全崇高的对象”,是非常令人为难的。但是如果我们考虑到人类智慧的广泛性,把崇高换成惊奇,那么这正是我们的思考所指引的方向。而且如果自我确实是我们至关重要的、无穷无尽的目标,那么把风景看成是异常之物——道德和审美的客观性也可如此——会容易很多。不过如果我们承认所有这些,我们会发现我们自己必须对科学和整个实践生活做出相对的妥协。而到那时,我们就会止步于这种明显的颠转,即:如果风景同时包含了美和崇高,同时涵盖了知识以及我们对于不可超越之无限性的暗示,那么,如果我们愿意,我们也可以说任何事物都是风景,映入我们眼帘的万事万物,它们形形色色的次序和数目都可以在思想之眼中变成一个整体,无论我们瞥见的世界是多么的破碎,品味世界的方式是多么的缺乏想象力。那么,风景艺术可以被看作是整个哲学宇宙学的微观宇宙学的汇编,其呈现为变化的人类栖居地的引人入胜的图像集合。

我想这意味着我们可以终结那种天真的自信,即认为伦理学、美学和(我应该加上)科学的、历史的、批判的学科都是自主的,或是自足的。我们无法确定这些模式的优先性。边缘的每一部分都可能成为中心,而且我们可以从任何一个地方开始并将其当作中心。

这也许可以解释为什么最不起眼的如画风景竟可以跟壮观的混乱(被呈现但从未被感知)即所谓宇宙大爆炸,一样珍贵——反之亦然。它解释了美学的某些滑稽的意味。因为肯定没有人真正知道这种观念想要意指什么或者排斥什么;然而,它取消了道德的无条件的至高无上性(康德实施的诡计);它取消了科学的至高无上性(当代的主张通货紧缩论者和还原论者的自我欺骗);它也取消了美学自身的至高无上性(这种欺骗被不断地给出:这是最无所顾忌的和精明谨慎的欺骗,是全人类的自我蒙蔽)——因之纯粹的外观自发地与“是什么”相混淆,“[从而]是什么”与所谓的“[实际上]是什么”相混淆,“是”从而(实际上)被呈现。从这些忏悔式的话语冒险中,我发现自己在逐渐接近一种更加自由的发现。

我想我们都是完全置身家中,尽管在一个彻底漠视我们生存的宇宙中(这完全没有道理可言),我们对自己和自然都很陌生——自己家里的陌生人。如果我们能够感知到在一个遥不可及的星球上有另外一种生命种族存在，他们可以以某种方式理解我们，而我们也能够理解他们，那么我们所有道德的和审美的信念都会因此得到重构并加强；但是如果我们认为自己并非处于危险之中，这种改变则很难发生。它们仍然会同一种温和的然而却无法克服的怀疑主义相伴而生。

我认为，这样的事情已经开始：我指的是一种信心的改变，尽管不是信条的改变。尽管，据我们所知，我们是孤独的，背负一套关于宇宙的无比膨胀的、新获的、突然间变得详尽但仍不充分的的知识——这些知识只有（看似如此）通过我们自身的意义投射才变得合乎目的。认为风景艺术的历史就是让地球在感情和目的方面更加人类的历史，这样说会不会过分？结果是，由于美学的无处不在，我们因此发现道德和科学也得到了证实？所有的标准都是十分合理的（如同它们的结构），尽管我们意识到我们无法确证其合法性，因为我们无法超越我们希望赖以行动的不断变化的条件。

我们已经祛除了古代自然中的所有精灵、魔鬼以及神明，我们现在无法隐藏这样一个事实，即我们孤独地生存于一个辽阔冷漠的世界。只承认城市是人类在整个自然（也就是指整个宇宙）中的主要栖居地，是为了用一句话来解释风景的目的：它是我们制造的，是一种把自然界足够多的部分改变成形形色色的明显适合人类居住的空间的实践，是分布于全球的城市，也就是说，有点类似于世界共和国（civitas gentium），与自然相毗邻，非常动人。

我发现无法假设，任何这样的事业在任何时候都建基于一个有效的道德或美学标准——也就是说，建基于任何判断或既定的策略。因为人类城市最关心的事情取决于被普遍认可的需要，取决于满足这些需要的实践；它的舒适、通畅、骄傲、名望、权力、被肯定的品位、胆量以及创造、异于其他城市之处，以及它的行政人员的顾虑。它如何回应这些需要，必然会被知名的有影响力的团体、有钱人的审美以及党派力量所评头论足。

实质上，这都只不过是我们智力的特洛伊，一座在废墟上草创的城市，它们同美和崇高以及其他更高标准的联系——这种标准是通过它们对古代思想和实践的源源不断的解释来确立的。不可能有其他规则，即便，比如说，科学和道德的目标是完全不同的东西。想想长崎和德累斯顿的重建：我们所采用的方式并非完全不同于分析实证主义的没落和(比如)门捷列夫的成功预测①(尽管他曾经有过其他糟糕的预测)。在这里,如果必须得证明(不是用循环的方式)我们的判断和承诺的合法性,我们很快就会泄气。我们无法宣称可以绘制这个世界,不管是描述性的还是规范性的;我们勉强可用来作为模型的东西,是我们所认为的过去的成功典范。而我们的知识和正确判断的理论几乎起不到任何论证作用。本着这一精神,我把风景艺术看成是一种对现实生活的隐喻或者转喻,其不过是巧妙地偏离到了关于美和崇高的那些不切实际的标准当中了。

我愿意承认,我们的标准的合法性为生活的"意义"这一问题预设了答案。但是这个问题的答案要比我们现在要面对的问题更为简单。因为如果我们的生命同这个我们所来到的世界上普遍存在的惯例自发地保持一致的话,生命就是有意义的(无论活得好坏):当生命在建立、加固、改变、破坏、重建的实践中,并且连续不断地跟之前的事情保持充分的连接性和协调性时,生命确证了自身的意义。这是美和正确的价值之变化的依据,尽管它是偶然、多变、不规范的;它也是风景之功能的隐秘的、变化着的依据。

若为之命名的话,风景是我们参与社会生活、归属以及在家的符号。因此,美和崇高是完全有效的;但是它们的有效性(如其所是)是在内部被确立的,也就是说,先于任何客观的判断——在表达或反思上,是一种特殊社会的生活形式。艺术和道德生活的标准不可能不随着社会实践的变化而变化。博克的"美"和现在几乎没有关系,而康德的"崇高"也只不过是天真时代的残留。如果康德是正确的,那么我们现在就得去面对过多的崇高,这几乎无人能够忍受。关于风景的主要观念随着经验和技术的改变而变化:一幅在遥远的银河系中的银河或黑洞的照片几乎无法与透纳所画的暴风雨相比,尽管它暗示了完全超越普通理解力的力量和巨大。

我们不再接纳——也许顶多是残留的——18世纪意义上的美和崇高了。在经调整的意义上,那些有意修复的建筑物的性质——比如说,罗马和巴黎那些宏伟的纪念碑和建筑——完全是或基本上是一个

① 门捷列夫:19世纪俄国科学家,他首创现代化学的元素周期表,将当时已知的63种元素按一定规律排列起来,并且成功地预测了当时尚未发现的元素(镓、钪、锗)的特性。——译者注。

附属性的、争辩性的问题。第一个只不过从属于一个确定的生活群体,从属于一种可行的生活形式(Lebensform)的某个部分;然而第二个却和正好在我们这个世界上流行的特殊的政治趣味以及共同一致的宽容相关联。即便如此,第二个依赖于对第一个问题的合适回应;而风景艺术却涉及两者。有关道德和审美标准的最著名的哲学问题的答案,也需要公众认可的标准来取得立场。如果我们放弃了所有知性的、理性的和感性的优先权的假定,那么将会怎样?

我发现几乎不可能去抗拒这些调整。它们看上去是被论证本身所推动,被风景艺术的感染力(如果你们不介意一点华而不实的话)所推动,被一种有说服力的猜测所推动,即我们是这个感性世界中最不可思议的造物——由着他们自己的人为标准来作出解释的自然制造物(如人所言)——他们通过自己历史的发明物来照料自身不断发展的需要;而且他们十分明白(实事求是地)太阳最终会消亡,无论那最后的末日审判多么遥远。

在我们的时代,由于我们已然因为知识而震惊,沉思太阳的越来越近的死亡完全失去了崇高感:的确,我们已经见证了(在电视上,随时可见)超新星的爆炸,而这看起来不过是一场沉闷乏味的事件,而且我们也已非常清楚,未来将有惊人的宇宙灾难等候我们,不管我们能否存活。

眼下,以上这些都超越了英雄主义和崇高。我们知道如果我们要生存下去,我们现在就必须聚集所有的才能和技术。实际上,我们已经探索过我们所在世界之外的风景,在我们的银河系之外——而且完全看不出任何混乱的痕迹。也许可以认为,司空见惯的战争证明着我们的沉着。我们最亲密栖息地(habitat)的破坏如同我们风景的组成部分,已见怪不怪,倒像是最为趾高气扬的美:比如德累斯顿和巴黎、长崎和泰姬陵。当然我们完全无法预料,四十亿年之后,戏法会怎样地变:也就是说,离开地球,去到另一个星球!我得问,我们仍然可以理解我们现在的信念吗?

珍惜风景的想法,似乎得开始于对自然的慷慨及其未知的丰富性的天真欣赏。不管怎样,我们可以把我们自己看成是自然的受益人。如果你颇为典型地想起洛克的财产观或一般的自由主义理论,却又超越18世纪的视野,你就不可能不会看到,在几乎整个历史中,西方世界假设了一个人类居住的潜在的无限空间以及对主要财产的所有权。

这一点现在越来越难以得到辩护，尽管这同一个世界（不局限于西方世界）中的很大一部分仍旧遭受着明显的挥霍。

我已经提到我们的道德和审美观念有着深层的偶然性，它们受制于人类生活整体背景的变迁；所以，与康德的影响甚巨的理论截然相反，我们的标准从来不是自明的或固定的。人类天性必定是历史化的、变化的、受意识形态影响的，其受制于利益、优先权、技术能力、新兴经验、在周围世界或深或浅的得失等等的明显变化。因此风景和栖息地变化了，我们必须随着学说浪潮而变动。具有决定性的是人类生活的整体论，而不是抽象地、分离地反对这种或那种判断力的目标。这正是康德对科学、道德、审美进行分离的致命弱点所在。

当提到整体论时，我指的是判断和承诺之间转换着的关系的有效整体，其伪装成理论上的相互独立，或相互独立于其他相互依赖性的考虑因素（通常不这么命名）。我试图命名人类生活整体论语境的名义上的目的：繁荣的条件。我认为，风景和风景艺术只不过是繁荣的形象，或大或小。这就是为什么这些范畴随着整体历史的剧烈变化而同样地剧烈变化；这也是为何很难猜测是什么影响着我们对人文景观的评价。想想亚里士多德的作为一个整体论观念的"幸福生活"，它包含的是道德或伦理的深层的总体的繁荣，而不仅仅是道德自身的整体论观念。你们已经意识到，后世的亚里士多德主义者们，不得不与康德相抗争。如果我说得不错，那么大多数的道德理论以及几乎所有的美学理论都没有说到点子上。就此而言，究竟什么是一座教堂、一座清真寺、一座宫殿或者一个商场——或者什么是锡耶纳的外墙？它们都标示了可见繁荣的更大空间。至此，领会人类的奥秘，只有一步之遥了。我发现在后达尔文主义文学中，更容易把捉到它，某种程度上至少是在明显的反达尔文主义者那里——这是一种混杂的文学，其跨越雅各布·冯·克斯库尔（Jakob von Uexküll）的古怪观点和所谓哲学人类学家，例如赫尔穆特·普莱斯纳（Helmuth Plessner）和阿诺尔德·盖伦（Amold Gehlen）的反应概念，我还应该加上美国的生物哲学家马乔里·格林（Marjorie Grene）的要义。这些人物和风景理论之间的关系在于，它们都感到需要涉及人类栖息地的含义，这人类繁荣的整体论语境。把它们结合到一起，是为了加强我们对这种混杂的转变的感觉，这种转变，我们命名为"自我"或"个人"以及相关联的栖息地即"城市"（正如我所称呼的那样）——或者"环境"（Umwelt）（如果我可以或许是误导性地引用克斯库尔的极有问题的概念的话)。因此，我必须得补充一点，在求助于(我可以这么说吗?)这些混杂的人类学家时，我知道他们都尚未在探索人类奥秘的道路上走得太远。然而，也并无别的见多识广的讨论者可供参询了。

当我说到人类奥秘时，准确地说，我意在关注两个特定问题，它们既令人费解又遭忽视，但是当它们被适当地结合在一起的时候，却具有惊人的启发性。第一个问题的关注中心，我已提到，即这样一个奇怪的事实:把风景从本质上当成一个审美类型，忽略了这一深层含义，即对风景美的判断越来越集中于一种纯粹形式上的选择，而这是众多抽象范畴中的一种而已，从而未对人类世界真正的动力进行持续的关注。你们应该记得，我已经指出过这极具说服力的事实，即在 18 世纪大量盛行的对崇高的细致研究到了 20 世纪和 21 世纪已经式微。原因在于，两个完全不同的时代里发生的深刻变化影响了人类的繁荣模式，故而采用抽象范畴体系而公式化地说明历史变化是不恰当的。第二个问题对我来说更为重要，但是它要求进一步包容各种纷争。

总的来说，哲学人类学家被这一事实所触动，即人类的婴儿至少提前一年或者更长时间就出生，而且并未充分发育到可以生存的程度，这在任何方面都不能和兽类动物(或者被捕食者)的快速发育相提并论;无论如何，它应付特殊环境的良好的、专门的能力的匮乏，对父母照顾的独一无二和无条件的依赖，明显的社会性和机智，适应性强却从未能像动物一样本能地敏于生存，这些被认为是构成了毫无疑问地反达尔文进化论的实验;这一实验无比成功，但是不能仅仅或主要在生物学意义上被解释。简言之，现代人(homo sapiens)作为一个物种的生存能力，明显取决于出生时适应环境的特定能力的匮乏，以及从生物学上考虑，它的补偿性的——几乎不大可能的——能力，比如习得一门适应社会的语言，这种语言能力无法根本上从生物学上获得解释，但需要特别持久的依赖;这种依赖将社会学习的条件最大化，而不是具体地指向获得某种在出生早期就已具备的生存技能。

只有在这种意义上，现代人才是达尔文主义的异类，如我所说，最好这样理解，即把自我或个人解释成这个物种的婴儿的混杂的转变，借着实际掌握一门语言以及语言可能塑造的东西来文化地构成自身。那个浮现而出的存在，转变了的、本体论上独特的自我，是或拥有某种历史而非本质，或者是其原初生物性质的力量的历史化了的转变。大体上，人类学家抗拒这种转变论，他们倾向于把人类成员当成这样一种生物，他们可以通过社会（人为地）获得技能，从而扩展他们与生俱来的天赋。这不是争论的时候。但是人类学家坚称，正是生活的独一无二的形式让人类世界从其他的动物种类中脱颖而出。在这一点上，他们理所当然地反对克斯库尔的本质的——但完全是误导的——直观，而我利用这些来支持一种激进的关于风景的描述。也许有人会说风景的目的是把世界（Welt）转变成通用的环境（Umwelt）。很大的跳跃！但是我相信你们可以再耐心一会儿。

克斯库尔卓越的推测是不可思议的目的论的，但却勇敢地（然而是执迷不悟地）反对达尔文的观点，即认为所有的动物物种都完美地适应了它们的正常栖身环境——通过它们的多样性而良好地相互协作。克斯库尔详细的研究是新颖并具有说服力的。然而，他犯了一个关键性的致命错误：他假设人类和其他动物一样占据着一个生态龛（niche），尽管更宽大更精巧。因此相较其他动物物种，他为人类分配了一个更加模糊构想的环境，一个限制更少的栖息地，然而人类学家们认为人类创立了各种各样的包容一切的世界的概念，来回应他们对自己天性及有目的生活之真正意义的独特发展着的掌握力。在这种意义上，人类世界当然不是环境。相应地，风景回答的是我们栖居在这个世界上——而不是任何一种生物学上预定和谐的可能生命的循环——的方式。那么，人类的奥秘就仰赖于这一事实，即它反射地、建构地、人为地、多样地、思辨地为他自己的生活和世界赋义，虽然它全然缺乏动物环境所具有的自然的或生物学上的固定目的。更显豁地讲——依据我上述所言——人类意识到（至少是潜意识地）"人之城市"无非是这个异在的、无目的的世界里的一个倏忽即逝的栖居，最多显示其一时的忠诚与品位。那么，风景的确是我们随着季节嬗变而巧妙偏转的情绪的记录了。

那么教益何在？如果我们不能适当地解释生命进程本身，那么我们也就无法为风景的规则、法则或标准提供一个确定的答案；而且如果我们着实是我所宣称的混杂的人为产物的话，我们同样无法做到。但是，如果我们没能在那个让我们首次习得语言并通过这一壮举完成转变的社会中变得忠诚的话，我们就不能成为那样的生物。但是，虽然我们掌握了我们的价值和合适行为的规范趋势的深层偶然性，我们还是不能彻底否定它们的力量。因此，在思考过程中，我们考察了区分这二者的可能性，即规范实践来自于共同推力，抑或我们被迫接受的东西为客观的规范性提供了足够理由。这一考察最终无法得到满意的答案。值得说明的是，我们的努力几乎总是唤起我们已经接受的价值中的某些部分。因此，我们的客观实践的有效性，在于对我们生活形式的令人满意的思考，以及在历史变化的条件之下，我们在争论和（或许是）冲突的边界之内乐于接受或者修正的东西。人类世界的风景，我所谓的城市——人间的栖息地——的风景，集合了历史上最引人注目的试金石：归属和繁荣的条件（根据我们的观点）。我看不出它还能是其他什么。

（作者单位：美国坦普尔大学）
（译者单位：中国社会科学院研究生院）

作为符号的花园:自然/城市

[美]柯提斯·卡特　杨一博 译

内容提要　本文中对环境美学的思考以城市美学为着眼点,并通过对当前环境美学及与之相关联的自然美学的简要梳理,将花园作为自然/城市之间的一种符号,在其中,纳尔逊·古德曼的例示理论将为花园作为连接自然与城市间的符号这一论断提供理论基础。

关键词　花园　符号　例示

一、问题的提出

论文的第一部分将对城市美学所涉及的诸多问题进行简要的介绍。这些问题的提出源于 1972 年在马凯大学召开的一次研讨会。这次研讨会邀请到了费城城市规划师埃德蒙德·培根(Edmund Bacon),曼哈顿罗斯福岛工程中 Island House 和 River Cross 建筑的纽约设计师约翰·约翰森(John M. Johansen),瑞典美学家泰迪·布鲁尼乌斯(Teddy Brunius)以及建筑史学家,城市(规划)官员,街头艺术家和市民代表们在大会上发言并交流。这次研讨会的目的是让人们更好地理解城市美学,并且它也启发了城市规划官员们在制订城市规划时,对美学因素的考虑。

《城市设计》一书的作者培根,他的观点与他作为费城拆迁改造工程首席设计师的身份密不可分。他的经历向我们展示了在对任何一个城市进行改造的过程中,宽阔的眼界、富于魅力的领导才能和丰富的行政资源所具有的重要作用。①

约翰·约翰森敏锐地看到了美学在城市设计中的重要性,他将先

---

① Edmund Bacon, *Design of Cities* (Penguin: 1967).

锋艺术与建筑设计结合起来，[1]他的这种理念在罗斯福岛重建工程的建筑物中得到了体现。罗斯福岛位于纽约曼哈顿与皇后区之间的东河的中心，该岛原来的名字是维尔菲尔岛（Welfare Island），而更早之前它的名字则叫做布莱克威尔岛（Blackwell Island），是当时监狱、医院以及臭名昭著的疯人院的所在地。该岛为纽约市所拥有，并从1969年开始被纽约州城市发展公司租赁，租期为99年。这个区域被构想为一种全新的城市设计的模式，它不仅将不同的种族与文化结合在一起，也将土地的经济利用价值、高效的运输系统和其他必要的设施与城市生活的审美愉悦性连接了起来。

约翰森和其他顶尖的美国建筑师们（这些设计师中包括菲利普·约翰逊、路易斯·康以及约瑟普·路易斯·赛特）设计了罗斯福岛建筑设计方案，他们方案的主体目标是通过建造必要的城市设施，为城市的低、中、高收入人群提供一个居住场所，并为他们创造一个和谐的居住环境。

这次研讨会所提出的城市美学的主要观点是将城市设计与美学价值结合起来，这种观点体现在城市设计者们的城市规划方案里，在这些方案中他们将美学的因素纳入到了设计之中。费城和罗斯福岛工程就是这样的例子，它体现了在规划师们的城市发展设计中，美学所起到的基础性作用。

在这次研讨会后，我主持了一项专题研究——“城市美学”，我让学生们结合其从美学教科书中所学到的理论和这次研讨会的主旨思想，让他们走进密尔沃基市的各个区域，通过自己的采访、镜头来考察这座城市。这个项目的目的是探寻城市环境的重要组成要素，并以此促进城市美学的发展。通过对行政人员、艺术家、建筑师、规划师和普通市民的访问和谈论，以及对影音和文档材料的整理，我们积累总结了大量的资料，而这些资料正好可以被看作是对诸如刘易斯·芒福德（Lewis Mumford）、凯文·林奇（Kevin Lynch）、格雷迪·克莱（Grady Clay）、培根（Bacon）、约翰森（Johannes）以及该时期其他的城市美学家的理论的佐证。我和学生以及市民代表们通过努力，最大限度地综

---

① John M. Johansen, “*The Avant-garde in Architecture Today*,” Arts in Society, 1995, vol. 3, no. 2: 168 - 178. John M. Johansen, “*An Architecture for the Electronic Age*,” American Scholar, 1966.

合了在城市美学研究中,来自各个方面的资料和观点。

为了对城市美学作更深入的研究,我在1975年来到我曾学习过的,并且依旧矗立着许多古代城市遗迹的地方——希腊。在这里,在那些古代城市建筑的形式中保留了其美学的价值。在这些建筑遗迹中最为著名的是埃皮达鲁斯和德尔菲的古代剧场遗迹,以及延续了古希腊文化的雅典帕台农神庙遗迹,除此之外,还有奥林匹亚、科林斯以及克里特和科孚岛上的那些古城市的遗迹。可以说,希腊的古代城市中的这些遗迹见证了这些古代城市所具有的美学价值。

随后,我到了日本去探寻其现代城市模式发展的进程,并且我将日本作为东方城市美学发展的一个分支代表。我对日本的考察包括了第一手的观察资料,以及一路上与建筑家、美学家及城市设计师们的交流访谈。通过对东京、京都、长崎、广岛、日光、镰仓、奈良等城市以及日本海岸偏远山区的考察,我有机会广泛地接触和感受到了日本城市中所蕴含的美学元素。通过对希腊和日本这些在历史中衰落又复兴的城市的考察,我发现在这些城市中,无论是其过去的还是现存的那些建筑,都共同建构了其文化的审美属性。

我对环境美学研究的下一个阶段是从更广阔的视角,以跨学科的方式对人类聚居地这一问题的研究。这一阶段的研究始于我作为美国代表参加1976年5月31日至7月11日在温哥华召开的联合国人类住区(人居)会议。这次的温哥华人居大会综合了诸如人类学家玛格丽特·米德(Margaret Mead),全球化问题专家巴克明斯特·富勒(Buckminster Fuller),经济学家芭芭拉·沃德(Barbara Ward),政治学家皮埃尔·特鲁多(Pierre Trudeau)及其他全球问题专家对世界人类居住区问题的意见。这次在太平洋西北岸城市渥太华召开的会议,广泛地综合了美学、经济学、政治学、科学关于人类生活质量这一问题的观点,并且这些观点也综合了从美国印第安原住民到非洲、亚洲和欧洲以及南美、北美等多元文化的视角。渥太华人居大会及其后的联合国人居论坛的目的是使政策制订者和各个地区的人们更好地理解城市环境,并为其发展中遇到的问题提供解决的方案。

紧接着渥太华联合国人居大会,在美国科学促进学会和国家人文社科基金的共同赞助下,来自建筑、哲学、历史、经济、化学、心理学、社会学、数学、城市规划学和环境学等不同领域的十三名学者于1976年的夏天在华盛顿展开了一项“美国价值与人居”的联合研究。

在这项研究中，我作为美学和哲学领域的代表出席并主持了其中一支研究小组的工作。这支研究小组的任务是制订一套研究计划，设计制订未来人类环境这一课题中将会出现的研究主题。在这些研究的主题及意见中，正如一开始就被人类学家、研究组成员玛格丽特·米德所指出的那样，这些被制定出的主题所具有的普遍性和流行性是显而易见的。对这些将会出现的环境主题的制定并非意味我们对环境问题的解决是徒劳的，而是代表了我们对环境问题的理解是我们"螺旋上升的知识"过程中的一个循环环节，每一个这样的环节都将有助于加深我们对人类环境的理解。在美国价值与人居项目中，这些跨学科的研究主题包括：居住地的形象，人口统计学趋向对居住地的影响，个体、社会机构和居住地之间的关系，人权与人类居住地，以及不同学科的理论贡献的影响。[①]

二、当前关于花园、自然美学的著作及其理论

在当今关于环境美学的哲学书籍的主流著者中，艾伦·卡尔松(Allen Carlson)令人信服地使人认为在环境美学这一领域中，美学与科学是互补的。卡尔松坚持以自然和环境科学中对当前环境质量问题的探讨为基础，并认为以科学和美学互补的方式对自然的审美鉴赏是我们对自然理解的最好方式。[②]

与卡尔松的观点相反，诺埃尔·卡罗尔(Noel Carroll)则认为对自然的鉴赏"通常是被自然对我们的触动或情感上的激发所引起的，是被我们对自然的各个方面的介入所引发的"[③]。对于卡罗尔来说，对

---

① *American Values and Habitat: A Research Agenda* (Washington, D. C.: American Association for the Advancement of Science: Division of Public Sector Programs, 1976), p. 4.

② Allen Carlson, *Aesthetics and the Environment: the Appreciation of Nature, Art, and Architecture* (London and New York: Routledge, 2000.), 12. 亦可参见 Allen Carlson and Shelia Lintott, *Nature, Aesthetics, and Environmentalism: From Beauty to Duty* (New York: Columbia University Press, 2008).

③ Noel Carroll, "On Being Moved by Nature: Between Religion and Natural History," in Allen Carlson and Shelia Lintott, *Nature, Aesthetics, and Environmentalism: From Beauty to Duty* (New York: Columbia University Press, 2008), p. 170.

自然的审美经验并不基于由科学范畴所提供的认知知识。同样与卡尔松环境美学的科学基础相对,马尔科姆·巴德(Malcom Budd)指出科学理论中关于自然的诸如秩序、规律和和谐这些价值概念,并不能转化在对环境的审美鉴赏中。①

阿诺德·伯林特(Arnold Berleant)运用现象学成果和非西方资源,以审美介入的观念作为其环境美学的基础。伯林特的审美介入理论假定人类的连续性与我们对自然的理解具有一致性,并且该理论还涉及社会、政治、日常生活的经验,以及自然。②

这些以及其他关于自然美学的观点在马尔科姆·巴德、格伦·帕森斯(Glenn Parsons)、艾米利·布雷迪(Emily Brady)及其他作者的书籍中得到了详细的阐释和批评。帕森斯和布雷迪分别对环境美学这一主题提供了批判性的回顾,并对各种研究路径发出洞见。③

在这些环境美学家感兴趣的问题中,包括这一论争:自然的审美价值是内在的(价值是由其自身目的所决定的)还是功能性的(价值是由其功能或用途所决定的)。基于我们先前的那些项目所获得的经验,以及对环境美学理论文献的回顾,我认为在自然美学中,应该摒弃在内在的和功能的价值之间进行选择的研究路径。④ 正如《城市意象》的著者凯文·林奇(Kevin Lynch)所论述的:"实用与审美的功能性是不可分割的。当感觉与认知被运用、延伸到实际的目的中时,审美经验才更为丰富和有意义。"⑤

---

① Malcom Budd, "The Aesthetics of Nature," in Allen Carlson and Shelia Lintott, *Nature, Aesthetics, and Environmentalism: From Beauty to Duty* (New York: Columbia University Press, 2008), 291 - 298. See also Malcom Budd, *The Aesthetic Appreciation of Nature: Essays on the Aesthetics of Nature* (Oxford: Oxford University Press, 2002).

② Arnold Berleant, *Aesthetics and Environment* (Aldershot Hants, England and Burlington, Vermont: Ashgate Publishing Co.), 34 - 36. See also Arnold Berleant, *Aesthetics Beyond the Arts* (Aldershot Hants, England and Burlington, Vermont: Ashgate Publishing Co. in press.).

③ Glen Parsons, *Aesthetics and Nature* (London and New York: Continuum), 2008. Emily Brady, *Aesthetics of the Natural Environment* (Edinburgh: Edinburgh University Press, 2003).

④ 对这一定义的详细讨论可参见 Emily Brady, *Aesthetics of the Natural Environment* (Edinburgh: Edinburgh University Press, 2003), pp. 23 - 26.

⑤ Kevin Lynch, *A Theory of Good City Form* (Cambridge and London: MIT Press, 1981), p. 104.

可以清晰地看到自然与城市中的环境，其审美价值既可以内在地丰富我们的生活经验，又可以从实际目的出发为生态问题提供解决的方案，由此，自然和城市的审美生活经验跨越了内在的和功能性的审美价值间的鸿沟。它所带来的愉悦既基于我们对优美风景或建筑杰作的审美鉴赏，同时也基于对自然和良好的城市环境的生态学上的正确使用所带来的实际利益。

三、概念：花园，自然，城市

论文接下来的部分主要讨论花园如何作为自然和城市环境间的符号性桥梁起作用。首先需要对花园、自然和城市这三个主要的术语进行分析。

花园。实际上每一个城市中各种各样的花园都构成其城市环境的重要组成部分。花园在这里的含义是为植物、花卉和其他自然物所建立的一个“展示、培育”的公共空间。花园是由土壤、树木、草、花以及石头这些自然物质所构造的。① [尽管我已经注意到斯蒂芬妮·罗斯(Stephanie Ross)和其他学者对花园进行了更加宽泛的定义，但在本文的讨论中仅将植物和其他自然元素作为定义花园的主要因素。]② 当然在花园中，与这些自然元素相并列的通常还包括一些既有娱乐性也有象征性的建造物，就像城市那样，花园是一个被建造起来的环境，它基于建造设计的规律和原则，以审美鉴赏为目的将各种自然元素置于一定的秩序之中。花园也是一个小的环境系统，它为欣赏者提供感官上的审美愉悦，同时花园作为城市的一部分，也具有丰富我们生活

---

① Although my use of garden here requires natural, living plants and other elements from nature, I recognize that plants in gardens are cultivated and hence may differ from species in raw nature.

② tephanie Ross, *What Gardens Mean* (University of Chicago Press, 1998), and Stephanie Ross, "Paradoxes and Puzzles: "Appreciating Gardens and Urban Nature," *Contemporary Aesthetics*, 2006, 4. For additional discussion of problems relating to the relation of nature and garden, see Glen Parsons, "Nature in the Garden," *Aesthetics and Nature* (London and New York: Continuum Publishing), 114 - 127. See also M. Miller, *The Garden as Art* (Albany, N. Y.: State University of New York Press, 1993) and.

经验的功能性用途，比如，花园是城市空间构造设计的重要元素，它使城市环境对其居民和游览者更具吸引性。花园与公园并不相同，虽然在花园中包含了某些公园的元素，但是花园比公园具有更多样性的用途，比如在其中可以建造纪念碑、操场和游泳池等设施使人消遣娱乐。

自然。检视自然美学的著作和理论，人们对自然有一个比较宽泛的定义。比如，自然是一种独特的视觉风景景观，它是由山脉、森林或湖泊等自然元素构成的。在这一流行的观念中，自然的定义主要是由其视觉特征所决定的，其审美价值有时候与对一幅画的鉴赏相类。这种关于自然的观点因没有分清对自然和对艺术的审美鉴赏而受到批评，并且这种观点也没有看到生态学价值对审美鉴赏以及人的幸福的其他方面所做的贡献。当前的自然美学理论以更综合的方式来看待对自然的鉴赏，从而纳入自然科学和环境科学所提供的信息。对自然的当代理解，由于“自然进化”和人类对自然资源的介入和开发——这导致了“自然风景”的有意味的改变——所带来的变化而更加复杂了。

城市。城市是自然的一个特定空间。城市提供了一个代表了人类价值和兴趣的建构了的环境，由人口的密度和经济、政治和文化等特定功能所塑造。城市的可视性为人们的审美鉴赏提供了大量的图像，我们通过在城市空间中的积极参与获得了审美经验。城市中的建筑、商业、政府、制造工业、交通和文化生活都为审美参与提供了可能性。正如阿诺德·伯林特所论述那样，对城市的关注和其对我们的影响贯穿了整个历史并将继续延续下去。[①] 城市环境的一个常量是变化。

四、花园的历史

在本文中，我试图将花园作为一种文化建造物进行检视，它是自然与城市的审美环境之间的一座桥梁。对花园历史进程的观察显示，

---

① Arnold Berleant, “Distant Cities: Thoughts on an Aesthetics of Urbanism,” chapter 10, *Aesthetics Beyond the Arts* (Aldershot Hants, England and Burlington, Vermont: Ashgate Publishing Co. In Press), pp. 125 - 148.

花园出现在全世界的城市史上。比如在埃及、美索不达米亚、克里特、墨西哥、中国、日本、非洲以及西欧和美洲，花园已经存在数个世纪之久，并且花园是现代城市不可或缺的组成部分。从历史上看，有这样几种重要的花园类型：与皇家宫殿相连接的花园；寺庙或修道院中的附属花园，专为凝神哲思而建的禅宗花园以及像纽约中央公园那样的公共花园；还有例如开罗城市中那样的现代城市花园，这种花园甚至为贫穷者提供社会福利，并且促进社会互动和健康的生活方式。为审美和科学研究保存和提供稀有物种的植物花园也是花园的一种类型，截至目前为止，在全球 150 个国家中有超过 1 800 个这样的植物花园。

为了观察花园是如何作为审美鉴赏的资源的，我将西方 16 世纪至 19 世纪的花园与那些代表了不同哲学思想和文化价值以及不同的景观设计的中国花园进行比较。[①] 在这些中西方的花园中都有天然的树木、花卉、草坪、喷泉、池塘和山石，有一些花园还有雕塑、亭阁、桥梁及其辅助的工程系统。花园中所有这些元素都根据特殊的景观设计风格而被精心安排。

欧洲的花园，如法国巴黎凡尔赛宫中的花园，是以中轴线为标准，对花园进行对称分布性的设计。也许是基于从毕达哥拉斯到笛卡儿理性哲学传统的原因，欧洲花园都以几何学的对称性为基础设计安排花园中的各种元素。这种类型的花园强调和谐和平衡的审美价值，甚至连植物所具有的原初的自然生命力也经过人为的裁剪以符合花园的整体设计。

在中国北京、上海以及徐州、南京和扬州这些主要的城市中，花园都已成为城市重要的组成部分。中国的花园类型经历了超过三千年的演变发展，与以规则的几何型花园设计相反，传统的中国园林设计更倾向于非规则的、自然的设计样式，因此在这些园林中，设计师们的意图被尽可能多地隐藏了起来。尽管在不同的园林中有着许多相同的自然的和人造的元素，但是每一种元素都在其所处的环境之中具有不同的形式和意义。像假山和水这样的自然元素，在中国园林中是为了使人更加亲近地体验大自然中的山林与溪流。并且在中国园林中，植物也具有丰富的象征意义，例如竹子象征正直与坚毅的性格，松树

① 黄仲山未发表的文章为该部分论述提供了研究材料 “The Differences between the Garden Aesthetic Styles of Western Europe and China,” unpublished paper, 2012.

象征着长寿与挺拔，而荷花则象征纯洁与清廉。

也许深受中国传统士大夫的影响，园林设计中对自然的强调与道家和佛教中的禅学思想紧密相连。道家与佛学思想都将自然作为逃离尘世的避难所和一种精神蒙养的形式。[①]

因受到中国园林的影响，日本的传统园林始于公元10—12世纪。在其中稀疏的树木、鲜艳的花朵、落叶植物和池塘中间小岛上小山状的土丘都是日本园林的标志性元素，一两座或更多的小桥将池塘中的小岛与岸边连接。并且需要注意的是，始于14和15世纪京都的园林，其建造的目的是为了使人在其中进行禅思。例如位于京都西园寺中的禅宗园林，其使用了大量的稀疏错落的、简洁抽象的石头象征大自然中的山。

至此我们所提到的城市花园，其都是被作为一种审美对象而对待的，即是通过我们身心参与到环境之中而获得的一种审美对象。然而，这些花园还有另外一些重要的用途，如，它们可以提高城市的文化实力，吸引游客和提高居民的生活质量甚至经济的发展。并且从另一个层面上看，花园还起到了对市民的教育作用，它为人们提供了植物、动物这些关于大自然的知识。

阿加汗项目基金投资修建的现代城市花园还具有提高城市居民生活质量这样一些功能。例如艾资哈尔公园花园，是开罗阿尔艾哈迈尔旧区改造项目的组成部分。[②] 这个花园为低收入的埃及人提供医疗和教育的帮助。另一个将社会公共职能纳入到花园之中的是科亚花园公园项目，科亚花园公园项目致力于在全球第三世界国家中建立公共花园，为穷人和无家可归的人们提供社会救助。这两个公园项目都使用了花园这一理念来为人们提供社交活动和改善人们的生活质量。并且这两个项目都说明了作为审美对象的花园，其审美性不仅是一种内在的价值，它也具有外在的、实际的功能性。在这些例子中，我们看到审美活动是在促进人类生活幸福的过程中实现的。

---

① 关于中国园林的介绍参见 Elizabeth Barlow Rogers, *Landscape Design: A Cultural and Architectural History* (New York: Harry N. Abrams, Inc., 2001), pp. 281-394.

② 在一些情况下，“花园”和“公园”两个词义间的区别变得十分模糊，尤其当“公园”一词包含了“花园”所指示的要素。例如在艾资哈尔公园花园和科亚公园花园，它们既是花园但是也具有公园所具有的社会功能，这也正是纽约中央公园的核心特征。

通过对不同文化和不同的城市环境中的花园的简单考察可以看到，花园对于城市环境来说是必不可少的部分。无论处于何种文化之中，花园都将自然的元素和人为建造的元素结合起来，组成城市生活的一部分。甚至是那些城市中仅仅表达个体情感和体现个体创造性的私人花园，也不可避免地让人们驻足欣赏，由此这些花园亦丰富了人们的城市生活。

五、花园作为自然与城市环境间联系的符号

在论文接下来的部分我将基于自然/城市的关联中对花园进行哲学上的分析。为了完成这种分析，在此需要简单介绍纳尔逊·古德曼的审美符号理论。在《艺术语言》中，古德曼将艺术的符号性功能比作语言。[1] 我将从他丰富的艺术符号理论中撷取其一点精义来阐释花园如何作为城市/自然间的一种符号。对我们的目的最有用的概念是例示。例示是用来解释艺术作品如何作为符号起作用的三种主要符号形式之一。例示与再现或表现不同，是指涉符号与其指示物之间的关系。在这里例示指涉的是花园与城市/自然之间的关系。符号既例示了其符号本身的特征，又例示了其指涉物的特征。[2] 像这些例示的符号既需要其本身具有被例示对象的字面上的特征，其指涉的基本途径或方向又来自于符号在这里，花园所象征的对象（自然/城市）。在古德曼的审美符号理论中，例示也是一种审美征候或指示物，这或许有助于论证我的观点，即花园可以作为一种审美符号形式起作用。

字面的例示在花园与自然之间发生的基础是它们都包含了树木、鲜花、石头与水。例如在中国园林中，富含生机和具有灵动形式的石

---

① Nelson Goodman, *Languages of Art*: *An Approach to a Theory of Symbols* (Indianapolis: The Bobbs-Merrill Company, 1968) 52 - 67, 85 - 95. 亦参见 Nelson Goodman and Catherine Elgin, *Reconceptions in Philosophy and Other Arts and Sciences* (Indianapolis/Cambridge: Hackett Publishing Co. 1988), 19 - 23, 33 - 43, Nelson Goodman, *Of Mind and Other Matters* (Cambridge and London: Harvard University Press), pp. 59 - 77.

② Nelson Goodman and Catherine Elgin, *Reconceptions in Philosophy and Other Arts and Sciences* (Indianapolis/Cambridge: Hackett Publishing Company, 1988), p. 19.

头例示了自然中的大山，园林中的池塘则指涉了自然风景中平静的湖水。与此相类似，例示也发生在花园与城市之间。例如，花园和城市拥有亭榭和其他建筑。花园也同样例示了自然与城市两者间所共有的特征(即是说这种特征在存在于三者之中)。例如园林中的桥连接着被溪水和河流分割开来的不同部分，而在自然与城市之中，桥也是被建造起来用以连接被自然分割开的部分。在这个例子中，自然与城市中的桥都表现出了人的设计和改造的介入，而花园也表现出了这种特征。从另一层面看，花园也从字面上例示了在自然与城市中也存在的生长、成熟与腐烂的循环周期。

我将花园作为一种理解自然/城市之间的联系的符号，还借助了隐喻理论。对于古德曼来说，表现是一种隐喻性的例示。基于这一论断，我将隐喻理解为一种概念化的过程，在这过程中“相似的图式被隐晦地运用到新的领域之中，或以新的方式运用到旧的领域”[①]。回到我们以上所举的例子中，花园中那些生长、成熟和腐烂正是这样一种隐喻，它表现出了自然与城市中存在的这一自然循环。

既然花园至少在某些时候是一件艺术品，由此隐喻性的而非字面的指涉方式似乎是适合于关注花园的审美方面的恰当的符号形式。在这些例子中，花园中那些字面上的指涉被转化为充盈着审美丰富性的隐喻，使我们能够超越字面上的关联去轻易地抓住自然与城市之间的联系的方面。

对花园进行隐喻性的理解，使得花园例示了诸如“自然美”或“形式美”、“愉悦”这些传统的美学价值，以及其他的诸如“和谐”、“平衡”、“优雅”这些独特具有表现性的特征，这正是美学家们渴望从自然和城市环境中联想到的。还有，当我们畅游在花园的空间里时，隐喻使我们能够抓住心境和感受的本质，甚至是经验中的想象性的反思。这些性质都不再是个别环境的字面的或“客观的”性质了。

因此，作为符号的花园，当它关注自然或城市环境中的某些特点以使其突显，或显示两者如何相关联时，运用的是字面的例示。这些特征能够在城市或自然之中被直接地认识，或可以被隐喻地运用到城市与自然之中。例如，在柏林犹太博物馆的花园中有来自世界各国的

---

① Nelson Goodman and Catherine Elgin, *Reconceptions in Philosophy and Other Arts and Sciences* (Indianapolis/Cambridge: Hackett Publishing Company, 1988), p. 16.

犹太人大屠杀幸存者种植的植物(字面的例示),并且花园的地面是不平坦的,以至于找不到一个可以站稳脚的地方。由此,花园里无法驻足的地面和根植于其上的植物是对避难者经验的一种隐喻,这种经验由花园中的来自各个国家的大屠杀幸存者的植物做出了字面上的例示。

墨西哥的瓦哈卡民族植物园,既例示了对风景的自然性指涉,又对这个地域的历史的文化性指涉进行了例示。这座花园位于一座16世纪的圣多明戈修道院前,花园里的植物由低到高连绵起伏,并且整个设计是为了象征该地区在一千年以前就进行植物种植这一悠久的历史。花园里遍布由人类学家挑选的植物,包括霸王树、管风琴仙人掌以及其他的来自该地区的植物。这些植物使人联想到那一片仙人掌与蛇共存的自然景象"密布的鲜花和荆棘,干燥的空气和那带来潮湿的飓风"(巴勃罗·聂鲁达),花园喷泉中的水被从当地特有的白色寄生虫(胭脂虫)体内挤出的血染红,它既意喻古老的萨巴特克血祭仪式,也意喻墨西哥在殖民统治下的流血牺牲。[①]

用花园来例示自然/城市,并不是预设其存在一套已经建构起来的符号系统,就像语言或与语言相似的系统。相反,用以讨论花园及其作为理解自然/城市的用途的指涉层面是建立在经验基础上的。经验在这里包括了花园各组成部分的知识,历史上的各种各样的花园和花园与自然/城市间所具有的那些共同特征。

花园作为一种符号形式,其指涉类似于使我们理解一幅画的图像能力,而不是基于语义和语法系统规则的语言能力。事实正是,我们对花园的经验受到视觉和知觉的巨大影响。但是,对花园经验的审美鉴赏并不像欣赏一幅画或其他的视觉性的艺术品那样,它需要调动除了味觉以外的所有的感官能力。正如凯瑟琳·埃尔金(Catherine Elgin)所描述的那样:"我们听到鸟和昆虫的鸣叫(这些从城市的花园中传来的柔和的声音)。我们闻到花与落叶的味道,我们感觉着脚下的土地(也许当我们路过它们时还能体验到其他植物的存在)。"[②]

通过对花园的解读来洞察自然或城市环境,利用与这些实体相关

---

① Edward Rothstein, "The Past Has a Presence Here," New *York Times*, June 15, 2012.

② Catherine Elgin, Letter commenting on an earlier draft, June 14, 2012.

的丰富的经验和知识。花园作为自然与城市间的符号,其最重要的基础是符号(花园)和指涉物(自然/城市)间存在的“自然的”关系,如来自大自然中的树木、石头和水,以及由人的心灵和活动所设计创造出的楼阁建筑、桥和雕塑。将花园阐释为与自然/城市间相关联的符号也基于一系列复杂的经验之上,这些经验是在我们每天与自然、城市的碰面中,通过视觉、听觉和其他感官活动所获得的,也包括我们从历史、科学、哲学与美学中所获得的知识。

界定、比较和阐释花园的指涉之域,即符号,并非是一个抽象的符号系统。相反,它是全世界所有城市花园都最为具体、本质的主体组成部分。每一座花园都引起我们对自然以及与其所在城市环境相关联的文化的关注,在此,花园是自然与城市的特征的一种样本,而不是对自然与城市的叙述或描绘。

古德曼指出符号的“正确性”和有效性基于我们希望符号去完成什么。不同的符号遵循不同的标准。因为我们的目的是试图理解自然/城市的审美特征,所以我们注重的是符号的最好地表达我们的主题的审美特征的方面。在任何情况中,对符号价值的衡量在于它对我们感知的激发能力,以及提高我们认识事物的能力。当我们的经验去考虑各式各样的指涉一系列自然/城市的结构模式的花园时,花园将最好地激发我们对城市/自然的理解力。

然而,仅仅出于理论的新颖性而简单地引入符号理论是不够的,我们所引入的符号应该具有其自身价值。在这种情况下,本次会议的主题“自然/城市”让我们重新思考如何更好地理解自然与城市间的联系。在对自然与城市进行概念定义的过程中,其中一个问题就是界定具有足够丰富性的形象以思考这些实体的复杂性。花园提供了一种包含城市/自然某些方面特征的鲜活的符号;而这些方面很难通过理解自然/城市环境的语言、图画的手段而被我们感知或理解。因此,在当下的语境中将花园用作符号似乎值得思考。

小　结

我将通过简要的概括和阐释,对花园作为连接自然/城市的符号这一问题作一个小结。如上所述,花园作为认知符号例示了自然和城市环境的字面的和隐喻的重要特征。与城市一样，从中国乾隆皇帝(清朝)在北京紫禁城为其退位后的寝宫所修建的御花园，到凡尔赛皇宫前后的花园，花园容纳了一系列具有文化历史属性的器物，甚至连一座现代纽约公寓窗台上栽满绿叶和鲜花的花盆箱也是一件蕴含文化历史属性的器物。我们希望在自然/城市关系中对花园的这一考察，可以使我们对这三者间的联系获得全新的认识，并在此背景中使我们重新思考花园的地位和作用。

从环境美学的大背景出发，我们在此所作的分析也触及了该领域的一些核心问题。比如我们对花园的审美鉴赏是否能够作为一种鉴赏自然的形式？又比如我们对自然/城市环境的审美兴趣是否可以仅仅只关注到环境自身的内在价值(即环境自身的利益价值)，或外在的价值(即环境对外在事物的有用性价值)？由于文章篇幅的关系，在此我不能将这些问题展开讨论。但是通过本文的分析，论证了对花园的审美鉴赏可以作为对自然鉴赏的一种形式，进而也论证了对花园的审美也是城市美学的一个组成部分。而关于上面的第二个问题，这里的分析，论证环境美学应该兼顾花园以及自然/城市的内在和外在的方面。

总之，通过分析我们看到花园是证明自然美学和城市美学之间的联系的特别有用的符号。花园用符号表现了自然/城市的某些方面；它们既是审美鉴赏的重要资源，也可为人类福祉做出贡献。

总　结

对自然和城市环境美学的兴趣依赖于研究的背景。这篇文章从我个人对三种不同文化中城市美学的实地调查到对当前环境美学理论的评述，最终以哲学分析的方式，以例示的概念探索自然和城市之间的符号性关联。对环境的实用的兴趣，如本文前半部分所论述那样，是与环境美学直接关联在一起的，其包含环境的外在的生态学和社会的方面。而通过对概念和论题的哲学性探究，我试图从更广的范围对自然/城市环境美学进行理论性的思考，并且我试图将美学与实际的解决性方案结合起来，对逐渐兴起于环境美学中的自然/城市这一问题进行深入的循序渐进的探究，为环境美学理论做出应有的理论贡献。

（作者单位:美国麦魁特大学）
（译者单位:西南政法大学马克思主义学院）

论城市美之源

高建平

内容提要 在大规模城市化的今天，城市问题日益成为一个重要的学术话题，也迫切需要从美学的角度对此进行研究。本文从“千城一面”的焦虑谈起，说明那种克服“千城一面”努力，实际上代表了一种艺术的追求。巴西的巴西利亚城是这种追求的一个实例。作为一个现代性的地标，这个城市实现了“全设计”，将城市作为一件艺术品来对待。城市设计可以是一门艺术，但并不一定要“全设计”。许多城市是自然生长的，即使设计，也只是起到“路线图”一样的作用，即对城市的生长进行引导。城市常常依山水之势而建，借用其山水和风景，从而使城市风光与自然风光结合起来。城市有着城市的故事，这些故事可以由历史赋予，也可以由文学和艺术赋予。但讲述城市故事时，需要历史与现实的平衡，旅游与生活的平衡。城市不是对象，不能只是用游客的心态来建城。在建设中需要有一种主人的精神和家园的感觉。文章最后力图深化“家园感”的命题，提出只有融入到城市的活态生活之中，使城市里的人对城市产生认同和归属感，城市才有生命，也才有真正的城市之美。

关键词 城市美　千城一面　全设计　家园感

在今日之中国，城市是一个热门的话题。这个话题在中国的流行，也许与它在国际上流行有关，与像刘易斯·芒福德这样一些人的著作被译成了中文有关，但更重要的是，这是一个重要的中国话题。与城市相关的问题，在中国人的日常生活中，被严峻地提了出来，激发着他们的思考。实际上，中国学者对国外有关城市研究的关注，源于他们自身所面临的问题。

几千年以来，中国一直是一个农村和农业人口占据着主导地位的国家。农村人口在漫长的传统社会中,占据着中国人口的百分之八十以上。只是在最近二十多年中,中国的城市人口才急剧上升。从1980年代到2020年代这半个世纪,将是中国彻底改变面貌的时期。可以预见的是,农业人口会从百分之八十,变成百分之二十,翻一个个儿。这是中华文明的一个彻底改变。过去我们都说,中华文明本质上是一种农业文明,中国人面朝黄土背朝天,靠农业养活自己。直到今天,我们仍然可以这么说。每年中国共产党中央所发的第一号文件,都与"三农"(农村、农业、农民)有关。这当然只具有象征意义,但取其象征义,也说明"三农"的重要性。无农不稳,要想维稳,治本之策是解决好"三农"问题。然而,这种格局在最近一些年和今后一些年正在或将要改变。城市将会变得越来越重要,城市的问题将会成为政治家关注的中心,也会引起学术界越来越多的关注。

今天,无论我们住在中国的哪一座城市,都会亲身感受到城市面貌的迅速变化。有客人从外地、外国来,常说的一个重要话题就是中国的城市变了样。不是某一个城市,而是几乎所有的城市都在发生着天翻地覆的变化。我住在北京,几年前有一次回到瑞典斯德哥尔摩,有一种时光停滞了的感觉。我曾在瑞典留学,对斯德哥尔摩很熟悉。离开一些年再回去,感到在那个城市,时间仿佛凝固了:没有什么变化,一切都像我当时在那里的样子。房子没有变,马路没有变,公共汽车的线路也没有变,甚至连公共汽车的时刻表也没有变。对此,我很有感慨,对那里的朋友说,你们是生活在仙境中啊!洞中方七日,世上已千年。这几年我在北京,城市变化太大了,亲眼目睹了许多郊区新城拔地而起。一些地方不久前还是农田,转眼盖起了几十幢高楼,再过两年就成了闹市区。在欧洲,一百年的房子不算老,二百年的房子常常见到,三百年的房子被钉上牌子,注明是何时建的,并以此自豪。总之,是越老越有味道。而北京是座新城。在北京,三十年前的房子只是劳动新村,二十年前房子还不入流,跨世纪的房子偶有可观,奥运前后的房子引领时尚。

一、千城一面的焦虑

城市在迅速长大,变高变胖,这是当下中国到处都在发生的现实。

可以大体作这样的估算：在经济总量每十年翻一番的同时，城市人口也是每十年翻一番，人均居住面积也每十年翻一番，再加上人均商业、旅游、教育、行政用房翻番，机动车数量翻番，以及由此而造成的道路和停车场翻番，出现了 GDP 呈代数级数增长，城市规模呈几何级数增长的态势。于是，平房变成了楼房，多层变成高层，又竞相出现超高层。由此，镇变成了市，小城市变成了大城市，大城市变成了巨型城市。

迅速的建设，改变了人们的生活状况，也改变了城市的面貌。人们在欣喜之余，也产生了一个焦虑：千城一面！其实，不仅千城一面，而且城里的小区也千区一面，商店千店一面，道路千路一面，大楼也千楼一面。

城市与城市之间，已经没有什么区别，只有名字的不同。我们看不到城市的独特的城市风貌，特有的城市文化。一个城市除了有几个地标性建筑外，其他的建筑都一样，而地标性建筑也在相互学习模仿。

小区与小区之间，也只有档次的区分，由楼与楼之间的密度、绿化程度、房屋的形制、小区管理水平，以及地理位置、交通情况，等等决定。这又可归结为房屋的造价和出售价格的区别。有多少钱，就办多少事。与个性特征无关，质变成了量，美变得可用金钱来衡量。小区是如此，街道、公共设施也是如此，其中很少有文化的因素，或者说，“文化”被归结为“档次”，文明只是钱袋的文明。

造成千城一面的原因，是多种多样的。在短短的几十年中，实现在这么广大的地区里的城市全部重建，怎么能不千城一面呢？

城市的风貌，与人们的想象力在一个具体历史时期的同一性有关。例如，一个地方的市政办公地应该怎么建？并非凭空想象出来的，都有一定的规范。古代时衙门就有一定的形制。不同等级的官员的衙门，呈现出从皇宫往下递减的态势。级别越小，衙门也就越小。这是一种礼制，与春秋时舞蹈分八佾、六佾和四佾，道理是一样的。云南丽江有个“木府”，那里的政府由于有民族和距离原因，有相对的独立性，于是僭越规定的形制，想建得更漂亮一些，那也无非更大更气派，更像北京的紫禁城而已。江苏高邮有一个驿站，一个最低级的官方机构，也建得像个县级衙门，方方正正。小官学大官，大官学皇帝。这不是一当上官员，想象力就贫乏，而是职务对想象力构成限制。相比之下，民居要好一些。民居更有地方性，受地方的气候、民风民俗、家族传统、地形地貌、建筑材料，以及与这种种因素联系在一起的地方传统和民族审美习惯的影响。

一个时期有一个时期普遍采用的建筑材料。现代建筑材料与古代的就地取材不一样，具有超地域性。现代建筑无非是用钢材、水泥，再加上表面的贴材，各地都一样。一个有趣又有点可叹的例子是，有一段时间，人们觉得白色的瓷砖好，干净、亮堂，一下子这种瓷砖流行全国。再过一段时间，有人不满，写文章说白色瓷砖像公共厕所，于是瓷砖颜色一下子变了，现在流行砖红色。由此，我们可以从瓷砖的颜色判定建筑的年代，与城市个性无关。

当然，建筑的统一性，可以是有意为之。一些公司企业实行标准化，在自己的连锁餐馆、旅店、商店、住宅、公司等中，让建筑本身就有着明显的标志，以彰显天下一家。在全世界，瑞典的家具日用品店“宜家”(Ikea)都有差不多的式样，外墙刷上瑞典国旗的黄蓝二色。最近中国流行快捷酒店，有一个叫“如家”的连锁店，外墙刷明黄色，这在中国几乎各个城市都能看到。

当人们责备“千城一面”之时，其实，我们还可以问这样一个问题：为什么不能千城一面？打一个比方说，娱乐界常常炒作明星们穿衣“撞衫”，两个人在同一个场合不约而同地穿了同样的衣服，于是被描绘成“惨不忍睹”。有时，小报记者们还进一步穷追不舍，迫使电影女明星们时时处处防“撞衫”，一件衣服别人在公开场合穿过了，或者自己在某个场合穿过了，就不能再穿。

其实，普通老百姓买衣服就不怕“撞衫”。不仅不怕，而且还有意识地相互学习。朋友同事买了一件衣服，看着穿得好，就问在哪儿买的，也去买。商店的营业员向顾客推销衣服，也喜欢说：这一款卖得好！卖得好的衣服，“撞衫”的可能性就大，但普通老百姓对此并不在乎，他们对自己的选择常常没有把握，于是从众。明星为服装代言，服装模特穿着新款衣服去走台，就是用自己的名气、脸蛋和身材诱使普通老百姓去跟着模仿，这也是抓住了人的从众心理。等大家都努力去与明星“撞衫”时，就又迫使“明星”翻新的花样。

同样的情况也适用于城市建设。对于一般老百姓来说，无所谓千城一面，也不在乎千城一面。他们要的是房屋结构合理，室内好安排，外观好看，小区的各种设施方便，购物、交通、教育、绿化、停车、文化生活，这些要求都能满足。如果是临着一条河或一汪池塘，靠近一个公园，离闹市不远却又能闹中取静，那就更好。至于设计上是否与另外某个房子或小区雷同，则并不重要。有时，雷同还成为夸耀的资本。你会常常听到，这个小区的设计学习了钓鱼台国宾馆，那个小区的老板是一个北欧迷，听说这个小区的设计者曾考察过加利福尼亚的民居，如此等等。这些说辞，小区居民可用来提高自信，从而自我安慰，自我夸耀，房地产商也可用来提高房屋价格，让居民们为这一份自信埋单。

其实，过去的官邸、寺庙，甚至佛像都雷同。有人专门研究佛像的美，但他们也无奈地发现：千佛一面。除了做得精细一点，贴的金多一点，体积大一点外，佛像之间的个别差别是很小的。当然，佛与佛也长得不同，但那只是时间造成的差异。汉佛秀骨清相，唐佛雍容华贵，几十年，甚至几百年才一变。人们可以根据一个时代的同一性和不同时代的差异性，写出佛像艺术史。

我们今天对这种雷同不以为然，但对于当时的人来说，为什么不能雷同呢？不雷同，是一种艺术要求。穿衣、住房、造佛像，本来并不是艺术。

于是，克服千城一面，与克服千房一面、千寺一面、千佛一面一样，背后有着一个动力源的问题。那么，这种动力来自何方？

二、城市作为艺术

个性化的追求，是随着艺术的冲动而出现的。也许，我们可以给艺术以各种各样的定义，但有一个定义，可能绝大多数人都同意，这就是艺术要有个性。

追求一物既实用也美观，这可以是普遍的要求，而追求一物与众不同，这是特别的要求。如果说前者是一般生活的要求的话，那么后者也许与现代艺术观念有关。康德认为，艺术家要有“天才”和“灵感”，艺术要有独创性。艺术可以模仿现实，但一件艺术品不能模仿另一件艺术品，模仿了就不再是艺术了。天才的作品，是不遵守规则，却制定规则，不效仿别人却能被别人效仿。

克服千城一面，所包含的意思，就是将城市当作艺术品看。一所房子,一座城市,正像一件衣服一样,如果是日常生活用品,就不怕重复。但是,如果是艺术品,就不能重复。同样,城市也是如此。

一座城市能否成为一件艺术品?这可以作为一个问题来思考。这种思考能给我们很多启发。

让我们从一个例子谈起。巴西首都原来在里约热内卢。为了开发内陆,改变国家的发展重心,也受现代主义艺术观念的影响,20 世纪 50 年代时,在当时的总统库比契克(Juscelino Kubitschek)的领导下,两位有名的巴西人,一位是城市规划家卢西奥·科斯塔(Lucio Costa),一位是建筑师奥斯卡·尼米叶尔(Oscar Niemeyer),造了一座城。科斯塔拿出总体方案,尼米叶尔设计了一些最主要的建筑。这个城市的形状像一架飞机,机身是公共建筑,机头驾驶舱的地方,有一个“三权广场”,总统府、国会和最高法院这三项行政、立法、司法最高权力就集中在这里。接下来的“前舱”中有各部办公大楼和大教堂。这架“飞机”的“后舱”是文教区、体育城和电视塔,“机尾”是火车站。两边的“机翼”是居民住宅小区,设有托儿所、学校、运动场、影剧院、医院、商场、餐馆,等等。住宅区没有名称,只有号码。在“机翼”与“机身”的连接处,有一些大商店、高级旅馆、银行大厦、医院和国家大剧院。1960 年 4 月 21 日,巴西正式迁都于此。一架面向东方的巨型飞机由此启航,标志着这个后来进入“金砖”(brics 的第一个 b,就是指巴西)行列的国家开始了飞向现代化的航程。

电视塔顶上,有一些望远镜,供游览者观赏市容。望远镜旁写着这样几个英文字:Landmark of Modernity(现代性的地标)。在我们今天热衷于谈论“现代性”和“后现代性”的时代,这座城市一点也不“后现代”,她把现代性的精神演绎到极致:理性,全设计,成为一个完美的整体,各部分之间的关系合乎逻辑。

1987 年 12 月 7 日,这座城市正式被列入联合国教科文组织“人类文化遗产”名录。这也许表明这种城市建设的思路得到了认可。的确,这座城市代表了一个时代,代表着一种精神,这就是整体设计、全面规划的精神。这种精神在许多的城市里出现过,只不过在这里体现得最为充分罢了。

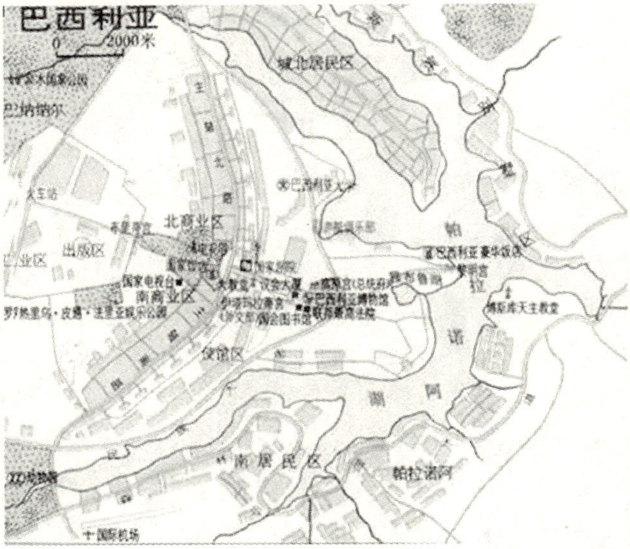

巴西利亚城市地图

将城市当作一件艺术品来建设，进行完全的设计，这是一个现代的追求，这种设计，当然不是没有弊端的。

首先，将这座城市当成艺术品，那就意味着，这座城市是一次性地、一劳永逸地建成的。关于这个城市的以后的工作，只能是修缮。再在这座城市里建任何新房子，只能是对这件艺术品的破坏。没有人在一幅画画完几十年后再去添几笔，添上去的只可能是败笔。很少有人一生都在改写一本小说，即使有，也不是现代的做法。米诺岛的维纳斯臂断了以后，就不能再加。

其次，这座城市要按照设计规定来控制人口数量，除非有房子空出来，不能有新的移民。城市的空间是固定的，多少民宅，多少商店、学校、餐饮地、供水，等等，都要按照设计要求。当然，也可能会有一些弹性，比方说，让可住四人的房子住上六人，但不能再多了。据说，巴西利亚设计住 50 万人。人口增加时，只能住到卫星城去。在一个固定的、设计的空间中，个人只能接受既定的居住环境，而不能主动地建构这种环境。

还有，这个城市也缺少传统城市所具有的街角。歌中唱“小城故事多”，那是由于有街角。没有街角，没有邻里间的各种关系，就没有了故事。一部《伊斯坦布尔》，写出了曲折幽深的伊斯坦布尔城的一些家族故事。一部《城南旧事》，写出了作家童年时的城市记忆，给人以无穷的回味。

在巴西利亚，社会治安比里约热内卢和圣保罗要好得多，原因是无业游民在这里没有生存空间。无业游民中可能有一些犯罪分子、小偷小摸者、行乞卖艺者，但是，无业游民作为各行各业的后备军，其中又蕴藏着巨大的创造力。没有上海的亭子间，大概中国现代文学史会失色很多。至于艺术家，成名前大都是无业游民，成名后也无固定职业，是多业游民。在居住的空间被严格规划的城市里，思考和灵感的空间也会受到严格的限制。

从以上的意义上讲，巴西利亚只是一个城市的特例。我们可以建一个这样的城市，我们在现有的城市里，也可以建设这样的一些区；但是，城市的规划并非只有这一个意义，我们也绝不能说，不像巴西利亚，就谈不上城市规划。

翻看城市的历史，大概可以说明，人们实际上是一直在进行着城市的规划，只是古代的人对城市规划的理解与今天不同。在中国，汉唐时的西安、洛阳，就有着严格的规划。棋盘格型的城市，也像一局棋一样，是一个整体。但这个整体又要和城市发展的实际情况妥协，在一种博弈中发展。这种情况到了宋朝的开封，就有了很大的不同。商业文化兴起，打破了过去的严整格局。城市有了更自由的发展，出现了政府行政用房与商业性用房之间的互动。

抽象地谈城市的发展，我们也许可以说，城市是由两部分组成的，即城与市。城是政治、军事的中心。古代的城堡，在欧洲，是一些诸侯的宫殿和军事要塞。中国古代也是如此。在各地政府的所在地，形成了一些城。人们筑围墙，挖护城河，有将军统领，设士兵把守。市是商业性的，人们要交换自己的产品，于是，从每隔几天一次的集市，到有了固定的商铺。有店，有作坊，常住居民增多，市就成形。城要与市结合，两者互补。城中的人要消费，而且要求的产品档次还很高，于是提供了市场；市里工商业的从业者，对城有着依附关系。同时，城里的人也不能离开市而生活，他们的日用生活补给从市里获得。欧洲的小诸侯，筑一个小城堡，只知保护自己的家族。市常常被围在城堡外面。保卫城堡，是贵族的事，与市民无关。贵族也管不了市民的事务。中国的城墙将城和市都包括进来，也使官员和商人、贵族与平民有了一体感，他们在城市遇到危险时，可以共同应敌，平时，也对市民有更多的管辖。

回到我们的话题上来，像巴西利亚那样凭空建立一座城市的，只是特例，是政府在一定的思想指导下，在一定审美观支配下的特别行为。这不可能成为城市建设的通例和样板。从财力上讲，建不起，从实用上讲，也没有这个必要。在通常的情况下，城市都是要面对既有的情况来建设和整治。我们在许多情况下，不是建筑一座城，而是改造一座城。

这涉及一个时间性的问题。巴西利亚式的城市建设，花了三年多时间。1956 年决定，1957 年开建，1960 年完成。这固然花了时间，但从美学意义上讲，它没有时间性，原因是，它是按照一个设计图建成的。作为过程的时间，没有在城市中留下痕迹。三年中，房屋是先后建的，还是同时建的，除了建筑工程上的实际意义外，并没有留下美学的意义。我们只是把最终的结果当作一件艺术品，当作画或雕塑一样的艺术品来欣赏。

然而，除了这个特例之外，一般的城市建设都是有时间性的。它有自身的历史，例如一些古城，一些古老的街区，留下历史的沧桑感。这里所说的，还不是如此。我想在这里说，城市的改造，有着这样一些时间性策略：建立一些新区，形成新的商业区、文教区，发展新的观光景点，调节城市的重心，从而吸出旧城的人口，最终对旧城进行改造。同时，辅以文化建设，形成这个城市的故事。这需要十年甚至几十年，经过不断的改造，积累名城之名，让时间的痕迹留在城市之中，形成深厚的积淀。

我们拍摄一张照片，照片有时间，哪一年哪一月哪一日拍摄，拍摄了哪一个季节的景色，拍摄的人和被拍摄的人有年龄，拍摄的人的衣饰打扮展现时代，等等。但是，拍摄是在一瞬间完成的，没有也不可能有摄影师劳作的痕迹。但作画就不是如此。无论是油画还是国画，都有笔踪笔迹，展现出作画过程。建城也是如此，在一个漫长的时间里，城市在一些“策略”指导下成长，于是，城市就有了时间，有了历史。

城市的发展，需要大策略。建立引力场，使城市在一些规划的制约下，受引力场的力量支配，向一些方向发展。例如，火车站原先都是在市中心，为了转移中心，建一个新火车站，城市就被它吸引过去。与此相似的，有地铁或轻轨线路的设计，机场、码头的选址，等等，也能起这样的作用。

城市的发展，还需要无所不在的小设计。在这里建一个街心公园，那里建一个广场。中国人有一个好习惯，早晚出来集体锻炼，打拳、唱歌、跳舞，以及抖空竹、放风筝等，相互免费教，聚在一起交朋友。这种现象在西方很少见到。有鉴于此，城市设计要为这种活动留下空间。

城市有一个自然生长的过程。一个地方为什么会有一座城市，原因可能是多种多样的。可能会有各种各样的偶然的原因。我们听说过这样故事，某个大人物做了一个梦，由于这个梦的原因，他要某个地方建一座城。我们也熟悉，为了纪念某事，或由于某个祥瑞的征兆，建成某座城。但是，归根结底，为什么在一个地方，有了一座大城市，这可以从政治和经济方面找原因。政治的原因，形成了城；经济的原因，形成了市。

城市的建设，需要有设计，一般说来，作为政治中心的城，都是有一定的设计的。这方面的例子，在中国最典型的是唐代西安城和明清两代的北京城。对于各个城区的功能，有着完整的规划。但设计所及，也主要是皇城和各功能区的规定。对从事经济活动和市民居住的区域，也只能是规定范围，进行适当的管理。这一类型的城市，有这样两个特点：

其一，这种设计也是建立在政治规定的模式上的设置。中国上古时期就有明堂设计的规定，对于宫殿、庙宇和其他祭祀场所，都有相关的规定。这种建设和区域规划也是陈陈相因，与按照一种艺术构思形成的现代性城市，有着根本的区别。

其二，尽管有一些政治活动区域的设计，但这只占城市的一小部分。城市从总体上讲，是在长期的历史发展中不断变化，自然生长和城市规划的微调相结合的结果。在这过程中，积累了长期发展所形成的历史感。不同时期所形成的建筑相互叠加，构成配合或博弈的关系。时代留下痕迹，建筑间竞争、争奇斗妍，形成城市建筑的良性互动。

除了这种作为政治中心的城市具有强烈的规划意识外，更多的城市，则具有自然生长的特点。在生长过程中，自然河流的利用、道路的设计、交通设施的安排，如车站、码头的建设，重要的中心性建筑，都具有引力的作用。在种种因素的博弈下，决定城市的发展走向。

从这种情况看来，可以形成这样一些思考：如果我们把城市当作一件艺术品，它所具有的特点，与我们通常对艺术的理解，有很大的区别。那种希腊神话中将城市说成是凝固的音乐的说法，只是古代人的浪漫幻想和现代性的愿望和企图。将城市全面按照艺术构思进行设计，只是一些例外的尝试。就城市建设的一般情况而言，人们做不到，客观的条件不允许，财力也有问题，同时，这么做也没有意义。我们更应该强调的是建设过程中的博弈和引导的观念。

博弈可以是炫富性的：一种“比你更富有”的炫耀冲动，促成建设上的攀比现象。但博弈也可以是引导性的，在既有基础上的对策：对城市既有状况进行功能上的改善。当然，这也可以是美学的，对城市进行超越功能性的，为着审美目的的调整和改造。城市不是一天建成的，不是一年建成的，也不是一代人建成的。一代又一代的人在城市中拆除旧城区，建起新城区，形成了城市的物化的历史，也形成了动态过程中的作为艺术的城市。

三、城市与山水

像巴西利亚那样的全设计的城市，当然很少。这座城市的确可称为是“现代性”的展示。只有到了现代，人们才能克服诸如水源和交通以及建筑技术等各方面的困难，搞全设计的城市。人们并不是想到要在哪里建城市，就可以在那里建的。古代的那种由于某个故事而建设城市的情况，大多也只是神话而已，是城市变得有名了，进行自我溯源时，制造出来的。绝大多数的城市都经历了一个自然生长的过程。从村落生长成城镇，又从城镇生长成小城，再由于种种政治、经济、军事、交通、贸易，也包括文化等各方面的原因，生长成中等、大型的城市。这个生长的过程，实际上是城市不断被改造的结果。在这个改造过程中，不一定出现一些全新设计，而更多的是出现一些新的城市引力场，如建起了一所大教堂或市政厅，建起一个新的商业区，也包括建设车站、码头、机场、地铁线等等，从而改变城市的重心，使城市发展方向得到调整。而城市正是在这种调整过程中，出现一些具有吸引力的点，由这些点生发出一些小设计，如规划某个街道，使商铺的分布更合理，等等。

与全设计的城市不同的另一种类型，是山水城市。这些城市之美，依赖于对自然地理条件的选择和城市建设与地理条件的契合。

山水原本是自然风景，在一些艺术家的观念中，这与城市对立。“市井”是一种生活方式，“林泉”是另一种生活方式。我们常常将前者过于庸俗化，后者过于理想化。美国生态学家罗尔斯顿倡导“荒野”精神，这只能作为一种伦理和美学信念而存在。人类需要荒野，但人类却一直是永不止息地破坏荒野，并且将荒野的破坏看成是自己“本质力量的对象化”，是文明成就的显示。

人类在一个地方筑城聚居，正如前面所说，原因可能是多种多样的。在其中，选择好山好水之地筑城，应该是一个自然的选择。良禽择木而栖，君子择地而居。所谓的风水，其中就有这种含义，选择上风上水之地去居住，这可能是个人的选择，也可能是群体的选择。选地建城，这是大事，当然得三思和请教智者。风水先生之事，是将这种选择神秘化，同时，也借用人们的神秘观念来加强对选址大事的决心。中国古人讲山水要可游可居。居住下来，就可以吸引更多的人来居住。正像走的人多了就成了路一样，住的人多了，就成了城，来交易的人多了，就成了市。

古代筑城，第一要义就是水。水对人太重要了，人畜饮用，草木生长，都少不了水。古代人受引水蓄水的条件限制，于是只能在河畔建城。在古代，水道还是最重要的运输通道，城乡间运输，城市间运输，以至于长距离的货物运输，都离不开水。《话说运河》，说的大多是运河沿岸的城市的故事；《长江之歌》，唱是主要是两岸的城市之歌。

谈到水，在欧洲，最著名的是水城威尼斯。城里到处都是水，有大水道，是城里的主干道，有各条小水道，各种小船穿梭来往。临河的建筑很漂亮，被河映照出倒影，更有一种灵动之感。有河就有桥，站在一座桥上看另一座桥，另一座桥和桥上的人是我的风景，我和我站的桥也成了别人的风景。威尼斯的这种景色，大概是其他的城市无法相比的。

意大利威尼斯河景

在中国,常有城市自称“东方威尼斯”。其实,威尼斯只在威尼斯,其他的地方都不是。不过,不同的地方,也各有自己的水之美。威尼斯很奇特,但成也在名气,败也在名气。成为旅游胜地之后,在威尼斯老城里,已经很少见到居民。前不久去周庄与绍兴,两个以水著称的小城。周庄完全变成了旅游景点,太多的游客,太精巧的装修;相比之下,我倒是更喜欢绍兴的那种原生态味道。在江苏、浙江、安徽、江西和其他一些南方省区,有许多小城,使人流连忘返。水构成这些城市之美的最重要的因素。江南美,正因为那里是水乡。“日出江花红胜火,春来江水绿如蓝”,说的都是水之美。

水大概成了漂亮城市的基本条件。落日余晖下的佛罗伦萨河,能给人一种感动;一条塞纳河使巴黎成为浪漫之都;伏尔塔瓦河成就了布拉格之美。穿过欧洲中部的莱茵河,培育了一串德国最繁华最美丽的城市。在奥地利,有一些原先由于诸侯的领地而成的名城,如格拉茨、萨尔茨堡,等等,都有一个基本的格局:一条河,一个古堡,一个教堂,在这个基础上,再增添一些附加的建筑。

除了水之外,山可以成为城市之美的第二位的因素。山给了城市以立体感。重庆由于山而成就了“天上的街市”。武汉建设一些大学时采取一些很好的做法,给一所大学一座山,于是,在武汉就有了一些全国最美的校园。要想看更为纯美的山城,到西藏去吧。圣洁的雪山,成为美丽城市最好的背景。

山水城市代表着的,是与巴西利亚那样的全设计城市正好相对的另一极,依山水之势而建。在这方面,还是巴西的另一座城市里约热内卢最为典型。这个城市沿海而建,城市呈现出一条狭长的带状,一边是大海,一边是悬崖峭壁,其间有几公里到十几公里的平地,城市的建筑就密集地挤在这片平地上。这座面朝大海,背靠高山,有着悠久历史的城市,只能在既有条件下,巧作安排。整个城市的美,都体现在对海和山的利用之上。从 1502 年葡萄牙人发现这个地方,并命名为里约热内卢(一月的河)以后,人们用五百年之功累积建造出了一个古老而充满活力的城市。宽阔的海滩成了人们最好的游乐和运动场所,到了晚上,科帕卡巴纳沙滩足球场上灯火通明,少年男女们伴着足球长大,其中很有可能会出现未来的足球巨星。高高的山上,点缀着一些房屋和雕像。其中就有山顶的巨型基督像,电影《2012》在以大无畏的精神毁灭所有代表性的人类文明成果之时,也选中了这个雕像。

根据既有的山水之势建筑城市，有着与全设计城市不同的历史。这不仅体现在要对地理环境的充分考虑之上，而且，更重要的，这种城市的建设的历史，一般都是对自然环境的不断适应、克服，并使更多的自然状态进入筑城者的思考视野的历史。

自然的条件并不总是一下子就可以被利用的。常常会是这样的情况：人们发现了风景之美，于是居住进去，并因此而改变所居住的环境，并且，由于居住，对既有环境熟悉，并对环境进行改造，使城市的进一步开拓和扩充成为可能。与此同时，新的材料和建筑技术的发明和采用，使人有可能克服过去不能克服的困难，如在一些过去无法建筑的地方建起了房子，或者打通了过去没有打通的隧道，或形成了其他的交通途径，如建起桥梁、公路、地铁、铁路、机场，等等。在此基础上，城市得到了发展。由此形成了层层的积累，从而使城市在增长过程中，留下了时间的痕迹。不是一次总体规划，而是许许多多的小计划，在几十年，甚至几百年的积累的过程中，逐渐累积成的城市，有一种厚重之感。

中国古人重视山水之美，风景尽在山水之中。对于他们来说，寄情山水，是远离都市，但另一方面，他们又要山水可游可居，于是他们又在山水之中筑城。其实，不仅中国人如此，欧洲人也如此，选择风景优美处筑城，这是美学选择，同时也是生态选择。符合生态的，就是美的。

但是，城市又在创造新的山水之美。里约的基督山以建筑点缀山，整个城市就像一首诗，通过山来点题，有了诗眼。在斯德哥尔摩，几百座桥把一些海边的岛屿联系在一起，水城的自然风光与人文风光实现了完美的嫁接。城市对山水有着依附性，山水又给城市建设以创造的空间，城市建设要突出这种山水的美，而不是遮蔽它。

城市与山水的关系，从古代到现代经历了一些重大而根本的变化。古代的城市依山依水而建。有一次，我去欧洲的小城萨尔茨堡，那座城市典型地代表了古代城市的建城原则。城市需要水，于是建在一条小河上。水供人畜饮用、洗涤和各种日用，水供工业和手工业的使用，水道还能提供廉价而快捷的运输通道。水边有山，山上筑有城堡，那是诸侯居住地。借助山和水，在一个战乱的年代，诸侯可以实现自卫、自立。在这种有山有水的地方建立城市，并使之成为诸侯国的政治、军事中心，这是当时自然而然的选择。这样的城市，在今天看来，成为了绝美的景观。但这不是客体化的、仅供观看的景观，而是可参与的、可在其中生活的景观。

还有一次，去浙江金华附近的诸葛八卦村，这些号称诸葛亮的后人们在深山中的一片平旷之地上，建起了一个小小的村落。村中小河和池塘，倒映着旧式民居的青瓦白墙，池塘中农家妇女在洗菜捶衣，构成了一幅旧式乡村小镇的景象。

现代城市对山水的选择，却在致力于制造一些专供欣赏的景观。例如，在一些大型建筑前设置一池水，以便倒映水景，强化建筑造型的效果。近年来，还盛行一种艺术，即大型实景山水的演出，这些都是很好的尝试。2011 年广州亚运会的开幕式，在室外举行，充分利用了珠江，这也是一个好的创意。

四、城市、意义与美

克服“千城一面”，正如前面所说，不能为克服而克服，不能为了与众不同而搞怪。一个城市需要意义，这个意义表现为城市的符号。但这个意义不是凭空就有的，而是在这个城市的建设中形成的。

为什么人们在某一时期，在某一个地方要建一座城？为什么有些城建了以后就衰败了，而有些城却长盛不衰？为什么有些被破坏后还会重建，屡建屡毁却又屡毁屡建？原因在于这里需要一座城。这个原因，就成了这个城的意义。它包括城市在政治、军事、经济、交通等方面所具有的作用。

然而，在直接的实用之上，城市还有着其他的意义，从而使城市获得额外的名气。

城市的名气可以来自于历史。我们可能会由于历史的原因去看一座城，看一些重要的历史事件的发生地。当你在雅典，住在苏格拉底广场旁亚里士多德街上的赫拉旅馆，出门仰望高高耸立的帕台侬神庙之时，自然会发思古之幽情，即使帕台侬神庙仅只剩了一个房屋的框架，而广场、街道、旅馆只是托名而已。在巴黎街头，历史的厚重感会扑面而来。这儿是巴士底广场，那儿是巴黎圣母院，还有蒙马特尔高地、拉雪兹神父公墓，都是有故事的地方。列宁说过，革命不像涅瓦大街那么平坦。于是，到彼得堡去旅游，都要看看涅瓦大街，在那里走一走，体验一下它的平坦程度。当然，那儿还有冬宫和夏宫，有阿芙乐尔巡洋舰，有十二月党人广场。前天听一位朋友说，他对彼得堡的建筑不感兴趣，只是巴黎的模仿而已。我可不同意，许许多多的历史事件在那里发生，赋予了那里的建筑不一样的意义。去罗马，人们要去看看斗兽场，尽管只是残缺的古建筑的遗迹，但它的意义是古代角斗士的血所赋予的。人们也要去看看凯撒被刺地点，那只是一些土堆，但那曾经是重大历史事件的发生地。我去洛阳时，曾好奇地问玄武门在哪里，尽管那里已经没有什么可看的。我没有去过滑铁卢，有机会很想去看，历史是在那里被改写的。最近去徐州，住的地方一出门就能看到淮海战役纪念塔，那也是一个曾经改写历史的地方，一场大战改变了中国之命运。其实，这些地方，有的有遗迹，有的早已经面目全非，但我们所看重的是，这里的历史能赋予人们以想象的空间。

城市的美常常与历史的联想联系在一起。从一个较长的时段来看，这种影响又是相互的。名城吸引名人来，名人又使名城更加有名。这一循环，像许多循环故事一样，本身也许只是一个空洞的陈述而已。但如果将它放到城市成长的过程之中，让历史给这一类城市故事增添多彩的细节，就会变得丰满而有血有肉。这种城市故事的关键，在于历史活在了当代人的生活之中。这种历史的传承，更多的是今人的选择。名城的历史是今人给城市定位的资料，今天怎样做城市美学的文章，那是今人的事。做出来的，也是今人的文章。

文学艺术也能赋予一个地方以意义。李白的两句诗："故人西辞黄鹤楼，烟花三月下扬州。"两句诗写了两座城市和一条江。今天，这两座城市的人，都在用这两句诗做文章，进行城市宣传。黄鹤楼是在眼前的，扬州城是憧憬中的，即所谓扬州梦。最近一些年，扬州人用这句诗意，搞起了每年一度的"烟花三月"节，呼唤人们去圆梦。有一次在北京看到一个主要由瑞典的退休老太太们组成的旅游团，名字叫"沿着沈从文的道路"。她们不远万里来到中国，要到凤凰去，寻找沈从文笔下的湘西。读一批 19 世纪俄国和法国小说后，再去彼得堡和巴黎，感觉就会完全两样，那里的一切都被涂上浪漫典雅的色彩。这条街是列夫·托尔斯泰笔下的彼埃尔伯爵居住的地方，那个剧院里，安娜·卡涅尼娜常去听歌剧。雨果曾常常在这个公园里散步，左拉常常到那个咖啡馆喝咖啡，这一切都能给人特别的感受。屠格涅夫游走在彼得堡和巴黎之间，在两座城里都留有他的身影。伊斯坦布尔本来早已经是名城了，但我们的知识仅限于圣索非亚教堂和蓝色清真寺。读了帕慕克的小说，人们一定会增加对这个城市的深度与厚度的理解。

艺术教会人们看城市。我不知道是否是通过画家的发现，伦敦人才会欣赏城市的雾，但我对北京胡同的欣赏力的提高，的确从一些摄影作品中得益匪浅。看完一些照片以后，我们才知道，一些过去被认为破旧、肮脏和乱糟糟的胡同，却可以是如此之美。听说丽江曾差点被拆了，经过一番争论，才最终保留下来。今天，这个问题早就不存在了，艺术家早就教会从一般民众到地方官员如何去欣赏丽江老城的美。在维也纳街头，听到人哼小曲，也会侧耳细听，是不是舒伯特的旋律。到了布拉格，脑子里全是德沃夏克的音乐。绘画与音乐，可以使城市变成风景，配上节奏与旋律。

在艺术改变人的眼光方面，更明显的例子，可能是电影电视了。早在上世纪 70 年代时，我去无锡梅园，就听人说，拍摄根据巴金的小说《家》改编的电影时，鸣凤在那里采过梅花。美国电影《廊桥遗梦》中的那座桥，早就成为旅游热点。去奥地利，导游会给你讲《音乐之声》是在哪座花园拍摄的，西西公主曾在哪里住过。

历史、文学和艺术，都构成城市的故事。这些故事提供了城市意义的另一面，这就是超越直接实用功能之上的城市文化的层面。城市之美，并非存在于一种超越实用功能的关于城市的纯粹装饰和美化，而正是存于城市生活之中。然而，正是这种历史、文学和艺术意义的阐发，使城市有了文化的内涵。一个政治上的中心，不等于有了文化，但可将政治文化融入到城市之中；一个纯粹军事上的堡垒，也没有文化，但古战场常常能成为最有文化意蕴之地；同样，一个商业中心可能只有生意，没有文化，但商业文化能够成为城市故事的最动人的内容。城市之美的背后，正是这些文化因素在起作用。

寻找城市的意义，其结果是，我们的文学和艺术的观念，会渗透到我们的观看之中，并进而影响我们的城市保护和建造。于是，我们按照文学和艺术来建城，城的发展方向由于我们的观念而改变。在今天，更为重要的是，我们通过意义的阐释来为城市定位，并因此而“打造”城市。我们常常听到人们讲“打造”城市，擦亮城市“名片”。这里面有着积极的意义，说明建设者们有了城市意识。但是，这里特别要警惕的是一种对城市意义的过度阐释。过度阐释，是对城市所可能具有的意义的随意取舍和任意夸大。

对此，我想说这样两点：

第一点是，要实现古代与现代的平衡。有传统，有现成的故事，这本来是好事。历史、文学和艺术的故事，可以成为现代阐释的重要源泉，用得好，有着很大的意义。但是，古代与现代的平衡很重要，没有平衡，古代就不再是优势，而反过来成为包袱。北京是一个古城，但也是一座现代城市。只强调古代是不对的。正像中国是一个文明古国，也是一座充满朝气的现代国家一样。许多人对2008年北京奥运会开幕式的表演提出批评，指出以“四大发明”为主线，存在很大的问题。“四大发明”是从西方人视角所形成的总结，从这个视角看，中华文明的意义，只在对西方现代文明提供了几个要素而已。并且，所有这四个发明，西方人后来都做得比中国人好。中华民族自己的神话想象系统，历史和现实的发展过程，都没有得到表现。更重要的是，现代的中国没有出现，理由据说是，这方面的符号难找。这本身就有问题了。其实，现代化的过程，必然会给所有的城市都带来新的意义，从而产生新的符号。不费力气去进行符号的发现和创造，却只是配合制造和反馈西方人观念中的中国，是节目成功的诀窍，也是节目失败的致命伤。古代与现代需要平衡，没有这种平衡，只能带来误导。

第二点是，要实现旅游和生活的平衡。中国古人在谈到画时，讲可游可居。这里的游，不是我们今天意义上的旅游，而是一种进入，克服图像的客体化。与此相反，旅游业是一种将城市客体化的操作。城市需要看上去美，需要吸引远方的人来观看。但是，片面地发展观看效果，也会带来问题。

城市不只是建设来供外来游客看的。城市建设的服务对象，应该首先是这座城市的居民，其次才是外来游客。这就像家一样，如果在房屋装修时，装修得像是展览馆或宾馆一样，只让来客喜欢，所满足的是一种被夸奖后的虚荣心。这实际上是装修上的失败。家是供人住的，而展览馆是供人看的，功能不一样。一座城市也是如此，首先要城里的人感到住得舒服，其次才是看上去很美。

在这里，要提出这样一个问题：城市之美是为谁的？如果城市之美只是为了制造景观，那么，这样的美与建造一个博物馆和画廊让人们观赏，是没有什么区别的。我们说，城市是大地的点缀，是文明的象征，这一切都不错。但是，这又不是最重要的。城市是人们居住之所，它的美有一个前提条件，就是很好地解决居住的问题。如果这个问题没有解决，那么，只是让城市化身为景观，供其他人观赏，这个美就有局限性。

举一个例子，一些少数民族地区近年来造了不少民族风情度假村。这是一种文化产业，为当地赚了不少钱。将外国的和汉族的游客引进来，唱歌，跳舞，抛绣球，假结婚，住竹楼、土楼。这是一种景观化，实际上，在当地真正的民居被大量破坏之时，风情度假村里出现的是假民居；在真正的民俗已经迅速消亡之时，在度假村里保留的是假民俗。

许多地方建造的城市形象工程，即所谓努力"擦亮"的"城市名片"，也是如此。所建的，无非是高房子、宽街道、大广场，再加上一些假古董。这种建设的思路，最根本的缺陷在于，是建设出来供外人看的，而不是当作自己的城市来建设的。

城市建设要有审美的维度，但审美维度绝不是景观化维度，恰恰相反，美学要明确指出这种景观化维度的反审美特性。景观化的特点，是建造一些炫目的景观，使城市具有震撼的效果。景观化可能有政治和商业这两方面的动机。这些动机，在前现代社会中就有，但在现代社会中，这方面的问题变得尤其突出，被高度放大。

在一个后现代的时代，建筑、城市、环境建筑，在出现什么？

在美术和音乐中，出现了一个重要的倾向，这种倾向被美学家们描绘为美和艺术的分离。艺术本来是追求美的，艺术中的美要比生活中的美更高，更集中，更有普遍性。但这种观念到了 20 世纪的后期受到了挑战。许多艺术品表现出不美，或者它们成为艺术品与是否美无关。阿瑟·丹托嘲笑了那些试图从形式上分析杜尚的《泉》的美学家。如果这样的话，那么，什么是艺术呢？艺术成了事件，艺术等于吸引注意力。在这种情况下，艺术品不再追求美，也不必用是否美来妄加评价。

超越了审美的艺术走向何方？超越了审美的建筑走向何方？超越了审美的城市走向何方？现代建筑所追求的，是更高、更险、更怪。只有这样，才能吸引注意力。被关注，就有故事，就著名，就会出现故事的进一步累积。

近年来，外地人到北京，已经不再去世纪坛，而去鸟巢。世纪坛仍在那里，当时建的时候，也没有发现它如何丑。甚至设计和建设的人还发过豪言，要超过天坛，以此来为自己打气。为什么短短几年后就无人问津？鸟巢在建设时，也有人觉得怪异，说不上好看，但那里不会冷落。它还会红几年，原因在于奥运会电视记忆还存在人们心中。这种记忆淡忘以后，会是一种什么情况？我不知道。

五、结语：城市的生命与作为生命的城市

综上所说，城市有可能是设计而成的，也可能是自然生长起来的。设计而成的城市，走到一个极端时，就将城市当成一件艺术品，依照一个统一的构思来建造。我们造一个大厦，可以这样设计：一楼是商店，二、三楼办公，四、五、六楼居住。我们也可以这样设计一个单位的小区。有一次到国内的某个研究单位去，发现它们设计得很合理：整个单位由四幢楼围成一个长方型，长方型的两个长一点的边，是办公大楼和居住大楼，两个短一点的边，一边是客房和饭厅，另一边是一所托儿所和小学。这样的设计，当然很好。其实，中国的许多大学，也是这样的设计，里面有办公楼、教学楼、餐厅餐馆、咖啡馆和茶舍、宿舍、图书馆、运动场馆、商店、银行、医院、书店、打印复印店、印刷厂，甚至还有菜市场、水果摊，一应俱全。设计好的学校，给人以整齐有序感。

城市能否这样全设计？这可以从两个层面回答。第一，这样是否行得通；第二，这样是否好。本文对此的回答是，行不通，且不好。巴西利亚当然很好，但只能有其一，很难有其二，何况那样的时代也过去了。

本文提出了历史和时间维度的引入的问题。我们过去建设，总是强调在白纸上画画，这是一种现代性的思维。实际上，白纸上画画的情况很少，除非把既有的一切全部推倒重来。我们总是在既有的现实上增添一些新的东西。

在城市里，有一群人在这里居住、活动、建设。这些人把这里当作自己的家。他们一座又一座、一组又一组地建筑房屋。所有新的建筑，在设计时，都是针对既有的环境所作出的对应性安排。它们或者顺应环境以求和谐，或者在炫富心态支配下以求突出从而形成相互攀比；或者是点缀环境以求整体的美，或者是与众不同以彰显独特的艺术追求。所有这些，都留下时间的痕迹，显示出城市发展过程中人的活动的身影。城市建设会有一些规划，但这种规划不是全设计，而是城市增长的路线图，给发展中的城市以总体上的引导，使它按照自身

的规律，健康地成长。

最后，提出这样一个问题：城市为谁而美？城市建设是要追求美的，这本身没有问题。但追求城市的美，也会将城市建设引向歧途。城市是要给人观看的，但同时也是供人居住的。只是给人看，使城市景观化，并不能造成真正美的城市。

我们看一些小镇上的民居，会发现，只有那些真正的民居，而不是现代仿造的假民居，才能使我们感兴趣。我们去少数民族地区，那些真正的土楼、竹楼，苗寨、羌寨，要比民族风情园里的假苗寨、假羌寨要漂亮得多。

有些地方为了吸引游客，在风景区里点缀一两个寺庙，那种寺庙怎么看都是假的，不伦不类。有一次，我去扬州的高旻寺。寺里有一位90多岁的高僧，破例出来与我聊了一个多小时。他对教义极其精通，又能与时俱进，将教义在时代和生活中化用自如，这使我感动，也使我佩服。这些年，高旻寺在他的领导下，大兴土木，重建佛塔，建圆型会客大厅，又建五百罗汉堂。所有这一切，都是最新的建筑，但一点也不给人以“擦名片”、造形象工程之感。他们在造自己的佛堂，把一份虔诚的心放了进去。

扬州高旻寺

所有这些，总结为一条：只有生活本身才是美的。一座城市的美，要融入到这个城市的活态的生活之中，构成一个活的生活环境，得到城市里居民的认可，使这些人将这座城市当成自己的家园，认同它，拥有它，归属它。这时，城市就有了生命，而这种有生命的城市才美。

我们都有这样的经验：一些城市的主要建筑没有任何创意，是别的城市的低级模仿，居民小区凌乱不堪；但是，如果走进居民的家中，你会发现家家都精心装修过。许多家庭的装修,也许从设计上讲很不专业,但可以看出,都是用心之作。

这对我们的城市建设是重要的启发。避免千城一面,不能为避免而避免,也不必像明星防“撞衫”那样刻意求新求怪。最根本的一条,是要有家园感,像建设自己的家那样用心。

建造自己的家园,让居住在城里的人可游可居,使他们对城市的历史感到骄傲,使他们像打开自己家门迎客一样,建造和展示城市景观,使城市像一个生命体一样健康地在时间中,在历史中成长。这是避免千城一面之道,也是真正的城市美之源。

(作者单位:中国社会科学院文学研究所)

主持人语：

关注美学上的“日本镜”

李心峰

在世纪之交的1999年，笔者曾在一篇日语论文中，把中国现代美学、艺术理论在其发生时期学习和移植西方美学与艺术理论从而实现由古典形态向现代形态转型的过程中日本现代美学、艺术理论所起到的中介作用，象征性地比喻为“日本桥”[①]。在我看来，在进入近代以前，日本的古典美学、艺术理论与整个日本古典文化学术一样，是在中国古代文化学术的强大影响之下深化发展的。但是，在与日本现代美学的最初发生存在着大约四分之一世纪的历史落差的中国现代美学的最初发生时期，中国现代美学与整个中国现代人文学术一样，其与日本现代美学和人文学术之间的关系，与古代相比，发生了根本性的逆转：在中国引进和学习西方美学、艺术理论过程中，日本扮演了一个十分重要的中介桥梁的作用，包括美学艺术理论的学科名称、基本概念术语、重要观念学说，等等，许多都是通过日本这样一座中介的桥梁从西方引进和移植过来的。故而有“日本桥”这样的比喻。我注意到，这一说法在今天已得到我国乃至日本一些美学研究者的认同，时常为人们所提及。

在十多年后的今天，我想使用一个新的比喻即“日本镜”[②]，来形容今天的日本整个人文社会科学，包括美学与艺术学对于今日中国所具

---

① 《日本近代美学、艺术思想对中国的影响》（日语，署名李新风），收入岩城见一编：《艺术/葛藤的现场——近代日本艺术思想的语境》，日本京都，晃洋书房，2002年。“日本桥”本是日本东京都中央区的一座著名桥梁，也是日本“道路元标”的所在地，见证了日本从江户幕府时代到近现代的变迁，可谓东京都最具代表性的地标性建筑之一。我所谓的“日本桥”，仅用其比喻的意义。

② “日本镜”本是一种传统的和式日本铜镜。这里仅用其比喻的意义。

有的参照借鉴的“镜鉴”作用。应该说，在美学领域，“日本桥”在中国现代美学与西方美学之间的中介作用，到了上个世纪20年代后期，已日渐式微。因为，一方面，中国现代一些重要的美学研究者，如宗白华、朱光潜、滕固等等，已相继踏上欧洲的土地，开始直接学习、移植、研究、介绍西方的美学，甚至以中国传统美学的立场与西方美学直接对话，而不再需要绕道第三国的日本，不再依赖于“日本桥”的“中转”。另一方面，自1928年兴盛起来的“无产阶级革命文学”运动和马克思主义艺术论的研究与介绍，更多地把知识界的目光引向了苏俄。上世纪30年代，日本加快对外扩张步伐甚至发动全面侵华战争，中日严重对立，中、日间在美学、艺术理论和文学理论上的交流与整个人文社会科学一样，基本上被迫中断。1945年日本战败，二战结束。但由于“冷战”导致的东、西方两大阵营的对立，中、日间的美学、艺术理论上的交流仍一直处于隔绝状态。

直到上世纪70年代末、80年代初，中国实行改革开放，日本现代美学才与西方美学一起重新进入中国美学研究的视野。而重新进入中国美学研究视野的日本现代美学，它对于中国美学的意义已发生了根本的变化。这就是，它已由中国现代美学发生时期所扮演的中、西美学之间的中介桥梁的作用，演化为今天对于中国美学可能具有的参照、借鉴的作用。如果也可以用一个象征性的比喻来表达的话，那么，我们不妨说，日本现代美学对于今日中国现代美学研究而言，将主要起到一面“日本镜”的作用。

在这里，我想着重强调一下，我们的美学研究者，应对美学上的“日本镜”的重要意义给予应有的关注与重视，应珍视日本现代美学，特别是那些有独特理论贡献的美学大家的理论探索及其走过的道路，对于中国美学界所具有的不可多得的参照与借鉴价值。这是因为：

首先，中、日两国都是东方国家、亚洲国家、东亚国家，必然面临着相同或相近的文化境遇与文化课题，包括审美与艺术方面的理论与实践问题，比如，日本是如何看待它与其文化母体即中国传统文化的关系的？如何看待它与东方世界、与亚洲的关系的？他们在这方面的思考便很能给我们以有益的启示。

其次，日本的现代化，它的包括美学在内的人文社会科学的现代转型早于中国等其他东方国家，它在面对传统与现代的冲突时所面临的两难处境及其做出的各种各样的选择态度，它在社会、文化的方方面面包括美学艺术理论上所获得的经验与走过的弯路，是一面不可多得的镜子。

第三，现代的日本是身处东方的“西方国家”，或者说是“西方国家”中的东方国家，“东方”与“西方”的冲突、碰撞必然深深地烙印在他们的文化思考与建构的每一个层面，这种特殊的、充满矛盾的身份与语境，必然带来许许多多文化上、美学上的崭新的矛盾与课题，而他们对此的思索与所产生的困惑可以给我们以宝贵的启示。

第四，至少在上世纪80年代之前，日本对西方各种美学理论的翻译介绍、研究批判比我们要及时、全面、深入，并且必然体现了他们立足于自身独特语境而做出的取舍、选择、阐释、评价，这对于我们是一个难得的参照。

第五，在西风劲吹、西化日盛的语境中，在西方文化及西方美学范式、艺术观念的裹挟、冲击之下，如何寻找自己的身份认同、文化认同，如何找回本土、本民族的美学概念、美学范畴与艺术理想、艺术精神并给予有效的阐释？在这方面，日本的美学、艺术理论研究者有什么样的思考？等等。

总而言之，我认为当代日本的美学思考，对于我们具有重要的参照与借鉴作用。

本辑“日本美学”专题，我们所选的两篇译文与一篇论文，可说都是美学方面难得的“日本镜”。第一篇日本东京大学教授小田部胤久《日本美学何种程度上是“亚洲”的?》恰好提出了“日本美学”与“亚洲”、与“东方”、与“中华文化圈”等等之间的关系问题，他的历史回顾与问题辨析，让我们看到了这一问题的复杂多歧，看到了作者在欧化、西化的亚洲观与国粹主义的亚洲观等等截然不同的立场之间取舍的犹豫与艰难。第二篇日本庆应义塾大学教授大石昌史《“日本美意识”与“场的逻辑”》，则试图在完全区别于西方主客二分、物我二元对立的哲学传统、思维方法的东方“主客不分”、“不二一元”的“场的逻辑”中，探寻作为东方美的意识的“日本美意识”的根本特性及其存在论的依据。上述两篇译文，都是日本当代美学近年来最新的前沿成果。第三篇拙作《大西克礼论日本美的范畴与东方艺术精神》，所论对象是上世纪50年代日本近代美学代表性人物大西克礼有关日本美的范畴和东方艺术精神这两大问题的思考，虽然在时间上没那么新，但他所思考的问题却与今日日本美学界所密切关注的热点、焦点、难点问题即日本、东方与西方、传统与现代等问题一以贯之，一脉相承。我们从大西克礼在探讨日本美的范畴时既无法摆脱西方美的范畴论的框架又试图超越它，建构日本美的范畴体系的痛苦努力中，看到他对“东方艺术精神”的前所未有的体系性建构与阐释，不是也可以看到我们在阐释中国美学范畴、中国艺术精神时的某种困惑、挣扎、尝试与努力的影子吗？他的这种艰苦探索，不是很能够提供借鉴与参照吗？那么，就请大家来看看这几面“日本镜”吧。

日本美学何种程度上是“亚洲”的？
——围绕近代日本的自我形象[①]

[日]小田部胤久　李心峰 译

讨论会给我的题目是在短时间内对日本美学作一概观。而此次讨论会的主题是“亚洲的多样性”。因此，针对亚洲的多样性来考察讨论日本美学特征时不可或缺的框架，便是本论文的目标。

0. 亚细亚概念的形成

“亚细亚”这一名称对于亚洲而言，是从外部所给予的框架。“亚细亚”这一名称的语源来自亚述(Assyria)[②]碑文。它由来于生长在地中海东部的腓尼基人将其东边的地域称之为阿斯(Acu，日出的地方)。亚细亚被使用于东亚已是17世纪以后的事情。它以亚洲与欧洲之间的交流为前提。“亚细亚”概念在欧洲形成的过程中，附加了许多隐含的意义。这是关于“亚细亚”概念首先要碰到的。

0.1　希腊、罗马的亚细亚概念

亚细亚概念在希腊-罗马世界确立下来。对于这一概念的确立，有必要特别注意两大因素。

首先，参考一下古希腊的用法。让亚细亚与欧罗巴加以对比的议论，在柏拉图那里已能看到。柏拉图的用法大约可以说是价值中立的，但是，在其《大希庇阿斯I》中，则强调了欧罗巴(具体地说即希腊本土)相对于亚细亚(具体地说即波斯帝国)的劣势。使这种论调发生根

---

① 小田部胤久(Otabe Tanehisa，1958－)，日本东京大学文学部美学艺术学研究室教授。著有《象征的美学》、《木村素卫——“表现爱”的美学》等。本文是小田部胤久2007年在土耳其伊斯坦布尔举行的国际美学会议上的发言稿。本文据日文译出。本文的注释均为译者所加。

② 亚述(Assyria)，公元前18世纪到前7世纪间建立于西亚底格里斯河上游一带的奴隶制帝国。

本变化，并从根基上规定着此后的亚细亚观的是亚里斯多德的《政治学》。“外国人与希腊人相比，或亚细亚人与欧罗巴人相比，由于其性格从本性上说更是奴隶性的，因此能够不抱一点不满地忍受主人的支配（despotike arche）。”亚细亚这一概念，不是被归结为价值的自由，而是被归结为奴隶制这种否定性的因素。

在古罗马时代，“亚细亚的”这一概念被用之于辩论术。此概念作为术语最初被使用，是在西塞罗晚年的著作中。纪元前1世纪后半叶，出现了以“阿提卡人”[①]为典范，追求简素风格的辩论家。而与这种“阿提卡”辩论家相对立的人，则被称为“亚细亚的”。该词语指出身于亚细亚(即小亚细亚[Asia Minor])的辩论家所固有的风格。但在这种称呼中，可以说加入了罗马人对于以奢侈、浪费、放纵为特征的亚细亚地方的敌意。——而且，后来这种历史的背景虽被忘记，“亚细亚的”辩论仍被作为指涉早于古典古代的东方风格(尤其是希伯莱语的特质)的词而被使用(例如，请参照孔狄亚克《人类认识起源论》[1746年]，第二部，第六五节)。

0.2　基督教的亚细亚概念

值得注目的第二点是基督教世界中的亚细亚观。

在旧约圣经《创世纪》中，作为诺亚(Noah)的孩子，可以举出塞姆(英语：Shem)、亚菲特(Japheth)、卡姆(哈姆)(英语：Ham)。得到祝福的长子塞姆是亚伯拉罕即犹太人的祖先，末子卡姆及其子孙是被诅咒者，次子亚菲特的子孙被规定为从属于塞姆的子孙的人。

这样的“民族表”在公元5世纪前后，已经与三个方位乃至大陆联系起来。即，塞姆与东方·亚细亚、亚菲特与西方·欧罗巴、卡姆与南方·阿非利加联结在一起。进而，奥古斯汀将亚菲特看作异邦人(Gentiles)(即后来的基督教信徒)的代表，使之与犹太人(Jews)的代表塞姆相对比。这样，在基督教时代，所谓亚细亚便是由犹太教所代表的土地。另外，附带说一句，中世纪的欧洲人一般不把自己居住的地域称之为欧罗巴，而是称之为 Christianitas 乃至 Corpus Christianum。

0.3　近代欧洲的亚洲概念

近代的亚洲概念的形成，是与近代的欧洲概念的形成同步

---

① 阿提卡，指以雅典为中心的希腊半岛东部地区。

的。——近代的亚洲概念本身,已不只是古代世界那种仅以小亚细亚为核心的地域,而是扩大到了包括远东在内的亚洲大陆的整体。

"欧罗巴"一词开始具有今日的意义,(至少是在德国)是在启蒙时代的末期。这里,想分析一下弗里德里希·施莱格尔的"欧洲"观。他在《欧洲文学史讲义》(1803 年的序)中,将处于"以多样的方式分割与结合"之中的欧洲的特征概括为"多样性与可变性、可塑性与人为性";与此同时,他在与欧洲的对比中,将亚洲作为"其自身封闭的各种民族与国土以相当单一的方式互相联结"的大陆,即作为"静态的国土"乃至"其自身即可存在的""若干庞大的空间"的联结乃至集合来把握。对于施莱格尔而言,"亚洲由于富足而陷入昏昏欲睡的安宁,因此,……"不免"在专制政治的压制之下而僵化"的命运。这里,施莱格尔使用"专制政治"这一词语,仍沿袭着亚里士多德的传统,但是,不管怎样,这种认为在有机的统一性和发展方面均有所欠缺的亚洲观支配着 19 世纪的欧洲。黑格尔或马克思的亚洲观也未能摆脱这一成见。

1. 日本的"亚洲"概念的形成

1.1 "亚细亚"概念移入以前日本的世界观

那么,在"亚细亚"概念引进以前,日本人是如何把握亚洲的?

日本的传统的世界观是基于"须弥山"说的"三国世界观"。所谓"须弥山"说是 5 世纪时在印度确立的宇宙论。按照此说,以须弥山(Sumetu, Meru)为中心,其南面,印度大陆展开为倒三角形;其北面,是震旦(Cina-sthana)(中国);其西北方向,则有波斯。这是一种印度中心主义的世界观。此说随佛教传到中国,又传来日本。在日本,让印度和中国,再加上日本这三国来代表整个世界的想法产生了。这一想法规定着与欧洲人接触之前的日本人的世界观。(当然,这种"三国世界观"在大国中国和印度并不存在。位于这两个大国边缘的日本在外在于中心的地方试图使自己合理化而产生了此种世界观。)

1.2 "亚细亚"概念的引进

"亚细亚"这一名称被传播到亚洲,是意大利人传教士玛蒂奥·里奇(Matteo Ricci:利玛窦)。在他所著《坤舆万国全图》(1602 年)中,可以看到"亚细亚"这一术语。

利玛窦的影响在日本也很大,在锁国状态下的《万国总图》(1645 年)中,可以辨认出"あしや"(即亚细亚——译者)这样的平假名标记。

这一事实的意义，不止是17世纪的日本人已了解“亚细亚”这一概念。面向世界整体睁开眼睛的日本人，已被迫与以往基于“三国世界观”(日本、中国、印度)的佛教系统的世界观相冲突。在江户时代的日本，忽而绘制出把欧美嫁接到三国世界观之上的地图，忽而又同时流行起利玛窦式的世界图，甚至还有来自荷兰的两半球的世界图。

1.3 “脱亚”的呼声

这样，“亚细亚”这一概念对于日本人来说，是从外部被给予的，因此，它一点也不能保证亚洲文化的统一性。对于日本人来说，特别地将“亚细亚”作为主题，是19世纪后半叶，即被迫纳入近代化-欧化主义的时候的事情。其大的关键，是鸦片战争中中国的战败，日本的开国(1854年)。在与近代化-欧化主义的对比中，亚洲作为一个归结点，而且作为在文明上、文化上落后的地域而被意识到。其代表性的论者是福泽谕吉(1835—1901)。

他在《文明论概略》(1875年)中，依据弗兰索瓦·吉佐(1787—1874)的《欧洲文明史》(Francois Guizot, 1787-1874, *Histoire de la civilisation en Europe*, 1828)，作了如下的叙述：“亚细亚各国人民，因神政府而蒙受束缚，尽失其活泼气象，陷入愚蠢卑屈之极限者，即为此耳。”福泽的眼光，就是以欧洲中心主义为前提，将近代西方人的眼光作为自己的眼光，以此种西方人的眼睛，来眺望日本以外的亚洲。对于这种眼光而言，所谓亚洲，不能不成为日本必须从其中摆脱开的东西被意识到。他的“脱亚论”(1885年)就是这样产生的。

作为近代的学问的“美学”被引进日本，也正是在这个时代。在国家-历史理所当然地被纳入视野的19世纪，把日本作为一个归结点来把握的想法一旦被视为理所当然，把日本与亚洲，乃至日本与东方作为成对概念来使用的思考便确立下来。(顺便说一下，在日本语中，当亚洲与东方被区别使用的场合，可以说东方承载着文化上的意义的结合的情况较多；但这种区别不是绝对的。)

2. 中华文化圈中的日本

2.1 日本的边缘性

日本从大的方面看，属于以中国为中心的东亚儒教-佛教文化圈。在该文化圈，中国的文化呈现出压倒性的优势，因此，日本作为边缘国家致力于对中国文化的输入、消化、运用。这样，中心与边缘这种地理的特质赋予日本文化以特征。

日本的文化保持着相对的独立。其理由是，第一，从地缘政治学上说，日本作为岛国，得以保证政治的自立性。第二，日本语与中国语并不具有语言学上的亲近性这一事实，也使其必须形成独自的语言表记体系。这样，中世的日本人编制出二重语言表记，即在文字上将中国语与日本独自的语言表记相并用。而且，由于日本语是粘着语[①]，它以如下方式来移植中国语：从中国语这种孤立语[②]引进名词和动词的要素，把它嫁接到日本语上。这种语言学上的特质，也使日本与中心保持距离成为可能。

一方面常常将价值的轴心立足于中国，另一方面，又在与中国的关系中确立自己的位置，这种双重性赋予日本文化以特征。上面所看到的“三国世界观”只有在这种边缘性中才能产生。而在谈论日本文化时屡屡被言及的“主体的中心性的薄弱”（奥古斯汀·柏洛克）也不是与这种边缘性无关。由此产生了这样的思考方式：不是主张自己就是主体-主语，而是在与自己外部的主体的关联中将自己定位为谓语。

2.2 作为亚洲的博物馆的日本

“日本是亚洲文明的博物馆。”这是冈仓天心 1903 年说的话。关于冈仓，在第三节将详细讨论，这里对这句话的意义做一考察。这句话——它对于正仓院[③]和雅乐[④]而言，某种程度上大约是合适的——屡屡被与国家主义联系起来加以解释，但是，本来是不应从那种语境来理解的。在亚洲，自西向东传播的文化——顺便指出，在欧洲，所谓文化是自东向西传播的。对于日本而言，所谓文化，是从西面，即从中国和印度，或进而从波斯传播而来——其流播的落脚点，就是日本。日本是输入但却不必输出（或不能输出）的国度（这样说，也是因为在日本的东面，太平洋广阔无垠）。日本之所以能够成为亚洲的“博物馆”，正是由于这样一种地缘政治学的因素——日本由于位于与亚洲

---

① 粘着语，指不是靠语序、词形的变化，而是靠使用助词、助动词等附属词来表示语法关系的语言。像日语、朝鲜语、土耳其语、芬兰语等乌拉尔·阿尔泰语族即是此种粘着语。

② 孤立语，指词尾没有什么变化，仅靠词序表达语法关系的语言。汉语就是一种典型的孤立语。

③ 正仓院，日本奈良市东大寺大佛殿西北部一座木造大仓库。因收藏有日本圣武天皇的赠品、东大寺的珍藏及文书等七—八世纪东方文化精品九千余件而闻名。

④ 雅乐，指日本的宫廷古乐。本指奈良时代前后从中国、朝鲜引进日本的乐舞，以及以其为模仿对象，由日本人制作的唐乐、高丽乐。

大陆以海相隔的"边缘"，而免于遭受异民族的侵略之害。

2.3 日本文化的多层次性

由于日本是文化的输入国，所以容易产生这样的情形：在文化的中心地域，历史上原本是异质的东西或无法相容的东西，在日本却可以并存不悖。

日本文化的这种多层次性，与日本是"亚洲文明的博物馆"这一情形也有密切的关联。而明确地指出这一点的大约是和辻哲郎[①]的论文《日本精神》(1934 年)的第八节"日本文化的多层次性"。"日本文化的一大特性存在于各种要素逐层地重叠这一事实。"具体地说，作为"艺术领域"的"多层次性"，和辻指出了这样的事实："1200 年前完成的诗的体裁"的"短歌"、"900 年前的体裁"的"大和绘"、"500 年前的能乐"，这些艺术体裁在样式不变的情况下依旧存在。

日本文化的这种多层次性来自何处？这种多层次性屡屡被归之于日本人的精神性。但是，在这里应该读出的难道不是输入型文化的特质吗？中国文化在被输入之际，其形成过程本身在许多场合下已被抽象化，不如说这种被输入的文化已从产生该文化的语境中被切割开来而被重视，并在日本获得了某种规范性。可以说，使本来是历史地异质的、难以相容的东西得以共存，正是由于这种脱语境化的作用吧。

3. 日本的近代美学与亚洲——以冈仓天心[②]为例

日本文化的这一特质在近代化的过程中也保持下来。迄此以前的以中国为中心的世界观动摇了，与"脱亚"的呼声一起，转向以欧洲为中心的世界观——这就是 19 世纪的日本。我准备在这样的情形之下，在最后来探讨日本近代美学所直面的问题。

3.1 作为欧化之反动的"亚细亚主义"

在日本的近代美学中，将自己从亚洲切割出去以追求欧化的运动，与在亚洲的传统之下试图与欧化相对抗的运动产生了。后来被称为"亚细亚主义"的后一种运动的代表者便是冈仓天心(1862—

---

① 和辻哲郎(1889—1960)，日本现代哲学家和思想史家。著有《日本古代文化》、《日本精神史研究》、《风土》、《作为人的哲学的伦理学》、《伦理学》、《日本伦理思想史》等。

② 冈仓天心(1862—1913)，日本明治时期美术界的领军人物，本名觉三。曾任东京美术学校校长，创立日本美术院，美国波士顿美术馆东洋部部长。用英文著有《东洋的理想》、《日本的觉醒》、《茶之书》等。

1913)。

冈仓的《东洋的理想》(1903 年)不只是他最早用英语写出的著作，而且是东方人用欧洲语言系统地描述东方的艺术的最早的书籍。正如人们所熟知的，这本著作以“Asia is one”这句话开始。可以说这是将“亚细亚”这样的外来的概念作为自己的概念的亚洲人，以这一概念针对欧洲列强试图确立自我的证明的行为。

这本书加上了由尼韦卡南达门下的尼韦迪塔所写的序言。“尼韦迪塔”(在“尼韦迪塔”这一词语中，据说含有“表达真理”的含义)这一带有印度色彩的名字，其本名为玛格丽特·诺布尔，是位英国女姓。冈仓的这本书是在她的协助下公之于众的。她所执笔的《序言》如实地呈示出冈仓与尼韦迪塔当时抱有的关心。

尼韦迪塔与冈仓共同强调的是，亚洲决不是由孤立的地域所构成。

这样的想法，有时也带有一种“亚细亚主义”的色彩。譬如，关于(正像在甘达拉[①]美术中所看到的那样)希腊对于印度雕刻的影响，尼韦迪塔-冈仓予以否定，强调那不如说是中国对于印度雕刻的影响。这在今日的美术史学看来，是全无根据的说法，但这一说法对于尼韦迪塔-冈仓来说，也是支撑“共通的早期亚洲艺术的存在”(the existence of a common early Asiatic art)的论断的论据。尼韦迪塔-冈仓主张，正是这种古亚洲艺术反过来给予希腊、爱尔兰、伊特鲁里亚[②]、腓尼基、埃及、印度、中国以影响，得出结论：“希腊就其本来的地位而言，就是古亚细亚的一个地区而已。”也就是说，他依据古亚细亚的范围的假定而要把西方也包括进来。

尼韦迪塔-冈仓的这一想法，在试图批判当时以西方列强为依据的东方主义的同时，的确也陷入了同样的陷阱吧。事实上，这里所说的“亚洲”的理念，与施莱格尔恰好 100 年前试图根据“古德意志的想象”以德意志把欧洲全体统合为一的议论有相对应的侧面。

不过，在尼韦迪塔-冈仓有关亚洲的把握方式中，包含着许多今天仍值得参照的东西。

3.2 亚洲的统一性与多样性

关于探讨 9 世纪日本美术的冈仓，尼韦迪塔这样说道：

---

① 甘达拉(Gandhara)，印度西北部古美术遗迹。

② 伊特鲁里亚，又称伊特那斯坎，古意大利地名。

冈仓氏在处理9世纪日本美术的主题之际，充分表明，不只是佛陀的个人的教义，而且东方的全部神话在相互交流。

即对于尼韦迪塔-冈仓来说，所谓“东方(亚洲)”就是处于相互交流之中的地域。亚洲即使如施莱格尔所说的那样，可以看作是几种相互自立领域的聚集，那也不是亚洲本来的形象，而只不过是亚洲的被歪曲的形态。

为了唤醒亚洲各民族去追求自己的目标，即亚洲各民族不仅过去创造了自己的辉煌而且能够再创辉煌这一目标，做出某种努力是有价值的。因此，如冈仓氏所说，亚洲决不是像我们欧洲人所认为的那种地理学上的各种片断的集合，而是具有统一性的生气贯注的有机体，其每个部分均依存于其他的所有部分，全体呼吸着单一的复合的生命(a single complex life)。该书在呈现这一思想上具有极大的价值。

就是说，尼韦迪塔-冈仓主张，所谓亚洲，并非如施莱格尔曾经说过的那样，不过是“其自身能够存在”的“若干巨大空间”的并列乃至聚集。正如“全体呼吸着单一的复合的生命(the whole breathing a single complex life)”这句话所表达的那样，冈仓根据“一即多”(Non-dualism)的理念——冈仓称之为“生气贯注的不二一元论(advaitism)精神”——来把握亚洲。顺便指出，冈仓认为，这种“一即多”的理念从亚洲消失以至于亚洲被视为“发展停滞”的受害者，是由于伊斯兰对印度的支配。但在这里不打算对此作更多的涉及。

3.3 亚洲的历史的发展

冈仓进而反驳亚洲缺少发展这一广泛流行于19世纪欧洲的想法。

在2.3.节中曾经触及，冈仓主张，日本是亚洲文明的博物馆，而且不止是博物馆。其理由是，日本“在不丢掉旧事物而接受新事物的充满生机的不二一元论(advaitism)的精神上，关注以往的各种理想(the ideals of the past)的所有样态”。由此，冈仓进而得出结论：

于是，日本的艺术的历史成为亚洲形形色色的理想的历史——即东方思想的波浪一次次地撞击(日本的)国民意识在沙滩上留下印迹的海滨。

如前所述,《东洋的理想》一书是东方人用欧洲语言系统地描述东方艺术的最早的书籍。这种系统性与历史性密切相关。

冈仓认为"精神征服物质"是"世界各种力量努力的目标"。接着,他指出:

> 尽管欧洲人为了区别以往艺术的发展所喜欢使用的三个术语恐怕有失正确,但也不能不承认其具有一定的真理。这也是由于生活与进步的基本规律不只是存在于艺术史全体的基础之中,而且也存在于各个艺术家及其流派出现与成长的基础之中。

就是说,冈仓一方面使用"象征的—古典的—浪漫的"这种黑格尔式的三段论说,另一方面,与黑格尔将亚洲艺术分派给早于古典的艺术的象征的艺术的做法迥异,而在亚洲艺术本身之内,发现"象征的-古典的-浪漫的"这样的展开过程。当然,也出现了这样的问题,即这样的历史图式对于日本乃至亚洲的艺术究竟是否有效?不过,在冈仓的议论中,重要的是具有这样的视点:他在论述日本的艺术之际,是以亚洲的框架为根据,通过这一框架,在世界中确立日本的位置。把自己从亚洲中切割开来的欧化论者往往容易陷入国粹主义,就是由于封闭在丧失了亚洲这一框架的日本之中的缘故吧。冈仓的议论在考察今日亚洲多样化的美学之际,仍能给予我们以重要的启示。

(作者单位:日本东京大学文学部)

“日本美意识”与“场的逻辑”

——通过“心”的“相关”、“反转”构造阐释“物哀”①

[日]大石昌史　梁艳萍　谢同宇 译

序　“日本美意识”的历史形成

所谓美意识，是在主观与客观“志向相关”并使主体与客体（能动与受动）相互“反转”的创作或鉴赏经验中，将创造性的对象规定与接受性的自我反省二者的动态平衡作为肯定基准，而对带有情绪性出现的对象的主客融合状态作出直观判断的意识作用。这种具有对象规定（“相关”）与自我反省（“反转”）双重构造的美意识，在加以时间、空间限定的个体存在之下，通过对象及语言等自我理解手段得到内部萌发与外部表现。但是，由于使包含抽象概念规定的可能性意味作用于现实的语言运用，使之具有社会约定性而表现为文化相对性，通过这一语言应用所萌发和表现的美意识必然带有共时性、地域性偏差并伴随着历时性、历史性变迁。

一般认为，在与西方文化的全面交流开始之前，受地缘政治学条

---

① 本文是以2007年7月9日第17届国际美学会议（土耳其共和国，安卡拉）（XVIIth International Congress of Aesthetics in Turkey［Ankara］，July 2007）上以“Japanese Aesthetic Consciousness and the Logic of ‘Field’：An explanation of ‘mono-no-aware’（sympathy with things）through the dynamic psychic structure of relation and reversal”为题发表的英文演讲原稿为基础而形成的日文版本。日文版本与英文版本虽然结构不变，但部分内容及表达略有不同。（原注）

作者：大石昌史（Oishi Masashi，1958－　），日本当代美学学者，男，生于日本静冈县浜松市，现为日本庆应义塾大学文学部教授、文学博士。主要研究德国美学、日本美学及艺术美学。

件影响，近代以前的日本文化史是以朝鲜半岛为中介或缓冲地带，对中国文化既保持联系又保持距离的接受、发展过程。但毋庸置疑的是，可以称之为中国文化亚种的日本文化中也存在着独特的差异，即通过“哀(aware)”、“幽玄”、“风雅”等诸美学范畴(语言)张扬其“日本特征”，并通过异于中国文明，显示日本“国风”、“和样”的实际存在的文物(寝殿造、大和绘、和歌、连歌、茶道、俳谐、浮世绘等)来有意识地凸显某种历史特征并世代传承，由此形成了独特的“日本美意识”体系。对这种“日本美意识”，活跃于江户时代中期的本居宣长(1730—1801)将其总结为“知物哀之心髓(mono-no-aware wo shiru kokoro)”。

1. 作为“存在感情”的“物哀”

a. “根源共感性”

本居宣长在《源氏物语·玉之小栉》(1799年)中，对“哀”所代表而未限定的，作为“普遍感动”、“根源共感性”的“物哀(mono-no-aware)”有如下阐述[①]：“凡‘哀(aware)’者，本来是耳闻、目睹、感触到外在事物时，内心有所触动而发出的叹息声，用现在的话讲，就是‘啊(ah)’‘哦(hare)’之类。”[②]“‘哀’不单指悲哀，高兴、有趣、快乐、可笑，但有‘啊(ah)’‘哦(hare)’之叹，都是‘哀’。”[③]

对此，和辻哲郎(1889—1960)重视“物哀”中“物”所具有的“存在论”或“实存论”意义而作出了如下说明：[④]

“物哀”中的“‘物’是包含全部意味与物的一般的、未被限定的‘物’。它既非任何被限定的物，也是所有被限定的物”。[⑤] “所谓‘物哀’，无非是这种‘物’本身具有的‘哀’，即‘物’在转化为各个被限定的物的同时，意欲回到其本来的未被限定的‘物’的永不停息的作用。”[⑥]

---

① 本居宣长:《源氏物语·玉の小栉(Genji-monogatari tama-no-o-gushi)》(1799年版[1796年作])，收于《本居宣长全集》第四卷，1969年。以下引文的句号、顿号、(双重)引号有改动(增删)。

② 《本居宣长全集》第四卷，1969年，第201页。

③ 同上，第202页。

④ 和辻哲郎「“もののあわれ(mono-no-aware)”について」(1922年)，收于岩波文库《日本精神史研究》，1992年。

⑤ 《日本精神史研究》，1992年，第228、229页。

⑥ 同上，229页

"'物'表现为一个根源。""作用于各个物的内部,将各个物引向其根源。"[①]"'物哀'终究必须是对这种永恒根源的'思慕'。不论是喜悦还是悲伤,所有感情都通过内在包含的这种'思慕'而回归到感情本身。"[②]

按照和辻的这一解释,"物哀"是往返于主客分化与主客融合两种状态之间,包括由作为"相对存在者"的"自我"与"对象"二者的意识区别所产生的"自我感情"与"对象感情",从而沟通二者与作为"无常之物"的人与物、主观与客观的"根源共感性"的"自觉",也是从存在的根源之处涌现出来的一种带有"无常"意识的否定自我的"存在感情"。

b. "物哀"与"感情移入(移情)"的区别

草薙正夫(1900—?)对上升到"物哀"或"幽玄"层次的日本人的自然观与美意识二者之间的关系有如下阐述:[③]

"根据日本人固有的泛神论自然观,神是存在于自然内部、孕育万物的神。因此讴歌自然美并不意味着要模仿自然,而意味着'入幽玄之境',换句话说,就是回归存在的根源、赞颂神。"[④]"然而,在自然作为人的对立面这一前提下可以成立的是'感情移入说(移情说)'(Einfühlungs theorie)。之所以如此,是因为'感情移入(移情)'意味着人类通过向与之对立的自然移入异质的自我来客观地享受自我。"[⑤]"在日本人眼中,由于自然意味着生命之本,'入幽玄之境'便应该意味'回归'(Zurückkehren)自然,即'回归'自我之本。所以在我们看来,艺术作用不是立普斯(Thodor Lipps, 1851 - 1914)的'感情移入作用(移情作用)'(Einfühlung)[⑥],而应该是'感情归入作用'(Zurückfühlung)。"[⑦]

如草薙的上述解释所示,与立普斯以主客对立、"相关"为前提,认为审美现象是意识统觉作用的产物,进而对审美现象产生的因果进行

---

① 《日本精神史研究》,1992年,229页。

② 同上,229页。

③ 草薙正夫:《幽玄美的美学》(二,日本艺术的理念),塙新书,1973年。

④ 同上,第74页。

⑤ 同上,第74、75页。

⑥ 参照立普斯(Thodor Lipps) Leitfaden der Psychologie, 1903年, 1909年第三版; Ästhetik (Bd. 1: Grundlegung der Ästhetik, Bd. 2: Die ästhetische Betrachtung und die bildende Kunst), Hamburg und Leipzig 1903,1906。

⑦ 草薙正夫:《幽玄美的美学》(二,日本艺术的理念),塙新书,1973年,第74、75页。

阐释的"感情移入作用(移情作用)"不同,"物哀"明显是一种通过"归入"超越主客对立的存在根源与自然之本,是通过"反转"涌现出来的、未曾给予因果性原理阐释的"存在感情"。

2. "行为逻辑"与"场的逻辑"

a. "行为逻辑"与"主客相关"

西方古代哲学向近代哲学的发展与"存在逻辑"向"认识逻辑"的演变相关,是依据在"基体"(主语)上附加种种"属性"作为"谓语"进行"判断"的意识的逻辑构造中"思考主体"的"显在化"引发的。"思考主体"的"显在化",经历了从上古、中世直至近代哲学中外在世界与内在世界的分裂,以及内在世界的复杂化与丰富性过程,并通过原本与意为"对象(客体)"的"objectum"一词基本同义的"subjectum"一词,作为意识的"主体""内在化"及二者被迫走向对立的变化产生。笛卡儿(René Descartes, 1596 - 1650)通过"怀疑论"在"我思"(cogito)中发现了基于"主体(主观)"与"客观(客体)"对立的近代认识论哲学基础,后来康德(Immanuel Kant, 1724 - 1804)进一步将近代认识论建立在"超越论主观"的"统觉"(Apperzeption)作用基础之上。[①] 费希特(Johann Gottlieb Fichte, 1762 - 1814)则在"知识学"中极力强调"思考主体"作为意识"统觉"作用"显在化"。他在《全部知识学的基础》(1794)中将使"知识"成立的意识的根本活动——"本原行动"(Tathandlung)与同一律、矛盾律、理由律等形式逻辑原理相对应,通过无制约的"自我"直截了当的"设定"(setzen, Thesis),和与之相对的、内容上被制约的"非我"的"反设定"(entgegensetzen, Antithesis),以及形式上被制约的"自我"与"非我"二者间的"相互作用"中"限制的、可分的物"的"综合设定"(Synthesis)这样三个过程,对"本原行动"进行阐述。[②] 费希特的分析,可以视为通过统摄狭义的认识(理论)与行为(实践)二者的根本"行为逻辑";也就是说,通过"命题"行为,视为使主客体结合的"相关形成"原理的终极展开。

---

① 参照康德(Immanuel Kant)《纯粹理性批判》(*Kritik der reinen Vernunft*)1781年,1787年第二版。

② 费希特(Johann Gottlieb Fichte):《全部知识学的基础》(*Grundlage der gesammten Wissenschaftslehre*) 1794; *in Fichtes Werke* (Bd. 1: Zur theoretischen Philosophie I), hrsg. von Immanuel Hermann Fichte, Walter de Gruyter & Co., Berlin 1971。

b. "场的逻辑"与"内外反转"

将费希特(包括康德)的上述立场作为反省的"主观哲学"加以批判的是黑格尔(Georg Wilhelm Friedrich Hegel, 1770-1831)。他展开了独特的"辩证法逻辑",鼓吹综合扬弃主客对立的"绝对哲学"。[①] 西田几多郎(1870—1945)却认为,"黑格尔的辩证法尚未脱离对象的逻辑立场","没有真正贯彻绝对的辩证法"。[②] 在《场的逻辑与宗教世界观》一文中,西田对他独特的贯穿绝对辩证法精神的"场的逻辑"进行了论述,简述如下:

"一般认为,在判断地限定自我自身的世界(即'符号地表现自我自身的世界')之中,自我肯定地限定自我自身的方向,是'主语'的;反之,自我否定地表现自我自身的方向,是'谓语'的。"[③]从这种"判断作用立场"出发,"可以认为'有'存在于'主语面'与'谓语面'、对象面与作用面两个对立相反的方向","而依靠自身存在、运动的真正实在","不在于其中任何一个方向","而在于两个方向的矛盾自我同一"。[④] 在意识判断作用的"基础",必须要有"绝对矛盾的自我同一物",即"否定即肯定,肯定即否定"的"创造物",也就是"'绝对无'限定自我自身,'绝对无'即有"。[⑤]

在肯定地限定自我的"主语"与否定地表现自我的"谓语"二者的交叉结合的"场的逻辑"的"根底",西田找到了"存在"与"无""反转相即"的"绝对矛盾的自我同一物"。他在其"场的逻辑"构造中,从往返于意识的"内"与"外"、"主观"与"客观"之间,在规定"对象"的同时反省"自我"的"美的判断"的"根底",发掘它与自我否定的"存在感情"的"物哀"这一美意识的构造在本质上是相通的。如果说"物哀"不

---

① 参照黑格尔(Georg Wilhelm Friedrich Hegel)《信仰与知》(*Glauben und Wissen oder Reflexionsphilosophie der Subjektivität in der Vollständigkeit ihrer Formen als Kantische, Jacobische und Fichtesche Philosophie*)1802 年;《精神现象学》(*Die Phänomenologie des Geistes*)1807 年;《逻辑学》(*Wissenschaft der Logik*)1812—1816 年,1832 年第二版;《哲学全书》(*Enzyklopädie der philosophischen Wissenschaften im Grundrisse*)1817 年,1830 年第三版。

② 西田几多郎:《场的逻辑与宗教世界观》(1946 年),收于岩波文库《西田几多郎哲学论集三》,1989 年,第 329 页。

③ 同上,第 317 页。

④ 同上,第 320 页。

⑤ 同上,第 345 页。

是主体通过“统觉”作用移入客体的感情而是基于人与物的根源共感性的“存在感情”，那么在这种意识中，“主语物”与“谓语物”、“外在对象”与“内在思慕（观念、感情）”就形成了相互“反转”的关系。“物哀”在这种由“主语”与“谓语”构成的“判断（命题文）”所反映的意识“反转”构造支配下，往返于主体与客体、内与外、主观自我与客观世界之间，最后从沟通二者的“绝对矛盾而同一”的“自我”的“根底”里涌现出来。

3. “即物知哀”之“心”

a. “心（kokoro）”的“表象关联”

本居宣长在《石上私淑言》(1763)中，对“即物心动”、“感物兴叹”，有如下说明：[①]

“凡世间生灵皆有情，有情则触物必有所思。”[②]“其间人胜万物，其心明慧，所思明远。且人较禽兽勤于行，多触事，故所思何止万千。”[③]“遇喜而觉喜，乃晓悟喜之心而喜；逢悲而感悲，乃晓悟悲之心而悲。故曰触事而晓悟喜悲之心者即为知物哀。”[④]

按照本居宣长的表述，“知物哀”至少有“心（精神）”、“情（感情）”和“意（意味）”三种“心（kokoro）”的参与。首先，“心”中“动”的“情（感情）”要与支配这种“动”的“基体”抑或“实体”的“心（精神）”区别开来。这里，“感”与“思”都理解为“动”。而“事之心”是事象、行为的内在的“意（意味）”，与之对应的是“心”的“晓悟”作用。不过，这种“晓悟”作用与其说是逻辑“判别”，毋宁说它更接近直观“洞察”，比如说“通者自通（会理解的人能够理解）”之类所表现的“共感性”。因此，“心（精神）”、“情（感情）”和“意（意味）”这三种“心（kokoro）”之间的关联不经过概念的介入，是一种直接的呈现；三者作为“物”之内在的、使“物”“动”起来的要素，在直观“表象”方面（“表象类比性”）彼此相连。

b. “物事”(mono-goto)的“意味关联”

一般认为，在“即物知哀”中，“事”（行为、事象）与“心”（精神、意

---

① 本居宣长：《石上私淑言(Iso-no-kami no sasame-goto)》1816年版(1763年作)，收于筑摩书房《本居宣长全集》第二卷，1968年。

② 本居宣长：《本居宣长全集》第二卷，筑摩书房，1968年版，第99页。

③ 同上，第99页。

④ 同上，第99、100页。

味)虽然通过不断活动的“情”(感情、实情)“相关”,但通过这种“共感”的意识作用也难于把握时代渺远的过去事象的意味。对此,宣长在《宇比山踏》(1798)中就解读时代渺远的历史典籍的可能性时写道:①

“身处今世,而欲知前世人之言、事、心者,宜诵歌览史。盖彼所抒之言传于歌,所为之事流于史,且史亦以言记,而心状亦以歌知。言、事、心与其状合,故居后世而欲知古人所发之心、所为之事及古世情状者,宜学古言古歌;至于古之道义,《古事记》、《日本书纪》二典所载神代、上代事迹具备,善习古言古歌者,阅之其道之意自明。”②

这样,宣长依照“言、意、行”及“事、言、心”的双重关联,通过“言(言语、语言)”理解过去历史的“事(事象)”之“意(意味)”及其本质之“道(原理)”的可能性展开阐述。他认为,不同立场的言语、行为和精神间的“反转”的“指示”关系(意味对应),能够通过语言的实践性应用(“史书”中的注释性“解释”及模仿“诗”的创作“表现”)加以“领会”。现象上完全不同的“作为事的行为”与“作为物的言语”,通过“解释”与“表现”这类语言实践性应用,并通过作为与“物”的“外在表现”相对的“内在原理”表象化的、规定行为之“心”(动机、意图)与言语之“心”(意味)二者之间的根源共通性对应,由此间接形成“物事(mono-goto)”(“物”与“事”)之间的“意味关联”。他还提到,通过言语理解“物事”的可能性受言语与事物各自“心(kokoro)”的“意味”之间的“表象类比性”支配,这一“类比性”能够通过语言应用加以直观的领会。而在这种直观的明证性之中,既是“物事”原理也是途径的“道”会自动出现。

结论　“物”与“心”的“相关反转场所”

宣长确立的“日本美意识”——“知物哀之心”是由“物(客观)”、“心(主观)”、“知(规定主客关系的行为)”和“哀(物心共通的场所)”构成的意识构造。它通过与对象相对的“情状性”即诸多可能的关系组合,依靠构成各个行为的条件——“场所规定性”的优势,在使种种表

① 本居宣长:《宇比山踏(Ui-yama-bumi)》(1798年版),收于筑摩书房《本居宣长全集》第一卷,1968年。

② 本居宣长:《本居宣长全集》第一卷,筑摩书房,1968年,第18页。

现成为可能的“心(精神)”、“情(感情)”、“意(意味)”三种“心(kokoro)”的水平式的“表象关联”,使“解释”成为可能的“物(物象)”、“言(语言)”、“事(事象)”的“物事(mono-goto)”之间的垂直式的“意味关联”,在本源性交错中得以实现化。

这样,通过“物”与“心”之间的“相关”、“反转”构造感知“物哀”,通过寄情作诗来通往存在根源的“风雅”之道,松尾芭蕉(1644—1694)在《笈之小文》(约1690—1691)[①]中,引用《庄子》中的“造化”[②]概念加以说明:

“从造化而友四时,则所见皆花,所思皆月。心中所绘不若花之美时,存此心者等同夷狄。心不若花之美时,其心类鸟兽。脱夷狄,离鸟兽,而从归造化,尔其为之。”[③]

这里,“从造化而友四时”意味着通过从属形成创造根源“理法自然”,人从不解“理法”存在的动物中超脱出来,无论春夏秋冬,随时随地从“现象自然”中发现美,“归造化”则意味着通过发现美,“反转”、“归入”“根源自然”。而铺平通往根源存在道路的“造化”正是“知物哀之心”;它无非是通过并在主客及意识内外的契合点上实现主客“相关”、内外“反转”,既是“身体的”(物象的、表象的、感情的)也是“精神的”(事象的、观念的、意味的)“场”所具有的“表现性”的“自觉”。

(作者单位:日本庆应义塾大学)

(译者单位:湖北大学文学院)

---

① 松尾芭蕉:《笈の小文》(约1690—1691),收于《芭蕉纪行文集》,岩波文库1971年。

② “造化”一语由《庄子·内篇·大宗师第六》中“以造化为大冶”之句得来。

③ 松尾芭蕉:《芭蕉纪行文集》,岩波文库1971年,第70页。

大西克礼论日本美的范畴与东方艺术精神[①]

李心峰

大西克礼(Onishi Yoshinori, 1888－1959)是日本自明治时期近代美学发生以来到20世纪50年代成就最大的美学家。其一生的美学生涯,大体上可以划分为三个时期。第一个时期可以从1913年完成大学毕业论文《美的意识起源论》算起,到1937年。这一时期以西方现代美学研究为主,主要美学著作有:《美学原论》(1917)、《现代美学的问题》(1927)、《康德〈判断力批判〉研究》(1931)、《美意识论史》(1933)和《现象学派的美学》(1937)。还出版了几部译著,如法国美学家启约的《从社会学见地来看艺术》(1914)、德国美学家席美尔《伦勃朗(艺术哲学试论)》(1927)、德国美学家康德《判断力批判》(1932)等。第二个时期是1937年到1948年。这一时期,以日本传统美学研究为主。主要美学著作有:《幽玄与哀》(1939)、《风雅论——"寂"的研究》(1940)、《万叶集的自然感情》(1943)和《自然感情的类型》(1948)。第三个时期是1949年退休到1959年去世。这一时期,他完成了一生中最重要的三部美学巨著:《美学》(上、下卷)、《浪漫主义的美学与艺术观》和《东方的艺术精神》。因此,这一时期可视为其总结性的美学体系的建构时期。

总起来看,大西克礼的美学贡献主要体现在三个方面:一是第一个时期对西方近代以来的美学特别是自黑格尔以后以现象学派美学为中心的西方现代美学的研究。这种研究对于大西克礼一生的美学研究,具有重要的意义,既是大西美学的起点,又是其后来美学研究的前提和基础。二是在第二、三两个时期对日本传统美的范畴和东方

---

① 大西克礼(Onishi Yoshinori, 1888－1959),日本现代著名美学家,主要代表作有:《幽玄与哀》、《风雅论——"寂"的研究》、《万叶集的自然感情》、《美学》(上、下)、《东方的艺术精神》等。

艺术精神的系统探索。三是第三个时期在美学体系建构方面做出的巨大努力。目前,国内学界正在深入而艰难地思考着传统美学及文论的现代转换的问题,对于探索中国及东方的艺术精神也有着极大的兴趣,因此,基于他山之石可以攻玉的认识,本文打算着重研究一下大西克礼是如何在西方美学研究基础上回归日本及东方传统美学,进行日本传统美的范畴的现代阐释和东方艺术精神的系统探索的。

一、日本传统美的范畴的现代阐释

如上所述,大西克礼在第二个时期(1937—1949),开始回归日本的或东方的传统的美的意识与艺术精神的研究。其中,一个重要内容是对日本传统的美的范畴的研究。从 1939 到 1940 两年之内,他接连发表了两部重要的日本传统美学范畴论的著作。一是《幽玄与哀》[①](1939);一是《风雅论——“寂”[②]的研究》(1940)。这两部著作对于日本传统美学中的三个重要的美的范畴即幽玄、哀和寂的研究成果,又被大西克礼概括进其晚年的总结性美学体系著作《美学》的下卷“美的范畴论”中,成为该书的一个有机构成部分。[③]

需要指出的是,大西克礼所重点探讨的日本传统的美的三个范畴“幽玄”、“哀”、“寂”以及《风雅论》所谓“风雅”的概念,都可以在中国古代文献中找到其渊源。其中,“幽玄”与“风雅”两个汉字词语的日文读音方式为“音读”,表明它们是直接来源于汉语的语汇;“哀”与“寂”原写作「あわれ」和「さび」,分别读作“aware”和“sabi”。这两个词语也可以用汉字“哀”和“寂”来表示,表明它们与汉语中的这两个词语在语义上有同构关系,但其读音方式与前两个词不同,为“训读”方式,即按日

---

① 幽玄,日语读作 yugan,是日本古典文学及美学中的一个重要概念;哀,日语读作 aware,是“物之哀”或“物哀”的简称,与汉语中的“哀”的含义不尽相同。这也是日本古典文学、美学中的一个特有的概念,指人对于对象客体所产生的一种主观的赞叹或喜爱、怜悯、哀伤、忧愁等情绪或情趣。

② 寂,日语读作 sabi,与汉语中的“寂”字的含义不尽相同。这也是日本古典文学、美学中的一个特有的概念,指艺术中的一种闲寂、洗练、枯淡的纯艺术化的风雅情趣。

③ 大西克礼:《美学》下卷“美的范畴论”,日本东京,弘文堂,1960 年。

本固有的读音来读，表明其日本民族自身的特色更浓一些。关于这几个词语与中国传统文献的关联，大西克礼也作了一些考证，比如“风雅”一词，他便明确指出：“‘风雅’一词就其起源而言，不用说，是来自于《诗经》的‘风雅颂’。即本来指的是《诗经》中的国风以及小雅、大雅，扩而大之，也可以包括颂，意指诗经的全部诗作。其含义进一步扩大，一般以‘风雅’一词来代表诗歌文章之道。《文选序》所谓‘诗者，盖志之所之也。……故风雅之道灿然可视’，只能是这种广义的用法。”① 在下文中，他还讨论了汉文献中风雅与风流等相近词语的联系与区别。对于其他几个概念，他也有类似的源流考证。总而言之，一方面，这几个美学范畴，均与中国古代文献中曾经出现的相同概念具有渊源关系，另一方面，这几个词语在引入日语之中后，也与日本民族固有的美的意识、艺术经验和日本民族所特有的艺术形态如俳句、和歌、能乐等相结合，形成了日本传统美学理论自身的一些特色，成为日本传统美学中的重要范畴。

大西克礼对日本美的三大主要范畴（幽玄、哀和寂）的研究，是以他有关美的基本范畴的体系和西方美的范畴体系的认识为前提的。所以，我们先概述一下他这方面的基本看法。

大西克礼认为，在美学研究中，用来表示美的不同形态、不同类别的美的概念、美的范畴丰富多样。但是，在这众多的美的概念和范畴中，有一些美的范畴是最为重要的，他称之为“美的基本范畴”。这种美的基本范畴，他认为有三个，即美、崇高和幽默。② 那么，这三大范畴是怎么产生的？它们的相互关系应如何建立起来？在这里，他试图以“美的体验”的先验结构来“演绎”这三大范畴。③ 大西克礼所谓的“美的体验”由“艺术感的契机”与“自然感的契机”的统一所构成。由此可以演绎出美的三大基本范畴。他按照美的意识结构中两种契机的“优先关系”的区别，推导出美的三大范畴的美的意识的不同结构：“美”的

---

① 大西克礼：《风雅论——“寂”的研究》，日本东京，弘文堂，1940 年，第 128 页。

② 在各种美的范畴中找出美的基本范畴，并且按正反合的辩证法确定美的三个基本范畴，以及把美、崇高和幽默确立为美的这三大基本范畴，这一思想及方法，明显地受到黑格尔主义者费歇尔以及新康德学派美学家柯亨的美学范畴论的影响。参阅大西克礼：《美学》下卷“美的范畴论”，日本东京，弘文堂，1960 年，第一章“美的体验与美的范畴”。

③ 大西克礼的这一做法，是仿照柯亨和谢林的美的范畴的演绎方法进行的。参阅大西克礼：《美学》下卷“美的范畴论”，日本东京，弘文堂，1960 年，第一章“美的体验与美的范畴”。

范畴——自然感的契机与艺术感的契机比较完美地保持"均衡",相互达成微妙的"和谐";"崇高"范畴——自然感的契机占优势地位;"幽默"范畴——艺术感的契机占优势地位。美、崇高与幽默这美的三大范畴,之所以被认定为"基本的"美的范畴,是因为它们都是从构成"美的体验"的先验的原理演绎出来的。

可是,日本的美的范畴——幽玄、哀与寂——能够从上述美的意识的先验结构中演绎推导出来吗?显然,这日本的美的三大范畴是无法直接从美的意识的先验结构中演绎出来的。那么,它们与上述美学的三大基本范畴——美、崇高与幽默——的关系如何建立起来?为了解决这一问题,大西克礼又提出了一个"东西方美的意识的根本对立"的原理,对"西方的美的意识"与"东方的美的意识"作了对比。他仍然是以美的意识中的"自然感的契机"与"艺术感的契机"的不同的"强调关系"来区别东方美的意识与西方美的意识:在东方的乃至日本的民族中获得发展的"美的意识"中,所谓"自然感的契机"在各种意义上得到显著的发展或被强调;可是,希腊以来的西方的美的意识,则主要强调了"艺术感的契机"。就是说,按大西克礼的看法,东西方的美的意识的对比,应该放在"自然感的契机"与"艺术感的契机"的不同的侧重关系这种体系性关联中来讨论。从这一理论前提出发,大西克礼认为,"美、崇高、幽默"三大基本的美的范畴,在"西方"语境下,特别地接受了来自"人的精神方面"的"变异"。其"艺术感的契机"占有优势地位,因此,便形成了一组西方特有的"派生的"美的范畴,即"优美、悲壮和滑稽"。与之相对,在"东方"语境下,特别地接受了来自"自然体验方面"的"变异",其"自然感的契机"占有优势地位,因此,便形成了一组日本所特有的"派生的"美的范畴,它们分别是"哀、幽玄和寂"。如此一来,东方美的意识与西方美的意识、日本的美的范畴与西方的美的范畴构成一种左右对称的格局,它们都可以从美的基本范畴中以"派生的"形态被推导演绎出来。①

关于西方派生的美的范畴与日本派生的美的范畴以及它们二者

---

① 大西克礼:《风雅论——"寂"的研究》,第八章"作为美的范畴的'寂'(三)"及大西克礼:《美学》下卷"美的范畴论"。该卷分为二篇。第一篇为"基本的美的范畴",有三章,分别讨论美、崇高和幽默这三大基本的美的范畴;第二篇为"派生的美的范畴",有六章,分别讨论悲壮、幽婉、滑稽这三种西方的"派生的"美的范畴和幽玄、哀、寂这三种日本的"派生的"美的范畴。

与基本的美的范畴的关系，可以图示如下：

日本的美的范畴（派生的）	美的范畴 美的基本范畴	西方的美的范畴（派生的）
哀	美	优美
幽玄	崇高	悲壮
寂	幽默	滑稽

需要指出的是，无论是“幽玄”、“哀”，还是“寂”，都是从日本古代诗论中的“歌论”（和歌理论）和“俳论”（俳句理论）及其他门类艺术（如能乐、茶道等）理论中十分丰富众多的表示艺术美的价值与风格的概念中挑选出来的概念。而且，即使是这三个概念，它们在古代的漫长的历史发展中，在不同的文学家、艺术家、诗论家、艺术评论家的具体的运用中，在不同的艺术门类中，其含义也都是千差万别的。对此，大西克礼有充分的体认。他对“幽玄”、“哀”和“寂”日本特有的这三个美的范畴，都分别依据日本古代文学研究，日本古代诗论、文论及艺术理论研究的已有成果以及他本人的文献学的考证和历史学的梳理，进行了相当全面系统的研究。可是，大西克礼为什么从日本古代诗论、文论以及其他门类艺术理论中的众多表现美的价值的概念中，独独选中这三个概念作为体现日本的、东方的美的意识的特点的关键概念呢？这三个在古代各种具体的运用场合中意义千差万别的概念，又如何能够与西方的“派生的”美的范畴中的“优美、悲壮和滑稽”一一对应，并且能够共同作为“派生的”范畴与“美的基本范畴”（美、崇高和幽默）相对应呢？

可以认为，这有两方面的因素。首先，是大西克礼美学的体系性的需要。大西克礼一向是以“美学体系的创建者”自诩的。正如小田部胤久所指出的，先验的、演绎的美学体系的思考与建构，的确是大西克礼美学研究的主要特征之一。[①] 大西克礼在美的范畴的研究方面，亦是如此。他受西方现代美学范畴论的影响，按黑格尔式的正反合的辩证法的思维方式，把崇高、幽默和美作为美的三大基本范畴。他又根据美的意识结构中自然感的契机与艺术感的契机的不同的强调关

① 小田部胤久：《在“日本的特性”与先验主义的夹缝之中》，日本美学会编：《美学》季刊第 195 号（1998 年冬季号）。

系，建立起东方与西方的美的意识的对比关系，为西方美的意识建立起悲壮、滑稽与优美三大派生的美的范畴，自然，他也要在日本的美的概念中选择美的三个概念，作为与西方派生的美的范畴相对应的日本的派生的美的范畴。“如果把这些范畴放在一起统一地进行考察，那就不只是结合、统一，更重要的是按统一的原理使它们分化。换言之，必须把‘幽玄’、‘哀’、‘寂’这几个概念(关于这几个概念的选择是否合适又当别论)的各自的美的本质，从美学的理论的统一的根据出发，在体系上使之分化，以此为根据，在理论上为它们各自的特殊性提供基础。”①

其次，是大西克礼对日本传统的幽玄、哀和寂三大范畴深入研究的结果。在丰富众多的日本传统的美的概念中特别选择了幽玄、哀和寂这三个概念进行集中的专门的研究，这对于大西克礼来说，无疑是经过了对于各种传统的美的概念的充分的调查、深入的思考、细致的比较和认真的选择取舍的工夫后才得以实现的。而在选定了这三大概念之后，他花费了极大的精力，分别对这三大概念进行了深入细致的探讨。《幽玄与哀》是对幽玄和哀这两大概念的系统研究。《风雅论——“寂”的研究》则在前著基础上，对“寂”这一日本传统的美的概念进行了更周详系统的研究。仅以该书为例，这一今日已成为日本近代美学名著的美学范畴论著作，正文部分共有 331 页的篇幅，除第一章“序论”外，共有八章。其中，用了两章讨论“俳论中的美学的问题”，一章讨论“俳谐的艺术的本质与风雅的概念”，一章讨论“‘寂’的一般的意义与特殊的意义”，此后又用了三章的篇幅讨论“作为美的范畴的‘寂’”，最后一章讨论“‘寂’的美的界限与茶室的美的价值”。我们仅从该书各章的内容的安排，已不难窥见大西克礼对这一范畴所下功夫之深厚。他对另外两大范畴的研究亦与此相类。如他自己所说：“在从美学的立场对这些概念进行这种统一的概括的观察之前，重要的是首先要对各种问题、各种现象的各自的本质进行充分的探讨。必须‘幽玄’作为‘幽玄’，‘哀’作为‘哀’，‘寂’作为‘寂’，阐明它们作为美的各自的本质特性。”②假如没有对这三大概念的深入研究，他是不可能提炼出幽玄、哀和寂是日本的三大派生的美的范畴这一体系化的、演

---

① 大西克礼:《风雅论——“寂”的研究》，第 8 页。

② 同上。

绎的美学范畴理论的。[①]

大西克礼通过对幽玄、哀和寂的美学范畴论的研究，应该说实现了对日本这几个传统美的概念的现代转型。而有关这种现代转型的机制，即他究竟是通过什么样的途径来实现这种现代的转型的？这正是我们所应特别予以关心的问题。

如果深入分析其现代转型的机制，可以发现有这样几种因素发挥着关键性的作用。一是以西方的美的范畴理论、逻辑演绎方法、美的概念术语作为前提和参照的依据，以西方的美学理论阐释东方（日本）的美学概念。同时，用西方的理论体系来重新“组合、结构”东方的传统的美的概念。二是把日本传统的美的概念的种种丰富具体的、历史的规定舍象掉，抽象为现代的、共时的概念，使传统的、在今天已丧失了可通约性，无法普遍交流、正常使用的概念，赋予现代的活的内涵，加以合理化、正当化、一般化，使之成为可以普遍交流、广泛使用的理

---

① 幽玄、哀和寂日本这三个传统美学概念在日本古代众多的传统美学概念、术语中的确具有突出的重要性。近现代以来，不只大西克礼把它们置于日本传统美学范畴中最重要的位置，还有不少学者对这几个概念给予了特别的重视，进行了深入研究。如山本正男在《感性的逻辑》（日本东京，理想社，1981）中《日本民族的美意识》对“日本的美意识在范畴上的展开”的研究及《日本传统的艺术论》对“日本的艺术论的展开”的研究，都着重描述和分析了这三个概念在日本传统美学概念和艺术理论中的发生、演变及其意义。植田寿藏、今道友信等美学家也曾对这几个美学概念进行过深入研究。值得一提的是，日本这几个传统的美的概念，也受到西方现代美学家的注意。如美国著名美学家托马斯·芒罗在其所著的《东方美学》这本小册子中，在第一部分“引论与探究”中专设一节介绍和探讨“日本传统的美学概念”。其中，便重点介绍了哀（aware）、幽玄（yugan）和寂（sabi）。只不过该书的中译本的译者按照其日文读音分别把哀（aware）译作“阿瓦雷”，把幽玄（yugan）译作“玉干”，把寂（sabi）译作“萨比”。芒罗对于这三个概念的含义的概括（他显然是根据日本学界所得出的比较流行的一般认识而进行的概括），也许会有助于我们理解大西克礼有关这三大美学范畴的阐释。他说：“‘哀’（中译本按日语读音译作‘阿瓦雷’——引者），它被译作‘思乡之情’、‘淡淡的忧郁’或‘对事物那优美的哀伤之敏感’。它尤其指的是那种于外在事物中找到的特征，而非那种纯粹内在的感情。”“物之哀”（中译本按日语读音译作“莫诺·诺·阿瓦雷”）“即‘对事物的敏感’，如对飘零的落花或无人同情的眼泪的敏感。”“在中世纪时期有个叫‘寂’（中译本按日语读音译作‘萨比’——引者）的老词儿带上了某种特殊的审美内涵。它与某种特定的旧的、凋谢的、弱不禁风的或孤苦伶仃的事物相联系。”“日本艺术理论中的另一个颇有影响的概念是‘幽玄’（中译本按日语读音译作‘玉干’——引者）。它归纳了镰仓时代的诸种审美理想，并被用来‘描述那些深不见底、遥不可及、神秘莫测、难以捕捉或言喻的东西’。它提出了某种朦胧而不确定的象征性。”幽玄“综合了典雅的美和忧伤的屈从，后者来自承认人类在宇宙的威力和变化无常面前无能为力。‘幽玄’的这层意思也被称为崇高，如同旧时代那种寂静而压抑的美”。托马斯·芒罗：《东方美学》，欧建平译，北京，中国人民大学出版社，1990年，第34—35页。

论范畴，融入现代的美学理论体系。三是用东方的、日本的“派生的”美的范畴体系去补充、修正和完善西方的学说。

大西克礼通过自己的不乏艰辛的概念史的、文献学的研究和西方式的演绎思维二者的结合，对日本传统的三个最重要的美的概念即幽玄、哀和寂做了迄今为止最为深入系统的研究，并构建了一个有内在逻辑联系，与西方三大“派生的”美的范畴体系相对应并与美的三大基本范畴相对应的东方的、日本的美的三大范畴体系，这不能不说是日本现代重要的美学研究成果。

不过，大西克礼的日本的美的范畴论研究，也留下了一连串值得深刻反思、质疑与探讨的问题。比如，他所概括的由美、崇高、幽默三大美学概念构成的“美的基本范畴”体系似乎是超越了东方与西方也超越了传统与现代的人类普遍适用的美的范畴体系，是不具有时代的、历史的、地域的、民族的限定的一般的美的范畴体系。可是，我们从这几个美学概念的来源以及对其内涵、相互关系的界定等，仍不难发现它们来自西方美学理论的“西方的”印记。以这样的明显带有西方色彩的概念及体系为前提和基础来“选择”与“组装”东方的、日本的美的概念和美的范畴体系，并试图以这种东方的、日本的美的范畴体系去补充、完善那种所谓的美的基本范畴体系实则为西方的理论体系，这是否仍然摆脱不掉“西方中心主义”的框架？此外，他为了使日本传统的幽玄、哀和寂这几个美的概念能够符合其“日本的派生的美的范畴”体系的要求，就不得不对这些概念的种种历史的、具体的、千差万别的用法和含义加以“有选择的阐释”甚至是“过度阐释”，进行高度纯化的抽象，这也不能不在重新建构这些概念的意义及其相互关系的体系的过程中，留下逻辑与历史、抽象与具体之间的深刻矛盾甚至是难以填平的鸿沟。这种无法愈合的矛盾，源自大西克礼建构美的范畴体系时所运用的先验的、演绎的方法，使其过于忽视历史与具体，一味地牺牲历史而成全体系，牺牲具体以达至抽象。在体系的建构过程中应努力实现逻辑与历史的统一、抽象与具体的统一这种辩证思维的根本要求，他是完全没有意识到的，也是根本实现不了的。就这一点来说，他甚至与黑格尔的客观唯心主义的理论逻辑体系相比，都是一种倒退。因为在黑格尔那里，至少能够在一种头足倒置的世界观基础上追求一种逻辑与历史、抽象与具体的统一。当然，大西克礼的日本的美的范畴论所存在的诸如对传统概念的选择性阐释、过度阐释，以及逻辑与历史相脱节、抽象与具体相分离等问题,并不是他一个人的问题,在日本、中国许多试图对传统美学、艺术理论和概念进行所谓“现代转换”的努力或进行体系化建构的尝试,往往都不同程度地存在这种问题。作为半个世纪以前日本的一位美学家的研究成果,存在上述问题是不难理解的。重要的是,它的成果及缺陷,是否能够给我们提供有益的借鉴与启示。

由此,我联想到最近在中国文论界所展开的有关“中国古代文论的现代转换”讨论中一位学者提出的“语境法”与“超语境法”的问题。这位学者说:“传统与创新不是简单的二元对立的关系,而是相互转化与生成的关系。这里,我想借用新历史主义批评的语境法、吉登斯的脱域法与抽象法、格尔兹的‘深描法’以及乔姆斯基的‘深层转换法’和皮亚杰的‘结构转换法’等思想方法,引申性地提出:中国古代文论的现代转换和现代阐释,尤其要注意综合运用‘语境法’与‘超语境法’。所谓‘语境法’,指我们今人在对古代文论作出现代阐释时,一定要首先进入古代文论当时的具体历史语境,以期对古代文论有真切之了解和深切之同情。所谓‘超语境法’,亦可表述为‘去语境法’或‘换语境法’,指的是,我们今人在研究古代文论时,还应当超越古人及古代文论所处的特定历史语境,将某一特定的具体的古代文论范畴、命题和理论体系置于更大范围更长时段的中国历史语境,甚至是置于世界文论的语境来审视,尤其要注意转换为我们今天所处的语境,这样,我们就能发现古代文论在中国整个文论的历史长河中,在与西方文论的比较中,在我们今天的文学批评实践中,一言以蔽之,在新的语境中,可能具有什么现代性价值。”“没有‘语境法’,古代文论的现代阐释就没有依据、缘由和对象,也就会失去学术研究的客观性;没有‘超语境法’,古代文论的历史局限性与普遍性价值也就无从显现。我们在研究古代文论传统时,应当深入探求古代文论的原貌和本义,剥离和析取其中蕴含的普遍性和现代性的美学价值,并使之在适应现实时获得新的意义。尤其要彰显古代文论囿于特定历史语境而未能彰显的潜在的意义,把古代文论重新置于今天的新的历史语境之下,激活其可能生成的现代性意义。”①

如果用这位学者所提出的“语境法”与“超语境法”这两个标准来分析大西克礼有关日本三大传统美的范畴的研究,可以说,这两个方

① 陶水平:《中国文论现代性的反思与重构——关于近十年“古代文论现代转换”学术讨论的思考》,载《东方丛刊》2007 年第 1 辑,第 137—138 页。

面他做得都相当充分和深入。当他对这些美的范畴进行语源学、语义学的回顾与挖掘时，他遵循的便是“语境法”，即把这些范畴放在特定的历史语境中去分析它的本来的意义；而当他把这些美的范畴作为美的基本范畴的“派生的”范畴建构美的范畴体系时，他遵循的便是“超语境法”，即完全离开了特定的历史语境，进入一个先验的、抽象的逻辑演绎的话语体系中。可是，虽然他既充分地遵循了“语境法”，又彻底地实践了“超语境法”，却仍然留下了未能得到解决的问题，这就是逻辑与历史的脱节、抽象与具体的分离的问题。可见，如果把“语境法”与“超语境法”作为两个相互分离的阐释阶段而不能实现某种统一，就仍然会留下理论的缺憾。因此，我们在这里仍然要思考如何遵循辩证思维的方法，努力实现逻辑与历史、抽象与具体的统一，不要让古代文论、传统美学的所谓“现代转换”走入完全脱离历史、摆脱传统的“现代性转换”的误区。

二、东方艺术精神与神话意识

在上述日本传统美的范畴研究的基础上，到了晚年，大西克礼完成了一部规模相当可观的著作《东方的艺术精神》，展开了对东方艺术精神的全面、系统的研究。[①]

关于日本或东方艺术精神的研究，是日本近代以来美学研究中的一个重要主题。不少美学家对此倾注了自己的心血，做出了自己的探索。[②] 在中国，有关中国或东方艺术精神的研究，也出现了一些很有价

---

① 大西克礼：《东方的艺术精神》，日本东京，弘文堂，1988 年初版。该书正文部分共 481 页。书前收有美学家山本正男为本书出版而写的论文《关于大西克礼先生的美学思想与〈东方的艺术精神〉》；书后收有专为本书制作的《人名索引》、《事项索引》（实际为本书中所出现的若干关键词的索引）及《书名、作品名索引》。该书完成于著者 1949 年退休后到 1959 年逝世这一段时间，但到了 1988 年大西克礼诞生百周年之际方获出版。这也是大西克礼正式出版的最后一部著作。需要说明的是，该书书名中的“东方”一词，日语原文为“東洋”。由于日本人所说的“東洋”与中国人所理解的“东洋”意义上有很大差别，因此，为避免误解，本论文将日语中的“東洋”，根据其意义，一律译作“东方”。

② 例如，可视为大西克礼的学生和后辈的山本正男就曾在德国慕尼黑大学发表过《我国（指日本——引者）艺术精神的类型的特性》的讲演（见著者《感性的逻辑》，日本东京，理想社，1981），指出了日本传统艺术精神的三种主要的倾向：一、自然中心性；二、美的特性；三、形式主义的特性。其“自然中心性”的观点，与大西克礼的看法是一致的。

值的研究成果。[①] 不过，像大西克礼《东方的艺术精神》这样专门研究东方艺术精神的系统的、篇幅庞大的专著，目前还没有见到第二部。由于有关中国或东方的美学特性或艺术精神的特性的问题，在今日全球化的语境下愈来愈引起人们的关注与思考，因此，在这里概括地分析一下大西克礼有关这方面的研究成果，不是没有意义的。

"艺术精神"这一词语，在具体的使用中，其意义实际上是相当含混不明的，不同的人，可能会在完全不同的意义上来使用这一词语。那么，大西克礼所说的"艺术精神"指的是什么？大西克礼《东方的艺术精神》开宗明义，首先对这一概念的意义作了明确的界定：

> "我在这里，方便上把这一概念解释为这样的意义：在总体上、根本上支配着某个民族乃至社会的'艺术'领域的文化活动的一定方向的'精神'。"[②]

在他看来，这种艺术精神不仅贯穿于艺术品的创作、欣赏、评价的意识即普通所谓美的意识之中，而且贯穿于以之为核心或基础的有关艺术一般的本质、艺术与文化、艺术与社会或艺术与生活等各种问题的反省的思想和实践的态度全部领域之中，甚至从自然地规定着艺术生产的根本动向的民族的先天的性格到那种在本源的世界观、人生观的方向上影响和规定着作为文化活动的"艺术"现象的精神方面的问题，也都应涵括在艺术精神的范畴之内。就此而言，有关艺术精神的研究，其问题的范围非常广泛，问题的性质相当复杂，甚难处理。但是，著者认为，假如不是一般地就艺术精神本身所包括的所有问题进行考察，而是历史地对某个民族乃至社会的艺术现象中所包含的一定方向的艺术精神进行探讨，还是可以加以尝试的。《东方的艺术精神》

---

① 对于中国艺术精神，宗白华先生关于空灵与充实是艺术精神的两元的论述（见其《中国艺术表现里的虚和实》及《论文艺的空灵与充实》）、关于中国艺术中体现的出水芙蓉的美与错彩镂金的美的学说（见《中国美学史中重要问题的初步探索》）、关于中国各种艺术中共同体现出的音乐的（舞蹈的）精神的论述（见《中国艺术意境的诞生》、《中国诗画中所表现的空间意识》、《中国书法里的美学思想》等论文）等，都是极有启示意义的见解（以上所提及的论文均收入宗白华《美学散步》，上海，上海人民出版社 1981 年）。台湾学者徐复观《中国艺术的精神》（沈阳，春风文艺出版社 1987 年）关于孔子所代表儒家艺术精神及庄子所代表道家艺术精神（他称之为"中国艺术精神主体之呈现"）的论述，也是一种重要的学说。

② 大西克礼：《东方的艺术精神》，日本东京，弘文堂，1988 年，第 4 页。

一书便是对东方艺术精神的一般结构、性格、倾向等所做的系统研究。

那么，著者所谓“东方的艺术精神”中的“东方”，所指为何？著者对此也做了明确的说明。他说：这里所使用的“东方的”（日语原文为“东洋的”）一词，是很不确切的词语，实际上，毋宁用“东亚的”一词也许更为确切。可是，在一定的文化的、历史的关系上，未必能够局限于东亚的范围之内，而且，今天与欧美的西方文化相对比，代表东方文化的正是东亚文化。因此，著者为了方便而使用“东方的”概念。① 总之，他所谓“东方的”，指的是作为东方文化之代表的东亚文化，实际上主要是指中国、日本所代表的东方文化。

大西克礼在展开其有关“东方的艺术精神”的全面研究之前，在该书前面安排了一个“序论”——《艺术精神与神话意识》。如所周知，德国现代哲学家尼采在《悲剧的诞生》这部名著中，由对希腊神话的分析，引申出希腊艺术精神的二元性即日神精神与酒神精神二者并立的著名学说。② 大西克礼肯定尼采有关一定民族的艺术精神与该民族的神话意识具有深层的渊源关系的学说，不过，在他看来，尼采《悲剧的诞生》，是从希腊人悲观主义的人生观的根源来思考希腊神话的产生，讨论它与希腊艺术精神之间的联系。但是，就东方的日本神话这一特定场合而言，对于考察和阐明日本民族的艺术精神具有更为重大的意义的，并不是这种人生观和生活感情，而主要体现在使这种人生观和生活感情得以形成的根本的条件即“精神”与“自然”之间的关联方式。③

大西克礼认为，在神话意识中，就“精神”与“自然”的关系而言，可以发现两种初始意识：第一种是人的精神与外界的自然两极对立的意识；第二种是人的精神与外界的自然两者相互交融的意识。从第一种意识出发，精神对于自然的态度便主要呈现为“静观的”态度。神话的拟人化的动机，主要兴趣在于人的精神如何去理解或观照与自己对立的自然世界。希腊的神话便是这种神话意识的典型。从第二种意识即精神与自然相互交融的意识出发，神话的拟人化的动机方向主要体现在，无论是主体方面还是客体方面，都普遍或共同地流贯着使“精

---

① 大西克礼：《东方的艺术精神》，日本东京，弘文堂，1988 年，第 4 页。

② 尼采：《悲剧的诞生》，周国平译，北京，生活、读书、新知三联书店，1986 年。

③ 大西克礼：《东方的艺术精神》，日本东京，弘文堂，1988 年，第 19 页。

神”与“自然”融合统一的某种力，比如说“生命”之类，人类只是漠然地予以感应而已。日本古代的神话便是这种神话意识的最好的实例。[①]

大西克礼认为，这种神话意识的差异与一定民族的文化取向和民族精神的根本结构的差异密切相关。就第一种精神与自然两极对立的神话意识而言，它体现在文化活动中，便必然产生这样的文化形态，即人的精神对于自然常具有一种优越意识，为了使人的生活向上发展，往往试图去支配自然，制服自然，驱使自然，利用自然。它在文化上片面地发展了知性文化。以希腊文化为源头的西方文化就是这样的文化。就第二种精神与自然相即融合的神话意识而言，它体现在文化活动中，便必然产生这样的文化形态，即属于“精神”方面的各种因素对于“自然”方面的各种因素，主要是采取一种顺应的、调和的或妥协的态度，表现在文化上，主要不是体现为知性的发达，而是与人的肉体的生活直接相关的本能的、感情的方面成为中心，由于这方面的洗练陶冶，使人的感性的精神文化获得发展。反映在人们的世界观上，便体现为“万物有灵论”之类的原始的自然观长期持续的现象。大西克礼把“这种特殊的文化精神的根源的倾向”称为“自然主义(自然本位主义)”。[②] 与之相对立的西方的文化精神的倾向，大西克礼称之为“人类中心主义(人类本位主义)”。

大西克礼认为，东西方神话意识的差异及其所导致的文化精神的差异，对于探讨东西方的艺术精神的基本倾向和结构构成具有重要启示意义，它从根源上规定着东西方艺术精神发展的基调。

在《序论》从总体上讨论艺术精神与神话意识的深层关系，概括出东方艺术精神不同于西欧艺术精神的文化精神基调的前提下，大西克礼在《东方的艺术精神》这部系统厚重的著作中，分为三篇，从三个方面来分析解释东方的艺术精神的主要倾向和基本特点。第一篇是“东方的艺术精神与美的文化的展开”，第二篇是“东方的艺术精神与美的意识的结构”，第三篇是“东方的艺术精神与浪漫主义”。其中，第一篇“东方的艺术精神与美的文化的展开”是全书讨论“东方的艺术精神”的理论前提和重点所在。因此，我们准备着重概括分析他有关东方艺术精神与美的文化的展开的系统的论述。对于其他两个方面的内容，

---

① 大西克礼:《东方的艺术精神》，日本东京，弘文堂，1988 年，第 20—21 页。

② 同上，第 26 页。

限于篇幅，暂不讨论。

三、东方艺术精神与美的文化的展开

在东方美的文化的展开的宏阔背景下探讨东方艺术精神的特性与构成，是大西克礼东方艺术精神研究的最主要的、同时也是最有启发意义的内容。

大西克礼认为，所谓文化活动，只能是从"自然"的地基上按照人的"理想"创造人的生活的过程。这时，指导、制约着文化的观念即文化精神，如上一节讨论艺术精神与神化意识的关系时所指出的，大而别之有如下两种方向：一种方向是主要使"生活"从"自然"中分离开来的精神取向。另一种方向是主要是使"生活"与"自然"相即融合的精神取向，在这种独特的方向上，开掘"人生"，深化它的意义，或使之纯化。总之，文化的"理念"或精神，大体上可以区别为克服"自然"的方向与适应"自然"的方向两种情况。由这两种文化精神的基调引导出来的文化展开方式之间，可以发现明显的本质上的差异。就这两种文化发展方式的形式上的特征来说，前者的文化本质，主要是分化的；就其整体来说，明显呈现出直线地向上发展的倾向；后者的特色在于：它的本质不如说是综合的，就其整体来说，是螺旋式地运动，走向深化、精练。①

为了从艺术与其文化语境的关系的角度即究竟是什么因素规定着艺术的价值与发展方向的角度，来比较分析东西方艺术文化展开方式的区别，大西克礼引入了"他律性"、"自律性"和"泛律性"这样一组概念，分别对西欧的艺术文化的发展道路与东方艺术文化的发展道路进行了概括与比较。

在这里，所谓他律性和自律性，作为现代美学、艺术理论中的常用术语，其内涵并不难理解。即：自律性是指艺术发展的动力就在艺术本身内部，艺术的价值由艺术本身所决定，艺术以自身为目的，而无须到艺术之外去寻找艺术的动力、价值或目的。与之相反，他律性是指在艺术之外的其他文化领域如宗教、道德、认知等领域寻找艺术的动

---

① 大西克礼：《东方的艺术精神》，日本东京，弘文堂，1988年，第28—30页。

力以及规定艺术价值的原理或艺术为之服务的目的。简单地说，自律性也就是自我规定自我；而他律性则是他者规定自我。

那么，所谓“泛律性”概念是怎样产生的？其含义如何？大西克礼用了一定篇幅做了细致介绍，指出：这个词语源自德国哲学家约拿斯·柯恩的用语。柯恩在1914年《现代文化的意义》一书中，对这一概念的内容作了解释。①

按柯恩的说法，我们一般可以想象：在文化的初始阶段，生活的尚未分化的整体性统一地呈现出来。在那里，法律、习惯、道德等，都未各自独立，形成为对于生活的唯一的规范。同样，以原始生活的整体本身为表现对象并被赋予统一的形态的文学（诗）、历史、演说等是合而为一的；演剧、祭典、舞蹈也是一个统一体；工业和造型美术也没有界限。……就是说，这种原始的生活统一性，假使在完整的形式上来想象，其中只有共同的生活的表达，而分离的、独立的艺术之类的现象是完全不存在的。柯恩所说的“泛律性”，就是指原始文化形态中艺术受生活的整体性所支配的规律性现象。柯恩还认为，随着时代的发展，生活以及对于它的文化的表达的统一性必然面临着危机。这种危机，更是随着人们的知性的批判能力的提高、面对某种目的时最优手段的选择、生活领域的分离的发展等而逐渐增大。于是，艺术从它的形成之地乃至修饰之物中发生分离，产生出最初的职业的倾向；后来则出现本质分化的倾向。在艺术家工作室和流派中，开始形成独自的传统；并且在这种传统中，与技术的手段和以往的习惯相结合，艺术生成本身的固有的规律性逐渐被意识到。可是，这种对于艺术本身的固有规律的探索必然经常受到干扰。知性对于艺术仍然在强调自己的权威，提出艺术为何而存在的问题，让艺术从属于功利的，或从属于道德的、劝戒的目的，以至于根据是否实现了那些目的来判定艺术的价值。在这样的阶段，艺术所遵从的评价方式，只能来自它自身以外的领域。艺术不再像原始的阶段那样由生活的整体性所制约。不如说

---

① 约拿斯·柯恩（Jonas Cohn，1868－1947），德国哲学家、美学家。从西南德意志学派的立场论述美学、认识论、教育学和文化论。其发表于1914年的著作《现代文化的意义》是其主要代表作之一，特别是其中提出的“泛律性”（Pantonomie）概念在美学上具有重要价值，在国际上产生较大反响，特别是在日本美学界产生巨大反响，大西克礼、竹内敏雄、山本正男、木村重信等重要美学家都曾把“泛律性”作为各自美学、艺术理论中的一个重要概念来使用。

是某种特定的、与艺术无关的其他的命令制约着艺术。总而言之,"从生活整体对于艺术以及其他各种生活领域的支配这种'泛律性'中,一种'他律性'即功利、宗教、民俗、道德、知识对于艺术的他律的支配已经确立"。艺术的评价意识由这一阶段进一步发展,出现了"自律性"的觉醒。可是,近代欧洲文化中的这种思想发展到极点,终至使艺术与生活相乖离,或与生活基本的需要相矛盾,产生了弊端。现在以至将来的问题在于这一点:艺术再次在某种意义上,复归于统一的整体的生活之中,并且在保持它的自律性、独立性的同时将其扬弃,达到所谓"自觉的泛律性"。①

大西克礼赞成柯恩的上述有关泛律性的理论及其对西欧艺术文化发展过程的描述,认为西欧艺术精神在美的文化的展开上,不论是从事实的观点还是从价值的观点来看,大体上遵循着这样一种直线向上的发展方式,经历了这样三个阶段:(1)泛律性阶段;(2)他律性阶段;(3)自律性阶段。但是,这样的描述对于东方的艺术精神的演化是否合适呢?如上所述,东方的艺术文化的根本的发展方式是遵循"自然"本位或强调"自然"的原则,它在民族的、社会的生活之中,作为具体的美的文化而展开,其发展过程有何特点?与西方有何不同?对此,著者展开了自己的分析。

首先,大西克礼指出了东方艺术精神在美的文化的展开上所呈现出来的第一大特点,即"'泛律性'结构的持续"。他指出,东方文化的发展过程中,"自然"、"生活"、"理念"(文化)各种因素的相互关系及其发展,至少在其根本的方式上,不如说是相互保持着微妙的功能的关联,综合地、螺旋式地、向心地运动,实现作为整体的价值的发展,这是其一大特色。因而,很自然地,它在美的乃至艺术的文化的形态上比较多地呈现出这样的倾向,即某种意义上的原始的综合性也就是所谓的"泛律性"的结构得以持续下来。②

其次,与东方艺术精神的"泛律性结构的持续"这一特点相表里,

---

① 大西克礼:《东方的艺术精神》,日本东京,弘文堂,1988年,第30—32页。应该指出的是,柯恩在1914年《现代文化的意义》中提出的有关"泛律性"的学说,它对西方艺术文化的发展由泛律性到他律性再到自律性的概括,以及现代或将来艺术将再次在某种意义上,复归于统一的整体的生活之中,并且在保持它的自律性、独立性的同时将其扬弃,达到所谓"自觉的泛律性"的预言,是西方现代美学中一种具有重要学术价值的理论。

② 大西克礼:《东方的艺术精神》,日本东京,弘文堂,1988年,第32—33页。

大西克礼指出了东方艺术精神在美的文化的展开上呈现出来的第二个特性，即“根源的本质性的深化”。他指出，在上述这种综合性、泛律性的持续的倾向中，由于自然-生活-理念的关系依靠精神的动力而螺旋式地、向心地运动，在其表面的持续性乃至停滞性的深层，这种艺术精神中的最根源性的东西、最本质性的东西，常常被深化、醇化、内在化。[①] 大西克礼认为，这第二个特点即“根源的本质性的深化”“与‘泛律性’即艺术文化的本源的综合性的持续倾向相表里”，二者具有极密切的关联。“如果前者即‘泛律性’的持续与西欧艺术文化的发展上显著的分化的、特殊化的倾向相对立的话，那么，后者即这里作为第二种倾向来讨论的根源的本质性的深化则意味着，西欧艺术现象一般均与其文化的发展一起，主要在感觉的及知性的发达方面显示其显著的特长，东方艺术恰好与之形成对比，东方的艺术文化不如说以在其内在的情意方面的特殊的发达的形式，与之相对立。”[②]这一特点主要是要说明东方艺术对于艺术的意味、内涵、内容、诗心、画意、内在的精神更加看重，而对于艺术的形式的、技术的、传达的、语言符号的因素，则往往放在次要的位置。这一点与西方艺术重形式、技法、传达媒介、艺术的体裁等倾向形成鲜明的对比。对此，大西克礼以“‘诗’与‘艺术’”和“感觉性与观念性”的对比的研究，来彰显东西方艺术精神的区别。

再次，大西克礼探讨了东方艺术精神在美的文化发展上的第三个特点即“消极的自律性的强调”。他指出，由于存在着上述两种倾向，在东方艺术精神的发展中，像西欧艺术文化发展过程中明显地表现出来的、在“泛律性”之后理应出现的“他律性”与“自律性”的对立关系，至少不会自觉地、有意识地表现出来。但是，正是由于这一原因，在这一场合，往往会唤起另一种倾向，即艺术的意识或艺术的活动排除由那种“泛律性”所结合起来的其他各种异质的精神要素，从而对所谓构成艺术的内容的各种文化价值要素（例如学问、宗教、道德等）敬而远之，予以放逐，或艺术活动自身在某种意义上试图从现实生活中游离出来，从而呈现出某种“朝着消极的自律性发展的倾向”。大西克礼认为，我们应该承认，这也是其中所包含的一种主要的特性乃至倾向。[③]

---

① 大西克礼：《东方的艺术精神》，日本东京，弘文堂，1988 年，第 33 页。

② 同上，第 82 页。

③ 同上，第 33—34 页。

第四，大西克礼指出了东方艺术精神的另一个特点，即“艺术与生活的深层融合”。他指出，东方的这种艺术文化，由于上述“消极的自律性的强调”的关系，在“泛律性”持续的同时，常常含有对于它的一种直接的反动。作为整体内向地发展的结果是，在表面上呈现为从现实的“人生”的游离，似乎无法蕴含更高的精神的文化的价值。其实，在其另一面，却有这样的可能，即使艺术与“人生”的深层的融合关系得以发展，并且使以此为基础的艺术的生活本身朝着特殊意义上的更高的文化的或精神的意义扩展。总之，伴随着这种美的文化所特有的“泛律性”持续的倾向与对它的反向作用二者之间的相互的强化过程，并且在开拓内向性价值发展道路的过程中，艺术与“人生”的独特的深层的融合关系产生了，因而从艺术的“价值”的观点来看，相对于西欧的美的文化而言，它也构成了别一种景观。大西克礼认为，东方艺术的这一特点，在东方艺术的一般的价值判断问题上，值得特别留意。①

以上从四个方面对于东方艺术精神在美的文化发展上呈现出的特色的概括，正是大西克礼在第一篇全部四章所讨论的内容。这四大特色，即：“泛律性”结构的持续；根源的本质性的深化；消极的自律性的强调；艺术与生活的深层的融合。这里，我们打算对于第一大特点即“泛律性结构的持续”，再用一点篇幅作些稍微具体的分析。因为这部分的内容在全书中最为重要，同时也是著者讨论其他问题的前提和理论基础。

对于东方艺术精神中的“泛律性的结构的持续”倾向，大西克礼把它具体地区分为“外部的综合性”与“内部的综合性”两个方面进行探讨。“根据我们的想法，在此场合下的‘泛律性’即本源性的综合性的意义，无疑首先包含着两层关系。一是外部的综合关系，一句话，即艺术一般与生活一般的综合——在内容上，在文化一般的构成方面艺术以外的其他各领域或要素与艺术的现象之间的原始的、未分化的统一关系。二是它的内部的综合关系，它意味着作为整体的艺术的生活或艺术的现象在其自身内部的构成上所包含的各种形式或后来应该分化、发展的各种艺术形式相互之间尚未分化的乃至统合的关系。”②

对此，著者作了这样的说明：上面所说的未分化或统一的情形，实际上几乎从一开始就仅仅是在相对的、比较的意义上才可以理解。因

① 大西克礼：《东方的艺术精神》，日本东京，弘文堂，1988年，第34页。

② 同上，第36页。

为，人类的生活从整体上讲，甚至在其最原始的阶段，便已包括着非常异质的要素；就连在被称为艺术的现象的范围内，从一开始就含有根本不同的结构性质（譬如所谓空间艺术与时间艺术的区别）。不仅如此，以特殊的技能素质以及训练为必要条件的艺术的活动，实际上从很早便伴随着分化的、专门化的倾向。但是，尽管如此，一般而言，原始阶段的艺术文化，在比较的意义上显示出上述两种关系上的综合的、统一的性质，这是世界上每个民族几乎都可以看到的普遍现象，并且在今日原始艺术的研究中也已得到充分的证明。著者在这里，是想将这两种意义上的艺术文化的本源的综合性持续倾向，针对东方特别是日本民族的艺术文化的各种现象进行更加具体的考察。

先看“外部的综合性”。大西克礼认为，东方艺术文化所具有的这种外部的综合性，具体地体现在以下几个方面。

第一，东西方不论哪种文化在其原始的阶段，均未出现“艺术”这种特殊领域的分化独立，“艺术”或相当于此的概念，从语源学的意义看，实际上包含着今日我们用这些词语所表达的意义以外的相当广泛的各种内容。作者考察了西文中的“Kunst”（德语）及“Art”（英、法语）的语源学意义的演变，指出它们最初均含有学问或技能、技艺等含义；希腊语“Techne”原来也是指各种工作的技能。到了 18 世纪，西欧出现了“美的艺术”的概念，“艺术”一词才有专门指涉文化的一个特殊领域的意义。但在东方或日本，像后来西欧的“Kunst”（德语）及“Art”那种在总括美的艺术的意义上被分化、特殊化的概念一直没有形成，而只有所谓“艺能”或“能艺”之类的含糊的概念，它包含着狭义的“美的艺术”，但更是总括其他许多种类的技能（如武术、游艺等）的概念而被运用。中、日古籍中均使用过“艺术”概念；中国古籍《列子》中有“术艺”一词；日本古籍中有“艺能”、“术道”等概念，都是广泛地包括各种技能的词语，但却一直没有形成现代意义上的“艺术”概念。这正是东方艺术的“泛律性结构的持续”特点的体现。

第二，东方艺术文化的“泛律性”倾向，还表现在其造型艺术的工艺性特别浓厚这一点上。著者指出，在日本不曾出现过西方那样的美术与工艺的明确的分化，这正是其艺术文化独有的综合性的一种体现。其实，这一点对于中国美术也是适用的。著者分别以雕刻和绘画为例，用详尽的艺术史的材料，说明西欧雕刻、绘画是沿着一条泛律性、他律性和自律性的轨道发展的，而古代中国及日本的雕刻与绘画则始终保持着显著的工艺性特点，使艺术性与工艺性、装饰性统一在一起，保持着泛律性的品性，既无明显的他律性的现象，也没有明显的自律性的品格。

第三，与东方艺术文化的泛律性的结构的持续性相关联，还应该考虑到它总是显著强调“传统”与“范型”之类的意识这一倾向。一般而言，本源性的“泛律性”的艺术生产形式，总是以集团的、共同的东西为原则，因此，必然会从中引导出尊重和强调“传统”与“范型”的倾向。

第四，东方艺术文化的“泛律性”持续的倾向进而还表现在文学特别是诗歌方面的一种非专业的兴趣爱好主义格外发达这一点上。并且，这种现象不只表现在诗歌的范围内，在绘画等艺术领域均有所体现。

再说“内部的综合性”。

所谓泛律性的持续，在东方艺术文化中，还表现为“内部的综合性”的倾向。这里所说的“内部的综合性”倾向，是指随着文化的发展当然会分化或者说应该分化的艺术内部各种形式之间，基于其本源的关联性，某种程度上的综合性被保持或者被强调的倾向。一般而言，这样的现象，在原始的阶段，是不论东方还是西方，每个民族都能看到的共通的现象。即在这里，各种时间的艺术相互之间，或者各种空间的艺术相互之间，总是具有密切的结合关系。在当时的历史条件下，这些艺术形式很少以各自独立分化的形式表现出来。不过，就西欧的情况来说，在古代文化发展过程中，艺术文化已经在某种程度上出现了内部的分化。到了近代，在艺术文化的内部关系即各种艺术门类相互关系上，其艺术的发达与进步必然地伴随着各种艺术形式的分化、独立化的倾向。

与西方艺术文化在内部关系上明显分化，各自走向独立的倾向不同，在东方，如日本艺术文化的内部关系即各种艺术形式的相互关系上，主导的倾向还是偏重于相互结合、互相渗透，更多地体现为综合性而不是各自的分化、独立。如中国艺术中强调诗中有画、画中有诗、诗画相通、书画同源、书画一体，以及中国画中融合了诗、书、画、印各种艺术元素，等等，都是此种“内部的综合性”的突出体现。而东方艺术中这种诸门类艺术相通相融相互结合的普遍现象，是西方艺术文化所根本无法比拟的。[①]

---

① 大西克礼:《东方的艺术精神》，日本东京，弘文堂，1988年，第36—81页。

应该说，大西克礼对于东方艺术精神在美的文化发展上呈现出的特色的概括，即“泛律性”结构的持续、根源的本质性的深化、消极的自律性的强调、艺术与生活的深层的融合这四大特点，以及东方艺术所体现的“外部的综合性”与“内部的综合性”的特点，对于中国、日本这些东亚国家的传统艺术的基本精神、文化关系及艺术内部关系的总结概括，是相当深刻的，也基本符合东亚艺术发展历史的实际，是一种关于东方传统艺术精神的有价值的系统的理论研究成果，值得我们今日研究中国乃至整个东方传统艺术精神以及进行东西方传统艺术精神比较研究时予以重视，认真参考。

不过，我们也必须指出，大西克礼上述有关东方艺术精神的一系列重要特征的概括，至少对于中国传统艺术的整体情况而言，是并不全面的。中国漫长的原始艺术，其艺术精神应如何概括我们姑置勿论，至少从新石器时代进入文明社会以来，已有四五千年的悠久历史。在这数千年文明史的进程中，中国艺术经历了许多不同的历史阶段，形成了极其丰富的艺术形态和艺术类别，其艺术精神的呈现也多姿多彩，丰富多样，并不是用某种统一的理论模式所能完全概括。即以大西克礼从德国现代学者柯恩那里接受而来的他律、自律、泛律几种艺术精神形态而言，中国古代艺术固然相当程度上体现为大西克礼所指出的“泛律性结构的持续”的特点，但是，我们也不能不看到，在中国古代艺术中，也不难找到典型的“他律”的艺术形态与“自律”的艺术形态。中国古代艺术中，长期存在着一种言志、载道，甚至服务于礼治、教化等功利目的的艺术形态，这便是典型的“他律”的艺术；另一方面，中国艺术在魏晋时期，也出现了如鲁迅所说的“文学的自觉时代，或如近代所说是为艺术而艺术的一派”①。这种“自觉”的艺术，像中国古代的山水诗、古琴曲、山水画、花鸟画等等作为纯粹的艺术形态，达到了极高的艺术成就，可以说是典型的“自律”的艺术形态。这两种艺术形态，它们所体现的艺术精神，显然就不能用“泛律性结构的持续”这种单一的理论模式来界定和阐释。总之，大西克礼对于东方艺术精神的探索具有重要的参考价值，却只能解释它的一部分现象，而不能解释它的全部。如何更准确深刻、更全面系统地把握中国乃至东方的艺术精神，仍需今后学界的继续努力。

---

① 鲁迅:《而已集》，北京，人民文学出版社，1980年，第100页。

四、关于大西美学中的"文化的国家主义"

在研究大西克礼的美学时，有一点必须引起我们的注意，这就是他从事美学活动最主要的时期所处的特殊的社会历史环境。我们这里所说的他从事美学活动的最主要时期指的就是他的美学研究的第二个时期，即1937—1949年。而这一时期他所置身其中的特殊的社会历史环境，就是日本对外侵略扩张日益升级，所谓日本"民族精神"日益非理性地膨胀最终导致日本战败的时期：1937年"七七"卢沟桥事变日本全面入侵中国；1941年12月日本发动太平洋战争，对英美宣战；1945年8月15日，日本宣布无条件投降，日本发动的对外侵略扩张的法西斯战争以彻底失败而告终。而正是在这个时期，大西克礼的美学研究从1937年开始，告别了他早期以西方现代美学研究为主要内容的"面向西方"的学术阶段，开始了"回归传统，回归日本"的阶段。从1937年到1943年，他接连出版了三部直接以日本传统的美学理论为对象的研究著作，即《幽玄与哀》(1939)、《风雅论》(1940)和《万叶集的自然感情》(1943)。因此，"面向日本"成为该时期大西克礼美学研究的突出特色，并与他的"面向西方"的第一个时期和"构筑体系"的第三个时期均形成鲜明的对照。[①]

大西克礼美学研究中的这一"面向日本"的时期，恰好与日本现代史上那段疯狂的自我膨胀、对外扩张时期相重合，难道只是一种巧合吗？这当然不是简单的巧合，而是受到了当时日本的民粹主义思想愈益高涨的影响。当时，在日本知识界，最赤裸裸地宣扬日本民族优越的国粹主义，公开为日本的侵华战争、对外扩张及太平洋战争张目的，

---

① 这里关于大西克礼在他的美学研究的第二个时期以"回归传统，回归日本"为特色以及该时期他的美学所体现的"文化的国家主义"倾向的讨论，参考了小田部胤久的《大西克礼与"文化的国家主义"——东西比较研究的陷阱》一文(该文收入日本美学会编：《美学、艺术学的今日的课题》，日本美学会，1999年)。与小田部的这篇论文有所不同的是，小田部把这一时期一直延伸到了1959年大西克礼去世为止，并将这一时期概括为大西美学研究的"体系期"。我则把这一时期划到1949年大西克礼退休为止，并把这一时期直接概括为"回归传统，回归日本"或"面向日本"(均为小田部的用语)的时期，而将第三个时期看作他的美学研究的"构筑体系"的时期。

无过于起劲鼓吹“世界史哲学”的京都学派第二代哲学家中的“右派”。他们阐发日本侵华战争的所谓“世界史的意义”，把日本发动的“大东亚战争”、太平洋战争看作是世界史由西方统治的时代转换到由日本统治的时代的“转折点”，宣扬日本民族是有权统治世界的优等民族，卖力地为激发、振奋当时日本的“民族精神”打气助威。由《中央公论》杂志组织，京都学派的“右派”哲学家高坂正显、高山岩男、西谷启治和历史学家铃木成高四人参加的三次臭名昭著的座谈会即“世界史的立场与日本”座谈会、“东亚共荣圈的伦理性与历史性”座谈会和“总力战的哲学”座谈会，①集中地反映了他们的这种“世界史哲学”的理论。

应该说，大西克礼对于日本美的范畴、日本自然感情、日本美的意识的研究，与上述那种极端的民粹主义思潮还是有所区别的。大西克礼甚至在他的研究日本传统的美的范畴的《风雅论——“寂”的研究》中还说过这样的话：“对于美学来说，所谓‘日本的’特色本身完全不成为问题。这是因为所谓‘日本的’也好，‘西方的’也好，都不过是各自的历史的问题。所谓‘日本美学’之类的说法，作为方便的假设的词语姑且不论，它在理论上应该说没有什么意义。”②细观大西克礼的这几部研究日本传统美学理论的著作，应该说，它基本上采取了一种比较纯粹的学问的态度，与当时那种甚嚣尘上的极端民族主义的意识形态保持着一定的距离。但是，大西克礼在当时那种特殊的历史语境中，把自己的研究对象完全转向日本传统的美学理论这样一个在当时既比较“热门”又相对比较“安全”的研究领域，在对日本传统美的概念、美的意识、自然感情等的欣赏、赞叹以及有时不乏溢美之辞的价值评价和意义阐释中，表达着存在于其潜意识中的作为日本人的优越与自豪感，这在客观上就不可避免地包含着民粹主义的思想因素，无可逃避地与当时的非理性的民族主义构成一种不自觉的“共谋”关系，从而在客观上成为当时的“文化的国家主义”思想潮流中的一个环节。③

---

① 这三次座谈会的纪要最初发表于 1942—1943 年《中央公论》杂志，后合在一起，编为《世界史的立场与日本》，由中央公论社于 1943 年 3 月出版。

② 大西克礼：《风雅论——“寂”的研究》，第 8—9 页。

③ 小田部胤久：《大西克礼与“文化的国家主义”——东西比较研究的陷阱》，日本美学会编：《美学、艺术学的今日的课题》，日本美学会，1999 年，第 99 页。这里的“国家主义”，日语原文为“ナショナリズム”，是英语“nationalism”一词的音译。该词语也可译为“民族主义”、“民粹主义”。“文化的国家主义”指的是这种“国家主义”、“民族主义”、“民粹主义”在文化上、意识形态上的体现。

假如离开大西克礼进行日本传统美学理论研究时所置身其中的特殊的历史环境，只要他的研究遵循着客观理性的准则而不是人为地拔高和夸大其研究对象的价值，那么，这样的研究是无可厚非的。每个人都有对自身民族传统文化、传统艺术、传统美学理论进行阐释研究的权利。然而，研究和评价任何一种理论，都必须放在特定的历史环境、时空背景之中，而不能脱离其特殊的历史语境，这是历史主义的基本要求。从这一历史主义的原则来看，大西克礼在其第二个时期有关日本传统美学理论的研究中必然地存在着“文化的国家主义”的思想元素，或者说在客观上起到了某种“文化的国家主义”的思想作用，这是不能否定的客观事实。日本今日的美学研究者如小田部胤久在探讨大西克礼这样的日本现代美学中的重量级的人物，能够做到不为狭隘的“民族意识”所局限，不“为尊者讳”，坦率地指出大西克礼美学中存在的“文化的国家主义”因素，这是这些学者的学术良知的体现，值得我们尊重。

当然，指出大西克礼美学中客观上存在着“文化的国家主义”的因素，并不是要否定他的美学研究包括对日本传统美学理论的研究的学术价值，只是强调在肯定其应有的学术价值时，不要忘记历史主义的基本要求，不要让学术研究理应具备的反省与批判的意识缺席。

（作者单位：中国艺术研究院）

主持人语：

导 言

周启超

倘若真的少一份浮躁狂热，多一份冷静检索，就会清醒地意识到：面对流派纷呈名家辈出的世界美学，我们其实处于“若明若暗”的状态。“有深度开采”与“多方位吸纳”的工作，我们远没有完成。布拉格学派的结构主义，尤其是其领袖扬·穆卡若夫斯基的结构主义理论，就属于我们对之依旧“若明若暗”的空间，而有待我们重点开采。《外国美学》第19辑刊发了美国达幕思大学的一位学者论布拉格学派的一篇概述性文章。这一期，我们加大力度，组到了三篇文章：其一是约请外文所懂捷克文、正在翻译《穆卡若夫斯基论文学》的杜常婧，自原文译出扬·穆卡若夫斯基1941年写的一篇文章《美学与文学学科中的结构主义》，读者可以从中了解来自布拉格结构主义首领自身的“结构主义如是说”。其二是约请2011年5月来北京出席“现代斯拉夫文论国际学术研讨会”的一位俄罗斯学者，写了一篇专论《扬·穆卡若夫斯基美学：结构——符号——人》，来自彼得堡赫尔岑俄罗斯国立师范大学的这位教授还在1989年就著有《美学中的结构主义》一书，近年又与同事合作完成一部自古代至当下21世纪的教材《美学史》(2011)，读者可以从中看到对扬·穆卡若夫斯基美学思想最为前沿的解读。其三是约请朱涛博士为本辑选题赶写的一篇论文《扬·穆卡若夫斯基美学：问题、方法及反思》，现在华南师范大学外文学院执教的朱涛毕业于中国社会科学院外文系，其博士学位论文就是以穆卡若夫斯基的美学与文学理论为题。由他新写的这篇文章，读者或许可以窥见到一位当代中国年轻学者在捷克结构主义研究园地的蹒跚步履。

美学与文学学科中的结构主义[①]

［捷克］扬·穆卡若夫斯基　杜常婧 译

一

科学工作以对当前科学所研究的材料进行调查、描述和分类为己任；科学研究最为抽象的目的，乃发现研究领域中的事件所遵循的普遍规律。显而易见，这种工作方法明显与哲学不相关联，因而也同最近刚刚过去的实证主义时期没有关系。实证主义恰恰在科学中看到理论努力最本质的部分，使科学体系成为基础，而作为人类认识统一体的哲学，务必在这一基础上进行建构。在全盛时期，这一观点曾对前一浪漫主义时期的理解做有益回应，上一时期相反是隶属于哲学学科的：浪漫主义哲学再三主张发展从先验前提推论而来的新的科学知识，而无视经验材料。然而一旦实证主义学科摆脱哲学的束缚，这种浪漫主义倾向的危险消失不见，实证主义的倾向和立场便会显现出来：它同样并不从属于哲学学科，更不可能成为哲学的基础——它们的联系是相互的。单一学科正是在发展的进程中同哲学分离开来，这丝毫不会改变它起源的事实：从其中每一门学科成为独立发展序列的那一刻起，尽管这门学科总是会重新回到由哲学构成的本体论和认识论的前提上来，然而它自身的研究成果以及方法的发展将不断对其发生作用。

源自科学与哲学持续的相互联系，并在这种联系的基础上建立起来的科学观点，即为结构主义。我们讲“观点”，是为回避“理论”或“方

---

① 本文选译自扬·穆卡若夫斯基：《捷克诗学论文集（第一卷）：诗歌概论》，梅兰特立夫出版社，1941 年，第 13—32 页。

法”这些术语，“理论”意指稳固的知识集合，“方法”同样意味着工作准则完整且不容更改的集合。结构主义既非前者，也非后者——它是一种认识论立场，从中自然会得出某种工作准则乃至某种认识，然而，这些独立存在于前者和后者之外，因而能够循两方面发展。结构主义的实质最好以这种方式来阐明，它是如何建构概念并运用它们的。换言之，结构主义意识到如下学科整体概念体系基本的内在联系：其中每一个概念都由所有其他的概念所限定，甚至自身也受到相互制约，于是，比起自身的内容列表，它可以被更加明确地划定在上述概念体系所涵盖的范围内，每一个概念的内容——假如它对概念起作用的话——处于不断的变化之中。正是相互间的关联赋予单一概念超越纯粹由内容所界定的“意义”。因此，对于结构主义而言，概念表现为与时俱进的动力工具，总能够胜任内部的转变和调整。牢固地嵌入科学总体概念体系之中，令其得以历经变化，而不减损自身的特性：这就是缘何比起任何其他科学思潮，结构主义更少倾向于匆忙地用新的概念来取代旧概念——它更为看重使传统概念充满鲜活的、持续更新的意义。由于自身的灵活性，概念如此便很容易从它产生的那个学科领域转移到另外的领域，这是可以理解的能力：单一学科相互间的联系和结合从而得以加强。

那么，所有这些对于科学与哲学的关系意味着什么呢？对结构主义而言，这种关系是以概念体系的内部联系及其能动性为条件的，因为概念体系以认识论立场为依据，这些特性借由认识论的立场，促使科学和哲学始终保持活跃的联系。自然，完全不存在一种科学方法，可以不建立在哲学前提之上；倘使某些科学思潮拒绝考虑这些前提，它们也就放弃了对自身认识论基础的有意识的控制。结构主义与这些思潮不同，它觉察到完全信赖具体学术成果的类似行为。然而，科学与哲学之间的关系，并非像我们已经指出的那么片面：具体研究的结果常常会导致它所借助的同一类认识论前提的变化或重要的修正——如此便形成封闭的循环。

因此，结构主义的科学工作自觉且目标明确地在两个外缘之间移动：一方面为哲学前提，另一方面为材料。与哲学前提一样，材料同科学也有类似的关系：它既非完全被动的研究对象，也不像实证主义者倾向于相信的，可以毫无保留地被分派给科学方法。在这一点上共同预设的原则也是适用的。新的材料一般还会带来对它进行处理的科学方法的变化——此处，科学概念和研究方法从一门学科转移到另一门学科，有其自身的理由及功用。反之：某些事实若要成为科学材料，那么研究期待从其中得到的假设的预期成果，必须被引入该成果所在的某一学科概念体系的关联内。事实本身绝非像已经从情境中得出后那般在学理上一目了然，根据应用材料的研究目的，相同的事实可以成为几门不同学科的材料。如此，材料也与哲学前提相似，同时存在于科学的外部和内部。

如上所述，将作为材料与某门学科发生关联的事实，置入该学科的概念系统范围，该系统内部的动态关联亦表现在符合要求的材料上，以便通过研究来揭示其单一要素的相互关系，将其供与意义一致的材料整体集合：经由材料的重大整合，一门学科达致结构的认识。作为意义的统一体，结构比单纯叠加的整体要大得多，这类整体是由各部分简单相加所产生的。[①] 结构的整体包含自身的每一个部分，与此相反，这每一个部分刚好符合这一整体，而非其他整体。结构的另一个本质属性为它的能量特征和动态特征。结构的能量性在于，每一个单一要素在共同统一体中都具有一定功能，这一功能使要素位列结构的整体当中，将其捆缚到整体之上；结构整体的动态性则为，这些单一功能及其相互关系，由于持续的变化，构成自身能量特性的基础。作为整体的结构处于持续的运动之中，因此区别于因变化而遭到破坏的叠加的整体。

在此，结构主义的主要原则以最简要的概述被勾勒出来，它不是个人的“发明”，而是现代科学史发展的必然阶段。因而它的渗透十分不均衡，单一学科以学科之前发展成熟的知识为基础，偶尔充分独立地将结构主义的立场应用于自身，这促使其从结构主义的意义上对认识论立场进行调整；结构主义由此出现在现代科学领域之中，这些领域常常彼此间差异甚大，缺乏直接的联系——然而今日已经可以在心理学、语言学、普遍美学，乃至不相关联的艺术理论和艺术史中，在人种学(民族学)、地理学、社会学、生物学，可能还有另外其他的学科中，谈到结构主义了。在科学研究的同类方法中，结构主义也较少强调偶然的“发现”，而是注重已有成果符合规律的思考以及发展。与此相应，在合作的有利条件下，结构主义则退隐到个别研究者的个性背后，

---

① 参见伯卡姆普：《整体的结构》，1929 年。——原注。

合作取得的成果会很快成为公共财富和一般标准，用于其他研究；甚至对于精神学科也是如此，它始终是自然科学中为人熟知的工作实验方法的典范。

这些情况同时又促进了结构主义发展的灵活性，关于这一点已经有所提及：工作者互相之间仅仅捆缚在共同的认识论基础上，这一基础既不会阻碍工作方法的多样化，也不会阻碍对普遍接受的研究成果的自由运用。因此，结构主义在任何学科中都不是单纯的工具，几近机械地用于解决某些问题，而不适用于其他问题。比如在文学和艺术的历史上和理论中，结构主义即被作为结构来看待，而不仅仅是艺术构成及其发展，不过它也被理解为这一结构与其他现象的联系，尤其是心理现象和社会现象。这一系列现象中的每一个都向研究者表现为结构，它与研究序列的联系具有结构的相关性特征，因为单一现象序列在更高等级的结构中相互接合起来。此外，每一个外部冲击，于其他现象序列中拥有自身的起源，在研究结构内部表现为其内在发展的事实；比如引起艺术某种发展变化的刺激因素，即使是产生于社会事件，仅只在这一范围和此类思潮中发生效用，就如同类艺术之前的发展阶段所呼吁的那般。

在绪言之后，我们尝试略述两门结构主义学科——美学和文学学科——结构主义观念的具体实例，当然只是最粗略的概述。由于在指定的学科中，前者自身问题的共性接近于哲学，在一定程度上——如果涉及审美认识的普遍问题——甚至是哲学的组成部分，而后者隶属于前者，相反是一门直接运用材料的具体学科，以期通过对二者的一览，使结构主义在自身范围内得到充分的描述，而非仅在单一学科的领域内。

二

结构主义美学属于客观流派，亦即那些以承认审美对象为研究基础（并非唯一目标）的流派，审美对象即艺术作品，当然不是物质意义上的，而是作为非物质结构的外在表现，即由单一成分构成的力的动态平衡。艺术结构的动力根源在于，其成分的一部分留有最接近过去的当前惯例的每一个状态，而另一部分改变着这种状态；张力由此产生，要求平衡，即艺术结构新的、进一步的变化。虽然每一部艺术作品的自身即为结构，艺术结构并不仅仅关切一部作品，因为随时间的延续，它的手法从一部作品转移到另一部，并且在此期间持续变化；这些变化决定于单一成分相互关系的不断重组以及相对重要性；占有突出地位的始终是那些在审美上得到提升的成分，即与艺术习俗的当前状态相抵触的成分。第二类，由顺应当前惯例的成分组成，它构成第一类反映现实、接受感知的背景。在发展过程中，单一成分在这些类别中互换位置是很自然的——这恰恰导致整体的重组。

艺术结构由是显现出结构主义美学的立场。显然，从这一立场出发将丧失迄今为止区分艺术作品形式与内容的重要性；比如在绘画作品中，色彩不仅具有刺激感官的特点，同时也是一定功能的载体，尽管没有明确的意义（当然在某些例子中可以得到明显的确定性，例如中世纪色彩的象征用法及其对绘画艺术造成的影响）；与此相对，被描绘的对象不仅仅具有“内容”（即复杂的意义单位），也具有“形式”，即画面视觉布局的构成，这不仅影响到它在画面整体主题上意义的融合，也影响到它在画面区域特定区间的定位，等等。材料-艺术手法（即利用材料特性的艺术手法）这对概念取代内容与形式一对概念，使结构主义美学获得意义。材料实际是从外部进入作品的，它在本质上独立于艺术运用之外，比如绘画中的上色物质和底色，雕塑和建筑中的石头、金属等，戏剧中表演的个体，诗歌中的词语；略有不同的是作为音乐材料的音调特征，因为音调，虽然为声学现象，在这一意义上又存在于艺术之外，因其自身不可避免地包含在声调系统中，已经就其本质与同类艺术紧密联结在一起了。与材料不同，艺术手法同艺术结构不可分割，实际上这只是它对于材料所表现出来的姿态。

结构主义美学的另一个典型特征是它对符号和意义的定位。作为艺术家和接受者之间起着媒介作用的符号，遵循这一科学观点，艺术作品首先处于整体之中，并且观照自身；由此——不过是在与克罗齐不同的意义上，克罗齐将艺术及语言视为个性的直接表达——使美学与作为最基本符号（人类的话语）种类的语言学科相接近。由于自身的符号属性，艺术作品既不完全与作者的心理状态相吻合，也不与它在接受者身上引起的心理状态一致；在接触中，积极或消极产生的心理状态，每一回还包含——除当前艺术作品的概略外——个体因素、不可重复的因素，以及出于客观（即不受个人情感影响的）立场，偶然的审美结构因素。那么,我们在客观化为作者"经历"的艺术作品中所发现的作者的心理状态,已经意味着一个单元,牢牢楔入艺术构造的整体系统;唯有如此,才足以解释创作中"预感"经历的常见例子,亦即这类情形,早在实际经历过之前,作者便从艺术上处理过这一情境了。就连主语"我",虽然是以多种多样的手法,在每一种艺术和每一部作品中都有所显现,它不等同于任何具体的心理个体,也不等同于作者。这是交会点,作品的整体艺术构造由此得以安排,不过任何个性都可能暴露在作品当中,无论是接受者的,还是作者的(接受者的作品"体验")。

这些为结构主义美学指明解决艺术中的个性问题的途径:比起个性因素的功能问题,结构主义美学对作者个体的来历问题兴趣要小得多,无论是在艺术事件中,还是在艺术结构的发展中一概如此。这一观念意义上的因素不仅表现为作者个体,还表现为常常积极参与到艺术发展中的接受个体,如资助人、订购人、批评家、出版商等等;即便接受个体仅只在艺术和受众之间进行协调的情况下也是如此,比如造型艺术博物馆的馆长、图书馆管理员、艺术品商人等,他们的活动是可以在一定程度上对艺术的发展起到积极作用的。

然而,个体因素不仅表现在个人身上,还可以是一群人,例如一个艺术流派、一代人,甚或是整个特定的集体,假如谈到在艺术普遍发展中的创造性参与时,也可以是一个民族。集体化的个体也可能只是接受个体:当其对艺术作品作出一致反应时,他们便成为受众。这种受众的一致性反应可由独特的经验识之,尤其是戏剧艺术家、演员和导演等人的经验,他们在演出当中可以感受到现场观众的反应,同一作品的演出,随着上一场即时反应的不同,他们的表现也会不同,这就有了个性特征;观众在当天作出反应的方式,会影响演员们的发挥:观众"承载着"演员,或者相反,观众抑制演员的发挥。受众这种作为集体化个体的积极参与,自然也表现在其他艺术样式中;只不过在戏剧中可以被更加强烈地感受到。关于造型艺术的受众问题,波德莱尔在《一八五九年的沙龙》[①]序言中写道:"受众和艺术家是一对关联物,他们同样强烈地相互作用于彼此:如果艺术家愚弄受众,受众会抛给他同等价值的钱币。"就文学而言,亦是如此,一个作品在读者中畅销或

---

① 《美学珍玩》,1889 年,第 257 页。——原注。

不畅销的程度，会影响到诗人的下一步创作：比方说，经常受到喜爱的某一类长篇作品，会引起作者运用同样的创作手法，如果需要的话，在接下来的几部作品中也会采用相同的人物或相同的主题。因而集体化的个体在艺术的发展中同单一的个体一样真实。即便是无生命物，也就是说艺术作品，如果以自身的独特性赫然区别于同时代的创作，在这一独特性的意义上将影响向前推进，那么，作为个性因素是会显现出来，并进行积极干预的。当然作品的独特性常常是十分相对的，因为创造物的特质对于有意识的接受者而言很少表现得独一无二，对于专家来说则可能成为整个时代或作品风格的特征。

至于创作个体与艺术的客观发展之间的这种关系，恰恰由于其自身的本质是功能性的，在很大程度上由之前的发展从性质上预先设定；结构的某一发展状态要求个体对它的变革做出这样或那样的调整，而经过调整的个体不再适合于当下的发展，因此被排除在发展的道路之外。此处的复杂性自然相当明显，有时——正如在 19 世纪——这些“可恶的”艺术家们可以看似零星地纵向分布在发展的河道上，构成彼此极其连贯，与主流同等重要，在某种意义上对于未来甚至更加重要的谱系。所以艺术天赋并非仅仅是纯粹的个体问题，而与结构的客观发展所赋予个体的功能相联系。艺术作品作为符号的观念正在于，作品可以从与原创者个性的明确联系中解放出来，从而在审美方面为艺术中的个体问题开辟广阔的视野。

然而，艺术作品对于结构主义美学而言，并非仅仅是与个体相关的符号，还牵涉到社会；这意味着艺术和社会之间的关系问题也需重新修正。首先值得一提的是，艺术结构的发展是从不间断的，并且受制于内在的规律性：艺术结构以“自我运动”的方式自行发展，这一发现已防止将其发展变化作为社会发展无条件的直接结果来接受。艺术结构的每一个变化自然受到某种外部的刺激（激发），要么直接来源于社会的发展，要么源自文化领域（科学、经济、政治、语言等）的某种发展，这些外部刺激当然也同艺术自身一样，负载着社会共生的影响；不过，当前的外部刺激因素得以消除的方式，以及对艺术的发展起作用的思潮，均生发于同类艺术结构（内在发展）所包含的前提。艺术和社会、社会组织以及它的产物之间的联系是持续不断的，并且作为事实和需求，已然包含在同类创作行为中：艺术家是社会的一员，处于一定的社会环境（阶层、身份）中，他必然要为他人，为受众，由此也为社会而创作。如果发生这种情形，艺术家明确地回绝了受众，这只是因为他需要的是另一类受众，要么是未来的受众（司汤达），要么是假想的受众（象征主义者）。

尽管艺术与社会之间的关系并非刻板的因果关系，也不能就此断言，这样或那样的社会组织形式便无条件适应这种或那种艺术作品形式；如果说，从社会组织中仅能演绎出艺术作品的某种成分，特别是内容，这也是不正确的，因为在与社会的关系中，社会结构作为整体在发挥效用。从经验上看，艺术和社会之间的关系表现得格外易变：比如我们看 19 世纪的艺术流派，如现实主义、自然主义、印象主义、象征主义等，在欧洲是从一个民族传播到另一个民族的，尽管这些民族每一个的社会机构状况千差万别，甚至连发展程度也不尽相同。特定的社会，无论是社会阶层还是整个国家，也可以在出自不同环境——可能是完全陌生的环境——的作品中，比从自己环境诞生的作品更为清晰地自行“辨识”出来。[①] 艺术结构的某种状态也能够比创造它的时代存活得更久，作为与它所产生的那个社会不同的、新的社会表述；试比较古代基督教艺术，它便利用了造型手段及古代艺术的主题。唯有如下观点才能解释这一切，艺术作品之于社会，与同个体的关系类似，也是符号，它虽然反映社会的特征和状态，却并非其状态和机构的自发结果：假如没有其他资料，我们不可能从社会的某种状态明确推论出与该社会相适宜的艺术，反之，也不能仅仅依据从这个社会诞生的艺术或受到社会接纳的艺术，来认识这个社会。

当然这并不是说，艺术和社会之间的关系，对于一方或另一方的发展无足轻重：社会希望艺术来反映它，[②]反过来，艺术也希望对社会事件施加影响。如果社会对艺术进行影响的愿望占据主导，就会产生受控的艺术；相反地，如果艺术对社会发生作用的意向占有优势，我们则是在谈论具有倾向性的艺术。自然这两个极端中的一极不一定总是失衡：艺术与社会间的和谐可以达致完满的程度，它们彼此间的张力消失殆尽。在这种情况下，艺术产品通常被无差别地归入人类的其他职业中间（试比较艺术家在中世纪手工业行会中的归类）。也因为

---

① E. Hennequin, *Les écrivains francisés*，捷克语译本题为《法国的本土化作家》，1896 年由沙尔达翻译。——原注。

② 波德莱尔，《美学珍玩》，第 322 页：“大众满腔热情地热爱自己的形象，而且也非常爱将自己的形象托付予之的艺术家。”——原注。

如此，如果艺术和社会之间达成一致的愿望开始被感受到的话，同时会显示出按照手工业或工业产物的形象来设想艺术创造物的努力；19世纪下半叶，人类生活中所有职业的艺术化行话，皆随艺术行业的复苏而生，战后时期则又再向往艺术与社会之间的和谐，"消费"和"社会订单"的概念应用到艺术中来。当然也存在这样的时期，艺术在与社会相互间的积极联系中被剔除，或自行淘汰（为艺术而艺术[①]）；即使在那时，它们之间的重要关联也没有消失，而是自动转为相互的隔绝，这成为艺术状态和社会状态的重要征兆。

社会分层也可以在艺术领域找到相似物：与社会被纵向（阶层）和横向（环境）划分类似，艺术也在构成上一方面被区分为"高级的"和"低级的"，另一方面是互为调和的。比如在现代诗歌中，纵向延伸为"文学"诗歌、卡巴莱双行押韵诗或街头歌曲，而城市文学和乡村文学在横向上被看作是同级的。虽然产生自不同时期，但对于读者，甚或对于诗歌创作而言，同期"活跃"的文学思潮和流派也具有相互的关联性：目前在我们国家，大略肇始于五月流派，终止于当前流派的诗歌运动，便是如此相互影响的——当然这一方面，据代系、文化程度、职业等的差异，在读者中，也在创作者中有所不同。

艺术和社会的分层中，不仅存在相似性，也有相关性：一定的社会环境与一定的文学"梯层"相关联，一定代系的接受者及作者与一定的艺术流派相关联，等等。然而，就连这种关系，与其确切地说成因果的，莫不如说是符号的：假如某种艺术产品的手法对于某一社会阶层或环境来说是典型的，这绝非意味着该阶层或环境的成员不能接触到其他艺术产品的手法，或者相反，与某一阶层相关联的艺术彻底被其他阶层的成员拒之门外：此处的状况更像是价值的相互交换，这便是艺术发展的强大动因。当然，如果一定的艺术手法，或某一艺术作品从它原本相关联的社会环境，转移到其他环境中，它的功能和意义也便由此在本质上发生改变。

艺术与社会的接触本身并不是直接的，如上所述，而是借由受众发生的，即某种社会群体，而绝非社会机构；这一社会群体的一致特征为，其参与者比其他社会成员更有能力充分感受某种艺术符号种类（比如诗歌符号、音乐符号等）；这一点说明，个体如欲成为某门艺术受

---

① 原文为法文，"lartpourlartismus"。

众的组成部分，必须经过一定的专门培养。

不过艺术的符号性不仅不曾表现在它与外部世界的接触中，也未体现在同类艺术结构的构成中：我们已经指出，艺术作品的每一个成分承载着一部分意义；这些意义排列成不断逐步上升的单元，即作为繁复语义整体的作品。符号和语义特色在艺术作品的局部乃至整体中表现得都很明朗，尤其是在所谓的"时间"艺术中，即那些随时间被感悟的艺术：只要感知还未完结，作品的构造还未作为一个整体呈现于接受者的意识中，接受者就无法把握各个部分的含义和意义。在结构主义美学看来，艺术作品中的一切以及它与周边的关系，由此表现为符号和意义；在这种意义上，它可以看作是关于符号的一般学科或符号学的一部分。

至于结构主义美学同其他美学一样所处理的材料，是由一切艺术样式为其提供的。艺术样式的集合构成更高等级的结构。因此，这是基本的方法论，它要求每一个问题，即使看似只涉及唯一一种艺术样式，也可以实验性地加诸其他艺术样式；然而，通常看来，似乎或多或少有点特殊的问题都是一般的艺术问题，于是，诗歌的意象（隐喻、换喻、提喻）才会对其他艺术理论产生显著的影响，比如绘画、电影。当然，也存在显然适用于一切艺术的问题，比方说审美功能、价值和规范的问题，艺术与社会之间的关系问题，艺术中的符号问题等。而这些问题中的每一个又在形形色色的艺术中各自现身，除非我们考虑到这些问题方方面面所表现出的多样性，作出通用的回答是不可能的。最后还有这类问题，它们直接源于单一艺术样式的相互关系，比如从一种艺术样式到另一种样式的主题转移问题（例如从史诗到电影或者绘画）；阐释问题也属于这样的问题，其中阐释和被阐释的产物之间的联系无须只是主题上的。

然而，艺术的比较理论也有自身的语言发展问题，如上所述，单一的艺术样式，正由于是更高等级完整结构的成分，才形成良好或对立的相互关系。在每一个发展阶段，这些关系都不尽相同，例如，抒情诗有时与音乐（象征主义）密不可分，有时则与绘画（高蹈主义）结合紧密；两种艺术样式的接触可以是这一回这一方积极一些，下一回另一方积极一些（诗歌对音乐的积极性表现在标题音乐时期，音乐对诗歌的积极性则较早地在象征主义时期有所体现）。这似是奇谈怪论，但我们有理由说，每门艺术的历史均可被描述为它与其他艺术样式短暂接触的序列。就连艺术门类数量的历史波动性也与一切艺术整体结构的发展有关：艺术门类会增长（比如近数十年来的电影），也会减少（比如烟火制造术在18世纪被归类为艺术）；自然地，每一个诸如此类的变化都在改变艺术创作总体结构中力的分布。因此，艺术作为整体处于持续的运动中——单一艺术样式的历史也无法忽视这个事实的根本重要性。此外，在发展进程的复杂性方面，单一的艺术事件和所有艺术的事件总和之间，没有严格的界限；这两者间层级的平滑过渡可以在戏剧艺术中得到说明，在戏剧构成中，实际上每一种艺术样式在一定程度上，抑或完全是独立的（表演、诗歌、音乐、舞台造型、照明等等——居于所有这些之上的则是导演）。

因此，如果不始终坚守比较的眼光，结构主义美学便无法解决自身的任何问题。从这个意义上讲，我们必须给上述事实正名：结构主义美学的本质和目标在于详尽阐述**艺术比较符号学**的系统和方法。最后我们有必要做出补充，结构主义美学对于比较的兴趣并不仅仅限于艺术，因为审美是一种基本态度，是人对现实所秉持的立场（此外还有实践立场和理论立场），它无形存在于人类的每一个行为中，并且无形包含在人类的每一个创造之中。对于结构主义美学而言，这意味着对三个现象领域持续的相互接触进行关注：艺术领域，艺术之外的审美领域以及审美之外的领域，乃至它们中每一个的发展所造成的它们相互间的张力（试比较艺术将生活实践渗透进广告、服装、体育等领域，甚或相反，将生活实践渗透进艺术之中，比如在建筑上或有倾向性的诗歌中）。

结构主义美学的诞生虽然在近期，它的根源却能够于相当久远的过去寻得，一方面在同类美学中，一方面在哲学中，最后是在迄今为止研究符号最为精妙的学科分支——语言学里。在美学的先行者中，居于第一位的要数赫尔巴特的美学，他的捷克追随者 J. 杜尔迪克和 O. 霍斯汀斯基则铺好了道路，沿着这条大道，霍斯汀斯基的学生 O. 泽赫在自己最后的著作中接近了结构主义的观念；除此以外，由于与俄国形式主义的接触，这种捷克本土的发展活跃起来，在方法论上得到深化，不过最为重要的是，它特别推进了作为符号集合的结构观念；在德国现代美学中，B. 克里斯蒂安森对于结构主义的初期发展有所影响；艺术家大量的理论论述，肇始于诗歌中的象征主义、绘画中的印象主义、建筑学中的功能主义中，作为美学积淀的组成部分与之紧密交织。

哲学前提的准备首推黑格尔哲学（结构中的内部矛盾及其发展的辩证观念）和胡塞尔哲学（符号的构造及其实用关系）；亦应当归功于某些心理学的工作，特别是布勒的工作（语言、拟形和色彩符号的心理学）。在艺术史及其方法论中，尤其值得缅怀 M. 德沃夏克的工作，他揭示出认识论对于造型作品艺术构造的影响。在语言方面，结构主义美学依赖于 A. 马蒂、V. 马泰休斯、A. 梅耶、F. 德·索绪尔、整个日内瓦学派，以及 J. 祖巴蒂的工作。就目前的状况来看，结构主义美学的发展是捷克学界的一个现象，虽然它不断接触到其他国家的部分类似物，但从没有别的地方能够同样达到它方法论基础的深思熟虑；特别是在其他地方，艺术结构的问题并不曾被视作符号和意义的问题。

三

作为特殊的艺术理论被纳入结构主义考量的实例，我们尝试勾勒出**结构主义文学理论**的基本原则；由于文学理论是美学的分支，上一节所讲的内容对结构主义的艺术研究统统适用，此处也就毋庸赘言了。在单一艺术样式的整体理论集合中，文学是迄今为止在结构的意义上处理得最为系统的学科；也是在文学中，符号和意义的问题体现得最为显著，这对结构主义美学来说具有至为根本的重要性。艺术材料的问题对于结构主义文学理论具有独特的关联性，艺术材料在诗歌中为语言，主要来自由人创造的符号系统，它建构在作为社会产物的人和整个自然及文化的关系之上。

诗性语言为语言的一种功能形式，与其他语言的区别在于，它在审美意义上无目的地使用语言工具，而非以交际为目的；然而，这些工具本身大部分来自于交际语言，因诗性语言反过来又对交际语言施加影响，结构主义文学学科不仅致力于诗性语言，还有这一语言与交际语言的关系，好比整体与其单一功能方面的关系，其中尤其是与标准语言的关系——标准语言在发展上同诗性语言紧密相联；由此形成结构主义文学学科与功能语言学的密切关系，事实上这恰恰使得对文学的结构主义研究之诞生成为可能。诗歌作品**内部结构**中诗性语言的地位是如此核心，在诗性语言中可以反映出一切诗歌问题，不仅是纯韵文体诗歌，甚至还有诗体散文；就连在长篇小说和短篇小说自身的历史中，假如将这些类别的发展视为连贯的路线，受制于诗歌结构的内部规律性，必然要定位这种意义构造发展的起点，它自然根植于语言，尤其与作为基本语义结构的句子及其发展相联系。与其他艺术样式相比，诗歌中的种类差异也更为明显地投射到材料中；此处种类揭示性地显现为众多各式各样形式工具的复杂集合(不仅仅在主题的特定领域)，语言成分在它的这一结构中扮演着至关重要的角色。

与语言密切关联的还有诗歌韵律，倘若不考虑语言的特性，在此例中它提供了诗律基础，诗歌韵律的问题根本就无法在理论上得以解决；诗歌韵律和语言系统之间的相互关系，对于结构主义文学学科而言并不像稍早的诗律学(J. 格拉奥)所假设的那般明确，即仅有唯一的诗律与现有语言相适宜；即便这种关系也在发展，诗律基础历经变化。在诗歌作品内部，韵律是如此发挥效用的，它渗入整个结构，掌控它的所有成分，始于声音，止于最复杂的语义单元、主题；从这个前提出发，文学学科将韵律视为诗歌作品的结构不可分割的组成部分，及其发展变化的强大催化剂。艺术作品的主体在诗歌中也比在其他艺术样式中与材料联系得更为紧密：在此它可以直接通过语言工具呈现出来(人称代词和第一人称所有格、第一人称动词等)；主体在叙事或戏剧作品中的实现也是如此，“人物”或“角色”，通过自己的名字与语言息息相关，这构成角色的固定轴。在这层意义上，诗歌主体成为诗歌作品语言问题的一部分，而角色属于诗歌命名的问题，即语言符号的实际运用。

如此我们便达至意义的问题，不过它不只局限于和语言符号(词语、句子)直接相联的意义，也存在这种情况，假如它牵涉更高层次的语义单元(主题及其成分)，便和语言密不可分；在诗歌的语义问题中，尤为重要的是那些关于命名、语境以及它们相互对立的问题；直至这些问题由诗歌理论得以详尽阐释，在此获得的成果才可能用于认识其他艺术门类中的语义构造，特别是绘画和电影。在结构主义文学理论的意义上，诗歌也为研究艺术作品的哲学影响提供了丰富的可能性，这既由于它是一种主题性艺术，也由于它的材料是语言；在此可以同时研究和观察若干手法，通过这些手法，诗人的世界观是如何呈现在作品中的：一方面直接由作品的思想内容表达出来，另一方面是间接形象地借由主题表达，再则最终是隐含在对表达手段的选择和运用之中。

在结构主义文学理论中，诗歌艺术发展研究的方法论问题面貌也很复杂：在音乐理论中，譬如，内在性原则（即结构在发展中的“自行移动”）对于这种艺术的无主题性，及其实际语境中相对明显的脱节几乎是量身定做的；在绘画艺术中，它自身的基本主题性更为显著地嵌入一般的文化语境中，研究内在发展的状况尤为困难；而在文学理论中，通向它的路径是最不轻松的，但正因如此也是最富有成效的；它的棘手之处在于，这里还有一个包含文学的思想（反思）元素增添到主题性中——除与一般文化发展的联系之外——甚至融入人类的思想史中。结构主义文学史的方法论乃结构主义文学理论的任务之一，由于自身的复杂性，虽然基本原则已经明朗，迄今为止结构主义文学史方法论仍未有所成就。曾经有过也正在进行以诗歌韵律的发展为基础建构抒情诗史，以句子构造的发展为基础建构叙事小说史的尝试；个中目的，在于检验这些适合成为结构主义文学史轴心的元素构造上的承载力，亦即那些不只局限于同类诗歌结构内部发展中的元素，而从结构的意义上可视为——即作为相互的影响——发展中的文学与其他文化现象之间的关系。

因此，尝试革新文学史方法论的结构主义文学理论，不愿淡化这一学科目前的问题，而从正在发展的文学唯一的一致立场出发进行考量。对于结构主义文学学科来说比较独特的还有最后一种方式，即如何看待诗人的作品和生活之间的关系；不同于当今的那些流派，将诗人的生活，尤其是他的内心作为直接映像进行展示的作品，它意识到应坚持自身对艺术产物符号本质的一般主张，诗人的作品和生活之间的关系不具有单方面依存的性质，而是相互关联的；在这种意义上，这里甚至存在着某种对立，被视为艺术事实的生活，表现为诗人创作的相对的一极，而被视为生活事实的作品，相反则表现为诗人生活未付诸实现的一极。此即在其他单一艺术门类的理论中辨别结构主义文学学科特质的主要特征；而那些使它区别于其他文学学科思潮的特征，即统一的整体结构主义美学，在该学科的专门用语中是无法明确定义的。

如若谈及结构主义文学理论的起源，尽管在其他文学学科中也会发现类似的现象，它在相关系统内的构筑对于捷克的科学努力而言是相当卓越的。捷克结构主义文学学科成长的根基，主要深深扎根于过往，尤其在恰逢谈到诗性语言的研究时。我们已经在 J. 荣格曼的作品中发现关于诗性语言特殊性质的意识,从那时起,对于这种语言的理论兴趣便不间断地延续下来,例如,自然科学学派两位美学家的诗学,即J. 杜尔迪克和在他之后的O. 泽赫,这两位作者不顾自己原有的科学学识,将诗性语言置于他们兴趣的中心。现代捷克批评之父F. X. 沙尔达也将自己对单一诗歌现象最重要的分析建立在其语言表达的基础上。捷克的诗律学,尤其是出自最为系统的研究者J. 格拉奥之手的诗律学,能强烈感受到诗歌韵律和语言之间的联系。捷克最伟大的语言学家之一——J. 祖巴蒂,对拉脱维亚和立陶宛民族歌曲的诗性语言进行了广泛的研究。最近几十年来,就连某些文学史家也令人深思地涉及诗性语言的研究,特别要提到的是(在第一次世界大战之前)阿尔奈·诺瓦克。当战后布拉格语言小组开始发展文学的结构主义研究之时,道路已经铺好,虽然也是从诗性语言出发,但又不局限于此,而是运用语言学的方法来处理文学学科的全部问题。在与捷克的结构主义文学学科类似的外国流派中,值得一提的首先为俄罗斯形式论学派,捷克文学学科的研究自它那里吸纳了颇有价值的方法论指南,其次是德国文学学科中的某些现象,源自现象学的哲学流派(例如E. 希尔特、J. 费弗尔),此外还有波兰文学学科的某些潮流(英伽登、克里德尔以及一些较为年轻的学者,后者已经在参照捷克学者的工作了)。

(译者单位:中国社会科学院外国文学研究所)

扬·穆卡若夫斯基美学:结构——符号——人[①]

[俄]A. A. 格利亚卡洛夫　朱　涛 译

对捷克著名学者扬·穆卡若夫斯基(1891—1975)理论遗产的挖掘和清理,在20—21世纪美学与艺术哲学的语境下,特别在学界对形式主义和结构主义思想之兴趣背景下,显得尤为迫切。[②] 相应地,在这一语境中,穆卡若夫斯基理论中的一些核心问题,如美学以及人文科学中的方法论,诗歌语言、形式、结构、价值、规范及功能问题,美学中的符号及意义问题等具有高度的现实意义。近年来,对穆卡若夫斯基思想的迫切兴趣,主要为这样一种情势所强化:学者们尝试在与结构-符号学方法论(它已经在美学、文学理论、创作美学以及人的哲学研究中得到运用)进行对话的过程中,更全面地构建现代人文研究的跨学科空间。

扬·穆卡若夫斯基是布拉格语言学小组最有名的理论家之一,该小组的代表们发展出功能结构主义的理念。鉴于该小组在方法论上具有明显的反思倾向,在他们看来,美学更全面、清晰地代表哲学和一般艺术理论。

在谈及自身理论的来源和内容时,扬·穆卡若夫斯基曾指出,他从一开始就致力于构建一种**跨学科**(文中黑体字部分皆为作者所设)的理论:“布拉格学派所体现的学术方向不仅源于我国的传统,也源于俄国形式主义的成就。它将自己定性为结构主义,其核心概念——结

---

① A. A. 格利亚卡洛夫——俄罗斯国立赫尔岑师范大学教授,美学教研室主任。该文系应《外国美学》之约,A. A. 格利亚卡洛夫于2012年9月提供的特约稿。

② 2011年,在布拉格举行了以扬·穆卡若夫斯基的生平与创作为主题的会议——“纪念扬·穆卡若夫斯基诞辰120周年国际学术会议”。在该会上,穆卡若夫斯基在文学理论、美学、本体论哲学、民间文学、文体学、功能语言学、语义学、电影理论诸领域的兴趣与独特建树,得到了充分肯定。穆卡若夫斯基的兴趣与分析美学、美学功能主义以及人类学较接近。作为人文学界不同领域关注的焦点,扬·穆卡若夫斯基的遗产正引起对话和越来越新的阐释。

构，被视为一个动态整体。”[①]布拉格学派乃是捷克和俄罗斯思想的某种“共生”，其中也不乏西欧学术界的一些成就。罗曼·雅各布森将该派思想来源上的这种显见的丰富性归功于捷克斯洛伐克独特的地理位置——位于不同文化的**十字路口**。斯洛伐克结构主义的特色在于：它虽是单个学科——**语言学**、**美学**、**文艺学**、**戏剧学**、**绘画理论**的方法论，[②]但努力成为科学的一般方法论。在统一的计划下，**斯洛伐克结构主义**从科学整体性这一纲领出发，努力创建人文科学的**元语言**，这在结构上可以被阐释为科学各分支之间的对话与互补问题。

在谈及结构主义的方法论倾向时，需要着重指出的是，其所有分支，包括俄国形式主义在内都极其关注美学先锋派的活动，后者流露出一股重组世界的激情。在结构主义中，**思想**与社会**体验**从一开始就紧密结合在了一起。

在论证结构主义时，罗曼·雅各布森曾呼吁斯拉夫学者们要依靠“俄罗斯科学”的方法论原则（探寻关系及重视功能）和**目的论**（不是“为什么原因？”的问题，而是“为了什么目的？”）。[③] 因此，我们才可以说，辩证及对话思想从一开始就存在于结构主义美学中，也同样存在于尤里·米哈伊洛维奇·洛特曼的学说中，这是斯拉夫结构主义的一大特色，受到很高评价。[④]

然而，如今在承认“从文本转向作品”势不可免时，应当指出，斯拉夫结构主义的代表们在制定形式、结构以及话语研究的策略时，不仅特别重视**文本**，也同样关注**作品**。与此同时，还应当指出，穆卡若夫斯基有关规范、功能及价值的思想与20—21世纪理论中的“人类学转向”[⑤]密切相关，这一转向仿佛复活了美学，不仅复活了它在艺术哲学中的本体地位，也同样恢复了它在人的哲学中的地位。正是人文科学中审美的以及与之相关的伦理的内容，为转向人提供了可能性，并重

---

① J.穆卡若夫斯基：《对扬·穆卡若夫斯基〈鲍拉克的〈自然之伟大〉〉中方法问题的探讨》，载《词语与语文学》，1936年，第3期，第190页。

② A.波波维奇：《斯洛伐克的结构主义》，见《历史·文本·书目》，马丁出版社，1970年。

③ 参见H.C.阿夫托诺莫娃：《〈斯拉夫评论〉杂志——俄罗斯理论的自我确认形式》，见《1920—1930年的俄罗斯理论》，莫斯科，2004年，第95页。

④ M.Л.加斯帕罗夫：《洛特曼的辩证法》，见金苏匡：《洛特曼创作演变的主要方面："圣像性"，"空间性"，"神话性"，"个性"》，莫斯科，"新文学评论"出版社，2003年。

⑤ 参见B.伊万诺夫：《人类学转向：人文科学家的人文主义复兴？》，载《新文学评论》第111期，2011年。

新赋予世界和生活以“魔力”。

在穆卡若夫斯基看来，审美分析的目标和任务在于离析出作品中产生美学效果的那些特质。因此，“应当将作为一种特殊现象的作品本身置于研究中心，将它从所有与自己相关的现象中解放出来。作品产生美学效果的原因主要应当从自身来加以研究”[①]。穆卡若夫斯基拒绝了将作品分为**形式**和**内容**这一传统的做法，他指出，内容本身也具有形式特征，进而引入了一对新的概念：“材料”（作品的要素）和“形式”（组织材料的方式）——作为结构而呈现的形式。

穆卡若夫斯基对形式的这一理解，与将形式解释为现象的一种自然构成方式的传统观点有所不同，因为材料在艺术中已经获得了一种初始的形式性。与俄罗斯学者们一样，穆卡若夫斯基在此也区分了形式的两种关键特征——**组织**与**变形**。**变形**是自给自足的，它并不是艺术形式的充足条件，因为有些样式的变形与美学效果无关。因此，**变形**若离开**组织**就失去了意义，后者使得前者具有**系统性**，也就是说，使前者连续凸显，不仅在作品的各部分中，而且也在其整体中。因此，那些稳定的变形样式被定义为“艺术手法”。与变形相比，**对比**（“一艺术手法系统与另一系统相互影响的显现”）具有更高一级的可能的整体结构。[②] 这两个等级的作品结构间的互相联合构成了作品的**布局**。

捷克结构主义在 20 世纪 30 年代形成了**结构**概念，但它顺理成章地得到应用则始于 30 年代下半期。结构概念的引入，不仅被用来阐释作品的内部构成，也被用来阐释其动态的**外部**联系和关系。从作品到现实所进行的这种结构化，填补了形式问题所没能涵盖的空间。换句话说，结构以那样一种方式排列了意义关系的空间，它已然成为意义生产的一个因素。诸如**功能**、**规范**及**价值**等核心范畴与**结构**概念密切相关，后者形成了一个成熟的整体概念语境。

将结构定义为一个整体，穆卡若夫斯基特别强调其组成部分的**动态**品质。结构整体的内部平衡不断被破坏，并重新恢复。结构的统一乃是一些动态对立的总和。

捷克传统中对结构的这一理解，与以埃德蒙德·胡塞尔为首的现象学哲学对现象的理解类似，在这一点上，不难看出现象学对结构主

---

① J. 穆卡若夫斯基：《捷克诗学论文集》（第三卷），布拉格，1948 年，第 9 页。

② 同上，第 11 页。

义美学的影响。在穆卡若夫斯基看来,提升单部艺术作品的地位显然是错误的,这是因为每一部作品都隶属于一定的风格流派和文化整体。组分的不断重组、分层及分异不仅出现在单部作品中,也出现在整体文化中。

穆卡若夫斯基强调,结构最重要的一个特征为不断的运动及内部平衡的改变:"结构概念通过其组成部分之间的相互关系达到一种整体的内部联合,这些关系不仅包括那些肯定的关系(平衡与和谐),也包括否定的关系(矛盾与对立)。因此,对结构的这一理解与辩证法相关。要素间的联系正因自身的辩证性无法从整体概念中抽离,整体并不**先**于部分,而是**后**于部分的,并且发现这些关系不能依靠抽象思辨,而应诉诸经验。"[①]穆卡若夫斯基将结构视为一种整体的理念,既不同于以 **Я. Х.** 施密特为代表的整体论,也不同于格式塔心理学。在穆卡若夫斯基看来,后者的整体不具备结构特征。

在扬·穆卡若夫斯基的结构主义理念中,结构是不同能量之间的相互平衡。结构的流动性被解释为结构"与存在之间一种辩证的守恒,因此结构在任何时候既是,也不是本身"[②]。也就是说,结构以**某种方式**不断被自身的生成所破坏,在这层意思上,它的确是事件性的。不仅作品本身是按照结构的方式被组织,所有那些虽外在于作品,但与其产生接触的不同类型的关系,也应从结构方面加以理解。艺术系列的自主性仅表现为,一个**系列**(如捷克诗)辩证地使那些外部的需求与自身的特点、现状相适应。

艺术**鲜活的传统**——具体作品据其得以产生的那不变的"公式",也是结构。当村妇在田间用沙子作画,这些图案很快就会消失,因此使她们感兴趣的并不是"作品"能存活多久,而在于她本人基于传统进行创作的能力。艺术的结构本质并不是那些单个的作品,而是艺术传统与规范之总和。结构具有超个体性特征,类似于语言的功能系统性。但这并不意味着,穆卡若夫斯基认为某种"一般性"、内在统一的艺术结构(比如总体的诗歌结构)是可能的,诸如此类的观点只是一种抽象化的虚构。艺术结构由子结构的总和构成,它们之间的关系是对立和互补的。

---

① J. 穆卡若夫斯基:《美学研究》,布拉格,1966 年,第 117 页。

② 同上,第 118 页。

因此，穆卡若夫斯基在后期著作中对结构的认识，不仅不同于致力于研究艺术与社会之间形式关系的俄罗斯形式论学派的早期观点，也不同于尤里·蒂尼亚诺夫和罗曼·雅各布森所阐发的文化功能观。[①] **结构**与**功能**之间的关系开始成为结构主义美学最重要的问题，这就从静态的艺术自足论转向了一种动态的观念，后者将艺术和社会视为一个价值功能整体。

1932 年，穆卡若夫斯基曾这样写道，一部作品能够从其包含的所有价值（政治的、道德的、宗教的、意识形态的）角度来研究，但对于作为艺术事实的作品而言，唯一合适的是将**美学**价值的分析置于中心。与所有其他功能不同，审美功能不具有任何具体的目的，它并不解决任何实际任务。"审美功能与其说将事物、行为与实用的相互关系合并，不如说将它们从中解脱出来。"[②]由于审美功能的长处在于观察现实的多样性态度，因此它是**透明的**；由于审美功能并不像实用功能那样觊觎功能整体中的主导地位，因此它又是兼容并蓄的。

审美功能的"多义性"、"透明性"、"无标记性"思想，对于结构主义美学而言具有原则性意义，**审美**也因此获得了**人类学**价值。正是在审美功能中，世界的**图景**得以显露，人类恢复了自身的初始价值以及对世界的兴趣。

这时，所有的结构关系可以被视为一个整体与另一整体之间的功能联系。艺术结构一方面由其与社会之间的功能关系所规定，另一方面由其与自身子结构之间的功能关系之总和所规定。穆卡若夫斯基论述了"功能在产生结构"[③]时艺术功能的变化，结构变成"功能游戏"，确切地说，成为审美功能与非审美功能"游戏"的一个因素。

在这种泛功能性中作品和作者似乎缺席了。穆卡若夫斯基坦承艺术家"将主体性注入作品"，与此同时使结构"适应"于一定的功能。总的说来，由此产生了艺术家的**位移**，他仿佛"消融"于功能间的相互作用之中。正是在功能协作下产生的结构使得行动的**方位**变得有意义。

---

① 在评价自己立场的变化时，穆卡若夫斯基认为自己从"审美客观主义"和"纯形式主义"转向辩证唯物主义。之所以产生这一转向，在他看来是因为："辩证法和认识论唯物主义的认识对象——物质现实——决定了认识主体与其关系的所有立场。"（扬·穆卡若夫斯基：《美学研究》，第 117 页。）

② J. 穆卡若夫斯基：《美学研究》，布拉格，1971 年，第 192—193 页。

③ J. 穆卡若夫斯基：《捷克诗学论文集》（第一卷），布拉格，1948 年，第 39 页。

这同样也意味着，作家的创作**形象**应当以某种其他的方式加以恢复。

由于作家-艺术家在关系-拓扑空间中被重建，因此需要一门独特的创作分析地形学，需要对作家活动所位于的那一空间进行关系分析。正是在审美功能中，作家的形象“被照亮”——他不仅根据传统来创作，也确实延续着“书写”(письмо)，他使文学在世界中再次焕发活力，仿佛每一次都在重新更新人的存在论意义上的形象之本身。

在论证美学功能主义时，穆卡若夫斯基并没有局限于艺术。他认为审美功能渗透进人类活动的所有领域。但是，如果审美价值被剥夺了传统的内容，是**透明**的话，那么它在实际生活中有着什么样的意义呢？穆卡若夫斯基的回答是清楚的：正因为没有自身的目的，审美价值才非但没有将人从价值的物——载体“引开”，反而将他与价值“拴”在了一起(“物渴望自己的位置”)。

这也就意味着，如果在某一物中审美功能占据主导，那么此物就被排除了实用性，自己成为自己的目的，而“目的乃是每一功能的内容，规定其品质，并赋予其特性和称谓，如政治的、认识的功能等。审美功能不具备那样的内容，在这层意义上，它是形式的，因而是对总体功能性的一种辩证的否定”[①]。在审美中，注意力被最大程度地聚焦于对象或物，人从实际需要的直接压力下被解放，完整地对现实做出反应。[②] 由于不具备自身的品质，审美功能容易将那些与其相伴的其他功能品质吸纳入自身。

在穆卡若夫斯基看来，在艺术中审美功能将非审美功能“渲染”至于那种程度：它们都只是艺术结构的一些要素，丧失了实用意义。但在非艺术中审美功能根据目的(它规定着物的实用功能)获得了某种实用“色彩”。美的价值归根结底是与每个人的人类学本质的功能相关性，而且美不仅指向人类学常量，也包含社会现实的功能联系。

功能视角提出了有关美与非美及其两者之间的转换、关联问题。穆卡若夫斯基在 20 世纪 20—30 年代对这一问题的研究明显早于后来的研究，比如在汉斯·罗伯特·尧斯的接受美学中重复着美的自我显现论调，认为美与作为一种常量的人的普遍人类学结构相关。[③] 但

---

① J. 穆卡若夫斯基：《捷克诗学论文集》(第一卷)，布拉格，1948 年，第 39 页。

② H. 君特：《功能》，载《俄罗斯文学》1987 年第 1 期，第 63 页。

③ 参见 L. 卡利沃达：《扬·穆卡若夫斯基的美学思想路径》，载《俄罗斯语言与文学》第 32 期，布拉格，1993 年，第 169—173 页。

最重要的一点在于,结构具有独特的现象学意义,结构不再是某个其他东西的表现,“在它后面”什么都没有,美学中的结构变得自给自足,并在原则上与被解释学视为生命的理解努力相关。如果说理解是一种本体存在的话,那么结构也同样具有本体特征。结构成为对存在位置的一种审美式配给,解析几何学成为审美地形学,这是转向如今被热议的事件哲学的关键一步。[1] 这里不仅指交往事件,也指作品的本体地位。结构主义中的功能,包括审美功能在内,由目的所规定,它们将主体——这一功能的载体推到前台,功能本身也只是主体存在的条件。审美功能有助人的存在主义式的自我实现。

然而,如果仅从“主体立场”研究功能,可以推测大量功能“系统素”的话(这是因为同一些行为会符合不同的目的),那么,主体在与现实的审美关系中优先地与人自身的本性有关。对于个人而言,功能性逻辑常常是不可理解的和不符合逻辑的,极端地说,甚至艺术才能“也与个人无关,而是取决于功能,它将客观的结构发展强加给个人”[2]。然而,主体在功能性的过程中并没有完全消失,它是结构的建构中心。人类学常量将功能和结构逻辑保留在人类学维度中,而不让这一逻辑变成自足之物。

在结构主义中,审美态度是独特的,它仿佛没有自己的内容,其使命在于开启一个“新的”世界。穆卡若夫斯基认为,艺术的目的在于构建一种**新的视界**,将人从压在其身上的社会网络中解放出来。在自然的状态下,人克服着对世界的自动化认识,并与之保持作为一个外来者的立场,这个人来自异域,并不断按新的方式意识自身。[3] 因此,主体在审美中展现出自己的未来,结果,美因其透明性变成一种独特的、主要的**陌生化**。如此一来,结构主义对多功能性的理解就是自相矛盾的:它时而承认“功能逻辑”,时而承认无所不能的主体(“功能的载体”)。那么,应当如何将主体的目的性与主体之上超个性的结构相结

---

① 哲学应当能“对自身的条件进行事件性命名,并同时使对数学、诗歌、政治、情侣进行同步、概念的统一思考成为可能”。(A. 巴迪欧:《哲学宣言》,B. 拉皮茨基从法文转译,圣彼得堡,2003 年,第 38 页。还可参见:Ж.-Л. 兰西:《论事件》,见《马丁·海德格尔哲学与现代性》,莫斯科,1991 年;A. A. 格里亚卡洛夫:《书写与事件——现代性之审美地形学》,圣彼得堡,科学出版社,2004 年。)

② J. 穆卡若夫斯基:《捷克诗学论文集》(第一卷),第 20 页。

③ 正是去自动化思想最紧密地将布拉格学派思想与解构思想联系在一起。参见 L. 道莱冉奥:《布拉格学派与后结构主义》,载《捷克文学》,1995 年第 5 期,第 457 页。

合呢？

那些一方面规定着功能类型，另一方面也为功能逻辑所规定的结构主义者-分析家们，持有何样的认识真实性的标准呢？这里提出的问题不仅对作家而言至关重要，对一般人来说也同样如此。福柯将作家定义为一种“作家功能”。

作为艺术家——那个“表现”功能的人，他能否在创作中形成并理解自己的道路呢？是什么决定了他**超越**功能逻辑的可能性？穆卡若夫斯基思想中这些具有现实意义的创作美学问题，推动了解释学和后结构主义在这方面的研究。

在形式主义中，**手法**将结构逻辑与创作联系了起来：手法一方面被视为艺术的结构单元，另一方面被理解为独一无二的创作过程的组成部分。结构主义重复着后期形式主义的观点，将社会视为大量彼此相关的**系列**，或视为大量相关的结构系列。作品开始从艺术结构和社会关系的**双重**制约中得到研究。单个社会系列、结构（阶级对抗、文化中的“高雅”与“低俗”、道德中的矛盾）之间的关系，在与作品及其“内部张力”的类比中得到理解。“自动化”思想及结构的“前推”思想，为结构主义者们倾向于被视为辩证主义者这一看法奠定了基础。

穆卡若夫斯基曾这样写道：“艺术结构的发展遵循自己的方向，这使它避免了由社会发展直接影响所带来的特性和认可的减损。结构的每一次变化都受某种外部影响的促动……外部影响将以什么样的方式被抵消，艺术将按照哪条路往下发展，这些都源于内在发展结构之中包含的那些前提。”[①]结构主义者们也按同样的方式解释整体的文化。文化由大量自主发展的系列组成，科学的、政治的、艺术的、经济的、语言的、道德的、宗教的等等，它们之中没有哪一种结构能凌驾于其他结构之上。艺术的发展应当在与所有其他系列或结构发展的关联中被理解。基于这一点，穆卡若夫斯基得出的结论是，结构主义与社会学是可以并行不悖的。

这一结论并不是承认某一系列决定着社会现实。结构主义者们远不承认物质生产是社会发展的基础。他们的社会学主要是一种展现功能联系的描述性社会逻辑学。要知道，结构主义在纲领上既不觊

---

① 正是去自动化思想最紧密地将布拉格学派思想与解构思想联系在一起。参见 L. 道莱冉奥：《布拉格学派与后结构主义》，载《捷克文学》，1995 年第 5 期，第 457 页。

觎理论地位,也不追求方法论地位,它将自己定义为“一种纯认识论立场,它本身提供一定的规则和认识,既不偏向前者,也不偏向后者”[①]。

与作品结构进行类比,文化和科学理论也得到了解释。一如概念能够在理论中进行内部重组、互相适应,从结构主义者的视角来看,文学事实在功能联系产生变化时获得了另一种本质。这时,文化事实会变得彼此不可约简、彼此否定,它们一旦被置入另一功能系统,就会失去整体的意义和内容。

在结构主义者那里,对历史的分析并未像有可能出现的那样,简化为用现在来“预言”和“预告”未来这样一种静态性描述。对历史状态的共时描述构成了一个依次得到实现的结构系列。布拉格结构主义者们并不认为共时和历时是两种互不相关的分析立场。雅各布森曾指出,与在时间中延展的静止状态一道显现于共时层中的,还有运动状态,它们共同构成一个互相作用的整体。

尽管穆卡若夫斯基不断强调结构间的张力,但究竟是哪些因素决定着其发展,仍不明朗。由于“张力”这一概念自身的不确定性,文化矛盾在很大程度上丧失了具体性。

在20世纪30—40年代中期的结构主义中,与结构主义的方法论一道形成的,还有艺术的**符号**理念。美学被扬·穆卡若夫斯基视为关于符号的科学——**符号学**的一部分,它被阐释为一种有关美的认识的“新综合形式”。“统一的符号学视界使得理论家们认可了艺术结构的自律性存在及其动态本质,与此同时,使他们理解了艺术发展乃是一种内在的运动,处于与文化其他领域发展的恒久辩证联系中。”[②]在穆卡若夫斯基看来,符号学克服了享乐主义艺术观。

穆卡若夫斯基第一篇关于艺术主题的系统论述始于1934年。艺术符号学的原型被认为是语义学和音位学,其创始人尼·谢·特鲁别茨柯依将词看作一种“整体”和“结构”。[③] 个体的意识和行为受集体意识的内容的规定,这一事实构成了穆卡若夫斯基本人对符号产生兴趣的基础。由此产生了转向符号学问题的必要性:任何个体意识的内容一旦越过直接的个性范围,都将获得符号的特性。

---

① 正是去自动化思想最紧密地将布拉格学派思想与解构思想联系在一起。参见L.道莱冉奥:《布拉格学派与后结构主义》,载《捷克文学》,1995年第5期,第13页。

② J.穆卡若夫斯基:《美学研究》,布拉格,1966年,第87页。

③ H.C.特鲁别茨柯依:《音位学基础》,莫斯科,1960年,第42页。

将符号学列为一门有关"精神的科学",穆卡若夫斯基特别关注美学。由于艺术现象在可感知领域以及集体("理想的")意识中的双重性存在,美学具有明显的符号特征。在指出艺术的这一双重性时,穆卡若夫斯基延续了由威廉·洪堡特开创的那一传统,根据后者的观点,语言可以与艺术相比较,因为它们都同样致力于以可感的形式描绘**不可感的东西**。

"作品-符号"不能像心理学美学认为的那样,等同为作家或接受主体的"心理状态",因为个体的感受在自身的完整性上是不确定的和不可传达的,况且,作品被预先指定为充当作家和集体之间的中介。此外,作品也不能被简化为一种知觉可感的存在(**"作品-物"**),因为它的外观在时间和空间中已经产生了根本的变化。作品的价值同样不能简化为在具体的单一的理解行为中形成的社会价值(**"联想要素"**),因为主体的理解原则上依附于集体意识。

因此,个体对艺术的理解由作品自身的那些特点所决定(比如古典主义、印象主义及超现实主义艺术中"联想要素"的那些差别),同样也由集体传统及文化规范的特点所决定。

作为符号的艺术作品,其中心结构环乃是存在于集体意识中的**"审美客体"**。在与"审美客体"的关系中,作品作为一种可感知的物质存在("作品-物"),扮演着一种"外部符号"吸引者的角色。如此一来,每部作品都是一个"自主的符号",它由以下几个层次组成:1. 作为可感知符号产生功能的作品-物;2. 属于集体意识并作为意义产生功能的审美客体;3. 与被意指物的关系——朝向当下环境中社会现象(科学、哲学、信仰、经济、政治、宗教等)的总体语境。

艺术作品并不断言现象的真实**存在**,它只是对现象进行调整,建立它们之间的联系,确立看待世界以及生活体验系统的视角。[①] 除**自主**功能外,在"主题艺术"中,当作品呈现为"传达性"符号的同时,还显现出**交流**功能。此时,作品的每一部分都具有自身的交流价值。甚至在无主题的作品中,比如在超现实主义画家那里,或在 B. 康定斯基的"绝对主义"画作中,绘画的色彩和线条也总是意味着什么。

作品的情节乃是"分散的交流力之结晶轴",但是作品并不具有真

---

① 参见 M. 德罗兹达:《俄罗斯散文中的叙事面具》,载《俄罗斯文学》,1982 年,第 12—13 期,第 267 页。

正的交流价值,它与“纯”信息不同,缺乏“文献真实性”。换句话说,将正确性和真实性标准应用于作品是不合适的。**自主**功能与**交流**功能共存这一事实,为穆卡若夫斯基的思想提供了一种艺术基本的、辩证的二律背反,因为其中每一项的品质都在艺术与现实之间关系的不断变迁中得到体现。

符号学方法主要被穆卡若夫斯基应用于作品内部构成的分析。作品的每一成分都是某一局部意义的载体,这些单个意义的总和构成了作品的整体意义。

在积极应用符号学策略时,穆卡若夫斯基最初从看待符号的传统观念出发,将符号视为“某个其他东西的替代物”。然而,必须解释清楚**符号**在美学范畴体系中的位置和地位,尤其当符号概念被提升为美学中最重要的概念时。

那么,应当如何来界定艺术符号呢?

穆卡若夫斯基从卡尔·比勒的符号分类出发,在后者看来,符号在功能上不尽相同。符号在审美功能中仿佛是**自指的**,因为它作为一种自主功能(“一种朝向自身的功能”),与其他功能对立。在艺术中审美功能占据主导,虽然其他功能也能在其中存在并实现。

对符号的这一阐释与康德对美的看法非常相似,它见证了**符号**自主性的提升:美的体验由于具有一种丰富想象的特性与特点(“想象不可解释的呈现”),无法被明确定义。自足的美无法译为交际语言,并且审美态度(“**视界**”)的效果在自身完整性上也无法从本质上加以界定,“任何语言都无法准确描述美,使其变得明朗”。[①] 不但如此,在康德的理论中,美的事物乃是“形式化”的结果,是一种整体的符号结构。[②]

符号学理念还被拓展至艺术中意义生成的全过程。与穆卡若夫斯基一道,罗曼·雅各布森、彼·鲍加蒂廖夫、伊·贡瑟、菲·沃迪奇卡、阿·祖赫拉等人也对艺术符号学进行了研究。

随着**意指语境**这一概念的出现,审美符号的“自为目的性”思想一定程度上被克服。将审美符号与其他符号相区分,穆卡若夫斯基讨论

---

① 《康德文集》(六卷本),莫斯科,1966年,第5卷,第363,330页。

② D. E. 韦尔贝瑞:《穆卡若夫斯基与康德——论审美符号的地位》,见《符号与功能——论扬·穆卡若夫斯基美学观念》(文集),君特 H. 主编,慕尼黑,1986年,第167—171页。

了审美符号的**过程**意义，作品总体思想的实现就体现在这一过程中。过程性并不只是时间艺术（文学、音乐）的特点，在穆卡若夫斯基看来，空间艺术（绘画、雕塑、建筑）在观众面前也呈现为一种意指语境，比如，建筑会“说话”，也就是说包含信息，但这种信息与实用功能密切相关：房屋“意味着”某个它被预先指派的东西，即那些应当在有限的和成形的四堵墙间完成的行动和过程。

对意义生产过程理解的变化在符号学中较为新颖——意义开始不仅在语境空间中“运动”：意义增生的含义仿佛转移到符号（“审美符号”）自身内部。建筑作品的主题是一种社会符号，作品反映着它在其中产生，并为之服务的那一环境的意识形态。在绘画中，每一空间构成都模拟着一定文化所固有的世界图景，因此贬低另一系统的价值，将某一理解空间系统偶像化，乃是完全错误的。比如，对文艺复兴时期线性透视原则的强化，会造成对其他空间构成方式不正确的评价。

绘画的意指要素不仅包括线条、平面，也包括边框与色彩的文化历史象征等，也就是说，绘画的所有形式要素都是艺术的意义要素。艺术的所有符号本身都包含了“潜在的意义能量，这一能量从作为整体的作品发散出来，形成了一定的观察现实世界的态度”①。穆卡若夫斯基将每一部艺术作品界定为意指语境的“交互”。每一为主体所意识的新的、局部的符号与那些已产生意义的符号联合、充实着意义。与此同时，所有早先意识到的符号也影响着每一新近被意识到的局部符号的意义。

于是，结构主义符号学转变为一种独特的文化哲学。“作品中的一切都是形式”这一论点转变为“作品中的一切都是意义”。在话语艺术中意义的载体是语音和句法的成分；在绘画中则是线条；在音乐中则是音调、旋律、节奏与音色。在穆卡若夫斯基看来，抽象画中的色彩是语境意义的一个直观例子：油画顶部的蓝色斑点“被视为”是苍穹，而在底部则被视为“水面”。因此，所有那些传统被视为形式的成分都是有意义的，因而也都是**意义**的载体。

在引入对作品的符号学理解时，穆卡若夫斯基努力将整个艺术活动视为一个统一的交流过程：艺术作品在自身的内在构成上，在与现

---

① J. 穆卡若夫斯基：《作为社会事实的审美功能、规范及价值》，见《捷克与斯洛伐克美学》，З. 马特豪泽尔，И. 拜耶尔编，莫斯科，1985 年，第 2 卷，第 106 页。

实、社会,因而也是与接受主体的关系上乃是一个符号。需要特别指出的是,象征——某种超验东西("语言无法表达的暗码")的替代品,并不是符号,而是**符号-词**。这种象征存在物是一种"历史现实",它积极地朝向历史,影响其阐释,并对社会交际行为和人产生影响。正是这样一种倾向性,有助于克服自主性和交流性的分离,审美符号的特点在于其表达一个时代的整体语境及其实际价值的能力。

作为符号,艺术作品辩证地将符号所直接"替换"的一定的具体现实与社会语境辩证地结合起来,可以说,由此产生了对表现的一种意图性兼并。对作品-符号内部构成的解读必然伴随着观察现实的一定立场。"现实事实"——这一艺术作品有了其能在接受者的意识或潜意识中进行比较的东西,被置于接受者与整体现实之间总体精神、情感与意志的关系中。在整体作品的影响下,人看待该社会价值系统的态度得以形成,最终作品对意识形态积极做出反应,同时影响其实现和稳定。

随着符号学视角被引入艺术,结构主义从根本上改变了"诗性"与"实用性"之间的相互关系。在此,穆卡若夫斯基正面评价了马克思的这一观点,即艺术乃是社会生活,或至少是部分社会阶级倾向的载体,艺术积极参与意识形态的形成,并捍卫自己的利益。

虽然穆卡若夫斯基认可可以将社会-价值方法应用于艺术研究,但这并不意味着对"符号自具价值性"思想的排斥。在穆卡若夫斯基看来,艺术符号具有一系列无法用社会存在性来加以解释的特点,它们是一些特殊的、**无法表达的倾向**:"如果研究者希望正确理解作品的社会价值与影响的话,那么应当提出关于作品真正的、**不变的**意义问题,而这种意义有时会与其显在的意义相抵触。"[①]这也就意味着,应当将**语义手势**提升至**作品**的高度,穆卡若夫斯基指出,作品的思想受内容所限,语义手势在不同时间的接受中形成了一种共同的东西,正是由于它,艺术作品的结构形成了一个整体。主体朝向作品的倾向性("语义意向")具有一种动态品质,作品与主体仿佛在语义手势这一意向性行为中消融了。世界的物性与接受者的主体性彼此对立,并相互需要。

---

① J.穆卡若夫斯基:《艺术中的意向性与非意向性》,见《结构主义:"赞成"与"反对"》,E.巴辛,Я.波尼亚科夫编,莫斯科,1975年,第168页。

语义手势是对世界意识的一种突破，它是一种具体的，但在品质上丝毫未被预先规定的语义意向。语义手势也是一种世界的过程、体验。对语义手势负责的不仅有诗人，还有被他带入作品之中的内部结构，并且接受者在此也占据很大的比重。因此，语义手势被要求充当作品时间外(全人类的)"不变"意义的组织者和解释者。

与具有品质确定性的(意识形态素)主题或思想不同，语义手势具有一种特殊的含义，它在理解过程中自身被内容所填充。特别重要的是，语义手势提供了一种独特的意识状态，它能将审美经验事件化。① 这是一种独特的审美理性，语义手势构成了那样一种事件性，其中作品、创作与接受在感觉与逻各斯的矛盾整体中被提供。

作为一种符号学事实，作品在"**符号性**"与"**物性**"之间"徘徊"。这意味着作品意义的("**意向性的**")整体与符号有关，作品中物的("**非意向性的**")东西，那些所有位于符号边缘("符号性之外")的东西，乃是其"真实性"、"直接性"、"物性"的基础。"非意向性并不受制于符号编码，它在接受者的意识中呈现为某种谜一样未定的东西，由于它的存在，接受者意识的活跃性倍受鼓舞。只有缺乏严格倾向性的非意向性，才能为最迥异的联想开辟道路，才能在接受者与作品接触时调动主体的整个生活体验，调动其个性所有意识的与无意识的趋向。"②理解中的非意向性，这是对目光所聚的现代性的一种"逃离"。作品对人来说变得像谜一样，仿佛他面对的是某个不知用途的物。物本身突然变得既可恨，又迷人，既可怕，又可爱。

因此，在符号学视域中，作品乃是双重性的，同时作为"符号"和"物"而存在，它既不是前者，也不是后者。正因此，作品能影响人的整个生活经验，包括那些潜意识活动。作品中"物的"东西与全人类的体验相关，"符号的"东西则朝向由社会事实和时代所决定的具体思想价值。"意向性使作品被感受为符号，非意向性则使其被感受为物。"③穆卡若夫斯基对审美符号特征的认识与戈特洛布·弗雷格近似，在后者看来，诗歌语言非真，亦非假。然而，穆卡若夫斯基最终也没能将审美符号从交际关系中解放出来，在结构主义中开始提出了被意指现实的

① V. 祖斯卡：《艺术作品本体论》，载《美学》，1994年，第3/4期合刊，第78页。

② J. 穆卡若夫斯基：《艺术中的意向性与非意向性》，见《结构主义："赞成"与"反对"》，E. 巴辛，Я. 波尼亚科夫编，莫斯科，1975年，第184页。

③ 同上，第192页。

本质问题。这使得艺术符号学比形式主义者的观点更富成效。对于作为一种"技术性内在论"的形式主义来说,艺术真实性根本算不上是问题。在结构主义中,作品是一种"整体的称名",它意指着一整套社会-价值现象,虽然在其中看待世界的审美态度与实用态度乃是对立的。

自主的审美符号在结构主义中**无法**被准确界定,被意指现实的本质体现在彼此进行理解的交际主体的相互关系中。[1] 理解具有主体间性的特点:审美主体被一种"中间世界"所连接,它由语言的意义所组成,并位于意识与世界**之间**。人们对交流范围的选择直接与自身存在主义式的行为相关:如果"**作为意向性的符号性**"的变化取决于产生符号本身的社会现实的话,那么"**作为非意向性的物性**"则是不变的和稳定的,如同人的本质一样。审美事件越过主体间性的范围,并借助转向物性,指向一条通往人类学存在之路——这一意图强化了结构主义者对解释学、精神分析与对话主题的关注。

结构主义形成了一种自己独特的人类学逻辑学,这指的是对人的这样一种解释:结构主义**并**不用包罗万象的概念来界定人的本质,而是尝试在与其他人的动态关联中来理解一个人。**他者**在其独一无二的他性中被理解,不能被简化为任何表面的经验。对话事件乃是一种会合,它保障本质的能量得到自由运用,而不是打压事件的参与者。这一会合的效果类似于精神分析中的升华,因为它也力图对交往中的个性进行改造。

然而,话又说回来,如果说对于对话哲学而言最有意义的主题莫过于事件("他者")的话,那么,结构主义则面向作为一种特殊存在样式的**人类学常量**现象。这种常量可以说是某种捉摸不定的因素,它抗拒结束和完成,无法像作品那样产生效力,它不能被生产,而是产生着。肉身之宇宙在所有被符号文明化征服的范围中反抗着符号的暴力,虽然它无法离开符号而存在。

扬·穆卡若夫斯基曾对价值在文化中的重要地位进行过论述(1936)。他指出,价值虽是非物质性的,却对生活产生真实影响,充当人与事物的中介。结构语言学思想与埃德蒙德·胡塞尔的观点,以及

---

① M.扬科维奇,M.普罗恰斯卡:《关于扬·穆卡若夫斯基的文学遗稿的初步报告》,载《维也纳斯拉夫年鉴》,维也纳,1986年,第8卷,第18页。

威廉·狄尔泰的“价值理论”[①]紧密相关——符号学研究的中心是被本体化的“审美客体”，它被置于“集体意识”之中，如同置于所有可能的价值实体。在那一情形下，美学获得了一种“审美(形式)本体论”(古斯塔夫·什佩特)的地位。

将价值世界本体化，结构主义者们开始将艺术“置于永恒的符号之下”进行研究，这在一定程度上使他们接近象征主义美学。“符号-价值”的自具价值性被描述为一种自由的、技艺高超的游戏之基础——“在话语艺术中跟语言游戏，而在其他艺术样式中跟总体的艺术表现手段游戏。”[②]在对那些超现实主义代表们的创作进行分析时，穆卡若夫斯基指出，他们理念的独特性在于与符号和现实之间那种真实关系进行游戏，这种游戏提供了一种创造符号的可能性，仿佛它就是直接的现实。

值得注意的是，穆卡若夫斯基结构功能主义思想的产生与建筑建构主义密切相关。正是空间的结构成为文化和存在功能性的模型。功能性理论的基础源于一个总的审美-人类学观点——人是“万物之尺度”。根据这一观点，人的本质(“人类学常量”)仿佛预先规定着文化的功能空间，并为之提供了一种独特的和谐与尺度[③]，文化的人类学因素和功能因素的相关性以及相互影响由此而建立。因此，需要谨记对于穆卡若夫斯基美学而言特别重要的**物性**主题。

物性的存在仿佛打破了功能的总体性，并将事件(“非意向性”)抛进其中，事件在被引入功能系统后能够被阐释、解释为一种功能存在。但功能性(“符号”)在那一变体中开始获得一种独特的本体维度。**有序性**和**相关性**主题不仅在**形式**的研究中得到体现，而且也与**本性**主题相关。[④]

最终，存在这一主题得以阐发。

如此一来，结构问题与社会-人类学研究存在本质上的关联——这是斯拉夫理论通往现代性语境的一条独特的**超聚合性**出路，其中结

---

① O.苏斯:《捷克结构主义及其评估中的符号学艺术》,载《词语·哲人·时间》,1966年,第3期,第418页。

② J·穆卡若夫斯基:《美学研究》,布拉格,1966年,第399页。

③ R.卡利沃达:《扬·穆卡若夫斯基的美学思想之路》,载《符号与功能》,第104—105页。

④ 参见:《俄罗斯现代主义中的有机艺术学派》,见《芬兰斯拉夫研究文选》,第16卷,赫尔辛基,1999年。

构-符号学问题与人类学的以及存在主义的思想联系在一起。正是**诗性**或**审美**能够阻止意识功利地理解这个世界。审美**功能**、**规范**及**价值**乃是真实的"社会事实"(扬·穆卡若夫斯基语)。这里指的是主体性或与诗歌"类似"的生活体验之生成,这一生成为整个文化的符号域所表现。① 此外,并不需要任何其他的"高级原则",生活所确认的就是真实的。

(作者单位:彼得堡赫尔岑俄罗斯国立师范大学)

(译者单位:华南师范大学外国语言文化学院)

① 正因如此,Ю. 洛特曼的理论遗产**迫切**需要阐释。参见金苏匡:《洛特曼学术创作演变的主要方面:"圣像性","空间性","神话性","个性"》,莫斯科,"新文学评论"出版社,2003年。

扬·穆卡若夫斯基美学:问题、方法及反思

朱　涛

扬·穆卡若夫斯基(Jan Mukarovsky)——20世纪捷克著名文学批评家、文艺理论家、美学家、语言学家,与罗曼·雅各布森一道,并称为“捷克结构主义之父”。1891年11月,穆卡若夫斯基出生于捷克南部城市皮塞克,并在那里度过了自己的青年时代。他从小生活在一个尊重科学的家庭中,家庭的熏陶,加之在大学所接受的系统的语言学教育,使他日后选择了文艺学、美学研究的道路。1911年,他考入布拉格大学,学习比较语言学与捷克文学,从1929年起开始担任布拉格的卡尔罗夫大学的美学教授,后来又兼任布拉迪斯拉夫大学的美学教授。二战后,穆卡若夫斯基担任布拉格卡尔罗夫大学校长,并于1952年当选新组建的捷克斯洛伐克科学院院士,1951—1962年间他出任捷克科学院文学所所长,培养了一大批研究人员,为捷克文艺学学科的建设及发展做出了杰出贡献。

作为布拉格学派从事文学与美学研究当之无愧的领军人,穆卡若夫斯基的研究涵盖了包含文学、文艺学、语言学、电影学、美学等在内的多个领域,其中尤以在美学领域的建树最为突出。从总体上看,穆卡若夫斯基美学诞生于20世纪哲学、美学从传统向现代转型这一大背景下,在20世纪30—40年代,他批判地发展了俄国形式主义文论、捷克形式美学、索绪尔结构主义语言学、心理学美学等成果,综合了“结构”、“功能”、“符号”等研究理念,成功构建了一套别具特色的美学体系,极大地拓展了结构主义美学的疆域,并对后来的接受美学、符号学美学产生了深刻影响。

在穆卡若夫斯基的总体影响力呈不断上升趋势的今天,对其理论遗产的发掘和清理显得尤为迫切。然而,由于穆卡若夫斯基美学一系列与众不同的特点使然,这项工作开展起来并非易事,困难主要集中在以下几方面:首先,穆卡若夫斯基美学与传统意义上的美学有很大

差别,这主要表现在,他一方面对艺术各门类,尤其是文学,有着相当精深的研究,另一方面,他也对普通美学(艺术哲学)进行了深入探讨。这为我们界定其美学的内涵与外延带来了一定的困难。其次,穆卡若夫斯基美学在创建过程中受到多种方法论的影响,其中包括形式主义、结构主义、功能主义、符号学、现象学等。这对我们为其准确定性提出了不小的挑战。诸如此类的问题还可列举很多,它们是我们着手研究穆卡若夫斯基美学时难以回避的。下面,让我们带着这些问题,一同走近穆卡若夫斯基的美学世界。

一、三个阶段

对美学的重视,起初并不在穆卡若夫斯基的计划之中,在有意识地将美学提升为主要研究领域前,他经历了一段诗学探索期(1928—1934)。在该阶段,整个布拉格学派都深受俄罗斯形式论学派的影响,穆卡若夫斯基也不例外,他努力模仿俄罗斯形式论学派的研究方法,将其运用到捷克文学文本的分析上。[①] 在这类文章中,模仿俄罗斯形式论学派痕迹最深的当属《马哈的〈五月〉:美学研究》一文。在该文中,穆卡若夫斯基认为,如果作品被分解为不同的层次,且这些层次在等级上是相互从属的话,那么作品内部的每一个成分在结构上都是平等的。从1931年开始,穆卡若夫斯基逐渐形成了“结构-主导”的观念。与将艺术理解为手法之机械的总和的观念相比,他更倾心于辩证统一的结构观。在这一时期,穆卡若夫斯基最具代表性的美学概念为“前推”(捷克原文:aktualisace,英译:foregrounding)。这一概念很容易使我们联想起俄罗斯形式论学派代表维克多·什克洛夫斯基的“奇特化”(又译“陌生化”)。跟“奇特化”一样,“前推”也同样针对艺术中的种种“自动化”现象,其基本含义为“非自动化”(或“去自动化”)。但是,我们不可因此忽视这两个概念之间的差别:首先,“奇特化”是从作为语词的艺术作品的角度出发来界定艺术的,将作品视为一种语言和手法的编织物,而“前推”则从审美客体的角度出发来看待艺术,将作品视为

① 穆卡若夫斯基在这方面的研究成果主要包括:《马哈的〈五月〉:美学研究》(1928)、《标准语和诗歌语》(1932)、《论波拉克的〈自然的崇高〉》(1934)等。

一种审美的对象；其次，“奇特化”对于如何实现“去自动化”鲜有论述，它强调的是其结果，而不是过程。“前推”则不同，它从系统性高度来描述作品中的成分如何在文本系统的层级中实现地位的转换，所以较系统地描述了“非自动化”如何实现的过程。在穆卡若夫斯基看来，“前推”并不是一种量的效果，不能将其等同于将一部艺术作品中尽可能多的，甚至是所有成分同时置于前景，而应当从作品的系统性方面来寻找：“一部诗歌作品中各成分的系统前推存在于这些成分间相互关系的不同层次之中，也就是说存在于它们之间的相互依附与被依附关系之中。”①

总体来看，穆卡若夫斯基的“前推”一方面可视为对“奇特化”的补充，另一方面又是后者在一种更高层次上的发展。这两个概念之间的联系与差别，深刻地反映出处于转型期的穆卡若夫斯基对俄罗斯形式论学派研究理念的继承与创新。当然，在该阶段，穆卡若夫斯基的研究方法也有一些明显的不足。如果用他后期所发展起来的艺术符号学来作反观的话，那么，不难发现，他当时尚囿于对审美符号的能指层面的研究，确切些说，对作为物的艺术作品（艺术成品）的结构的研究。这一研究理念有着明显的局限性，诚如彼得·斯坦纳所指出的那样：“只关注艺术的物质媒介必然会使研究成果大打折扣，因为没有艺术作品可化简为它的知觉可感层，甚至还有那些其材料不能以这种方式化简的艺术，比如文学。文学的材料——语言，被结构语言学家定义为一个符号系统。”②

大致从1934年开始，穆卡若夫斯基开始正式步入学术探索的第二个阶段，即严格意义上的美学研究阶段（1934—1938）。该阶段的开始以《什克洛夫斯基的〈散文理论〉捷译序》一文的发表为标志。在此文中，穆卡若夫斯基借着将什克洛夫斯基文集翻译成捷克文之机，系统阐述了自己对俄罗斯形式论学派研究方法和理念的认识，并对未来的结构主义研究进行了一番展望。与那些完全否定形式主义之功绩的批评家不同，穆卡若夫斯基首先肯定了俄国形式论学派对文学科学发展所做出的重要贡献：“形式主义的立场尽管有很大的片面性，但却

---

① [捷]扬·穆卡若夫斯基：《标准语言和诗歌语言》，竺稼译，见赵毅衡编选《符号学论文集》，百花文艺出版社2004年5月，第20页。

② Peter Steiner, "Jan Mukarovsky's Structural Aesthetics", John Burbank and Peter Steiner, eds. and trans., *Structure, Sign, and Function: Selected Essays by Jan Mukarovsky*, Yale University Press, 1978, p. XV.

是一个重大的成果,因为它发现了文学演变的特性,把文学史从对一般文化史乃至对意识形态史或社会史的寄生关系中解放出来。”[①]与此同时,穆卡若夫斯基也没有回避俄罗斯形式论学派研究理念的局限性。在他看来,形式主义那种“大破大立”的方式过于极端:他们在研究文学作品结构时,重形式而轻内容;研究诗歌语言时,将其与日常语言截然对立;研究文学史时,强调文学的“自律”,而忽视文学的“他律”。在对这些不足进行批判的基础上,穆卡若夫斯基大胆地描绘了自己心目中理想的结构主义文学研究构想:“总之,结构主义不主张文学史只分析‘形式’,它同文学的社会学研究也毫无矛盾;它并不缩小材料的外延和问题的丰富性,但它坚持要求,科学研究不要把自己的材料视为静止的和一片稀松混乱的现象,而要把每一个现象理解为合力和活跃的脉冲源,把整体理解为各种力量的复杂交互作用。”[②]

《捷译序》一文的发表,正式拉开了穆卡若夫斯基超越俄罗斯形式论学派的大幕。此后,他不再满足于诗学研究,开始有意识地转向美学。围绕美学主题,穆卡若夫斯基从 30 年代中期开始到 40 年代中期这十年间陆续撰写了一系列文章。[③] 在这些文章中,早先琐碎、精细的诗学研究不见了踪影,取而代之的是对普通美学的宏观思考,他着重对“审美功能”、“审美规范”及“审美价值”等问题进行了探讨,这三个核心范畴成为其美学体系的基础。

大致从 1938 年开始,穆卡若夫斯基进入了理论探索的第三个阶段——符号学探索阶段(1938—1948)。需要指出的是,其实穆卡若夫斯基很早就萌生了艺术符号学的理念,这至少可追溯到写于 1934 年的《作为符号学事实的艺术》一文。在那篇文章中,他旗帜鲜明地提出将艺术作品视为审美符号的理念。虽然,当时他的符号学思想还只是提纲挈领式的,但已然触及文艺符号学中的一些核心命题,如审美符号的结构、功能及其表意方式等。艺术符号学的理念极大地拓宽了穆

---

① 扬·穆卡若夫斯基:《什克洛夫斯基〈散文论〉捷译本序言》,见[俄]波利亚科夫编:《结构—符号学文艺学——方法论体系和论争》,佟景韩译,文化艺术出版社,1994 年 7 月北京第 1 版,第 28 页。

② 同上,第 30 页。

③ 这些文章主要包括:《美》(1935)、《作为社会事实的审美功能、规范及价值》(1936)、《审美规范》(1937)、《艺术中能否存在普遍审美价值?》(1939)、《普通美学的任务》(40 年代初)、《审美功能在其他功能中的地位》(1942)、《美学的意义》(1942)等。

卡若夫斯基思考的空间，使得他进一步将美学融入符号学之中。不过，随着符号学思想的不断成熟，穆卡若夫斯基也逐渐觉察出其自身的一些局限。比如，早期在定义审美客体时，他过于强调其超个人的社会本质，因此在很大程度上忽视了作为个体的人及其在审美活动中的能动性。此外，由于过度依赖符号学方法，他将艺术作品视为一种独立自主的审美符号，这使他较重视艺术作品中那些构成语义统一性、意向性的符号因素，在很大程度上忽视了艺术作品中那些抵制作品语义统一性、非意向性的"物"之因素。个人与文学结构、个性与文学发展之间的对立由此产生。如何有效地消解这些对立，促使穆卡若夫斯基后期转向了对审美活动中的主体问题的思考。①

在该阶段，穆卡若夫斯基的关注主要集中在艺术的"意向性"（英译：intentionality；俄译：преднамеренное）与"非意向性"（英译：unintentionality；俄译：непреднамеренное）②、艺术中的个性、个性与文学发展之间的关系等问题上。艺术的意向性与非意向性是穆卡若夫斯基借自现象学哲学的一对概念，但他赋予其独特的内涵。在穆卡若夫斯基那里，所谓艺术的意向性指的是艺术作品语义上的一种统一性，而这种统一性源自艺术的符号属性；非意向性则是对这种统一性的一种抵制，它由艺术的"物"之属性所赋予。艺术非意向性概念的提出，超越了穆卡若夫斯基早期将艺术视为一种纯符号的观念。作为符号的艺术作品，充其量只能形成一种符号的世界，而艺术作品之所以能感染、打动人的深层原因，在于它能唤起每位欣赏者的生活体验和感受，进而引起欣赏者的共鸣，而这恰恰是由艺术中的那些非意向性因素在读者身上所引发的。因此，在穆卡若夫斯基看来，艺术的魅力在于它既是符号，又是"物"，两者缺一不可。

此外，穆卡若夫斯基对文艺符号学思想的修正和发展，还体现他对艺术个性及其与文学发展之间关系问题的思考上。众所周知，结构主义所为人诟病的一大局限在于其"非人化"的文学作品观和文学史

---

① 穆卡若夫斯基对这些问题的思考主要体现在以下篇章中：《艺术中的个体》(1937)、《艺术的意向性与非意向性》(1943)、《艺术中的个性》(1944)、《个人与艺术发展》(1943—1945)。

② 关于艺术的"意向性"与"非意向性"具体研究，请参见抽文：《艺术的意向性与非意向性——扬·穆卡若夫斯基文艺符号学思想初探》，载《中国社会科学院研究生院学报》，2010年第3期。

观,这一倾向尤其鲜明地表现为他们极其贬低创作者及其个性。在研究艺术个性问题时,穆卡若夫斯基意识到艺术作品个性有其自身的独立性,不能将其依附或等同于创作者本人的个性。随着符号学理念以及接受者维度的引入,穆卡若夫斯基比俄罗斯形式论学派更深刻地阐述了艺术作品个性的本质。与此同时,他也没有忽视作品个性与创作者个性之间的联系,从而较有效地避免了法国结构主义对创作者个性的忽视。此外,穆卡若夫斯基还将创作者的个性视为与文学结构进行积极互动的一种结构,将这两种结构共同置于文学发展之中进行考察,动态地论证两者间的联系,在此基础上提出了一种较为辩证的文学发展观。

总体来看,在上述穆卡若夫斯基学术生涯的三阶段中贯穿着一条统一的美学逻辑,即每一阶段反映出对审美交互行为的三个基本组成项中的某一项的重视:在第一阶段,他表现出一定的客观论美学倾向,将注意力集中于对艺术作品的内在构成的考察上;在第二阶段,开始研究被他称作社会知觉或意识的规范——即每部艺术作品所提供的一套适用于某一特定集体的规范;第三阶段,他从先前对超个体代码的强调转向对主体在审美过程中所扮演的角色的重视。主体不再被视为仅是超个体结构的一个被动媒介,而是被视为与这些结构进行交互的一种积极力量,主体在交互过程中改变着结构。

二、三个核心范畴

以上,我们从宏观角度勾勒了穆卡若夫斯基美学思想发展的三阶段,并对其每一阶段的主要概念、核心范畴、基本旨趣做了一番介绍。接下来,让我们把目光聚焦于构成严格意义上穆卡若夫斯基美学体系的三个最为关键的范畴:审美功能、审美规范及审美价值。

首先,审美功能。审美功能是穆卡若夫斯基整个美学体系的出发点,该范畴在美学中的重要性不言而喻。众所周知,美的事物之所以美,正是因为具备了审美功能,艺术作品尤其如此。那么,审美功能对艺术而言究竟具有什么样的意义呢?它是艺术的充足条件还是必然条件?从历史角度看,俄国形式主义最先将审美功能(实际上他们使用的概念为"诗性功能")提升至本体的高度。在他们看来,正是诗性功能使得艺术语言区别于日常语言,艺术区别于非艺术。在穆卡若夫斯基看来,俄罗斯形式论学派对审美功能的这种理解由他们那种面向客体的、单功能的功能观所决定,这种功能观极端地认为美仅存在于艺术之中,并且艺术中有的只是美。与此相反,穆卡若夫斯基提出了一种新的从主体出发、多功能的功能观,并按照这一逻辑,对功能进行了重新分类。[①] 在穆卡若夫斯基看来,审美功能并非艺术的专利,它同样广泛存在于非艺术领域中,与此同时,艺术不仅具有审美功能,也具有其他功能。由此产生出一个问题:既然艺术和非艺术都同时具有审美功能和非审美功能,那么这是否意味着对审美功能的研究失去意义了呢?答案显然是否定的。穆卡若夫斯基告诉我们,区分艺术和非艺术的标准并不在于是否具有审美功能,而在于它在功能等级中是否占据主导。审美功能在其中占据主导的系统就是艺术,在艺术外占据主导的则是实用功能,正是主导功能决定了一个功能系统的总体属性。既然艺术中审美功能与非审美功能并存,那么审美功能在其中是如何实现自己的主导地位的呢?穆卡若夫斯基指出,审美功能在艺术中的主导并不是靠打压其他非审美功能而获得的,这是因为审美功能是一种特殊的功能,它是"透明的":"与其他功能不同(比如认知的、政治的、教育的功能等),审美功能不具备任何具体的目的,也不解决任何实际的任务。审美功能与其说参与其中,不如说取消事物或行为的实用的相互联系,这对艺术而言尤其正确。"[②]虽然没有具体的内容,但审美功能在艺术中的作用却不可小觑,它具有一种能积极渲染并改造其他非审美功能的力量,使它们成为艺术作品结构的要素,服务于其总体的美学效果:"由于审美功能没有自己独特的品质,它很容易吸收与

---

① 从主体出发,穆卡若夫斯基将功能定义为:"主体相对于外部世界的自我实现方式。"首先,按照是否直接作用于现实为标准,他将功能分为两大类:直接功能与间接功能(即符号功能);其次,还按照定向于客体还是主体的标准,又进一步把直接功能分为两个亚组:实用功能和理论功能,把符号功能分为象征功能和审美功能两个亚组。有关穆卡若夫斯基对功能分类的进一步讨论,请参见拙文:《从"诗性功能"到"审美功能"——布拉格学派与俄罗斯形式论学派文学功能观之比较》,载《国外文学》,2011 年第 1 期。

② Ян Мукаржовский, "О структурализме", Ю. М. Лотман, О. М. Малевич. ред. *Ян Мукаржовский: Исследования по эстетике и теории искусства*, 《Искусство》, Москва, 1994, С. 285.

其相伴的其他功能的品质。在艺术中和艺术外的情形皆是如此。"[①]由于审美功能所具有的"多义性"、"透明性"、"无标记性"品质,俄罗斯学者阿·格利亚卡洛夫认为穆卡若夫斯基的这一概念具有人类学价值:"正是在审美功能中,世界的图景得以显现,人类恢复了自身的初始价值及对世界的兴趣。"[②]

其次,审美规范。审美规范与文艺作品的文学性、审美价值的生成密切相关。无论是作家的创作,还是接受者的欣赏,都会有意无意地接触到审美规范。那么,审美规范究竟在审美活动中扮演着什么样的角色?它的地位、功能如何?遗憾的是,捷克结构主义之前的俄罗斯形式主义学派并没有真正触及这一问题,更准确些说,他们若有所涉及,也已将这一范畴狭隘化了,在他们看来,审美规范充其量只是文学作品中语言和形式层面的规范,规范对他们而言,更多的只是离析所谓文学性的一种背景和参照,其自身的学理价值并未得到充分认识。穆卡若夫斯基则将审美规范提升为一个重要的美学范畴。他提醒我们,不能将规范理解为一种静态的规则:规范不同于规则(规律),后者是强制性的,违反它便会受到惩罚,而规范则保持了一定的灵活性。特别是在文艺作品中,违反审美规范是一种非常普遍的现象,这不仅没有减损作品的美学效果,反而促进其审美价值的生成。在穆卡若夫斯基看来,"无论规范是有意识地还是无意识地被运用,它在本质上与其说是一种规则,不如说是一种能量"[③]。因此,他将规范定义为"一种动力性调节机制"[④]。然而,新的问题随之出现:既然在艺术中审美规范与审美价值是不一致的,即严格遵守审美规范不一定会产生审美价值,违反审美规范也不一定就不会产生审美价值,那么审美规范这一范畴是否还有存在的必要呢?穆卡若夫斯基指出,审美规范绝不是可有可无的,这主要是基于两方面的考虑:一方面,他指出:"任何规范,甚至是法律规范,正是在被违反的时候,其自身的有效性因而也是

---

① Ян Мукаржовский, "О структурализме", Ю. М. Лотман, О. М. Малевич. ред. *Ян Мукаржовский: Исследования по эстетике и теории искусства*, 《Искусство》, Москва, 1994, С. 285.

② 阿·格利亚卡洛夫:《扬·穆卡若夫斯基:结构—符号—人》,此文为俄罗斯斯拉夫文论专家格利亚卡洛夫教授应我国《外国美学》杂志所邀专门撰写,已由笔者译成中文。

③④ Ян Мукаржовский, "Эстетическая норма", Ю. М. Лотман, О. М. Малевич. ред. *Ян Мукаржовский: Исследование по эстетике и теории искусства*, 《Искусство》, Москва, 1994, С. 163.

其存在才会被感受到。”[①]因此，我们不能因为审美规范在文学中被不断破坏就否认其存在，相反，这种破坏也是其显示自身有效性的一种方式。此外，虽然文学的发展历来要求艺术家不断推陈出新，不断打破既定的创作模式，探索新的艺术手法，然而在对一部作品进行审美评价时，若少了审美规范，我们是很难有效判定其价值的。在这层意义上看，一部绝对新颖、与众不同的艺术作品不仅是不可能的，也是没有意义的。在穆卡若夫斯基看来，审美规范存在的意义正在于“使我们感受到艺术传统被新的趋势所改变的程度”[②]；另一方面，一旦越过艺术，到达艺术外领域，我们就会发现审美规范的权威总是不断得到确认：“审美规范系统——所谓的品位在这里具有如此巨大的权威性，以至于那些破坏这些规范的人会受到来自个人，甚至社会的蔑视。但品位与艺术规范密切相联：实际生活不断地为艺术创作提供它的审美原则，艺术创作将这些原则再生般地回馈给它。因此，审美规范在实际生活中获得了它在艺术中总是被剥夺的权威。”[③]在此，穆卡若夫斯基深刻地揭示出艺术中与艺术外对待规范态度上的差别：在艺术中审美规范始终被破坏，而在艺术外它却被不断确认；生活习惯形成了静止的艺术品位，而艺术却是鲜活、流动的。苏联著名文化符号学家尤里·洛特曼高度评价穆卡若夫斯基的审美规范说，在他看来：“规范概念的引入，为‘语言’系统及其‘言语’(索绪尔之术语)提供了第三种要素，带来了重大的革新……这一美学范畴的引入，使得对艺术运作的机制本身的认识向前跨越了一大步。”[④]

再次，审美价值。审美价值是穆卡若夫斯基整个美学体系的落脚点，对审美价值问题的重视成为其美学区别于一般结构主义美学的一个显著特征。审美功能、审美规范都与审美价值密切相关——审美功能是实现审美价值的前提，而审美规范则是衡量审美价值的标准。那么，穆卡若夫斯基对审美价值究竟有何独到的见解？总体来看，他主

---

① Ян Мукаржовский, “Эстетическая норма”, Ю. М. Лотман, О. М. Малевич. ред. *Ян Мукаржовский*: *Исследование по эстетике и теории искусства*, 《Искусство》, Москва, 1994, С. 163,第168页。

② 同上，第166页。

③ 同上，第169页。

④ Ю. М. Лотман, “Ян Мукаржовский — теоретик искусства”, Ю. М. Лотман, О. М. Малевич. ред. *Ян Мукаржовский*: *Структуральная поэтика*, школа《Язык Русской Культуры》, Москва, 1996, С. 18.

要从两方面对审美价值进行了研究。首先，穆卡若夫斯基对审美价值产生的过程进行了剖析，通过研究，他发现任何级别的审美价值实则都是易变的，所以不存在永恒的、稳定的审美价值之说。因此，在穆卡若夫斯基看来，与其从目的论角度定义审美价值，不如将其视为一种过程："审美价值是一个过程，而不是一种状态，是一种能量释放。"①为此，穆卡若夫斯基区分了艺术作品三种不同类型的审美价值：实际审美价值（当下的审美价值）——指的是读者根据自身的文化语境中有效的规范将作品具体化，这一语境是动态的，可以是作品写就时的语境，也可以是后来的某个时期，或某种不同的文化；一般审美价值（普遍的审美价值）——有些作品具备在不同文化语境下都能成为有效的审美客体和模型的潜力，穆卡若夫斯基将这一品质称为一般的或普遍的价值；演化审美价值——主要用来衡量作品结构与其产生之初文学环境结构之间的差异，或在更一般层面上衡量一部作品与先前作品语境上的差异。在穆卡若夫斯基看来，这第三种审美价值——演化审美价值最应受到文学史家的关注。在对审美价值进行了一番论述之后，穆卡若夫斯基进而转向普遍审美价值的问题。艺术中是否存在普遍审美价值？如果答案是肯定的话，那么它在艺术作品中的存在之基础何在？在穆卡若夫斯基看来，普遍审美价值在艺术中显然是存在的，否则便无法解释这一现象，即一些艺术作品没有得到高的评价，而另外一些作品则不证自明地得到很高的评价。但穆卡若夫斯基也提醒我们，对普遍审美的理解不能像以费希纳为代表的实验美学所认为的那样，将其简化为一些所谓美的普遍规则，如黄金分割、对称等。在穆卡若夫斯基看来，普遍审美价值的存在主要基于这一事实，即艺术创作总是不断地渴求完善。如果失去了这种渴求的话，艺术发展也就失去了方向和意义。正因为每一部艺术作品的创作都必然伴随着这种获得普遍成功的意图，艺术才会不断发展。在这层意义上，普遍审美价值与我们每个人的人类学常量相关。穆卡若夫斯基并没有在这一结论上止步，而是进一步追问了普遍审美价值的源头。在他看来，"如果存在一种客观的（即独立的、持久的）审美价值的话，那么应当在经

---

① Ян Мукаржовский, "Эстетическая функция, норма и ценность", Ю. М. Лотман, О. М. Малевич. ред. *Ян Мукаржовский: Исследование по эстетике и теории искусства*, 《Искусство》, Москва, 1994, С. 92.

受了孤独和不变的物质的艺术成品中寻找"[①]。在他看来，作为物的艺术成品具有一种结构，它能够保障其在不同时代、语境下产生不同的审美客体，因此"作品显示出越大的语义能力，它就越能够抵制空间、社会环境和时间的变化，其价值也就越具有普遍意义"[②]。穆卡若夫斯基的这一论断与洛特曼后来基于信息论所得出的结论，所谓"美即信息"，颇为近似。洛特曼高度评价了穆卡若夫斯基在这一问题研究上的前瞻性："衡量艺术信息的问题是当今文艺学中最复杂的问题之一……虽然穆卡若夫斯基早在信息论产生之前就进行了这一使我们感兴趣的研究，但其思想显然是超前的。"[③]

三、三重视界

如今，穆卡若夫斯基美学的影响力早已超越了结构主义美学，他对接受美学、符号学文论等所产生的深刻影响，已为学界所公认。无论是德国接受美学主将沃尔夫冈·伊瑟尔，还是苏联塔尔图-莫斯科符号学派的领袖尤里·洛特曼，都坦言深受穆卡若夫斯基美学的启发。那么，穆卡若夫斯基美学这种持续的影响力与强大的辐射力究竟源于何处呢？这恐怕与其受到多种方法论的滋养不无关系，其中包括形式主义、结构主义、功能主义、符号学、现象学等。在这众多的方法论中，对其美学体系塑造最为关键的是"结构"、"功能"和"符号"。正是在这三重视界的关照下，穆卡若夫斯基得以多方位、有深度地透视了审美活动的过程、主体以及审美符号的本质等美学命题。下面，让我们分别来考察这三重视界对穆卡若夫斯基美学体系塑造的

---

① Ян Мукаржовский, "Эстетическая функция, норма и ценность", Ю. М. Лотман, О. М. Малевич. ред. *Ян Мукаржовский: Исследование по эстетике и теории искусства*, 《Искусство》, Москва, 1994, С. 115 - 116.

② Ян Мукаржовский, "Может ли эстетическая ценность в искусстве иметь всеобщее значение?", Ю. М. Лотман, О. М. Малевич. ред. *Ян Мукаржовский: Исследование по эстетике и теории искусства*, 《Искусство》, Москва, 1994, С. 182.

③ Ю. М. Лотман, "Ян Мукаржовский — теоретик искусства", Ю. М. Лотман, О. М. Малевич. ред. *Ян Мукаржовский: Структуральная поэтика*, школа《Язык Русской Культуры》, Москва, 1996, С. 21.

影响。

首先,来谈结构。捷克结构主义对"结构"有着独到的理解,它既不同于俄国形式主义,也不同于法国结构主义,正是这一点保障其既跻身结构主义文论之列,又保持了鲜明的个性。在20世纪结构主义文论三大重镇中,最早对结构进行探索的当属俄国形式主义。不过,该派所研究的对象与其称为结构,不如称为形式,即这是一种缺乏了"内容"的结构,它抛弃了传统的内容因素,因而是不完整的;俄国形式主义对结构的理解充其量处于前结构主义的水平。而作为经典结构主义的法国结构主义对结构的理解则较为成熟,他们认为结构乃是一种静态的、不变的实体,其存在独立于个体意识之外,任何文本都是其可能之实现。总体而言,捷克结构主义对结构的理解不同于以上两派,这主要体现在以下几方面:从结构的构成来看,捷克结构主义摒弃了俄国形式主义那种将作品中的形式要素视为结构的做法,而将作品的一切要素都视为结构,因此他们对艺术作品的分析不仅关注艺术手法的层面,同时也对作品的内容和思想意蕴进行分析,最主要的是,他们不再将艺术作品的要素区分为形式和内容两大类,而是从作品产生的美学效果出发,将其分为"材料"和"程序";其次,从结构的形态来看,总体而言,俄国形式主义和法国结构主义对结构的理解较为静态,捷克结构主义则特别强调结构的动态品质,这一点是对传统结构主义的颠覆。穆卡若夫斯基认为:"结构乃是基于其组分间的相互关系而达至整个内部的联合,这些关系不仅包括那些肯定的关系(相似和一致的方面),而且也包括否定的关系(矛盾和对立的方面);因此,结构概念与辩证法密不可分。"[①]在这层意义上,捷克结构主义所理解的结构之整体既不同于以施密特为代表的整体论对"整体"的理解,也不同于格式塔心理学对"完型"的理解。正是得益于对结构的这种辩证理解,穆卡若夫斯基的美学研究才得以结出丰硕的成果。他从具体的美学现象入手,不断将其纳入更高一层的结构之中进行考察,先是文学,然后是艺术,接着是艺术外,再到整体的文化,这种思维方法彻底颠覆了俄国形式主义的艺术自足论,否定了享乐主义艺术观。

---

① Ян Мукаржовский, "К терминологии чехословацкой теории искусства", Ю. М. Лотман, О. М. Малевич. ред. *Ян Мукаржовский*: *Исследование по эстетике и теории искусства*, 《Искусство》, Москва, 1994, С. 292.

其次，来谈功能。重视功能也是捷克结构主义的一大特色，洛特曼甚至认为："布拉格学派的一个根本的特征乃是重视功能这一范畴。"[1]功能与结构之间存在密切关联，它是对结构理念的一种重要补充。结构主义所理解的深层结构正是功能之结构。总体来看，穆卡若夫斯基对功能理念最重要的贡献在于发展出一种从主体出发的、多功能的功能观。从主体出发，针对的乃是以俄国形式主义为代表的那种面向客体的功能观，即认为功能乃是客体的一种目的和属性，这种功能观很容易导致单功能主义的出现。在穆卡若夫斯基看来，任何事物、行为都必不可免地符合多种目的，比如，文学不仅具有审美功能，也具有宗教的、教育的、经济的等多种实用功能，非文学则不仅具有实用功能，也具有审美功能。既然如此，那么应当如何来区分艺术与非艺术呢？穆卡若夫斯基指出，这要看该领域功能结构中何种功能占据主导。如果审美功能占据主导，就是艺术；如果实用功能占据主导，则是非艺术。在判断何种功能占据主导时，主体的作用也不可小觑，因为正是主体将不同的功能统一起来。穆卡若夫斯基自觉地将这种新的功能观应用于审美功能、审美规范及审美价值等问题的研究。

再次，来谈符号。艺术符号学思想的诞生是穆卡若夫斯基结构主义思想发展到一定阶段的产物，他本人高度重视这一理念。符号学理念极大地开拓了穆卡若夫斯基美学的空间，它不仅成为其研究美学的一种重要方法论武器，其自身也上升至一种本体论的高度，在这层意义上，穆卡若夫斯基认为美学乃是符号学的一部分。早在1934年，穆卡若夫斯基就拟定了艺术符号学研究的基本框架，提出了审美符号结构的三层次说。在他看来，审美符号由三部分组成：(1)一个由艺术家创造的可感的能指。(2)一个寄居于集体意识之中的"意义"(等同于审美客体)。(3)一种与被意指物的关系——意指社会现象的总体语境。[2] 穆卡若夫斯基在此创造性地发展了索绪尔的符号学思想，保留了索绪尔的"能指"概念，但没有沿用其"所指"概念，而是进一步将其

---

① Ю. М. Лотман, "Ян Мукаржовский — теоретик искусства", Ю. М. Лотман, О. М. Малевич. ред. *Ян Мукаржовский: Структуральная поэтика*, школа《Язык Русской Културы》, Москва, 1996, С. 12.

② Ян Мукаржовский, "Искусство как семиологический факт", Ю. М. Лотман, О. М. Малевич. *Ян Мукаржовский: Исследование по эстетике и теории искусства*, 《Искусство》, Москва, 1994, С. 194.

分为两部分——"意义"和"指涉",这足见他对符号表意方式的重视。除对审美符号的结构进行研究外,穆卡若夫斯基还考察了审美符号的双重功能:自主功能和交流功能。随着其符号学思想的不断成熟,穆卡若夫斯基不再满足于仅仅将艺术作品视为符号,在他看来,艺术作品与其主体,乃至与社会语境之间的关系也应当纳入符号学研究的视域。

穆卡若夫斯基终其一生从未停止过对符号问题的思索。值得指出的是,他对符号学的态度也并非始终是正面的,后期他逐渐意识到纯符号学方法的局限性,并自觉进行反思,这集中体现在他对艺术的非意向性,以及艺术中的个性等问题的思考中。然而,穆卡若夫斯基对这些问题的思索并不是对自己先前符号学思想的否定,相反,乃是对其不断的完善和发展。总而言之,符号学理念对穆卡若夫斯基美学的塑造至关重要,它一方面使得文学、艺术融入到更高一级的文化、社会系统中成为可能;另一方面,文学、艺术系统的自主性在符号学框架下也得到了更为深入的研究。综上所述,"结构"、"功能"、"符号"这三重视界在穆卡若夫斯基美学中各具特色:一方面,它们为文学、艺术研究提供了不同的视角。如果说结构范畴提供了一种整体性研究模式的话,那么功能范畴则为我们观察结构之中各组成部分之间的关系提供了可能;符号范畴则提供了一种全新的理论框架,该框架将结构视为一个错综复杂的符号网络——代码与其物质载体之间的相互渗透促进了文化中个体间的交流。另一方面,这三种理念又互相交织、互为补充。首先,单部作品可以被视为结构,具有物质和非物质两方面,它从属于更高一级的结构——严格意义上的艺术结构;其次,审美功能主导所有艺术样式并将它们融入一个更高等级的结构——艺术之整体;再次,艺术与其他功能结构(如科学、宗教等)一道构成了最高级的结构——人类文化。使得艺术结构区别于其他结构的审美功能是一种符号功能,当它占据主导时,具有将任何艺术作品转变成符号的能力。最终,我们不仅可以将艺术作品视为结构和功能,同样也可将其视为符号。

四、结　语

最后,让我们回到文章初始提出的两个问题。

起初,我们曾指出穆卡若夫斯基美学不同于传统意义上的美学,但未深入展开这一问题,那么,它们之间的不同究竟在何处呢?众所周知,传统美学研究所遵循的道路无非两条,要么“自上而下”式地研究,要么“自下而上式”地研究。但在穆卡若夫斯基这里,我们不难发现传统的美学研究思路已然失去了效力,这是因为他既对艺术各门类,尤其是文学,进行了相当精深的研究,同时也对一般美学(艺术哲学)进行了深入探讨。那么,穆卡若夫斯基何以能够在两条路线之间游刃有余,且有效地弥合了两者之间的分歧呢?这与他独特的结构主义理念有关,在他看来:“结构主义乃是一种科学立场,它源于科学与哲学之间不断的互求,并据此得以发展。我们使用‘立场’一词,是为了避免‘理论’或者‘方法’之类的术语,前者意味着一套稳固的知识体系,而后者意味着一定的工作原则和完善、不变的体系。结构主义既不是前者,也不是后者,它是一种认识论立场,虽然从这一立场出发也会得出一定的工作原则和知识,但其发展独立于这两者之外,因而能够与两者制定的计划并行不悖。”①

至于另外一个问题,即如何定性穆卡若夫斯基美学的问题:它究竟是结构主义美学,还是功能主义美学,抑或符号学美学?我们认为这个问题并不十分重要,有学者曾公允地指出:“布拉格学派的建树,就在于将他们那个时代思想中的诸多流派整合到一起,并创造性地建构出一种更为综合更富深度的对艺术作品的理解方式。”②诚然,穆卡若夫斯基美学吸收了多种方法论理念,这些理念对其美学体系的塑造都起着各自不可替代的作用。倘若将其中某一种理念放大,并以此来涵盖穆卡若夫斯基的整个美学体系,就会犯以偏概全的错误。但是,如果非要对穆卡若夫斯基美学进行不甚严谨的定性的话,我们倾向于认为,它是一种以结构为内核,以功能为取向,以符号为框架的结构主义美学。

(作者单位:华南师范大学外国语言文化学院)

---

① Ян Мукаржовский,“Структурализм в эстетике и в науке о литературе”, Ю. М. Лотман, О. М. Малевич. *Ян Мукаржовский: Исследование по эстетике и теории искусства*,《Искусство》, Москва, 1994, С. 254.

② [美]巴利 · P. 舍尔:《布拉格学派的美学》,周启超译,见汝信主编:《外国美学》第19辑,江苏教育出版社,2009年4月第1版。

沃尔海姆与迪基的艺术制度论

赵树军

内容提要 理查德·沃尔海姆(1923—2003)是一位英国哲学家,致力于艺术和精神分析相互关系的研究,他在精神和情感方面,特别是与视觉绘画艺术相关方面,作出了创造性的贡献。除了提出自己的艺术定义理论外,他还对迪基的艺术制度论提出了自己的看法和意见。比如,他提出了"好的理由"等概念。迪基对沃尔海姆的观点也作出了相应回应,进行了澄清和批驳。

关键词 艺术制度论 "授予" "内曲概念" "好的理由"

一、迪基的艺术制度论

自从迪基提出艺术制度理论以后,引来了很多人的不满和批评。迪基有时候在坚持捍卫自己的观点,有时候也虚心地有选择地接受一些人的批评,对自己的观点不断地进行修正。回过头来看,从他 1969 年发表《何为艺术》到 2004 年发表《布莱克威尔美学导论》,他的艺术制度理论经历了三个发展阶段,第一个时间点是 1974 年的《艺术与审美》,第二个时间点是 1984 年发表的《艺术圈》,第三个时间点就是 2004 年的《布莱克威尔美学导论》的发表。我们知道,沃尔海姆针对的主要是迪基的第一个阶段的艺术制度论。为了对这个问题有个更全面的了解,我们应该对迪基的艺术制度论的发展脉络先有一个大致的了解。

1. 迪基的艺术制度论与丹托的"艺术界"

迪基的艺术制度论源于丹托的"艺术界"理论,是迪基误读丹托的"艺术界"所致。"艺术界"是丹托在 1964 年参观了纽约斯泰堡画廊展览之后提出的。在他看来,艺术的定义取决于艺术理论的氛围和艺术史的知识。也就是说,我们应该从艺术品与艺术理论、艺术史的关系来寻找艺术定义,而不是传统的模仿论、表现说所主张的那样,从艺术和题材或艺术和艺术家的关系来分析艺术定义。迪基受此启发，把丹托所理解的艺术理论、艺术史误解为艺术制度，或称惯例、体制也好。他说："丹托指出了特殊的艺术作品被牢固系于其中的丰富的结构：它指出了艺术的制度本性。"[①]显然，艺术理论、艺术史不等同于艺术制度。由此，迪基产生了自己的一套理论，即艺术制度论。这个具体的时间点就是1974年。迪基在《艺术与审美》中正式将"艺术界"引入，作为他的理论的支撑。他说："我将用丹托的术语'艺术界'来指宽泛的社会制度，在这里，艺术品拥有它们的位置。"[②]

关于制度的含义，迪基的解释大概有两种，一是惯例、习俗、体制等，二是团体或集团。我们可以推测，在艺术制度论中，迪基主要指的是第一种含义，即惯例、习俗或体制等。但是，它们又不是非常正式的，而是相对松散的、非正式的惯例、习俗或体制。迪基的艺术"制度"与丹托的"艺术界"相比，是有一些差别的：迪基的理论涉及文化社会学等学科内容，既包括知识又包括社会实践行为，显示出更广泛的跨越性，而丹托的观点则限定在艺术理论和艺术史知识领域，仅仅强调的是知识性的一面。或者换一种说法，迪基强调的是艺术活动和人类的其他社会活动的关系，而丹托强调的是批评家对艺术与艺术理论、艺术史关系的把握。具体而言，迪基的"授予"行为，就是指代表艺术制度的某些群体或个人授予人工制品以供欣赏的候选者的资格的社会活动过程。他把这种活动区分为正式和非正式两种情形，具体表现为：把艺术品直接展示给他人来欣赏，如一部戏剧被搬上舞台表演出来，一个人工制品置于博物馆展示出来，都表明它们获得了艺术品的资格；一个艺术家把一个人工制品看作为具有欣赏资格的对象；按照法律程序，给一个人工制品颁发执照，那么，同类人工制品中只有带有执照的才是艺术品；授予自然对象以人工性，使得它成为欣赏对象。显然，迪基的艺术定义具有社会实践操作性，不是仅仅停留在思维的层面，而是要实现为行动。他的理论"摆脱了丹托艺术理论中的黑格尔色彩和思辨色彩，提出了'艺术制度'理论，使'艺术界'理论更加具体化、实证化、精细化"[③]。较之于丹托所关注的"本体论"立场，"迪基

---

① George Dickie, *Art and the Aesthetic*, Cornell University Press, 1974. p. 29.

② *Ibid.*, p. 29.

③ 徐陶：《论乔治迪基的艺术制度理论——兼论艺术定义与艺术实践的关系》，载《中南大学学报(社会科学版)》，2009年第3期，第310页。

从体制入手考察艺术品资格的思路更是朝着文化社会学方向又更进了一步”[①]。

除此之外，我们还可以看到他们在其他方面的区别。比如，迪基认为，“艺术界包括大量的系统：戏剧、绘画、雕塑、文学、音乐等等，每一系统都在其领域内安置了授予对象地位的制度性背景”[②]。在迪基看来，无论是戏剧，还是绘画、雕塑、文学，只要单选出任何一个类型来，都可以构成一个系统，这些系统联合起来组成艺术界。显然，迪基的“艺术界”是一个复数意义的概念，而丹托的“艺术界”并未针对一个具体的艺术类型而言，因此它适用于所有的艺术类型，从这个意义上说，丹托的“艺术界”是个单数概念。迪基的艺术制度论的主体可以是艺术家，也可以是一般的欣赏者，还可以是批评家、艺术经纪人等，而丹托的“艺术界”主要针对的是艺术评论家。迪基的艺术制度论将剧院、电影院、画廊等物质因素考虑在内，而丹托的“艺术界”并不包括这些物质性因素。

2.《艺术圈》中的艺术定义

迪基的艺术制度论定义的第二个时间点是 1984 年，在《艺术圈》(*The Art Circle*)中，他对艺术定义作了大面积的修改。他对定义艺术的方法进行了改革，由过去那种为艺术下单个明确定义的做法改变为为艺术下数个相互联系的定义，然后将它们以线性的方式连在一起，进而形成一个艺术定义组合系列。这些艺术定义之间不分主次，互为前提，相互制约，彼此牵制，缺一不可，它们共同组成大的艺术定义系统，这几个艺术定义就好比中医说的金木水火土相生相克一样，是一个不可分割的整体。具体来说，迪基新的艺术定义包括五个方面：一、艺术品是一种为了展示给艺术界的公众而创造出来的人工制品；二、艺术家是在创造艺术品时参与对艺术品理解的人；三、公众是指一类人，它的每个成员在某种程度上都已经做好准备来理解摆在他们面前的艺术品；四、艺术界是所有艺术界系统的总和；五、艺术界系统是一个框架结构，以便艺术家把艺术品呈现给公众。迪基把这些定义，称为“内曲概念”(inflected concepts)，这五个概念向内弯曲，相互

① 殷曼楟：《从迪基艺术体制论的转变看后分析美学当代转型中的尴尬》，载《哲学动态》，2010 年第 8 期，第 79 页。

② George Dickie, *Art and the Aesthetic*, p. 33.

依赖，如果抽掉其中任何一个，都将影响到我们对艺术的总的特征的理解。

从第五个定义看，似乎又回到了前四个定义：艺术家、艺术品、艺术界、公众，有一种循环定义的味道，但迪基却不这么认为。在他看来，人们从小就生活在文化制度里，对于文化制度涉及的一些概念，人们已经了解了它们的一般意义。因而，没必要再像解释一个新的专门术语一样，重新对它们进行精确定义。与过去的艺术定义相比，迪基修改之后的艺术定义有哪些变化呢？

首先，他对艺术品、艺术家、公众、艺术界和艺术界体制重新进行了定位，不再把艺术品作为艺术定义的核心凸显出来，而是将它与艺术家、公众、艺术界和艺术界体制拉平，使得它们处于平等的地位。在此之后，将它们再以一个曲线的形式连接起来，使得它们形成一种指向艺术定义中心的向心力，任何一个部分都无法单独分离开来，否则，不会形成一个完整的艺术圈。

其次，迪基在新的定义中，放弃了“授予”。在早期的艺术定义中，迪基把“授予”当作了艺术定义的核心组成部分。在新的艺术定义中，迪基认为早期的“授予”太正式、太条例化了。另外就是，把艺术家的“授予”当成了核心活动，也就是把艺术家放在了核心的位置，这显然与他在新的定义中强调的艺术是一个相互制约、相互协调的大系统是背道而驰的，所以迪基在新的定义中，放弃了“授予”。而且，他也抛弃了其他相关概念，如：“引荐欣赏对象”、“欣赏”等。当然，这也跟迪基遭到其他人的反对有关，如沃尔海姆就认为，假如艺术家不能提供好的理由和充分的解释的话，艺术家的“授予”是一种类似行政命令的武断行为。还有丹托认为，对人工制品授予艺术品资格的应该是真正的专家，而不是执行专断命令的人。后面，我们将会对沃尔海姆与迪基关于艺术制度论的辩论详细进行论证。

3.《布莱克威尔美学导论》中的艺术定义

迪基的艺术制度论的第三个时间点是2004年。迪基在《布莱克威尔美学导论》(*The Blackwell Guide to Aesthetics*)中的《定义艺术：内涵和外延》一文，对他的整个三十多年的艺术制度理论作了进一步回顾和反思，并且对他的艺术制度理论作出了新的阐释。主要表现在两个方面：“(1)艺术品确实有某种起基础性作用的性质，艺术是可以定义的。(2)艺术制度是一种文化实践，艺术的性质也是由文化结构决定的，艺术的定义是：一种创造出来展现给艺术界公众的人工制品。”[①]这个艺术定义暗示出，迪基更进一步走向了实证化、具体化、科学化。他重视艺术实践的可操作性，把艺术制度看作一种社会文化实践行为，通过某些文化社会科学家的参与，可以把文化实践的功能、结构揭示出来，进而构建起一个完整的艺术制度体系。但是，迪基仅仅是指出了实证化的方向，却没有对具体的实践创作措施作进一步深入研究。因此，他的理论有一种被悬置于空中的感觉，还需要进一步完善。

尽管迪基的艺术制度论在不同的阶段遭到不同人的反对，但是，它的提出还是有积极意义的。首先，使艺术家意识到艺术活动的存在。艺术家不仅在创作艺术品，而且还“授予”人工制品以艺术品的地位。这就使得艺术家能清醒地意识到，自己从事的是一种活动，是一种艺术活动，进而对这种活动的性质有所了解。其次，艺术制度论的文化性意义。如果说丹托是从历史之维和艺术理论之维对艺术定位的话，那么，迪基的艺术制度论就是强调了艺术活动和人类其他活动的关系，把艺术制度、艺术活动放置于整个社会文化大系统中，它们在其中起着积极的推动作用，并成为文化的一部分。正如柯提斯·卡特所说的那样，“如果说迪基的努力没有能够成功地挽救美学中的本质主义定义的话，在强调文化因素在美学话语中的重要地位方面，他还是有功绩的”[②]。

二、沃尔海姆与迪基的艺术制度论

沃尔海姆不仅对他自己提出的艺术品即物理对象假说作了进一步思考，而且也对其他分析美学家提出的艺术定义理论作出了回应。比如，他和迪基就艺术制度理论曾展开过一些争论。

迪基对于艺术定义的理解是分阶段的，沃尔海姆的反对意见是在

---

① 徐陶：《论乔治·迪基的艺术制度理论——兼论艺术定义与艺术实践的关系》，载《口南大学学报(社会科学版)》，2009 年第 3 期，第 313 页。

② [美]门罗·C. 比厄斯利：《西方美学简史》，高建平译，北京大学出版社，2007 版，第 396 页。

1980年提出的,主要是针对1974年迪基在《艺术和审美》中提出的艺术定义,而迪基的艺术定义后来又发生了变化,在1984年他对艺术定义重新进行了修订。尽管如此,迪基还是对沃尔海姆的反驳意见做出了回应。在他看来,沃尔海姆的反驳是牵强附会的,因此他对一些问题作了澄清,以免“任何人把沃尔海姆的争论运用于较晚的艺术制度理论版本”①。

沃尔海姆的争论是从否定迪基对艺术品所作的区分开始的。迪基及艺术制度理论的支持者们主张艺术品除了具有最初的意义或分类意义之外,还应该具有其他意义。比如,表示“评价性”的意义(evaluative sense)和表示“敬意的”或“礼貌的”意义(honorific or courtesy sense)的艺术定义。例如,我们说达·芬奇的一幅画“是一件艺术品”,这意味着这幅画是一件很好的或很优秀的作品,如果单从分类意义来理解,这句话只能说明这幅画是画,这是不言自明的。显然,这句话还应有言外之意,即多了一种赞扬、肯定的意味,这就是评价性意义上的艺术定义。与此相似,表示“敬意的、礼貌的”意义的艺术定义不适用于分类意义上的事物。比如说,一块海水中的浮木,被波浪塑造成雕塑形式,浮木冲到岸边,被人捡回家,当成了艺术品。这块浮木,本来不属于艺术品,但却有一种请求观看者把它当作艺术品加以关注的意味。还有一种使用艺术定义的特殊情形:把艺术品置于世界的整体事物之中,并未强调艺术品的分类意义。比如,我们有时候看到一个醒目的标志:“小心,箱子里装有艺术品。”尽管这表明我们对艺术品很重视、有很高的评价,但在这里并不等于说我们在使用评价性意义上的艺术术语。因为它并未涉及任何艺术品的含义及其内容。

沃尔海姆针对迪基提出的观点指出,“一个术语的意义不能被放大到超出需要之外,这些例子失败于在艺术定义的情形中确立任何这样的需要。它们所显示的是,艺术经常被当作习语来使用或不能基于它的初始意义作一个简单的理解”②。为了理解这些习语,“所要求的不是有关术语更深意义的特别的知识,而是关于演讲的一个形象的一

① George Dickie, “Wollheim's Dilemma,” in *British Journal of Aesthetics*, Vol. 38, No. 2, April 1998, p. 127.

② Richard Wollheim, *Art and Its Objects*, Cambridge: Cambridge U. P., 1980, p. 159.

般知识"[①]。更具体地说，艺术的评价性意义能被解释为省略的例子，艺术的"敬意的"或"礼貌的"意义，可以作为一个隐喻的例子。沃尔海姆指出可以用这样的例子来帮助我们理解迪基所谓的艺术术语的多重意义：马克·安东尼为布鲁托斯写的墓志铭"他是一个人"，这个"人"具有特殊意义（可能指评价意义），或布鲁托斯对人作出的判断"人对人而言是一只狼"，这个"狼"要求一个特殊意义（可能指礼貌的、谦逊、隐喻的意义）。迪基对此回应道，"是否有不同的意义或简单的省略、隐喻例子是不重要的"，制度理论已经在尝试处理沃尔海姆称之为"最初意义"的内容，"在艺术品是否有评价性意义或其他意义或是否仅有省略和隐喻的例子这样的问题中，正是艺术品的'最初意义'与问题最为相关"。[②]

沃尔海姆选择乔治·迪基的观点作为艺术制度理论的代表性定义。迪基认为"在分类意义上的一个艺术品就是：(1)一件人工制品；(2)通过某些代表一定社会惯例（艺术界）的某些人或团体授予它的各个方面以用于欣赏的候选者的地位"[③]。沃尔海姆对定义中的两个词组提出了意见，即"在分类意义上"、"各个方面"。作为《艺术及其对象》的读者，应该知道这两个词组要用来解决这样的问题：作出与一个艺术品的非审美特征相对的审美特征的界定，或作出对一般称之为"审美对象"的鉴别。但是，迪基并未去按照沃尔海姆的艺术即物理对象假说的思路作如此具体鉴别，因此他的这种提法在沃尔海姆看来是有问题的。

沃尔海姆针对迪基的艺术定义提出了关键性的问题："某些人或团体是基于好的理由授予某些人工制品以艺术品的地位的吗？或者这样的问题是没必要的？可能他们没有理由或有坏的理由，他们的活动仍然是有效的，因为他们自己有合适的身份——那就是，他们代表了艺术界吗？"[④]从以上的疑问，可以看出沃尔海姆的困惑有两个：第一个困惑来自某些人或团体是否有好的理由来进行"授予"人工制品以

---

① Richard Wollheim, *Art and Its Objects*, Cambridge: Cambridge U. P., 1980, p. 159.

② George Dickie, "Wollheim's Dilemma," in *British Journal of Aesthetics*, Vol. 38, No. 2, April 1998, p. 127.

③ Richard Wollheim, *Art and Its Objects*, Cambridge: Cambridge U. P., 1980, p. 159.

④ *Ibid.*, p. 159.

艺术地位的活动；第二个困惑是，假如某些人或团体没有好的理由或有坏的理由进行“授予”人工制品以艺术地位的活动的话，他们活动的有效性是否来自于他们具有艺术界的身份。沃尔海姆认为，假如艺术制度理论家接受第一个困惑的话，迪基的理论不是制度性的；假如他们接受第二个困惑的话，它将不是一个艺术理论。在沃尔海姆看来，假如接受第一个困惑，制度理论将变成非制度性的，这是因为制度理论具有这样的特点，即参考了使得人工制品成为艺术品的好的理由。至于如果接受第二个困惑，将会阻止制度理论成为艺术理论的缘由，迪基认为沃尔海姆并没有表达出来。

如果把这种“授予”看成是制度活动的一种模型的话，格雷厄姆·迈克菲认为沃尔海姆的困惑，“假如成功的话，相当于削掉这样一个模型，冲击到制度叙述的核心”①。很显然，这是对沃尔海姆就迪基的艺术定义理论提出的反驳意见的一种肯定。然而，迪基本人却不这么认为。迪基首先对沃尔海姆的第二个困惑的叙述方式提出了质疑。迪基声明，他从来没有说过，任何人具有代表艺术界的身份。沃尔海姆在《绘画作为一门艺术》中，认为艺术制度理论家把一些人提名为艺术界的代表并召开专门的会议授予人工制品以艺术品的身份。迪基对此颇为不满，在他看来，这是对艺术制度理论的讽刺。在《艺术和审美》中，迪基认为一个人（或艺术家）的行动代表艺术界来授予用于欣赏的候选者的身份是因为他（或她）具有想象力和艺术界的知识，而不是因为他（或她）具有一种身份。因此，迪基认为沃尔海姆所提出的疑问可以更改为：“某些人或团体是基于好的理由授予某些人工制品以艺术品的地位的吗？或者这样的问题是没必要的？可能他们没有理由或有坏的理由，他们的活动仍然是有效的，因为他们自己有要求的知识和想象力。”②

现在让我们转向沃尔海姆的第一个困惑。“假如艺术界的代表，开始授予一个人工制品以地位，仅仅假如他们有一定的理由证明他们选择这个人工制品而不是那个人工制品是合理的话，这种‘授予’才是有效的。一个人工制品要变为一个艺术品的条件就是因为它满足了

---

① Graham Mcfee, "Wollheim and the Institutional Theory of Art," in *The Philosophical Quarterly* Vol. 35, No. 139, p. 179.

② George Dickie, "Wollheim's Dilemma," in *British Journal of Aesthetics*, Vol. 38, No. 2, April 1998, p. 128.

这些理由吗？但是，果真如此的话，艺术界代表的行动被称为是对身份的‘授予’，这是不恰当的，他们的行动是要‘肯定’或‘认可’身份，而这个身份是人工制品在他们的行动之前就享有的。因此对他们行动的参照作为最不重要的部分应该被排斥在艺术定义之外。”[①]在沃尔海姆看来，假如一个“授予者”有一个好的理由“授予”人工制品以艺术品的身份，这个理由应该先于艺术身份的“授予”，那么，他们所做的就是在通过他们的行动肯定对象享有的艺术身份先于他们的行动。这就是说，是除了他们的行动之外的某些事或者在他们的行动之前的某些事使得对象成为艺术。当然，沃尔海姆注意到，假如理由是“授予”对象以艺术品身份的理由而不是接受它作为艺术品的理由，这个争论几乎是隔靴挠痒。所以，他对两个好的理由作了进一步区分：一个是对于一个对象具有一定身份的好的理由，另一个是将身份“授予”一个对象的好的理由。这两个理由是完全不同的，同“两个人结婚的好的理由不能成为两个人已经结婚的好的理由”[②]的道理如出一辙。如果有证据表明艺术界的代表具有的好的理由是第二个而非第一个的话，那么，我们由此会认为身份的授予对于某些要成为艺术品的事物来说是至关重要的。这些理由是“授予对象以艺术品的身份的理由”而不是“接受它作为艺术品的理由”。

我们按照沃尔海姆的思维逻辑进行推理：现在有两个理由，即“授予对象以艺术品的身份的理由”和“接受它作为艺术品的理由”，联系到他提到的“这个理由应该先于艺术身份的‘授予’”，我们推断可能是“授予对象以艺术品的身份的理由”先于艺术身份的“授予”或者“接受它作为艺术品的理由”先于艺术身份的“授予”。因为没有对这些理由的明确叙述，所以我们无法明确判断出它究竟是哪一种。沃尔海姆认为，很难不把“授予对象以艺术品的身份的理由”看作“接受它作为艺术品的理由”。这一点说得很模糊，因此后来成为迪基的攻击的一个焦点。我们进一步分析，有两种可能情形：一种是“授予对象以艺术品的身份的理由”不是“接受它作为艺术品的理由”，另一种是“授予对象以艺术品的身份的理由”就相当于“接受它作为艺术品的理由”。假如是第一种可能的话，沃尔海姆对迪基制度理论的反驳效果有待商榷。

---

① Richard Wollheim, *Art and Its Objects*, pp. 160 - 161.

② *Ibid.*, p. 161.

如果是第二种可能的话，那么，沃尔海姆对艺术制度论的反驳是合理的，即他们的身份先于他们的“授予”，制度“授予”是多余的。尽管这两种可能之间存在分歧，在沃尔海姆看来，不论我们接受哪种选择，只要我们接受这些选择可能性的存在，那么就等于我们承认“艺术品毕竟不是制度对象，因为他们的艺术身份先于他们的‘授予’”①。

迪基对沃尔海姆提出的观点逐一分析并进行了相应批驳。“假如艺术界的代表，开始授予一个人工制品以地位，仅仅假如他们有一定的理由证明他们选择这个人工制品而不是那个人工制品是合理的话，这种‘授予’才是有效的。”沃尔海姆的观点似乎是在说，艺术制度理论把艺术创造过程想象为一种杜尚式的制成他的现成品的方式，即通过“选择”这个艺术品而不是那个艺术品的方式生成艺术品。迪基认为，这完全是一种误导。而艺术制度理论却是以一个传统的方式（诸如绘画、雕塑之类）构想了大量的艺术制作过程。它把这些程序想象为它们发生在一定的制度框架之内。“一个人工制品要变为一个艺术品的条件就是因为它满足了这些理由吗？”迪基认为，沃尔海姆是在以一个肯定的方式在提问，有一个好的理由即意味着“人工制品具有一定的特点，而且正是具有的这个特点单独使得人工制品成为了一件艺术品”②。沃尔海姆对此不完全赞同，在他看来，假如没有好的理由，艺术品身份的“授予”是无法完成的，但是要使人工制品成为艺术品，仅有好的理由是不够的。那么，在好的理由发生作用的同时，必须在事实上“授予”人工制品以艺术品的身份。因此，对于“授予”身份有一个好的理由和身份的“授予”这两个方面对于艺术创作来说都是必不可少的。

沃尔海姆很快对此进行了否定，他承认，如果没有有关这些理由是什么或倾向于是什么的任何叙述的话，问题是不能得到解决的。与此同时，他又强调，对于使得一个人工制品成为一个艺术品的普遍认可的理由可以被当作它之所以是一个艺术品的理由。迪基也意识到沃尔海姆的问题症结所在，在他看来，虽然沃尔海姆在迪基的艺术定义之外提出了“好的理由”问题，但是令人匪夷所思的是，他却未能给出有关这些理由是什么或倾向于是什么的叙述，哪怕至少是一个简短

① Graham Mcfee, "Wollheim and the Institutional Theory of art," in *The Philosophical Quarterly* Vol. 35, No. 139, p. 180.

② George Dickie, "Wollheim's dilemma," in *British Journal of Aesthetics*, Vol. 38, No. 2, April 1998, p. 129.

的叙述。他未能给出一个他想过的例子，所做的仅仅是一直在参考没有决定出的“好的理由”，或者他根本就没有思考过这样的例子，我们不得而知。迪基认为沃尔海姆的结论是很清楚的，其特点就在于通过单独参考使得某些事物成为一个艺术品的好的理由，否认有任何类型的制度性的行动介入到艺术创造过程当中。

迪基针对沃尔海姆的上述观点提出两点质疑：第一，他对“成为欣赏的候选者”、“成为一个艺术品”两个术语作了进一步澄清。迪基在1974年的艺术定义可以概括为：要创造一个艺术品，两个条件是必须的，一个是人工制品的生产，另一个是对用以欣赏的候选者的“授予”。他根据沃尔海姆在《艺术及其对象》中提到的“被授予的身份，更确切地说，是作为用于欣赏的候选者”[①]推断出，沃尔海姆已经意识到他对“成为欣赏的候选者”、“成为一个艺术品”之间所作的区分。但是，在论述中，沃尔海姆似乎忘记了它们之间的不同，1974年版本的艺术制度理论涉及的都是对一个艺术品身份的“授予”。所以，迪基在第二点质疑中，使用了选择判断“欣赏的候选者或者艺术品”。第二，“几乎很难观察到，对于使得一个人工制品成为一个艺术品的普遍认可的理由不能更好地被当作它之所以是一个艺术品的理由”[②]。“几乎很难观察到”，显示出“使得一个人工制品成为一个艺术品的普遍认可的理由”和“是一个艺术品的理由”之间的关系是似是而非的，沃尔海姆并没有给出一个明确的判断。迪基刚好抓住了他的把柄。在他看来，沃尔海姆引用的有关理由的观点很明显是错误的。“因为可能有各种理由使得一个人工制品成为一个艺术品或授予它用以欣赏的候选者，然而，这些理由不是人工制品成为艺术品或成为用于欣赏的一个候选者的真正理由。”[③]

比如，一个艺术家可能有一个好的理由来创造一个特殊的艺术品或用于欣赏的候选者，而这个理由就是为了推动一个特殊的道德观念。假如创作确实推动了这个特殊的道德观念，对于创作一个艺术品或用于欣赏的候选者而言，这也的确是一个很好的理由，尽管如此，意图促进一个特殊的道德观念或事实上正促进一个特殊的道德观念不

① Richard Wollheim, *Art and Its Objects*, Cambridge U. P., 1980, p. 164.

② *Ibid.*, pp. 161 - 162.

③ George Dickie, "Wollheim's Dilemma," in *British Journal of Aesthetics*, Vol. 38, No. 2, April 1998, p. 130.

代表是它成为一个艺术品或用于欣赏的候选者的原因。再比如，创作一个艺术品或用于欣赏的候选者是为了实现一定的审美品质。审美品质的实现成为艺术家创造的一个很好的理由，但是，不论是意图通过被创作的对象来实现审美品质，还是事实上正实现审美品质，都不等同于它成为一个艺术品或欣赏的一个候选者的原因。而技艺才是它成为艺术品或用于欣赏的一个候选者的原因所在。当然，这并不意味着技艺是某些事物成为一个艺术品或欣赏的一个候选者的唯一原因。

对于非艺术类的作品，比如一个政府官员要写一本小册子来宣传政策，一个地产商要写一本小册子来介绍他的房子如何物美价廉，一个高铁工程师要设计一个具有更高审美质量的新式动车模型，尽管在创造者的心中都有好的理由，但这些都不足以使被创造的对象成为艺术品或用以欣赏的对象。当然，我们还可以找到许多其他理由，比如要产生一个再现，要表达一种情感，等等。这些理由同样不能使得被创造的对象成为艺术品或用于欣赏的候选者。德里克·马特拉佛斯认为，"沃尔海姆的'好的理由'对于某些事物成为艺术品的话，可能永远不是足够的"[①]。因为，"这些相应的特点可以通过非艺术类的产品来满足和实现"[②]。也就是，不能单凭借沃尔海姆所说的"好的理由"来定义艺术。一定还有其他原因，"迪基的观点就是某些另外的事物是需要的，即某种类型的制度认可"[③]。

沃尔海姆在对第一个困惑作出结论之后，对艺术制度理论家提出了新的要求。在他看来，假如说，对于要成为一个艺术品的某些事物而言，由艺术界的代表对其进行身份的"授予"是必需的话，这并不能显示他们对什么是艺术品或什么不是艺术品作了根本修正。他要求艺术界的代表对自己的行动拿出单独的证据来。沃尔海姆对艺术制度理论家头脑里可能有的证据模式进行了构想。在他看来，这不需要对他们的某些全新行动作出证明，而是要对关于某些已经鉴别过的行

---

① Derek Matravers, "The Institutional Theory: a Protean Creature," in *British Journal of Aesthetics*, Vol. 40, No. 2, April 2000, p. 243.

② George Dickie, "Wollheim's dilemma," in *British Journal of Aesthetics*, Vol. 38, No. 2, April 1998, p. 131.

③ Derek Matravers, "The Institutional Theory: a Protean Creature," in *British Journal of Aesthetics*, Vol. 40, No. 2, April 2000, p. 243.

动的一个新叙述的真实性作出证明。比如委托某人创作一首歌曲，为一个展览馆买一幅画，为某个作家的某个作品写篇序，都可以重新叙述为“授予”人工制品以艺术身份的行为。迪基自己认为，沃尔海姆误解了他在《艺术和审美》中的观点，他根本就没作这样的思考，此举纯属沃尔海姆个人的主观臆想。沃尔海姆对艺术制度理论提出了批判，“自称为‘制度性’的理论几乎不能肯定它所假设的仅求助于解释力的社会事实，纵使这种解释力似乎比它看起来的要更强有力。此外，理论要想名副其实，必须指向在社会中（艺术界）得到明确阐释的积极的实践、习俗或规则，即使它们仅暗示于实际的代理人的头脑中（艺术界的代表）”[1]。沃尔海姆的批评真可谓一针见血，点出了迪基的艺术制度论缺乏实践性的缺点。从迪基的态度来看，他对沃尔海姆的批判不以为然，但他却对此并未进行具体辩驳。

我们回过头来，再来看一下沃尔海姆对第一个困惑问题的讨论。沃尔海姆认为，辅助性的论据进一步表明艺术制度理论必须按照下列要求来接受第一个选择：“那就是，对一个人工制品而言，艺术品的身份的‘授予’依赖于好的理由，结果‘授予’不再是艺术的一个关键特点，因而排除在艺术之外。”[2]由此，“授予”行动是艺术制度理论的核心概念之一，否定“授予”就意味着他对艺术制度理论的根本否定。为此，迪基给予了审慎的回应。迪基对沃尔海姆的观点进行了重新梳理：假如艺术制度理论家必须接受好的理由作为“授予”的条件的话，是否会出现沃尔海姆所说的结果，即“授予”被排除在艺术定义之外。或者换句话说，假如好的理由对于授予艺术身份或用以欣赏的候选者的身份是必需的话，是否必然要放弃制度理论主张的、成为艺术品或用于欣赏的候选者的必备条件之一的“授予”行动。即在“好的理由”和“授予”行动之间，是否真如沃尔海姆所言，它们之间是一种绝对排斥、水火不容的关系：选择“好的理由”就不能选择“授予”行动或者选择“授予”行动就要否定“好的理由”？还是如迪基所言，它们之间可以相互包容，“好的理由”并不排斥“授予”行动，无论“好的理由”是否存在都不会影响到“授予”行动的进行？

---

① Richard Wollheim, *Art and Its Object*, Cambridge: Cambridge U. P., 1980, p. 162.

② *Ibid.*, p. 164.

迪基为此举了一个例子，阐述了他自己的观点：假设一个国王或王后要“授予”某人爵士的称号的话，他或她必须要有一个很好的理由。假设这个人杀过一条龙，这可能会成为他被授予爵士称号的极好理由。假如我们相信他真的是一个杀龙者，但这并不能表明他就是一个爵士。假如没有国王或王后“授予”的话，即使有再好的理由，也可能无济于事。由此可见，我们不能因为“授予”有好的理由而否定它可以成为一个爵士的必要条件。就好比，一个学者的科研成果达到了院士的水平，这是他可能获得院士称号的好的理由，但没有专门学术委员会的“授予”的话，他也不能被称为院士。所以在迪基看来，因为好的理由是必需的而放弃“授予”活动，是一种错误的观念。迪基认为，“假如，按照我在1974年思考过的，‘授予’仍是艺术创造活动的话，对于授予用以欣赏的候选者（或艺术品）身份具有一个好的理由将导致把‘授予’行为逐出艺术创造的必要条件”①，这种说法是不成立的。

我们先抛开迪基的反对，再回到沃尔海姆的围绕着第一个困惑的争论思路中，即艺术制度理论家必须选择接受好的理由。沃尔海姆的争论在于，艺术界的代表在引荐某个人工制品作为用于欣赏的候选者的时候，他的思想里一定具有它的可以被人们欣赏的内容观点以及沃尔海姆所说的“好的理由”。迪基也承认，贯穿艺术创作的整个历史，艺术家都有沃尔海姆所言的“好的理由”，这是不容质疑的事实。比如，审美品质、政治立场、道德观念、风格韵味等等，都可以成为艺术家的好的理由。艺术创造实践活动中必然伴随着这种好的理由，似乎成了一种毋庸置疑的固定模式，人们习以为常。

杜尚和他的支持者们，尽管没有一般而言的好的理由，但他们却同样能“授予”人工制品以欣赏的候选者或艺术品身份。这显然是对沃尔海姆所说的“好的理由”的否定。特别是，杜尚的《泉》在艺术界掀起了轩然大波，引发了人们对艺术定义的重新思考。杜尚的“授予”类似君主对爵士的封赏，君主有绝对的权力，不需要任何理由，杜尚的权力虽然不可与君主的权力同日而语，但也是具有一定的决定权，比如为什么他会选择这个小便器而不是那个小便器，为什么选择小便器而不是选择自行车，等等，这取决于杜尚个人的意愿。

---

① George Dickie, “Wollheim's dilemma,” in *British Journal of Aesthetics*, Vol. 38, No. 2, April 1998, p. 132.

如果单纯为了争论的目的，为了维护沃尔海姆的“好的理由”的观点，我们可以假设现成品不是艺术，艺术家对于“授予”用以欣赏的候选者或艺术品已经有、将总是有好的理由。沃尔海姆似乎认为，正是这些“好的理由”使得某些事物成为用以欣赏的候选者或艺术品。但是，迪基认为非艺术类的作品同样能创造于“好的理由”，因此，沃尔海姆的观点是错误的。反过来，假设艺术家对于“授予”用以欣赏的候选者或艺术品已经有、将总是有好的理由是事实的话，它的意义何在呢？在迪基看来，人们总是很喜欢为他们所做的找出一个好理由来，尤其是一个高级的、有规则的活动。所以，对于完成这样的活动总有一个好的理由，不应感到大惊小怪。正是艺术创造活动中的这个特点，才凸显了杜尚和他的同伴对传统思维的颠覆性。

迪基对沃尔海姆围绕着第一个困惑的论争进行了彻底的否定，主要理由是：首先，有各种理由可以使得一个人工制品成为一个艺术品或用以欣赏的候选者，但这些理由并非它就是一个艺术品或用以欣赏的候选者的理由。其次，“授予”一个人工制品成为一个艺术品或一个用以欣赏的候选者具有的好的理由。比如，为了实现一定的审美价值，促进一种道德观念，并不等于创作一个艺术品或用以欣赏的候选者的原因。再者，假如“授予”参与到艺术创作中，没有理由来证明一个好的理由将导致“授予”被排除在关键的内容之外。

现在我们转向沃尔海姆所说的第二个困惑。在沃尔海姆看来，艺术制度理论家将否定艺术界的代表对于授予人工制品以合适的身份要有好的理由。他们所要求的仅是自身应该有一个合适的身份。但是，假如我们对在某些事物是一个艺术品的条件和一个艺术品是一个好的艺术品的条件之间作出进一步区分的话，就会产生一个新的问题。假如说，某些事物是一个艺术品的条件是艺术界的代表应该有一个合适的身份，那么，一个艺术品是一个好的艺术品的条件就不仅如此了，它要求有好的理由来支持。但是，艺术制度理论涉及的明显是第一个条件而非第二个。简而言之，第二个困惑源自于“对任何理由要求的否定，所要求的就是‘授予者’有合适的身份”[1]。

正如前所说，迪基认为沃尔海姆对第二个困惑的叙述是不正确

---

① Graham Mcfee, "Wollheim and the Institutional Theory of Art," in *The Philosophical Quarterly*, Vol. 35, No. 139, p. 180.

的,他从来没有提到任何人有艺术界的身份,他更愿意用有相对想象力和知识的某些人取而代之。因此上面涉及的沃尔海姆对艺术界身份的要求同先前的要求如出一辙,因此也受到迪基的反对。此外,迪基还认为,即使对于"授予"用以欣赏的候选者总有一个好的理由,但是"不是因为好的理由而是因为'授予'总是发生在相关的制度背景之内,使得用以欣赏的候选者变成一个艺术界的候选者"①。在迪基看来,是制度背景而不是好的理由使"授予"行动得以成功进行。迪基的动机不在于避免混淆"作为艺术"和"作为好的艺术",其目的是想要叙述有关用以欣赏的候选者的"授予"的创造过程。因此,在他看来,即使总有一个好的理由,艺术制度理论家没有被迫地承认:是一个好的理由,导致某些事物成为用以欣赏的一个候选者或一个艺术品。因此,第二个选择,即"某些人或团体是基于好的理由授予某些人工制品以艺术品的地位的吗?或者这样的问题是没必要的?可能他们没有理由或有坏的理由,他们的活动仍然是有效的,因为他们自己有要求的知识和想象力"中的后半部分"可能他们没有理由或有坏的理由,他们的活动仍然是有效的,因为他们自己有要求的知识和想象力"则成为一种极好的选择而不是困惑。"即使总有一个好的理由,但是用以欣赏的候选者或艺术品的'授予'行动独立于有一个好的理由之外。"②迪基表示,他接受自己重新修改后的有关沃尔海姆的困惑的表述内容。他还认为,尽管他自己在1974年叙述的艺术制度理论是错误的,但却不是因为沃尔海姆所说的理由。

沃尔海姆提到的"成为一件艺术品"和"成为一件好的艺术品"之间的关系,艺术制度理论家并不能解释得很清楚。在沃尔海姆看来,要求"授予者"有合适的身份,似乎只适合于"成为一件艺术品"的情形,而要"成为一件好的艺术品"则要求有好的理由,但艺术制度理论对好的理由持否定态度。由此推论,艺术制度理论只能解释"成为一件艺术品"的情形,而不能解释"成为一件好的艺术品"的情形。但是,如果按照沃尔海姆的思路,艺术制度理论家可以用好的理由来解释"成为一件好的艺术品"。那么,"成为一件艺术品"的条件和"成为一

---

① George Dickie, "Wollheim's Dilemma," in *British Journal of Aesthetics*, Vol. 38, No. 2, April 1998, p. 133.

② *Ibid.*, p. 133.

件好的艺术品"的条件的性质发生了变化，因此艺术制度理论家要维护自己的艺术定义的话，必须要否定"成为一件艺术品"的条件和"成为一件好的艺术品"的条件的性质之间的联系。但是，这在沃尔海姆看来，这与人们的一个直觉相左。他提出，在"成为一件艺术品"和"成为一件好的艺术品"之间存在着有趣的联系。前者是后者的一个预先假设，或者后者以前者为前提。他举了个例子说，假如而且仅仅假如 a 比 b 更是一个艺术品的话，a 与 b 相比则是一个更好的艺术品。他还认为，"有一种似乎根深蒂固的思想，对艺术本质的思考在决定艺术品被评价的标准方面扮演了一个重要的部分"①。比如说模仿理论、表现理论，在区分"成为一件艺术品"和"成为一件好的艺术品"时依靠的主要是，对艺术本质的思考。拿模仿理论来说，它以模仿为核心，模仿得越像越是好的艺术品。无论是"成为一件艺术品"还是"成为一件好的艺术品"依靠的标准是同一性质的东西：模仿。另外，从语言学的视角分析，"好的"作为定语被用在词组"好的艺术品"中或"是一个好的艺术品"的真实条件不是"是艺术品"和"是好的"的之间的简单连接，这也有助于说明模仿理论、表现理论用以评价艺术品的标准的性质并未改变。因此，我们可以说，其他艺术理论对"成为一件艺术品"和"成为一件好的艺术品"的区分，与艺术制度理论对二者的区分，不可同日而语。迪基也承认沃尔海姆的观点有正确的一面，"假如模仿、表现或某些类似的艺术本质理论是正确的话，沃尔海姆的观点是合理的"②。但是，他也提出了质疑，其理由为：沃尔海姆所借助的直觉是一个充满理论性的直觉。每件事依赖于当艺术的性质被反映时，要被反映的性质。沃尔海姆的第一直觉只是对艺术制度理论之外的一些特殊艺术理论事实作了简单的猜测。

沃尔海姆的另一个直觉是，"有某些事对于成为一个艺术品而言是重要的"③。"假如它们有好的理由，'我们可能发现即使没有其他帮助，我们也能从材料中获得一个艺术定义'。"④相比而言，假如艺术品

---

① Richard Wollheim, *Art and Its Objects*, Cambridge: Cambridge U. P., 1980, p. 163.

② George Dickie, "Wollheim's Dilemma," in *British Journal of Aesthetics*, Vol. 38, No. 2, April 1998, p. 134.

③ Richard Wollheim, *Art and Its Objects*, Cambridge: Cambridge U. P., 1980, p. 163.

④ Derek Matravers, "The Institutional Theory: a Protean Creature," in *British Journal of Aesthetics*, Vol. 40, No. 2, April 2000, p. 243.

的身份源于"授予",而且身份的"授予"并无好的理由,身份的重要性是值得怀疑的。迪基则从另一个角度进行了辩解:之所以作为一个艺术品的身份是重要的,是因为艺术品种类包含大量有价值的术语。艺术品也包含许多平淡之作、低劣之作,由此产生"作为艺术"和"作为好的艺术"之别,我们也应该有一种谈论它们的相应方式。

沃尔海姆认为,现成品的存在要求用一种新的方式把审美理论重新表达出来,这种经过重新表达的审美理论应该把类似杜尚的《泉》的现成品的特殊情形包括进来,或者这种艺术理论复杂到足以能把类似杜尚的《泉》的特殊情形辨认出来。也就是说,需要重新拓展审美理论的界定范围,以适应艺术品新形势的发展需要。否则的话,这种现成品与艺术的模棱两可的、不伦不类的关系,很可能导致人们的不良反应,如反感、愤怒或讽刺。

迪基提出了自己的不同观点。首先,艺术制度理论不是一种审美理论,而是一种艺术理论。其次,现成品是艺术品的核心例证,"因为该现成品缺乏普遍的有趣的艺术特点,它把它们当成艺术品,用以展示艺术品存在的一种新型模式"①。他还认为,在沃尔海姆看来,艺术制度理论把现成品当成独立于一般好的理由之外而存在的艺术品。迪基后来猜测,更大可能的是,现成品不是艺术品而是显示了相关的方法,某些人错误地把它当成了艺术品。或者可以把它表述为,"现成品是模棱两可的、容易激怒的、招致讽刺的特例艺术"②。

沃尔海姆认为,对于拒绝艺术制度理论的争论并非要否定一定数量的针对艺术而言的可能被当作"制度"性的命题。他指出,有许多命题在艺术制度理论那里得到严重扭曲。这些命题主要有:(1)与产生于一个社会中的艺术品全集相比,艺术在该社会中是一种更具综合性的现象,而且它的边界特别难以界定;(2)新的艺术在很大程度上是基于与存在的艺术具有的相似性而确立了它们自身;(3)对于一个人工制品而言,与曾接受它为艺术品,而后又拒绝它为艺术品相比,接受它为艺术品更容易;(4)个别的艺术品属于传统,它们的许多特点源于较

---

① George Dickie, "Wollheim's Dilemma," in *British Journal of Aesthetics*, Vol. 38, No. 2, April 1998, p. 135.

② *Ibid.*, p. 135.

早的艺术品;(5)不熟悉艺术的人不像是能说出任何有关个人艺术品的有趣的或可感知的内容来;(6)艺术的生产或好或坏地在小派系或小团体的环绕下进行,一般说来,这样的效果时好时坏。

(作者单位:云南民族大学职业技术学院)

作为一种体制的艺术

——对迪基的艺术定义的阐述和反思[①]

孙艳秋

内容提要 本文主要探讨乔治·迪基在后期分析美学的框架下对艺术定义问题的独特思考。他反对早期分析美学家莫里斯·韦兹等提出的艺术不可定义论，重新开始界定艺术概念，将艺术看作被授予艺术品地位的手工制品。然而，由于迪基的艺术定义存在某些基本概念不清晰以及脱离具体的艺术实践等问题，一定程度上影响了其理论的说服力，但是他的定义的成果仍然需要我们研究和发展。

关键词 艺术定义 迪基 艺术体制 杜尚

一

20世纪中叶维特根斯坦在《哲学研究》中，以“游戏”为例，发出了其反本质主义的呼声。维特根斯坦指出，人们总是有一种“本质主义”的冲动，即寻找形形色色、具体个别的游戏之间的共同特征，也就是寻找适合这一类别所有成员的特征。但在游戏中根本不存在这样的本质，我们通过仔细的观察(look)，并没有看见(see)它们之间的共同的本质，只看到一系列的相似，“我们看到一种错综复杂的互相重叠、交叉的相似关系的网络：有时是总体上的相似，有时是细节上的相似”[②]。维氏认为游戏间的相似只是一种“家族”相似，即两个成员的

---

① 本文系江苏师范大学2010年博士支持项目“艺术定义的当代哲学考察”和2012年江苏师范大学人文科学项目“先锋的镜像：‘艺术’的界定与艺术终结之关系研究”的阶段性成果。

② 维特根斯坦：《哲学研究》，李步楼译，商务印书馆，1996年，第48页。

相似点并不必然地同样存在于其他成员身上，也就是说这种相似没有普遍规律，这样，维特根斯坦否定了为“游戏”下一个普遍定义的可能性。

韦兹对这一观点做了重要发挥，他以“家族相似”理论为武器，否认艺术存在普遍的共同点，也就是否定了艺术定义的逻辑基础。我们仔细观察被称为“艺术”的事物，发现它们之间只存在某些相似性，“艺术”间的相似性也是一种家族意义上的相似，寻找艺术家族共同的普遍的本质是一种徒劳。而且，定义的封闭性与艺术创新性的矛盾也成为艺术不可定义的有力论据，艺术的开放结构和持续不断的突破无法被定义的封闭体系限制和束缚。

然而，20 世纪 60 年代以后，建立在“家族相似”基础上的艺术的不可定义说也面临挑战。曼德尔鲍姆在论文《家族相似以及有关艺术的概括》中指明，“家族相似”应区分为本义与比喻义。它们之间的区别在于“前者包含了一种遗传关系”[①]，正是这种成员间的内在的、隐性的一致建构或凝聚了一个家族。在这个意义上，艺术家族存在一种共同的隐性的本质，这就为艺术的重新定义提供理论支持。

乔治·迪基作为后期分析美学的最重要的代表之一，在艺术定义的问题上做出了自己独特的贡献。迪基直接针对的是韦兹的艺术不可定义论。韦兹认为艺术的属概念(各种特殊的艺术门类，如小说)之间没有共同点，因此艺术的总概念(作为总称的、一般意义上的艺术)也不是固定的，因此无法定义。迪基以曼德尔鲍姆的“家族相似”的“隐性特征”为武器系统地对韦兹进行了反驳。他要求将属概念与总概念分开，他要论证“属概念开放，而其总概念封闭”[②]这一看似矛盾的现象如何可能。迪基以韦兹曾提到的球类比赛为例，后者认为这是一个开放性的概念，也就不存在可以被定义的基础。迪基引用曼德尔鲍姆的观点，无论面对什么样的球赛，观看者都是持一种非功利的态度。这样，各种球赛之间的差异是一种显性特征，而引起人们非功利态度则是“球赛”这一总概念的一种隐性特征。因此，事物的总概念是可以封闭的，也就是存在可被定义的基础。

---

① 李普曼:《当代美学》，邓鹏译，光明日报出版社，1986 年，第 252 页。

② George Dickie, *What is the Art?*, *Art and the Aesthetic*, New York: Cornell University Press, 1974. p. 22.

二

迪基认为，作为总概念的艺术是由许多分门别类的艺术的属概念组成的，与这种观念相呼应，艺术界也是由若干套下属的子体系构成，包括戏剧、绘画、雕刻、文学、音乐等等。而且，每个系统都配有一套制度背景，赋予艺术品地位的行为就在其中进行。迪基给予艺术一个完整明确的定义：艺术品就分类的意义上而言是(1)人工制品；(2)代表某种社会体制(艺术界)的一个人或一群人，赋予它待鉴赏对象的地位的。

韦兹曾提出一个大胆假设：人工性未必是艺术本质、必然的属性。这是对西方艺术传统的挑战，因为对西方人而言，艺术首先是由人生产制作的、与自然相区别的事物。而韦兹认为在当代艺术的语境中，艺术家将自己随手拾得的自然物也当作艺术品，就像韦兹所言，漂浮的木头也可以是件漂亮的雕塑。① 因此，人工性并不适用于所有的艺术品，不能作为艺术的本质属性。对于这种艺术现象，迪基首先以语用学为工具，对“艺术品”的实际用法进行剖析。迪基综合韦兹与斯卡拉范尼的意见，提出艺术品的三种意义：“基本或类别意义、从属或衍生意义以及评价意义。”②衍生意义指出了某物与规范性艺术品的联系，如浮木与公认的艺术品是否有共同的性质，而评价意义则是用来判断这些共同性质是否有艺术价值，更准确地说是是否具有审美价值。将自然物说成艺术品时用的是衍生意义；说某人做的蛋糕是件艺术品，则是在夸赞蛋糕的精美和其中蕴含着令人欣赏的品质，也就是在评价意义上使用这个词。二者都不是在分类的意义上把这个对象纳入艺术品的类别。而“浮木是件艺术品”也同样是在评价而非分类意义上的，因此“浮木”不能被宣称为艺术品。这样，迪基推翻韦兹“人工性不是艺术概念的必要条件”的结论，重新将人工性确立为艺术的基本特征，人工性也就构成迪基进行艺术定义的第一个必要条件。迪基并没有完全回避有人将浮木看作分类意义上的艺术品的实际做法，

---

① George Dickie, *What is the Art?*, p. 22.

② *Ibid.*, p. 24.

但是，他要用一种全新的方式——艺术的体制论——来解释这一现象。

迪基吸收了丹托《艺术界》中的理论成果，但对其哲学色彩浓重的理论进行了社会学的改造。丹托提出“艺术必须表现出眼所未见之物，如艺术理论的氛围、对艺术史的认识：艺术界”[①]，这本是一个含混的表述，而迪基则明确表示“艺术界”就是指“艺术品赖以存在的庞大的社会体制”[②]。这样，迪基将艺术界完全纳入到了社会学的语境下。他甚至不惜篡改丹托的本意，“提到氛围和历史，丹托指出某些特殊艺术作品深植的复杂结构，他在此指明了艺术体制性的本质”[③]。含义模糊的“艺术界”被清晰地阐释为广大的艺术机构，它由一些具体的场所、一套运作机制和一些专业人员构成。

迪基以戏剧艺术为例，戏剧从发源到最后成形经过了多重演变，但是在演变的过程中有一个东西是始终存在的，这就是戏剧本身，即戏剧的组织结构和表演法则，比如观众和演员围绕舞台共同参与的模式，也就是迪基所说的“它的约定俗成的动作和表现方式”[④]。比照丹托的艺术世界，迪基将这一表演传统称为“戏剧界”。这是戏剧不变的、共同的基本特质。这种普遍特征可以扩大到艺术的所有子系统中，这些子系统为其所属的各门类的艺术提供了基本框架，这是各门艺术之间共同的隐性特征，从这种体制的角度考察，艺术是存在一个相同的本质的。迪基认为，达达主义正是通过怪诞的行为将艺术体制这一原本隐遁的要素鲜明地揭示出来。这样，对于丹托的基本提问——如何判定一个物品为艺术品？——迪基从体制的角度来回答。艺术界的权威为作品戴上艺术的桂冠，他们通过赋予事物“待鉴赏的资格”给予其艺术领域的合法身份，就像牧师行使宣布某对男女结为夫妇的权力一样。

这样，迪基正式提出了他定义艺术的第二个条件：艺术体制中的“授权”活动。在该条件中，有一个核心的概念——体制（institution），迪基将该词诠释为已建立的常规、典章、习惯等，在他看来，丹托所谓

---

① Author Danto, *The Artworld*, *Journal of Aesthetics and Art Criticism*, Vol. 61. No. 19, 1964, p. 580.

② George Dickie, *What is the Art*? ,p. 25 - 26.

③ *Ibid.*, p. 29.

④ *Ibid.*, p. 31.

的"艺术界"就是艺术行为得以展开的机制。

体制论代表了迪基的艺术定义中最重要和最有特色的方面，他以说明该条件中的几个互相关联的重要概念来深入地阐释他的原创性的理论主张。

迪基要说明的第一个概念是"代表一种社会体制"，由于它与第二个概念"授予地位"紧密联系，因此，迪基将二者结合在一起来论述。为说明艺术界中的授权行为，迪基将之与人们更熟悉的、社会性更广泛的其他法定地位的授予行为相类比。比如，国王授予某人爵士头衔，选举委员会主席宣布某人具有竞选资格，牧师宣布某对男女结为夫妇等等，当然，这并不意味着授权活动必须伴随某种仪式。艺术界的本质与迪基所类比的这些机构的本质是一样的。授权活动要在其所属的机构内进行，机构为这种活动的开展提供制度保障；另外，机构中的成员维持着该机构的正常运转，艺术界的中坚力量，包括艺术家、批评家、艺术史家、文艺理论家等等，一方面在艺术界的体制中生存，另一方面也以自己的方式经营着艺术界，使其继续存在和运转。

在这一体制内，某件作品是怎样被授予艺术品地位的呢？迪基指出授予艺术地位的途径有两种：一种是由一群人来确定，标志是作品作为艺术在艺术界的某些专门场合中公开出现；另一种则是由一个人来确定，这就是作品的创作者也就是艺术家本人授予。后者是迪基要讨论的重点，因为对于当代艺术而言，许多作品不被大众认可，但是作为创造者的艺术家还将其定位为艺术品。迪基说，虽然艺术界需要许多人来共同维持，但是艺术品的授权行为在很多时候只需要一个人，"这种地位可能是由于一个人把一件人工制品作为欣赏对象推荐于世造成的"①。关于这一点，迪基还提出了一个著名的例证，这也成为学界争论艺术定义问题的经典案例。这就是杜尚著名的现成品《喷泉》的例子。迪基提出，一名排水管(plumb)推销员将产品展示给我们和杜尚将买来的小便器命名为"喷泉"放在艺术展会上展览，这两种行为表面上看起来很相似，但其实质不同，前者只是普通的商品销售，而后者则是艺术界的授予活动。"杜尚的行为是在艺术界的体制的范围内进行的，而销售员的活动发生在这一体制之外。"②当然，杜尚的作品并不是什么高明的艺术，但它所具有的艺术地位是无法撼动的。而且，

① George Dickie, *What is the Art*?, p. 40.

杜尚赋予作品艺术地位的做法并不是他的个人发明，而是利用现成体制进行的设计，也就是只有在艺术体制的框架下才会发生这样的行为。其实艺术界、艺术体制一直都有，杜尚的做法是使我们更加清醒地意识到它们的存在。

迪基要说明的第三个概念是欣赏对象的资格。迪基认为某物被赋予被欣赏的资格，并不意味着它实际上受到欣赏，或更准确地说值得欣赏。事实上，很多不好的艺术品无人欣赏，但不能因此否定其艺术品的身份，我们应该从中性的意义上理解被欣赏资格的问题，无须含有价值判断。

最后一个概念就是"欣赏"本身。杜尚作为艺术家可以赋予小便器这一日用品以艺术品的地位，但是这种物品本身到底是否具有可欣赏性呢？围绕这一问题，迪基与库恩有论争，库恩认为有些物品是不能被欣赏的，人们对杜尚《喷泉》的欣赏，不是来源于该物本身而是杜尚对待该物的先锋姿态。迪基反对并认为任何物品都包含有被欣赏的品质，即使《喷泉》也不例外。这取决于迪基对"欣赏"的独特理解，他将传统美学惯于附着在该概念上的审美价值属性剥离出去，指出，"我们没有任何理由认为有某种特殊的审美欣赏"[①]，他认为，人们在体验某物时集中注意力就可以发现其价值，某物的价值也是在这种关注中自然显现出的价值。在这种意义上，"欣赏"对于艺术内外的一切事物均普遍适用。

三

迪基从体制的框架内为艺术寻找定义在当时是一种大胆的尝试，在英美美学界激起了极大的震动，引发了关于其艺术定义的旷日持久的讨论。今天我们重新回顾这场轰轰烈烈的论战，会发现学界对迪基的部分批评有些草率，还有一些则击中要害，我们结合这些意见，对迪基的观点批评如下。

---

① George Dickie, *What is the Art?*, p. 40.

② *Ibid.*, p. 41.

③ *Ibid.*, p. 42.

第一，虽然迪基将艺术纳入艺术界中，对“艺术界”作体制性的理解，但是并没有深入具体地阐释艺术界的构成方式、运作模式和历史沿革等核心问题，批评家自然会针对其中的语焉不详之处提出大量问题。比如，比厄斯利在《艺术在本质上是制度性的吗?》中认为，迪基要自圆其说，必须回答以下几个问题：授予的对象是什么？授予了什么？谁授予？什么构成了授予？比厄斯利发现除了第一个问题以外，对其他问题迪基并没有给予透彻的说明。另外，其他批评者们也提出了有关艺术界的诸多问题：既然艺术家有权为物品授予被欣赏的候选者的地位，那么艺术家的权力是谁赋予的？是否艺术家的一切行为都代表艺术界？艺术界的成员在该系统中分别处于什么地位？他们之间的关系是怎样的？艺术界这一群相互联系而又松散地组织在一起的人又是如何被统一在一起的？

但笔者认为，迪基对于这些问题的思考已经部分地包含在其将艺术界与其他社会系统(比如政治系统)的类比的说明中了。政治系统就是由众多不同身份的人组成的，他们发挥不同作用，行使不同的职权。然而，如宣布竞选资格的行为中，只有选举委员会主席有权宣布某人是否具有竞选资格，他的这种权力是该系统所赋予的。他要行使主席的权力不是因为其恰好坐在主席的座位上，而因为获得主席的资格，从根本的意义上讲是具备这一位置所要求的素质，并经过一系列的专业培养和训练。对照艺术界，迪基将艺术的授予机制同此相类比，人们可以从中找到以上那些问题的答案。由于可以回答批评家的大部分疑问，所以迪基的类比在一定程度上是有说服力的。然而，迪基的问题也恰恰隐藏在这种类比中。艺术家与选举委员会主席是有本质区别的。主席只是体制的执行者，他要依据现有的法律条文或组织内部的规则行使权力；艺术家不仅是规则的执行者，天才的艺术家甚至是既有规则的破坏者和新规则的制定者，也就是康德所谓的“天才为艺术立法”。迪基未能考虑艺术家的这种双重身份的矛盾，因此，他的类比仍过于简单。

最致命的是，在艺术界的框架内，迪基没能处理好艺术品的审美性与非审美性之间的关系，在阐释具体艺术作品时有互相抵触之处。迪基提出艺术界的本意就是化解“审美论”的“毒素”，将艺术的特征归结为非审美的体制上，但是，在面对现成品艺术《喷泉》的欣赏问题时，他又自食其言。比如，他一方面否认存在一种纯粹的、特殊的审美欣赏；另一方面，他集中使用了传统的、能引起人美感的形容词描述这个杜尚签名的小便器，“光洁的表面，反照周遭事物时所表现出的深度和令人愉悦的椭圆的形状”[3]暗示了该作品所具有的审美属性。也就是说，他是用审美的眼光来审视《喷泉》的外观，认为只有物品具有形式美的属性才能成为被欣赏的艺术品。

可能迪基早在提出该框架之初就意识到自己将要面临的质疑，所以早已准备了一个为自己开脱的最好的理由：艺术界不像其他的社会机制一样正规，它是非正式的，“法律处理的是引起严重的人为后果的事件，它的程序必须对此有所反映；艺术界不需要严格的程序，它放任甚至鼓励轻率和任性，却不丧失自己严肃的目标。”[1]也就是说，艺术不像法律一般严格明确，它源自积习形成的机制，因而是非正式的。然而即使这样，也避免不了批评者的指责，他们甚至将迪基的艺术界等同于艺术的官方机构，并因此为迪基扣上了“精英主义”的帽子。而迪基认为是自己使用的“授予”、“代表”等词汇导致人们错误的联想，他将自己的错误归结于混用了正式与非正式的语言。但是迪基始终没能明确艺术界与其他社会体制之间的界限：哪些可类比，哪些有差异。

第二，艺术界的成员，甚至有授权资格的艺术家有被无限泛化的嫌疑。迪基认为艺术界的成员范围广泛，与艺术活动有关的人都可以算在内，由此可见，先不论艺术的从业者即艺术界的核心成员，单就艺术的欣赏者而言，他们的数量极其巨大而且流动性很强，而且他们经常游走于艺术与非艺术的边缘。迪基并没有提供规范他们作为艺术界成员的原则，我们可以极端地说，任何人都可以进入艺术界，因此，艺术界的外延被无限扩大化了。甚至艺术界的权威、艺术地位的授予者——艺术家——也可以是任何人。在杜尚与经销商对比的例子中，迪基指出二者的区别在于他们所处的语境不同。经销商在艺术界之外，因此做不出杜尚的艺术行为来，这似乎意味着艺术界是他与杜尚这样的艺术家之间唯一的分水岭，再进一步推论，任何进入艺术界的人都可能成为艺术家。这显然是有悖于艺术实践的真实情形的。

第三，迪基忽视了艺术体制的时间维度。他历史地考察了艺术体制，但没有历史地考察艺术概念本身，“艺术”是文化发展的产物，戏剧不是因为其戏剧环境而成为艺术，恰好相反，戏剧被当作艺术，所以它

---

① George Dickie, *What is the Art?*, p. 38.

的环境才具有艺术性。迪基认为,“剧作家、剧院和演员献出艺术,而他们的贡献之所以是艺术,是因为它的表现环境是戏剧世界。作家写剧的目的就是使它在系统范围内争得一席之地,使它作为戏剧存在,也即是那个系统范围内的艺术”①。在很长的历史时期内,都不存在一个范围确定的“艺术”,因此,剧作家的创作不是为了现代意义上的艺术的目的,不是为了让人把它当作“艺术”来欣赏,而是将其用于教育公民、塑造人的灵魂。最核心的艺术门类尚且如此,更不用说,历史上大量的手工艺品,它们真正跻身艺术的行列经过了崎岖而漫长的道路,作为体制的艺术界本身是无法解释这一现象的。

然而,乔治·迪基在反本质主义之风席卷整个哲学、美学界时,重新承担定义艺术的任务。以体制作为基本框架的艺术定义重新开启了界定艺术的哲学努力,在英美美学界产生了巨大和持久的影响。虽然他为艺术所下的新型定义存在诸多不完善之处,但是它引发了人们对艺术本质的重新思索,甚至某些艺术哲学家,如比厄斯利,在反对迪基定义的基础上形成了自己的艺术定义。从某种程度上说,迪基的规定艺术定义使英美艺术哲学再次回到本质主义的道路上。

而且,迪基从体制的角度界定艺术以及阐述艺术活动的性质,是对西方当代艺术,尤其是先锋艺术存在和发展现状的一种积极的理论回应。迪基使分析美学的艺术定义问题摆脱前期狭隘的语言分析,进入到更宏观的社会文化的研究视域中,将艺术概念与艺术实践更紧密结合,可以说,回归了艺术定义问题讨论的初衷。他为整个后期分析美学的转型提供了一条切实可行的思路,为其融入到文化研究的大潮中奠定了基础。

(作者单位:江苏师范大学文学院)

---

① George Dickie, *What is the Art*?, p. 30.

浅论比厄斯利分析美学的方法论转向①

邓文华

内容提要 门罗·比厄斯利分析美学的最大贡献，也许就在于他的方法论转向。在美学因语言分析哲学的入侵而濒临存在危机时，他突破了分析哲学的藩篱，对美学进行了重构。他的方法是将美学重新界定为“元批评”或“批评哲学”，从而在英美美学界引发了大规模的方法论转向，使得美学重新变得重要起来。另一方面，比厄斯利对美学的重构，常被批评导致美学过于侧重语言和概念的分析，而规避社会现实。但是，比厄斯利对于现象学、实用主义美学以及格式塔等现代心理学的方法和成果的吸收和运用，却又表明，批评者对于比厄斯利的方法论，似乎存在某种误读。实际上，作为批评哲学的美学，在本质上具有相当程度的开放性和拓展性。就此而言，比厄斯利分析美学的方法论，对于分析美学的理解和分析，有着重要的启示。

关键词 门罗·比厄斯利　分析美学　方法论转向　批评哲学　开放性

门罗·比厄斯利（Monroe C. Beardsley，1915－1985）是“英美新批评”的重要代表人物，更是20世纪英美分析美学的主要代表人物。他曾担任过美国美学学会和美国哲学协会主席，以及美国艺术与科学学院院士，同时是《美学与艺术批评杂志》等十几种学术期刊的资深编辑。比厄斯利一生著述颇丰，留下了十几部著作、一百多篇论文，以及众多的词典与百科全书词条，在其中，《美学：批评哲学中的问题》（*Aesthetics：Problems in the Philosophy of Criticism*，1958）这部美

① 本文系广东省哲学社会科学“十二五”规划2012年度一般项目“门罗·比厄斯利分析美学研究”（项目编号：GD12CWW02）、广州市哲学社会科学“十二五”规划2011年度一般项目“英美分析美学的人文性研究”（项目编号：11Y65）的阶段性成果。

学代表作,一直被公认为是分析美学的扛鼎之作,对分析美学的发展产生了不可估量的影响。从整体上而言,比厄斯利对美学的最大贡献在于,当美学遭到分析哲学的全面解构时,他致力于捍卫美学的特殊性和自律性,对它予以了重构,从而使得美学收复了在哲学中的领地。其基本方法,是将美学重新界定为“元批评”或“批评哲学”,这种方法论转向,为后来的分析美学提供了基本的研究范式,为分析美学在西方美学界占据霸主地位奠定了基础。虽然世纪之交,西方美学界不满分析美学过于侧重语义分析,而开始要求走出分析美学,但比厄斯利分析美学的方法论,似远尤近,仍然有着不容忽视的启示。

一、解构语境下的方法论转向

比厄斯利的分析美学,大致形成于 20 世纪 50 年代。众所周知,早在 20 世纪初期,西方哲学就发生了“语言学转向”。这一转向使得实证主义的语义分析成为主流的哲学方法,哲学家们通过对语言进行经验分析和逻辑分析,而达到对传统哲学进行批判的目的。在比厄斯利美学体系的建构期间,语言分析哲学已经渗入美国所有大学,并且已经大规模地侵入了美学领域,形成了所谓的“分析美学”。早期分析美学家大多接受了罗素和维特根斯坦等分析哲学的实证主义思想,通过哲学分析的方法,对传统美学中的形而上学和唯心主义学说(如克罗齐的“直觉说”、科林伍德的“表现说”、贝尔-弗赖的“有意味的形式”等),以及其中的概念和术语(如“感受”、“情感”、“审美经验”等)进行了全面的批判。在他们看来,这些美学术语和概念的使用,充斥着令人恼火的、模棱两可的混乱。他们最终走向美学的取消主义:对于他们而言,美学无非是一堆混乱不堪的概念和伪命题,是“不可说的”。[①]

在这样一个分析的年代,比厄斯利也深受分析哲学的熏陶。在《美学》中,比厄斯利的美学讨论表明,其深谙弗雷格、罗素、维特根斯坦、石里克、蒯因、古德曼、奥斯汀、斯特劳森、哈特、奥尔斯顿、塞尔、赖

---

① William Elton, ed., *Aesthetics and Language* (Blackwell, 1954).

尔、艾耶尔等重要分析哲学家的主要著作和主要思想。同时,在其美学讨论中,他也运用了分析哲学关于知识、真理、意义、指涉等等问题的观点。但是,不同于“解构性的”分析美学主流,比厄斯利始终坚持美学的特殊性。他虽然接受了分析哲学对于语言的重视及其对于确定性知识的追求,但另一方面,他却摈弃了分析哲学对于美学的轻视。比厄斯利直言不讳地指出,虽然维特根斯坦“教会了我们如何去注意语词的使用”,但他对美学的情感主义处理,却过于片面,也过于简单,并不能如实反映美学的现实,因而也不能解决当下所讨论的美学问题。[①] 因此,当维特根斯坦的学说在美学界中摧枯拉朽,摧城拔寨,逐步地对美学进行解构时,比厄斯利却与之抗衡,试图对美学予以重构。其重构,超越了维特根斯坦所代表的情感主义立场。

在《美学》伊始,比厄斯利开宗明义地宣布了自己的美学方法,他写道:

> 倘若无人讨论艺术作品,则不存在属于我所建议划分的研究领域的美学问题。只要我们在沉默中欣赏一部电影、一个故事或一首歌曲——也许除了偶尔的咕哝或叹息、恼怒或愉快的低语之外,根本就没有哲学的需要。但一旦我们说出了一个关于作品的陈述,各种问题就出现了。[②]

紧接着,他对美学进行了如下界定:

> 作为一个研究领域,美学是由一套异质的问题组成的:当我们力图作出关于艺术作品的真实的、有理有据的陈述时,这些问题就会出现;作为一个知识领域,美学由澄清和确证这些批评陈述所需要的原则组成。美学因而可以被理解为批评哲学,或元

① Monroe C. Beardsley, "Review of Lectures and Conversations on Aesthetics, Psychology and Religious Belief, by Ludwig Wittgenstein," in *The Journal of Aesthetics and Art Criticism*, No. 4, 1968, pp. 554 - 557.

② Monroe C. Beardsley, *Aesthetics: Problems in the Philosophy of Criticism* (Hackett Publishing Co., 1981), p. 1.

批评。①

在比厄斯利看来，作为元批评或批评哲学的美学是“一项独特的哲学探寻”，其所关切的是批评的本质和基础，或者说，处理关于批评陈述的意义和真理的问题。② 在确定了美学的元批评本质之后，比厄斯利接着划分了美学所要关注的三种批评陈述：描述性陈述、阐释性陈述与评价性陈述。在比厄斯利看来，对于这三种批评陈述的分析和讨论，构成了美学的基本架构。值得注意的是，比厄斯利的代表作《美学》的篇章结构，也恰好对应于美学的这种学科架构：第一至五章处理描述性的陈述，第六至九章分析阐释性的陈述，而最后三章，则是关于评价性的陈述。

很明显，比厄斯利从分析哲学那里，借鉴了必要的分析方法和思维方式。分析哲学，尤其是逻辑实证主义认为，语言与世界之间是表述和被表述的关系，语言的结构对应着世界的结构，因此，分析语言的结构就能揭示世界的结构，分析语言的表述形式就能揭示世界的事实。因此，分析哲学以自然科学为基本范式，或是运用现代数理逻辑对科学语言进行逻辑分析，或是对日常语言进行语言分析，以让自己的概念和论证达到自然科学那样的精确程度。在比厄斯利看来，分析哲学的方法，可为美学所用，由此确保美学研究的精确化和清晰化。较之传统美学，这种新美学更为客观，也更为科学。整体上，比厄斯利的基本立场是：艺术的批评陈述为美学提供研究的话题，美学对批评陈述的分析和澄清促进批评的进步，而批评的进步则又加深我们对艺术的理解。这一过程的循环反复，使得我们的艺术之思不断深化和理性化。这就是说，艺术、艺术批评和美学是三位一体的，它们相互联系，又相辅相成。由于在人类社会中，不可能不讨论艺术作品，所以美学永远是人类社会不可或缺的一门学问。

比厄斯利对于美学的重新界定，在20世纪西方美学史上，是一件具有里程碑意义的事件。诚然，比厄斯利不是第一个依托于分析哲学的美学家。从弗雷格论美与真，到维特根斯坦论美学的“神秘”与“不

① Monroe C. Beardsley, *Aesthetics: Problems in the Philosophy of Criticism* (Hackett Publishing Co., 1981), pp. 3 - 4.

② *Ibid.*, pp. 6 - 7.

可说”,再到埃尔顿文集对传统美学的解构,这些人对于美学问题的探讨,莫不充满了哲学分析的思辨。但是,正如英国美学家T.J.迪菲(T.J. Diffey)所指出,真正对美学这一学科作出界定的,却是比厄斯利。[①] 为什么这么说呢?原因很简单:比厄斯利之前的分析美学家,在接过分析哲学的分析工具时,也同时继承了它对于美学的轻视和不友好。他们甚至完全依傍于分析哲学,而企图从根本上否定和取消美学。只有到了比厄斯利,美学景观才焕然一新。比厄斯利明显超越了埃尔顿文集的狭隘立场。他手握哲学分析的语言武器,走入了魅丽的美学之林。他满怀对美学的热忱和信心,将当代的分析思维与传统的美学理论完美地结合起来,完成了对于美学的重构,从而使得美学摆脱了在哲学中的卑微地位,而重新变得重要起来。诚如盖伊·希思罗(Guy Sircello)所言,比厄斯利为后来的美学家提供了一种全新的美学研究方法,使得他们对美学重拾信心,满怀力量地投身于美学的研究事业。[②] 而比厄斯利对于艺术批评话语的全面概括与讨论,如“意图”、“审美经验”、“审美性质”、“艺术定义”、“艺术本体论”,等等,则为后来的分析美学提供了基本的研究框架和研究主题。因此,乔治·迪基(George Dickie)认为,比厄斯利的美学,才是分析美学真正意义上的肇端。[③]

确实,作为分析美学出现之后的第一位纯粹的美学家,比厄斯利与同时代的许多美学家们一起,最终为“分析美学”在20世纪中叶取得统治地位做出了历史性的重要贡献,单从学术影响力而言,比厄斯利在第一代分析美学家当中,无疑是拔得头筹的。另一方面,比厄斯利对分析美学的系统化,也达到了其他分析美学家所难以企及的理论高度。

二、作为批评哲学的美学及其开放性

按照比厄斯利对美学的界定,他似乎只满足于分析和研究批评陈

---

① T.J. Diffey, On American and British Aesthetics, in *The Journal of Aesthetics and Art Criticism*, No. 1993, p. 171.

② L. Aagaard-Mogensen & L. De Vos eds., *Text, Literature, and Aesthetics* (Rodopi, 1986), p. 112.

③ George Dickie, “The Origins of Beardsley's Aesthetics,” *The Journal of Aesthetics and Art Criticism*, No. 2, 2005, p. 175.

述的元语言、元逻辑真理。然而,比厄斯利的美学讨论表明,作为批评哲学的美学,在本质上并不排斥其他美学方法和观点。不难发现,比厄斯利在其理论构建中,展现出了一种熔铸古今的、兼容并蓄的学术精神。总体上,他既重视当代分析思维和传统美学的整合,同时又积极地汲取其他美学流派的思想营养。

比厄斯利对传统美学的重视,最明显地体现在他的审美经验理论中。比厄斯利在早期就批判性地发展了18世纪英国经验主义以及康德、叔本华、闵斯特堡、瑞恰兹、布洛、杜威等人的审美经验理论。根据E.F.凯林(E.F. Kaelin)的考察,比厄斯利关于审美对象的统一性、复杂性和强烈性这三个基本特征的说明,与圣托马斯·阿奎那的美学理论有着颇深的渊源。① 在后期,比厄斯利又积极地吸收了鲁道夫·阿恩海姆、贡布里希、古德曼等分析美学家的相关理论。② 比厄斯利对审美经验的价值的分析,则吸收了亚里士多德、席勒、瑞恰兹、雪莱、杜威、阿尔弗雷德·怀特海等人的观点。③ 在其中,比厄斯利对实用主义美学、现象学美学以及格式塔等现代心理学的兴趣和接受,最能体现其作为批评哲学的美学的开放性。

首先,比厄斯利对于现代心理学的接受。众所周知,分析哲学一般具有强烈的反心理主义倾向。在出版于1938年的《美学、心理学和宗教信仰讲演集和会话》中,维特根斯坦宣称,美学问题与心理学实验全然无关,应以一种决然迥异的方法解答,而将美学视为心理学的一个旁支,并试图通过心理学实验来理解艺术,这是“极其愚蠢的”。④ 如果说维特根斯坦是把心理学实验看作是无法解释艺术的审美奥妙的低层次概括,那么,迪基则将心理学实验归于经验的范畴,而将美学提供的审美解释归于逻辑的范畴,由此切断了美学与心理学的关联。⑤ 这种反心理主义的立场,使得分析学家们对“美”、“感受”、“经验”等美

---

① L. Aagaard-Mogensen & L. De Vos eds. *Text*, *Literature*, *and Aesthetics*, pp. 97-110.

② Monroe C. Beardsley, *The Aesthetic Point of View* (eds. Michael J. Wreen and Donald M. Callen, Cornell University Press, 1982), p. 292.

③ Monroe C. Beardsley, *Aesthetics*, pp. 573-587.

④ Ludwig Wittgenstein, *Lectures and Conversations on Aesthetics*, *Psychology and Religious Belief* (University of California Press, 1967), p. 17

⑤ George Dickie, "Is Psychology Relevant to Aesthetics?" in *The Philosophical Review*, Vol. 71, No. 3, Jul., 1962, pp. 285-302.

学概念和术语，采取了简单的情感主义的处理，认为它们无非表达一种主观情感，并无客观之指涉。在此基础上，分析美学进而企图解构“审美态度”和“审美经验”的神话。①

心理学真的与美学无关吗？应注意到，在这个问题上，分析美学内部存在着巨大的分歧。事实上，门罗·比厄斯利、纳尔逊·古德曼（Nelson Goodman）、理查德·沃尔海姆（Richard Wollheim）等这样一些分析美学的标志性人物，都明确强调了美学的心理学维度。比如说，沃尔海姆在接受访谈时提出：任何“审美哲学”最终都是要诉诸“心灵哲学”的，诉诸对各式各样的心灵状态、才能、表现和能力该如何理解的问题。② 确实，不顾美学的特殊性而完全割裂美学与心理学的关系，放弃对人们在欣赏作品时的内心世界与主观状态的探究，这种美学的价值令人怀疑。比厄斯利明显突破了迪基等人的“孤立”的美学观点。虽然他在一定程度上接受了迪基等人对“审美态度”和“心理距离”的批判，并代之以“审美视点”和“审美兴趣”等术语，但是，这些新术语与其说是对心理学的抛弃，不如说是技术层面上的改进，因为它们仍然指向主体的心理状态。比厄斯利坚持认为，艺术欣赏中存在某种距离。在 1981 年再版的《美学》的“补记”中，他再次强调：“我认为某种形式的距离或超脱——即从实际介入中退出——是审美特性中的一个要素，尽管很难对它作出准确而安全的描述。”③

事实上，在重新界定美学时，比厄斯利就明确强调了美学与心理学的关联，指出哲学美学的许多问题必须诉诸心理学的资料和研究成果。④ 对于审美经验的本质的探寻，当然是一个心理学问题。比厄斯利对审美经验的描述和分析，经常借鉴心理学家的研究成果。在《美学》中，他以格式塔心理学家库尔特·考夫卡（Kurt Koffka）的“现象域”（phenomenal field）概念，对审美对象进行了界定。⑤ 在《失而复得的审美经验》（“*Aesthetic Experience Regained*,” 1969）一文中，他吸

---

① 参见 George Dickie, “The Myth of the Aesthetic Attitude,” in [Dabney Townsend, (ed.)], *Aesthetics: Classic Readings from the Western Tradition* (Wadsworth/Thomson Learning, 2001), pp. 310 - 321; “Beardsley's Phantom Aesthetic Experience,” in *The Journal of Philosophy*, Vol. 62, No. 5. Mar., 1965, pp. 129 - 136.

② 参见刘悦笛：《分析美学史》，北京大学出版社 2009 年版，第 123 页。

③ Monroe C. Beardsley, *Aesthetics*, p. lxii.

④ *Ibid.*, p. 7.

⑤ *Ibid.*, p. 37.

收了人本主义心理学家亚伯拉罕·马斯洛(Abraham Maslow)的"高峰体验"理论,对"审美经验"进行了澄清和充实。[①] 如果说比厄斯利在60年代发表的一系列论文中,对审美经验的分析一直小心翼翼,仅仅将它视为对某个对象的形式统一和区域性质的关注的话,那么,在《审美经验》("*Aesthetic Experience*," 1982)这篇后期论文中,所有的谨慎都如云烟般消失了。审美经验具有了"对象的直接性"、"感觉到的自由"、"超脱的效果"、"积极的发现",以及"完成性"等心理学特征。[②] 可见,在比厄斯利这里,哲学美学和心理学美学是相互联系、相辅相成的。哲学美学固然是致力于分析和研究艺术的批评陈述,但这并不妨碍它吸收其他美学流派的方法和观点。

再说比厄斯利对实用主义美学的接受。众所周知,杜威是20世纪美国实用主义美学最重要的代表之一,罗蒂曾经把他和维特根斯坦、海德格尔相提并论,誉为20世纪三位最伟大的哲学家。但与后两者不同,杜威对语言哲学丝毫不感兴趣,更没有受过哲学分析方法的训练。其写作风格,因而大受分析美学的攻击。艾森伯格把杜威的《艺术即经验》称为"自相矛盾的方法和未受训练的思辨的大杂烩"[③]。但在分析美学内部,比厄斯利对杜威慧眼独具。他将《艺术即经验》(*Art as Experience*)誉为"迄今用英语(也许是用所有语言)写成的美学著作中最有价值的一部……无论是在美学还是在其他领域,有着无与伦比的影响"[④]。而比厄斯利本人,也是一直将杜威的美学作为自己的主要理论来源。正如约翰·费歇尔(John Fisher)所言,若非由于比厄斯利,备受分析美学打压的杜威美学,难有出头之日。[⑤]

最后,比厄斯利对于大陆现象学美学的浓厚兴趣,尤其值得注意。一般说来,分析哲学一向反感大陆哲学的含混不堪,而大陆哲学则批评分析哲学过于琐细,规避根本的哲学问题。它们所派生的分析美学与现象学美学,也基本上是格格不入的。然而,美国华盛顿大学的赫

---

① Monroe C. Beardsley, *The Aesthetic Point of View*, pp. 77 - 92.

② *Ibid.*, p. 288.

③ Arnold Isenberg, "Analytical Philosophy and the Study of Art," in *The Journal of Aesthetics and Art Criticism*, No. 46, 1987, p. 128.

④ [美]门罗·比厄斯利:《西方美学简史》,高建平译,北京:北京大学出版社,2006年,第313页。

⑤ John Fisher, "Some Remarks on What Happened to John Dewey," in *Journal of Aesthetic Education*, No. 3, 1989, p. 58.

伯特·施皮格尔伯格(Hebert Spiegelberg)教授却注意到,比厄斯利的方法虽然是分析的,但他对于一些美学问题的讨论,却有意寻求现象学美学的支持。① 比厄斯利所撰写的《西方美学简史》,便记载了他对于现象学美学的兴趣。与以往的美学史不同的是,在《西方美学简史》最后一章,有一节是专门论述现象学和存在主义的。② 在这一节,比厄斯利详细地论述了大陆的现象学哲学,包括胡塞尔对于现象学方法的理论阐述,以及英迦登、杜夫海纳、莫里茨·盖格尔(Moritz Geiger)和尼古拉·哈特曼(Nicolai Hartmann)等美学家对于现象学方法的运用。当然,还有海德格尔等人的存在主义现象学。

比厄斯利对现象学美学的兴趣,还可以从另一个事件中得到证明。1933 年,现象学美学家盖格尔来到了美国,并在瓦萨学院任教五年。盖格尔逝世之后,美国美学界曾经打算把其美学论文翻译为英文。1970 年,比厄斯利为这部英译论文集写了一篇《前言》,在其中,比厄斯利对分析美学与现象学美学进行了比较,并展望了两者交流融合的前景。③ 诸如此类的前言,比厄斯利平生只写过一篇,这不仅体现了比厄斯利对盖格尔的无比敬意,而且也表明了比厄斯利博大的学术胸襟,即:他乐意接受任何有价值的美学方法。

比厄斯利在现象学哲学中为自己的"新批评"等艺术自律论找到了支持,他说:"这种客观主义的倾向从一种被称为'现象学'的哲学运动那里获得了支援。这一运动保证对人的经验中的'给定'(区别于推论和猜想)予以绝对而完全的尊重。"④具体说来,比厄斯利通过现象学的两个基本特征来说明它对艺术自律论的支持:第一,现象学家普遍采用"现象学还原"的方法。所谓现象学还原,就是一种独特的"停止判断",即对存在和历史加括号,把意识之外的现实世界和经验的东西都悬隔起来,以尽可能完满地把握对对象的实际经验,并将之忠实地描绘出来。当然,现象学还原并不是一种原子主义的还原(例如把一

---

① L. Aagaard-Mogensen & L. De Vos eds., *Text, Literature, and Aesthetics*, pp. 9-12.

② [美]门罗·比厄斯利:《西方美学简史》,高建平译,北京:北京大学出版社,2006 年,第 334—347 页。

③ 由于某种原因,盖格尔的英文论文集最终未能出版。不过,比厄斯利所写的这篇前言被收入了拉斯·埃格德-莫根森和卢克·德沃斯所选编的《文本、文学与美学》一书。参见 L. Aagaard-Mogensen & L. De Vos eds., *Text, Literature, and Aesthetics*, pp. 13-36.

④ [美]门罗·比厄斯利:《西方美学简史》,高建平译,北京:北京大学出版社,2006 年,第 337 页。

幅画还原为各种最基本的形状和色彩而忽略了它的完形),它只是提出要面对经验的全部丰富性,而不以各种文化所决定的偏见或先入为主的理论对对象加以经营与操纵。第二,现象学家普遍强调“本质直观”方法。这使得经验走出了纯粹的接受性,因而可以从中引出一种知识。本质直观可以使人们认出当下的作为特殊的特殊,并将它们作为普遍的例证来把握(例如传说中的“青春泉”虽然是一般泉水的一个例证,但普遍的泉水也能出现于经验中)。比厄斯利认为,现象学的这两个特征使它与美学具有了亲缘性。特别是,现象学对呈现物的无条件的开放性,对实践性和理论性关注的搁置,非常接近于人们对于审美经验的描述。从某些方面讲,为了获得一个审美经验,就必须进行一种现象学的还原,即将无关物“括起”,完全专注于艺术作品本身,并从中得到回报。在比厄斯利看来,现象学家们的这种完全专注于艺术作品本身的冲动,与艺术的自律论恰恰是相吻合的。

事实上,现象学一直在比厄斯利的美学中占据重要的地位。在《美学》中,比厄斯利在界定“审美对象”的基本特征时,特别参考了卡尔·东克尔(Karl Duncker)的理论,而这一理论与胡塞尔的现象学,渊源颇深。① 概言之,比厄斯利将一个人在某个时间所意识到的全部内容称为“现象域”,在其中,审美对象呈现为一个“在那里的”东西,其色彩、形状、声音等等是自足的,独立于人的意志而存在,属于现象的客观领域;而人在现象域中所意识到的思想、记忆、感情、期待,等等,则属于现象的主观领域。在1968年的美国美学学会的主席致辞中,比厄斯利明确地指出,人们对审美经验的信心,是由“某种现象学的证据而维系的”②。在1978年美国哲学学会东部分会的主席致辞中,比厄斯利则讨论了他在寻找某种“审美价值”时所面临的困难,并承认这“也许需要大量的现象学探究,对繁复纷纭的经验进行思考,并仔细地比较我们的反省和他人的报告”③。而在《审美经验》等后期文章中,比厄斯利愈加强调经验行为和经验对象的区分,这与胡塞尔对意向行为和意向对象的区分,是异曲同工的。④

---

① Monroe C. Beardsley, *Aesthetics*, pp. 71 - 73.

② Monroe C. Beardsley, *The Aesthetic Point of View*, p. 79.

③ Monroe C. Beardsley, "In Defense of Aesthetic Value," in *Proceedings and Addresses of the American Philosophical Association*, No. 6, 1979, p. 740.

④ Monroe C. Beardsley, *The Aesthetic Point of View*, p. 288.

从学术思想的发展轨迹看，比厄斯利在写了那篇关于盖格尔的《前言》之后，就更加明确了现象学在其美学中的地位。之前，比厄斯利并没有提到盖格尔是其审美经验理论的重要来源，但自从他写了1970年的《前言》后，情况兀然转变：比厄斯利开始详细地讨论盖格尔的审美经验和审美价值理论。他写道：

> 我对莫利茨·盖格尔心存感激。他让我坚信，他如此耐心地区分的种种特征，确实可以分离出一种可称为"审美享受"的享受。即使更有抱负的杜威依据形式特性（如连贯性和完成性）所做出的审美经验说明徒劳无功，盖格尔的观点也仍然有效，它允许我们把一种独特的功能归于艺术作品以及它的自然替代品。我希望，我从盖格尔身上所学到的，可以（沿袭亚里士多德的思路）用来解释对于艺术的"适当享受"。[①]

可见，比厄斯利不可能没受到盖格尔的影响。早在《西方美学简史》中，比厄斯利就特别提到了盖格尔在《美学向导》(1928)中所表达出的观点，即审美欣赏指向某种具有"直觉的丰富性"的对象或状态，因而不同于一般的快感经验。[②] 在《艺术的意味》(1976)中，盖格尔仔细地区分了一般享受和审美享受，认为审美享受是对客体的"无功利"的静观。这就是说，完美的审美经验要求达到"存在的自我"的层次，同时排斥"经验性的自我"，使自己不再纠缠到日常的那些事物去。[③] 在盖格尔对"审美享受"的界定中，"静观"无疑是一个关键的术语。首先，从主体方面讲，静观意味着与日常生活态度的分离，它是一种观照，而不是行动，它将关于利害关系的思考"括起来"，因而是无利害的。从审美对象的角度讲，静观意味着"孤立"，即对一个对象的完整性进行观照："静观所指的只是把被观赏者享受的东西所具有的感觉方面的特征孤立出来，并且领会这些特性。"[④]而在比厄斯利这里，他同

---

① L. Aagaard-Mogensen & L. De Vos eds., *Text*, *Literature*, *and Aesthetics*, p. 18.

② [美]门罗·比厄斯利：《西方美学简史》，高建平译，北京：北京大学出版社，2006年，第343页。

③ [德]莫里茨·盖格尔：《艺术的意味》，艾彦译，北京：华夏出版社1999年版，第258—259页。

④ 同上，第252页。

样强调经验的“对象导向性”和“超脱的情感”等审美特性，他也明显承认，自我与对象的某种距离，是审美享受的一个前提条件。

三、分析美学研究的另一种视角

有批评者指出，比厄斯利将美学界定为批评哲学，使得美学仅仅满足于语言分析和概念分析，而远离了根本的文艺现实。[①] 也正由于这种不满，西方美学家从 20 世纪 90 年代以后，开始有意走出分析美学的大传统。也许，从整体上看，分析美学过于侧重繁琐的字句分析，而少了对于现实世界的关怀。但另一方面，将这一后果归咎于比厄斯利，却有失公允。如前文所述，比厄斯利虽然将美学界定为批评哲学，但他并不在美学与其他学科之间砌起一堵墙，同样也不缺少对于人文现实的关注。拉尔夫 · 史密斯（Ralph Smith）指出，比厄斯利的分析美学，是一种探究文学艺术对于人类生存的意义的美学理论，具有深刻的“人文性”，而其中所蕴含的美育思想，更是被广泛地、颇有成效地运用于学校的艺术教育和审美教育。[②]

不管怎样，虽然众多二流的分析美学家，使得美学沦为了拘囿于语义分析的二阶学科，但也应看到，将美学界定为批评哲学，这并不必然导致这一后果。相反，比厄斯利的美学讨论所展现的开放性和拓展性，是值得注意的。在 1982 年的一篇论文中，比厄斯利针对早期的美学定义，进行了一番耐人玩味的澄清。在《批评评价》（“*Critcial Evaluation*，” 1982）一文中，他写道：“我早期对美学的定义，并非标榜自己的特立独行，我当然也不主张，所有美学问题都必须诉诸元语言的表述；但我确实认为，重视美学与批评的关系，从事美学时经常留意批评的实践，这是非常重要的。首先，批评家关于艺术品的陈述，至少是富有成效的哲学之惑的一个主要来源，一些美学问题，只有通过这条路径方可获得。”[③]在这里，比厄斯利基本上坚持美学作为元批评的

---

① Richard Shusterman, ed. *Analytic Aesthetics* (Basil Blackwell, 1989), p. 37.

② Ralph A. Smith, “The Aesthetics of Monroe C. Beardsley: Recent Work,” in *Studies in Art Education*, No. 3, 1984, p. 141.

③ Monroe C. Beardsley, *The Aesthetic Point of View*, p. 317.

必要性和可能性。但他的这番话也可以理解为：美学作为元批评，仅意味着美学与批评紧密相连，并不必然地排斥其他方法和观点。这种方法论，对于分析美学的理解和分析，是颇有启示的。这就是说，分析美学虽然一度作为语言分析哲学的派生物而出现，但它的多样性，以及其作为哲学观念的开拓性，不是寥寥数语所能概括的。

苏黎世大学的格洛克(Jans-Johann Glock)教授，经过大量考察后指出，分析哲学无非是一个家族相似的概念，其中包含了各种不同的办法和观点，而且分析哲学也并不像一般人所认为的那样一味逃避政治和伦理学的问题。[①] 其实，分析美学作为分析哲学的一个分支，又何尝不是一个家族相似的概念？正如瑞典美学家赫默伦(Goran Hermeren)教授所言，分析美学应是包含了各种不同的当代哲学传统，其理论来源包括了胡塞尔、弗雷格、罗素、穆尔、维特根斯坦、奥斯汀、比厄斯利、古德曼、西布利、韦兹，等等。[②] 舒斯特曼也承认，尽管实用主义和分析美学存在差异，它们并非相互排斥，同一个美学家对二者的综合是可能的，而且这些传统都是开放的，在将来的英美美学中走向融合，也是可能的。[③]

其实，从学科意义上讲，美学是一门人文学科，研究人的生活世界、意义世界和价值世界；但另一方面，美学又是一门交叉学科，与艺术、心理学、语言学、人类学、神话学、社会学、民俗学、文化史、风俗史等诸多学科都有密切的关系。所谓"分析美学"，也许就是意味着美学家借鉴语言哲学的相关学说和方法而已，他未必仅仅满足于二序的语言批评，也未必缺乏对于社会现实的关注。举例而言，当代分析美学，已越来越关注"自然"、"环境"、"女性主义"等新话题，而不再拘囿于艺术领域。而从方法论上讲，跨学科研究正在成为当代分析美学的一个新潮流。格列高利·卡利(Gregory Currie)表明，很多美学问题的进展，需要大量的来自于形而上学、语言哲学、心灵哲学和实证研究的资料和成果。[④] 无论如何，凡此种种，莫不从侧面确证了比厄斯利的美学

---

① Jans-Johann Glock, *What is Analytic Philosophy*? (New York: Cambridge University Press, 2008), pp. 80－82.

② Goran Hermeren, *Aspects of Aesthetics* (Lund: Gleerup, 1983), pp. 241－259.

③ Richards Shusterman, "On Analysing Analytic Aesthetics," *The British Journal of Aesthetics*, Vol. 34, No. 4, 1994, p. 389.

④ Gregory Currie, *Arts and Minds* (Oxford: Clarendon Press, 2004).

主张，同时也表明，分析美学的分析和界定，绝非易事，而语言分析和现实的关系，也比人们所想象的要复杂。

（作者单位：南方医科大学外国语学院）

现代艺术体系:美学史研究

[美]保罗·奥斯卡·克里斯泰勒　高艳萍 译

第一部分[①]

献给 H. 蒂策(Tietze)教授 70 岁诞辰

《历史观念杂志》(*Journal of the History of Ideas*)
第 12 卷,第 4 期
1951 年 10 月,第 496—527 页

一、导　言

一般认为,18 世纪在美学和艺术批评的历史上具有基础性的意义。诚然,过去两百年间存在过无法被轻易归类的繁多的理论与流派,但是,较为晚近的变化和争议却都是以一些源自现代美学的这一古典世纪的基本概念为前提的。我们知道,"美学"这个词铸造于那个时期,并且,至少在某些历史学家看来,它的研究对象本身——"艺术哲学"也发明于这个相对晚近的时期;事实上其只能有所保留地运用于早期的西方观念之中。[②] 同样,诸如趣味、感觉、天才、原创性、创造

① 我的某些观点和参考文献,来自 J. S. 赫尔德(Julius S. Held)、R. 李(Rensselaer Lee)、P. 默兰(Philip Merlan)、E. 穆迪(Ernest Moody)、E·潘诺夫斯基(Erwin Panofsky)、M. 夏皮罗(Meyer Schapiro)以及 N. 托里(Norman Torrey)。

② B. Croce, *Estetica come scienza dell'espressione e linguistica generate*: *Teoria e storia*, 5th ed. (Ban, 1922; first ed., 1901); *Problemi di estetica*, 2nd ed. (Ban, 1923); , *Storia dell'estetica per saggi* (Ban, 1942). Katharine E. Gilbert and Helmut Kuhn, *A History of Esthetics* (New York, 1939). See also: J. Koller, *Entwurf zur Geschichte und Literatur der Aesthetik von Baumgarten bis auf die neueste Zeit* (Regensburg, 1799) R. Zimmermann, *Aesthetik*, pt. I: *Geschichte der Aesthetik als philosophicher Wissenschaft* (Vienna, 1858). M. Schasler, *Kritische Geschichte der Aesthetik* (Berlin, 1872). K. Heinrich von Stein, . *Die Entstehung der neneren Aesthetik* (Stuttgart, 1886). Willliam Knight, (转下页)

性想象等这些现代美学的主要概念，在18世纪之前并不具有确定的现代含义。一些学者恰当地注意到，只有18世纪才产生了从共同原则出发来比较和讨论各门艺术的著作。而在那个时期，关于诗学、修辞学、绘画、建筑和音乐的专论已然是一种非常明确的写作门类了；它们主要关注技术规则而非一般观念。① 最后，至少某些学者已注意到现代意义上的包含大写A的"Art"一词，而与此相联系的"Fine Arts"(Beaux Arts)一词也完全有可能诞生于18世纪。②

在这篇论文中，我将接受所有这些事实，并同时专注于一种更加单纯的、在某种意义上更加基础性的视点——这与上面提到的问题相关，却还未受到应有的关注。虽然"艺术"或"美的艺术"常被等同于视觉艺术，但是人们通常也在更宽泛的意义上理解它们。在此宽泛意义上，"艺术"这个词涉及绘画、雕塑、建筑、音乐和诗。这五种艺术构成了现代艺术体系不可缩减的内核。对此，作家、思想家似乎无不认同。③另一方面，五种艺术之外的艺术门类有时也被归入这一体系，但并无定

(接上页) *The Philosophy of the Beautiful*, *vol. I* (Being Outlines of the History of Aesthetics) (London, 1891). B. Bosanquet, *A History of Aesthetic*, *3rd ed.* (London, 1910). Max Dessoir, *Aesthetik und allgemeine Kunstwissenschaft* (Stuttgart, 1906). Ernest Bergmann, *Geschichte der Aesthetik und Kunstphilosophie: Ein Forschungsbericht* (Leipzig, 1914). Frank P. Chambers, *Cycles of Taste* (Cambridge, Mass., 1928); *The History of Taste* (New York, 1932). A. Baeumler, *Aesthetik* (Handbuch der Philosophie, *I, C*; Munich-Berlin, 1934). For poetry and literature: G. Saintsbury, *A History of Criticism and Literary Taste in Europe*, *3 vols.* (Edinburgh, 1900－04; extremely weak on the theoretical side). For music: H. Sahlender, *Die Bewertung der Musik im System der Kuenste: Eine historisch-systematische Untersuchung* (thes. Jena, 1929). For the visual arts: A. Dresdner, *Die Kunstkritik: Ihre Geschichte und Theorie*, *vol. I* (Munich, 1915). Julius Schlosser, *Die Kunstliteratur* (Vienna, 1924). Lionello [Venturi, *History of Art Criticism* (New York, 1936); ,*Storia della critica d'arte* (Rome, 1945). R. Wittkower, "The Artist and the Liberal Arts," Eidos *I* (1950), 11－17. More special studies will be quoted in the course of this paper.]

① M. Menendez y Pelayo, *Historia de las Ideas estéticas en Espalia* III (Buenos Aires, 1943). E. Cassirer, *Die Philosophie der Aufklärung* (Tübingen, 1932), 368ff. T. M. Mustoxidi, *Histoire de l'Esthétique francaise* (Paris, 1920).

② L. Venturi, "Per il nome di 'Arte,'" *La Cultura*, N. S. I (1929), 385－88. R. G. Collingwood, *The Principles of Art* (Oxford, 1938), 5－7. See also the books of Parker and McMabon, cited below.

③ Theodore M. Greene, *The Arts and the Art of Criticism* (Princeton, 1940), 35ff. P. Frankl, *Das System der Kunstwissenschaft* (Brflnn-Leipzig, 1938), 501ff.

则,而完全取决于论者各自的观念与兴趣。这些门类包括园艺、雕刻、装饰艺术、舞蹈和戏剧,有时也涉及歌剧,甚或演讲术和散文文学。[①]

自康德以来的大部分著作家都想当然地持有这一基本观点,即五种"主要艺术"共同构造一个完全独特的领域,它们的共同特征使得它们与手艺、科学和其他人类活动相分离。这一观点甚至被那些宣称不相信"美学"的艺术和文学批评家所自由运用,而那些将"Art"之 A 大写的一般业余爱好者公众更视之为天经地义。大写的"Art"曾将现代生活的领域狭隘化了,因为现代生活并不仅为科学、宗教或实利追求所盘踞。

在此,我意在说明,这五种主要艺术体系——我们所熟悉的全部现代美学的基础——是起源于相对晚近的时期。它在 18 世纪之前并不具有确定的形态,尽管它包含的许多成分或可追溯至古典、中世纪和文艺复兴时期的思想。我并不打算讨论美的形而上学理论中任何有关一种或一种以上的艺术的特定理论,更不打算讨论其实际的历史,而仅仅意在讨论这五种主要艺术的体系性分类。这一问题并不直接关涉各门艺术中任何特定的变化或成就,而主要是它们之间的关联以及它们在西方文化的一般结构中的地位。既然这一问题向来被美学史家和文学史家、音乐和艺术理论所视而不见,[②]我们希望一种简明的、尝试性的研究可以阐明现代美学及其历史书写所关注的某些问题。

二、古　　代

希腊语中的艺术一词($\tau\epsilon\chi\nu\eta$)及它的拉丁语等价词(ars)并不具体地意谓现代意义上的"美的艺术",而是用于指涉各种各样的我们称为技艺或科学的人类活动。现代美学强调艺术无法被习得,从而卷入了教授不可教授之物的好奇的努力当中,相反,古人却认为艺术是可教可学之物。但是,古人关于"艺术"和各种艺术的陈述,似乎是在"美的

---

① See the works of Zimmermann and Schasler, cited above, note 1.

② I have come across only two authors who saw the problem quite clearly: H. Parker, *The Nature of the Fine Arts* (London, 1885), esp. 1 - 30. A. Philip McMahon, *Preface to an American Philosophy of Art* (Chicago, 1945). The latter study is better documented but marred by polemical intentions. I hope to add to their material and conclusions.

艺术"的现代意义上被理解的。这在某些时候也许导致了富有成效的误读,然而对于古代作家的原初意图而言却是不公的。当希腊作家开始将艺术与自然对立起来时,他们脑子里想到的是一般的人类活动。当希波克拉底将艺术与生命对峙时,他想到的是医药;而当歌德或席勒重复他们的对比以用来指涉诗歌时,正好说明了"艺术"这个词从原始含义至1800年所经历的漫长转变。① 柏拉图认为艺术超越单纯的惯例,因为它按照理性的原则和规则运行;②亚里士多德将艺术纳入所谓理性的美德之列,将其描述为一种建基于知识的活动;这一定义的影响力穿越了几个世纪。③ 斯多亚派也将艺术定义为一种认知体系,④正是在这个意义上,他们将道德品质视为生活的艺术。⑤

现代美学的另一个核心概念——美,在古代思想或文学中并不携带其特定的现代含义。希腊词 καλον(美)及它的拉丁语等价词 pulchrum,从未彻底地、持续地与道德善相区分。⑥ 当柏拉图在《会饮》和《斐德若》中讨论美时,他说的不仅是个人的身体之美,也指心灵的优美习惯和美的认知,然而他完全没有联系到艺术品。⑦《斐德若》⑧中通过普罗克洛⑨之口道出的一个不经意的评论,当然不是在表达真善美的现代的三位一体。而当斯多亚学派在其著名的观点中将美和善联系起来的时候,⑩该语境以及西塞罗的拉丁文阐释⑪表明,他们指的是"美"无非是道德善,相应地,"善"无非就是有用。只有到了后来,

---

① [*HHC*: *Greek not reproduced*] Hippocrates, *Aphorisms*, 1. Seneca, *De brevitate vitae*, 1. Schiller, *Wallensteins Lager*, *Prolog*, 138. Goethe, *Faust I*, Studierzimmer 2,1787.

② *Gorgias*, 462 b if.

③ *Nicomachean Ethics*, VI 4, 1140 a 10.

④ *Stoicorum Veterum Fragmenta*, ed. H. von Arnim, I, p. 21; II, p. 23 and 30; III, p. 51.

⑤ *Ibid.*, III, pp. 49 and 148f.

⑥ R. G. Collingwood, "Plato's Philosophy of Art," *Mind*, N. S. 34(1925), 154-72, esp. 161f.

⑦ *Symposium*, 210 a ff. *Phaedrus*, 249 d.

⑧ [*HHC*: *Greek not reproduced*] 246 d—e.

⑨ *Commentary on Plato's Alcibiades* I (ed. Cousin, 356-57). I am indebted for this reference to Dr. Laurence Rosán. The κάλον does not denote aesthetic beauty in this passage any more than in Plato, and to interpret the [*HHC*: *Greek not reproduced*] as Truth seems arbitrary. Yet the passage may have influenced its editor, Cousin.

⑩ *Stoicorum Veterum Fragmenta* III, p. 9ff. [*HHC*: *Greek not reproduced*]

⑪ *Ibid.*, III, p. 101., and I, pp. 47 and 84. Cicero, *De finibus* III, 26 (quod honestum sit id solum bonum).

思想家关于“美”的探索才呈现了越来越多的“审美”意味,但却从未导向现代意义上的独立的美学体系。帕奈提奥斯(Panaetius)将道德善等同于得体(decorum)①——一个借自亚里士多德《修辞学》的词,②从而热衷于在各门艺术之间以及艺术与道德生活之间做出比较。我们主要是经由西塞罗获知他的原则,不过兴许他也影响了贺拉斯。普罗提诺在他关于美的著名论文中,主要涉及形而上学和伦理问题,不过他在关于感性美的文章中,纳入了雕塑和建筑作品的美和音乐的听觉美。③ 同样,奥古斯丁著作中散落各处的关于美的研究指涉各门艺术,而这一原则并不主要是用来解释“美的艺术”。④ 我们是否可以在柏拉图、普罗提诺或奥古斯丁的意义上谈论美学,取决于我们对该词的界定,但应该意识到,对于艺术的思考在柏拉图的美的理论中是缺席的,在普罗提诺和奥古斯丁的理论中也仅居次要地位。

现在让我们转向个体性的艺术以及古人评判和归类的方式。诗在古人那里总是极受尊重。诗人受启于缪斯的观点更可以追溯至荷马和赫西俄德。拉丁语 *vates*(先知)同样意味着诗与宗教预言之间的古老纽带,柏拉图因此较早地在《斐德若》中提出了一个观点,即他视诗为神圣疯狂的形式之一。⑤ 不过,我们也应该记得,这诗的同一个概念也在《伊翁》⑥和《申辩篇》⑦中遭到讥讽,甚至在《斐德若》中,诗人的

---

① Cicero, *De officiis* I 27, 93ff. R. Phillippson, “Das Sittlichschoene bei Panaitios,” *Philologus* 85 (N. F. 39, 1930), 357 - 413. Lotte Labowsky, *Die Ethik des Panaitios* (Leipzig, 1934).

② *Ibid.*, III 7, 1408 a 10ff.

③ *Enn.* V 8,1. I 6,1 - 3. See also I 3,1. There is no evidence that Plotinus intended to apply his remarks on music to all the other fine arts, as E. Krakowski believes (*Une philosophie de l'amour et de la beauté: L'esthétique de Plotin et son influence* [Paris, 1929], 112ff.). The triad of Goodness, Truth and Beauty is made a basis of his interpretation by Dean William R. Inge (*The Philosophy of Plotinus* II [London, 1918], 74ff. and 104) but does not occur in the works of Plotinus.

④ K. Svoboda, L'esthétique de Saint Augustin et ses sources (Brno, 1933). E. Chapman, Saint Augustine's Philosophy of Beauty (New York, 1939). E. Gilson, Introduction a l'étude de Saint Augustin, 3rd ed. (Paris, 1949), 279f.

⑤ *Ibid.*, 245a.

⑥ *Ibid.*, 533eff.

⑦ *Ibid.*, 22aff.

神圣疯狂被比作是爱人和宗教预言家的神圣疯狂。① 在这一段落中，并未提到“美的艺术”；将柏拉图的灵感概念运用到雕塑艺术中，则是后来的诡辩家卡利斯塔图斯(Callistratus)的作为②。

在所有“美的艺术”中，柏拉图言及诗最多，其中又以《理想国》为甚。但是他对诗的论述却并不是体系性的，也谈不上友好，这跟他后来著作中有关修辞的论述倒有相似之处。另一方面，亚里士多德却为诗的理论奉献了一篇完整的文章，而且以一种完全体系性和建构性的方式谈论它。《诗学》不仅包含了大量对后来的批评起到持续影响的具体观点；而且确立了诗论在知识的哲学百科全书中的永久性地位。自诡辩家时代起，诗和演讲的相互影响就一直是古代文学的永不褪色的特点，文学中这两个分支之间的密切联系通过亚里士多德作品中的《修辞学》和《诗学》的邻近关系，获得了一种理论上的基础。而且，自从亚里士多德全集中的作品序列被古代晚期的评注家解释为哲学原则的分类体系以来，《修辞学》和《诗学》紧跟逻辑学著作《工具论》之后，从而确立了逻辑学、修辞学和诗学的关联。这一点为一些阿拉伯评注家所重视，其影响甚至延续到文艺复兴时期。③

音乐也在古代思想中据有较高的位置；但是，应该记得，源自缪斯的希腊词 *μούσικη*(音乐)的组成因素要比我们理解的音乐更为多样。我们还可以在柏拉图的《理想国》中看到，音乐教育不仅包括音乐，而且还包括诗和舞蹈。④ 柏拉图和亚里士多德是在我们熟悉的较为具体的意义上使用音乐一词的，他们并不视音乐或舞蹈为某种独立的艺术，而是某些诗类型尤其是抒情诗和戏剧诗的元素。⑤ 我们有理由相信，他们在坚持那个更老的传统；在他们的时代，这一传统实则已经由于器乐从诗中

---

① K. Svoboda, L'esthétique de Saint Augustin et ses sources (Brno, 1933). E. Chapman, Saint Augustine's Philosophy of Beauty (New York, 1939). E. Gilson, Introduction a l'étude de Saint Augustin, 3rd ed. (Paris, 1949), 244 a if.

② *Descriptiones*, 2.

③ L. Baur, "Die philosophische Einleitungslitteratur bis zum Ende der Scholastik," in: Dominicus Gundissalinus, *De divisions philosophiae*, ed. L. Baur (*Beiträge zur Geschichte der Philosophic des Mittelalters*, IV, 2-3, Muenster, 1903), 316ff. See also J. Mariétan, *Problème de la classification des sciences d'Aristote a St. Thomas* (thes. Fribourg, 1901).

④ *Republic* II, 376 e ff.

⑤ *Poetics* 1,1447 a 23ff. *Laws* II, 669 e f. 30 VII, 531 a ff.

的脱离而式微。另一方面,毕达哥拉斯对音乐音程中数字比例的发现,带来了在数学基础上对音乐的理论阐述,从而音乐理论进入与数学科学的联盟,这在柏拉图的《理想国》中已经昭然,[①]并将持续到现代早期。

当我们将目光转向绘画、雕塑和建筑这些视觉艺术时,我们发现,不同于其实际的成就或后世的偶然、热情的评论所示,古代的视觉艺术在社会和智性层面上好像并无太多尊严可言。的确,无论是西摩尼德(Simonides)[②]和柏拉图[③],还是亚里士多德[④]和贺拉斯[⑤],都曾将绘画比作诗,如同西塞罗[⑥]、哈利卡纳苏斯的狄奥尼索斯[⑦]等作家[⑧]将它比作修辞术。同样确定的是,建筑也被瓦罗(Varro)[⑨]和维特鲁威[⑩]列入自由艺术,绘画被普林尼[⑪]和伽林(Galen)[⑫]列入自由的艺

---

① Dresdner, *l. c.*, 19ff. E. Zilsel, *Die Entstehung des Geniebegriffs* (Tübingen, 1926), 22ff. B. Schweitzer, "Der bildende Künstler und der Begriff des Künstlerischen in der Antike," *Neue Heidelberger Jahrbücher*, N. F. (1925), 28 - 132. Hans Jucker, *Vom Verhältnis der Römer zur bildenden Kunst der Griechen* (Frankfurt, 1950). For ancient art theories in general: Eduard Mueller, *Geschichte der Theorie der Kunst bei den Alten*, 2 vols. (Breslau, 1834 - 37). Julius Walter, *Die Geschichte der Aesthetik im Altertum* (Leipzig, 1893). For Plato and Aristotle: G. Finsler, *Platon und die Aristotelische Poetik* (Leipzig, 1900). S. H. Butcher, *Aristotle's Theory of Poetry and Fine Art*, 4th ed. (London, 1911). A. Rostagni, "Aristotele e Aristotelismo nella storia dell'estetica antica," *Studi italiani di filologia classica*, N. S. 2 (1922), 1 - 147. U. Galli, "La mimesi artistica secondo Aristotele," *ibid.*, N. S. 4 (1927), 281 - 390. E. Cassirer, "Eidos und Eidolon: Das Problem des Schönen und der Kunst in Platons Dialogen," *Vorträge der Bibliothek Warburg*, II: Vorträge 1922 - 23, I (Leipzig-Berlin, 1924), 1 - 27. R. G. Collingwood, "Plato's Philosophy of Art," *Mind*, N. S. 34(1925), 154 - 72. E. Bignami, *La Poetica di Aristotele e il concetto dell'arte presso gli antichi* (Florence, 1932). P.-M. Schuhi, *Platon et l'art de son temps* (*Arts plastiques*; Paris, 1933). R. McKeon, "Literary Criticism and the Concept of Imitation in Antiquity," *Modern Philology*, 34(1936 - 37), 1 - 35.

② Plutarch, *De gloria Atheniensium* 3,346 F ff.

③ *Republic X*, 605 a ff.

④ *Poetics* 1,1447 a 19ff.; 2,1448 a 4ff.

⑤ *De arte poetica* 1ff.; 361ff.

⑥ *De inventione* II, 1.

⑦ *De veteribus scriptoribus* 1.

⑧ Quintiian, *Institutio Oratoria* XII, 10, 3ff.

⑨ F. Ritschl, "De M. Terentii Varronis disciplinarum libris commentarius," in his *Kleine philologische Schriften* III (Leipzig, 1877), 352 - 402.

⑩ Cf. *De architectura* I, 1, 3ff.

⑪ *Natural History* XXXV, 76f.

⑫ *Protrepticus* (*Opera*, ed. C. G. Kuehn, I [Leipzig, 1821], 39).

术，狄翁(Dio Chrysostom)将雕塑家的艺术比作诗人的活计，[1]而菲洛斯特拉托斯(Philostratus)和卡利斯塔图斯对于绘画和雕塑做出了热情的书写。[2] 然而，绘画在自由艺术中的地位却被塞内加(Seneca)绝决地否定了，[3]并且遭到其他作家的忽视。卢西安(Lucian)的观点，即每一个人都爱慕伟大雕塑家的作品但却不想成为雕塑家本人，似乎反映了当时作家和思想家当中流行的观点。[4] Δημιουρ́γο(艺匠)这个词通常用到画家和雕塑家身上，反映了他们低下的社会地位——这与古人对体力劳动的轻视有关。当柏拉图将理念状态描述为一幅画，[5]甚至将他的创设世界的上帝称为造物主时，[6]他并不见得比亚里士多德更加彰扬艺术家的重要性。后者将这一状态视作人类艺术产品的一个标准样本。[7] 当西塞罗，——也许是在展示帕奈提奥斯的观点，说到雕塑家思想中的理想观点时，[8]当中世纪的柏拉图主义者和普罗提诺将上帝头脑中的理念与视觉艺术家的观念相比较时，他们是往前走了一步。[9] 但是就我所知，没有哪位古代哲学家写过关于视觉艺术的独立的体系性文章，或是在他的知识体系中给予它们突出的位置。[10]

---

① *Oratio*(XII. Cf. S. Fern, "Ii discorso di Fidia in Dione Crisostomo," *Annali della R. Scuola Normale Supériore di Pisa*, *Lettere*, *Storia e Filosofia*, Ser. II, vol. V (1936), 237–66.

② Philostratus, *Imagines.* Callistratus, *Descriptiones.* Ella Birmelin, " Die Kunsttheoretischen Gedanken in Philostrats Apollonios," *Philologus* 88, N. F. 42(1933), 149–80; 392–414.

③ *Epistolae Morales* 88, 18.

④ *Somnium* 14. Cf. Plutarch, *Pericles* 1–2.

⑤ *Republic* V, 472 d. Cf. VI, 501 a ff.

⑥ *Timaeus* 29 a.

⑦ *Physics* II 3, 194 b 24f. and 195 a 5f. *Metaphysics* IV 2, 1013 a 25f. and b 6f.

⑧ *Orator* 8f.

⑨ W. Theiler, *Die Vorbereitung des Neuplatonismus* (Berlin, 1930), 1ff. Birmolin, *l. c.*, p. 402ff. Plotinus, *Enn.* I 6, 3; V 8, 1. E. Panofsky, *Idea* (Leipzig-Berlin), 1924. The ancient comparison of God with the craftsman was reversed by the modernaestheticians who compared the "creative" artist with God. Cf. Milton C. Nahm, "The Theological Background of the Theory of the Artist as Creator," this *Journal*, 8(1947), 363–72. E. Kris and 0. Kurz, *Die Legende vom Künstler* (Vienna, 1934), 47ff.

⑩ The opinion of S. Haupt ("Die zwei Bücher des Aristoteles [*HHC*: *Greek not reproduced*], *Philologus* 69, N. F. 23[1910], 252–63) that a lost section of Aristotle's *Poetics* dealt with the visual arts, as well as with lyrical poetry, must be rejected.

设若我们想要在古代哲学中寻找诗、音乐和美的艺术的关联,那么,这将主要由模仿概念来提供。来自柏拉图和亚里士多德的作品中的段落似乎非常清晰地表明,他们视诗、音乐、舞蹈、绘画和雕塑为模仿的不同形式。[①] 至此,这一事实颇有意义,它影响了后来的许多作者,甚至直到 18 世纪。[②] 不过,除此之外,并没有哪个段落具有体系性,或是将所有"美的艺术"列在一起。应该注意到这一体系排除了建筑,[③]音乐和舞蹈是被当作诗的一部分而非独立的艺术,[④]另一方面,诗和音乐的具体分支或细分似乎与绘画或雕塑不分轩轾。[⑤] 最后,至少在柏拉图那里,模仿绝非颂扬性范畴,而且当柏拉图或亚里士多德将"模仿性艺术"视作"艺术"中明确的一类时,这一类除了包括我们所感兴趣的"美的艺术"之外,还包括不那么"美"的其他活动,比如诡辩术[⑥],镜子的使用[⑦],巫术[⑧],或模仿动物的声音[⑨]。而且,亚里士多德对实用艺术和愉悦艺术的分类是非常随意的,[⑩]并未将愉悦的艺术等同于"美的艺术"甚或模仿性艺术。当我们强调他在《政治学》中将音乐和素描置入教育体系时,[⑪]必须指出,它们是享有与语法(写作)、算术相同的地位。

---

① See above, note 31. Cf. esp. Plato, *Republic* II, 373 b; X, 595 a ff. *Laws* II, 668 b f. Aristotle, *Poetics* 1,1447 a 19ff. *Rhetoric* I 11,1371 b 6ff. *Politics* VIII 5,1340 a 38f.

② It seems clear, at least for Plato (*Republic* X and *Sophist* 234 a ff.) that he arrived at his distinction between the productive and imitative arts without any exclusive concern for the "fine arts," since imitation is for him a basic metaphysical concept which he uses to describe the relation between things and Ideas.

③ Perhaps lyrical poetry is also excluded. It is not discussed by Aristotle, except for certain special kinds, and there are passages in Plato's *Republic* (*X*, 595 a) that imply that only certain kinds of poetry are imitative.

④ See above, note 29.

⑤ Aristotle, *Poetics* 1,1447 a 24ff.

⑥ Plato, *Sophist* 234 e f.

⑦ *Republic X*, 596 d f.

⑧ *Ibid.*, 602 d. Cf. *Sophist*, 235 a.

⑨ Plato, *Cratylus*, 423 c. Cf. Aristotle, *Poetics* 1, 1447 a 21 (a controversial passage). See also *Rhetoric* III 2, 1404 a 20ff. for the imitative character of words and language.

⑩ *Metaphysics* I 1,981 b 17ff.

⑪ Metaphysics VIII 3, 1337 b 23ff.

最后的古人试图对于更为重要的人类艺术进行分类，科学则在柏拉图和亚里士多德之后形成。这部分地归功于哲学和修辞学的不同学派努力将次级的或准备性的教育组织进入基本学科（τά ἐγκύκλια）体系。这种所谓的"自由的艺术"的体系经历着一些变化和波动，它的发展在早先的阶段并不为人所识。[①] 西塞罗经常讲到自由艺术及其相互结合，[②]虽然他并未提供关于这些艺术的明确罗列，但是我们可以确信他并不像现代人所常认为的那样想到"美的艺术"。七种自由艺术的明确体系惟见于M. 卡佩拉（Martianus Capella）：语法、修辞术、辩证法、算术、几何、天文学和音乐。其他相似的却并不完全相同的体系，也可见于卡佩拉之前的希腊和拉丁作家。与卡佩拉体系相似，而且很有可能是其源头的，是瓦罗的体系，其包括医药、建筑，以及卡佩拉的七种艺术。[③] 同样极似的是S. 恩披里柯（Sextus Empiricus）的作品所隐含的体系。它包括六种艺术，除去了逻辑学——逻辑学被视为哲学的三部分之一。希腊作者塞克斯塔斯（Sextus）意识到了基本原则和哲学之部分之间的不同，而没有本国哲学教育传统的拉丁作者则容易对这一区别视而不见。将卡佩拉的七种艺术的体系与"美的艺术"的现代体系相比较，差别是明显的。在"美的艺术"中，只有音乐被理解为音乐理论而出现在自由艺术中。诗并不在其列；而我们从其他资料得知，它与语法和修辞术紧紧地联在一起。[④] 视觉艺术在这一体系中并无一席之地——除了偶尔尝试插足其中，我们在上面已经提到。另一方面，自由的艺术包括语法和逻辑、数学和天文学。

同样的图景来自于九位缪斯的技艺分配。应该指出，缪斯的数量直到相对晚近的时期，才固定下来，而让特定的艺术隶属于某位

---

① Moritz Guggenheim, *Die Stellung der liberalen Künste oder encyklischen Wissenschaften im Altertum* (progr. Zirich, 1893). E. Norden, *Die antike Kunstprosa* II, 4th ed. (Leipzig-Berlin, 1923), 670ff. H.-J. Marrou, *Histoire de l'éducation dane l'antiquité* (Paris, 1948), 244f. and 523f.; also *Saint Augustin et la fin de la culture classique* (Paris, 1938), 187ff. and 211ff.

② *Pro Archia poeta* 1, 2: "etenim omnes artes quae ad humanitatem pertinent habent quoddam commune vinculum."

③ See above, note 39.

④ Charles S. Baldwin, *Ancient Rhetoric and Poetic* (New York, 1924), esp. 1ff., 63ff., 226ff.

缪斯的尝试,乃是后来的事,而且也并不总是一致的。但是,这些后来的体系所罗列的诸艺术,是包括诗和音乐的不同分支,以及演讲术、历史、舞蹈、语法、几何和天文学。[①] 换言之,如同自由艺术的体系,在缪斯体系中,诗和音乐是与某些科学列为一组,而视觉艺术则被排除在外。古人并不知道绘画或雕塑的缪斯;她们必得由现代早期的寓意学家们来发明。而组成现代体系的五种艺术,在古人那里并未被归入一类,而是各自为政:诗通常与语法、修辞学相置;音乐既与数学和天文学邻近,也与舞蹈和诗邻近;[②]被大部分作者排除在缪斯和自由艺术领域之外的视觉艺术,必定满足于与其他手工艺的谦逊相伴。

古典时期的古代艺术并无关于审美性质的体系或细致的概念,[③]而只有一些分散的观点和说法。它们的影响持续到了现代,但是在它们被用作美学体系的"建筑材料"之前,是必须被仔细拣选并且从其语境中拔出,从而重组、重新凸显、重释或误释。我们必须得出这令许多美学史家不快,却令他们中的大部分人勉强接受的结论,即古代作家和思想家,虽然面临最好的艺术品并敏于察觉其魅力,但却从来无法或不热衷于将这些艺术品的审美品质从知性的、道德的、宗教的和实际的功能或语境中抽离出来,或将此种审美品质当作标准来为美的艺术分类或令其成为泛哲学解释的主题。

三、中世纪

中世纪早期从晚期古代那里继承了七种自由艺术的体系,这不仅用于人类知识的综合分类,而且也用作 12 世纪之前的僧侣和教会学

---

① J. von Schiosser, "Giusto's Fresken in Padua und die Vorläufer der Stanza della Segnatura," *Jahrbuch der Kunsthistorischen Sammlungen des Allerhöchsten Kaiserhauses* XVII, pt. 1(1896), 13－100, esp. 36. Pauly-Wissowa, *Real-Encycl paedie der classischen Altertumswissenschaft* 16(1935), 680ff., esp. 685f. and 725ff.

② Carolus Schmidt, *Quaestiones de musicis scriptoribus Romanis* ... (thes. Giessen, Darmstadt, 1899).

③ Schlosser, *Kunstliteratur*, 46ff.

校的课程。[1] 将七种艺术再分为三学科(语法、修辞、辩证法)和四学科(算术、几何、天文学和音乐),似乎自卡洛林王朝时期就受到重视。[2] 经过12、13世纪的知识增长之后,这种分类就变得不再充分。12世纪的分类体系反映了将自由艺术的传统体系与自伊西多尔(Isidore)以来的哲学的三分(逻辑学、伦理学和物理学)相结合,与亚里士多德(或是建立在亚里士多德著作的次序上)对知识的划分——其希腊文和阿拉伯文的拉丁文译本令其广为人知——相结合的各种尝试。[3] 大学的勃兴也将哲学、医药、法学和神学确立为自由的艺术之外的新的、不同的课目,而自由的艺术再度从中世纪早期所认为的世俗知识的百科全书的地位,退回到古代晚期所认为的基本学科的位置。另一方面,圣维克多的雨果(Hugo of St. Vicotor)或许是第一位根据七种自由的艺术而建构七种机械的艺术(mechanical arts)的人,这个体系影响了后来的许多重要人物,比如,博韦的樊尚(Vincent of Beauvais)和托马斯·阿奎那。七种机械的艺术,如同之前的七种自由的艺术,也作艺术性再现出现,它们值得列出:lanificum(为人供应服饰),armature(为人供应房舍及工具),navigation(航海),agricultura(农业),venatio(皆在为人供应食物),medicina(医药),theatrica(戏剧)。[4] 建筑以及雕塑和绘画的各分支以及几种其他技法,被列入 armatura 门下,从而甚至在机械的艺术中也仅占据了非常从属性的位置。[5] 音乐同数学学科,

---

① P. Gabriel Meier, *Die sieben freien Künste im Mittelalter* (progr. Einsiedeln, 1886-87). Norden, *l. c.* A. Appuhn, *Das Trivium und Quadrivium in Theorie und Praxis* (thes. Erlangen, 1900). P. Abelson, *The Seven Liberal Arts* (thes. Columbia University, New York, 1906). For artistic representations of this scheme, see P. d'Ancona, "Le rappresentazioni allegoriche delle arti liberali nel medio evo e nel rinascimento," *L'Arte* 5(1902), 137-55; 211-28; 269-89; 370-85. E. Male, *L'art religieux du XIIIe siècle en France*, 4th ed. (Paris, 1919), 97ff.

② P. Rajna, "Le denominazioni Trivium e Quadrivium," *Studi Medievali*, N. S. 1 (1928), 4-36.

③ Besides the works of Baur and Mariétan, cited above (note 27), see M. Grabmann, *Die Geschichte der scholastischen Methode* II (Freiburg, 1911), 28ff.

④ Hugonis de Sancto Victore *Didascalicon*, ed. Ch. H. Buttimer (Washington, 1939), bk. II, ch. 20ff.

⑤ *Ibid.*, ch. 22. For the position of the architect in particular, see N. Pevsner, "The Term 'Architect' in the Middle Ages," *Speculum* XVII (1942), 549-62.

出现在所有这些体系中,[①]而诗则与语法、修辞学和逻辑学紧相关联。[②] 在其中任何一个体系中,美的艺术并未被列为一组或单独列出,而是分散在各种科学、技艺和其他十分不同的人类活动之中。[③] 尽管这些体系彼此之间如此不同,它们却展示了某种持续的普遍样式并继续影响后来的思想。

如果我们将这些理论体系与同时期的现实相比较,我们会发现许多学校和大学都教授诗和音乐,而视觉艺术却局限在工匠行会内。在那里,画家常常与为他们准备颜料的药剂师为伍,雕塑家与金匠为伍,建筑师则与泥瓦匠、木匠为伍。[④] 那些专论,关于诗和修辞学,关于音乐,关于某种艺术和技艺——后者为数不多——皆具严格意义上的技术和专业的性质,而并不趋向于将任何一门艺术与别的艺术或哲学关联起来。

"艺术"这一概念保持了它在古代所拥有的宽泛含义及其可传授性的内蕴。[⑤] 铸造于中世纪的 *Artisa* 一词表示工匠或自由艺术的学徒。[⑥] 无论是对但丁[⑦]还是对阿奎那而言,艺术一词拥有我们所联想到的含义。已经强调或承认的是,对于阿奎那而言,制鞋、烹饪和杂耍、语法和算术,跟绘画和雕塑、诗和音乐一样也是同种意义上的艺术(artes),但那些艺术后来却从未被划为一类,哪怕是模仿性艺术。[⑧]

---

① Cf. G. Pietzsch, *Die Klassifikation den Musik von Boetius bis Ugolino von Orvieto* (thes. Freiburg, 1929).

② Ch. S. Baldwin, *Medieval Rhetoric and Poetic* (New York, 1928). E. Faral, *Les arts poétiques du XIIe et du XIIIe siècle* (Paris, 1924). R. McKeon, "Poetry and Philosophy in the Twelfth Century," *Modern Philology* 43(1946), 217 - 34.

③ E. De Bruyne, *Etudes d'Esthétique médiévale* II (Bruges, 1946), 371ff., and III, 326ff.

④ Schlosser, *Kunstliteratur*, 65. N. Pevsner, *Academies of Art, Past and Present* (Cambridge, 1940), 43ff. M. Wackernagel, *Der Lebeneraum des Künstlers in den Florentinischen Renaissance* (Leipzig, 1938), 306ff.

⑤ De Bruyne, *l. c.*

⑥ C. Du Cange, *Glossarium Mediae et Infimae Latinitatis* I (Paris, 1937), 413.

⑦ D. Bigongiari, "Notes on the Text of Dante," *Romanic Review* 41(1950), 81f.

⑧ L. Schuetz, *Thomas-Lexikon*, 2nd ed. (Paderborn, 1908), 65 - 68. A. Dyroff, "Zur allgemeinen Kunstlehre des hl. Thomas," *Abhandlungen run Geschichte der Philosophie des Mittelalters, Festgabe Clemens Bäumker* ... (*Beiträge zur Geschichte der Philosophie des Mittelalters, Supplement band II*, Münster, 1923), 197 - 219. De Bruyne, *l. c.*, III, 316ff. J. Maritain, *Art et Scolastique* (Paris, 1920), 1f. and 28f. G. G. Coulton, *Art and the Reformation* (Oxford, 1928), 559ff.

在另一方面，从奥古斯丁和大法官丢尼修（Dionysius, the Areopagite）开始，那被阿奎那[①]不经意论及的、其他几位中世纪哲学家[②]颇为郑重其事地对待过的美的概念，实与艺术不相干，无论是美的艺术或其他艺术；美主要是被当作上帝及其造物的形而上学属性。在有关存在的先验的或最为普遍的属性当中，pulchrum（美）并未出现在13世纪的哲学中，尽管它被认作是一个一般性概念并且与bonum（善）密切关联。美是否是先验的？这一问题已成为新托马斯主义争论的主题。[③] 这是他们对现代美学态度之变化多端的有趣标志；他们中的一些人意欲将现代美学纳入到建立在托马斯原则之上的哲学体系中去。对于阿奎那而言，它的含义或许不同于新托马斯主义所感兴趣的艺术美的现代观念。这样，很明显，中世纪[④]既有艺术生产又有艺术鉴赏——这可偶见于文学和哲学之中。然而，中世纪并不存在关于美的艺术的概念或体系。假如我们想继续谈论中世纪美学，我们就必须承认，它的概念和主题，无论好坏，皆不同于现代哲学学科。

---

① M. De Wulf, "Les theories esthétiques propres a Saint Thomas," *Revue Neo-Scolastique* 2 (1895), 188 - 205; 341 - 57; 3 (1896), 117 - 42. M. Grabmann, *Die Kulturphilosophie des Hl. Thomas von Aquin* (Augsburg, 1925), 148ff. I. Chapman, "The Perennial Theme of Beauty," in *Essays in Thomism* (New York, 1942), 333 - 46 and 417 - 19. E. Gilson, *Le Thomisme*, 5th ed. (Paris, 1945), 382 - 83.

② M. Grabmann, "Des Ulrich Engelberti von Strassburg O. P. (+1277) Abhandlung De pulchro," Sitzungsberichte der Bayerischen Akademie der Wissenschaften, Philosophisch-Philologische und Historische Klasse (Jahrgang 1925), no. 5. Cf. H. Pouillon, "Le premier Traité des propriétés transcendentales, La Summa de bono du Chancelier Philippe," Revue Néoscolastique de Philosophie 42 (1939), 40 - 77. A. K. Coomaraswamy, "Medieval Aesthetic," *The Art Bulletin* 17(1935), 31 - 47; 20(1938), 66 - 77 (reprinted in his Figures of Speech or Figures of Thought [London, 1946], 44 - 84. I am indebted for this reference to John Cuddihy). E. Lutz, "Die Ästhetik Bonaventuras," *Studien zur Geschichte der Philosophie: Festgabe ... Clemens Bäumker gewidmet* (*Beiträge zur Geschichte der Philosophie des Mittelalters*, *Supplementband*, Münster, 1913), 195 - 215.

③ Maritain, *l. c.*, p. 31ff., esp. 40. Chapman, *l. c.* L. Wencelius, *La philosophie de l'art chez les Néo-Scolastiques de langue francaise* (Paris, 1932), esp. 93ff.

④ M. Schapiro, "On the Aesthetic Attitude in Romanesque Art," in *Art and Thought, Essays in Honor of A. K. Coomaraswamy* (London, 1947), 130 - 50.

四、文艺复兴

文艺复兴带来了各门艺术在社会和文化地位上的变化,并为后来美学理论的发展铺平了道路。但是,与一种广为人知的观点相反,文艺复兴并没有构造美的艺术的体系或一种综合的美学理论。

在许多方面接续了中世纪语法和修辞传统的早期意大利文艺复兴,不仅为"三学科"提供一种新的、更富野心的名字("人文学",Studia humanitatis),而且在学院和大学的课程中,在它自己宽泛的文学生产中,增加了现实的范围、内容和意味。"人文学"不包括逻辑学,但是他们在传统的语法和修辞之外,增加了历史、希腊语和道德哲学,并且,让曾经位居语法和修辞学之后的诗成为这整个类别中最重要的一员。① 确然,在14、15世纪,诗被理解为写作拉丁韵文和解释古代诗人的能力,而人文主义用以反对某些同时期神学家或因之得到教皇或皇帝恩宠的诗,非常不同于我们现在所理解的诗。② 但是,诗之名,起初意指拉丁语诗,因早期人文主义者而享有荣光,但直到16世纪,用方言写成的诗和散文才开始分享到拉丁文学的声望。正是各个派别的拉丁语的和方言的诗和文学,构成了那个时期意大利无数"学院"的主要追求,后来也为欧洲其他国家所仿效。③ 柏拉图主义的复兴也助长了诗人之神圣疯狂这一观念的传播。这一观念在16世纪后半期开始扩展到视觉艺术,并成为现代天才观的因素之一。④

在16世纪的后三分之一世纪,亚里士多德的《诗学》以及他的《修辞学》,开始发挥越来越大的影响。这不仅是因为翻译和评注,而且也因为骤增的关于诗学的专论;在那些文章中,亚里士多德的观点构成

---

① See my article, "Humanism and Scholasticism in the Italian Renaissance," *Byzantion* 17(1944-45),346-47, esp. 364-65.

② K. Vossler, *Poetische Theonien in der italienischen Frührenaissance* (Berlin, 1900).

③ M. Maylender, *Stonia delle Accademie d'Italia*, 5 vols. (Bologna, 1926-30). See also Pevsner, *l. c.*, 1ff.

④ Zilsel, *l. c.*, 293ff.

了重要的特征之一。[①] 诗性模仿按照亚里士多德的方式被讨论着，一

---

① J. E. Spingarn, *A History of Literary Criticism in the Renaissance*, 6th ed. (New York, 1930). G. Toffanin, *La fine dell'umanesimo* (Turin, 1920). Donald L. Clark, *Rhetoric and Poetry in the Renaissance* (New York, 1922). Charles S. Baldwin, *Renaissance Literary Theory and Practice* (New York, 1939). Among the commentators, Franciscus Robortellus groups poetry with rhetoric and various parts of logic (*In librum Aristotelis de arte poetica explicationes* [Florence, 1548], p. 1) and takes *Poetics* 1447 a 18ff. to refer to painting, sculpture and acting (p. l0f"[HHC — Latin not reproduced]. ";. Vincentius Madius and Bartholomaeus Lombardus also group poetry with logic and rhetoric (*In Aristotelis librum de poetica communes explanationes* [Venice, 1550], p. 8) but interpret the same passage in terms of painting and music (p. 40 – 41): "[HHC — Latin not reproduced]. "; Petrus Victorius states that Aristotle does not list all the imitative arts in the beginning of the *Poetics* (*Cornmentarii in primum librum Anistotelis de arte poetarum*, 2nd ed. [Florence, 1573], p. 4) and refers the imitation through voice not to music, but to the copying of the song of birds (p. 6: "[HHC — Latin not reproduced]. "; and of other animals (p. 7). Lodovico Castelvetro repeatedly compares poetry to painting and sculpture as to other imitative arts (*Poetica d'Aristotele volgarizzata et sposta* [Basel, 1576], p. 14ff. ; 581) but recognizes music and the dance as parts of poetry (p. 13: "la poesia di parole, di ballo e di suono"). Significant is his attempt to relate poetry to the realm of the soul as opposed to the body (p. 342: "[HHC — Italian not reproduced]. "; Cf. H. B. Chariton, *Castelvetro's Theory of Poetry* [Manchester, 1913], 39). Fran-[cesco Patrici, anti-Aristotelian in poetics as well as in philosophy, rejects the principle of imitation altogether and calls it a term with many meanings, unfit to serve as a genus for several arts (*Della Poetica*, *La Deca disputata* [Ferrara, 1586], p. 63): "[HHC — Italian not reproduced]. " Bernardino Daniello (*Della poetica* [Venice, 1536], p. 69f.) compares the poet not only to the painter but also to the sculptor. Antonius Minturnus compares poets, musicians and painters as imitators (*De poeta* [Venice, 1559], p. 22: "[HHC — Italian not reproduced]. " but stresses repeatedly that music in ancient times was joined to poetry (p. 49; 60; 91: "[HHC — Italian not reproduced]. "; 391) and compares poetry also with history and other sciences (p. 76; 87ff. ; 4401.). In another work, the same author, echoing Aristotle's *Poetics*, compares poetry to painting and acting (*L'arte poetica* [Naples, 1725], p. 3: "[HHC — Italian not reproduced]. ") and treats music and dance as parts of poetry (*ibid.*). Johannes Antonius Viperanus defines poetry as imitation through verse and thus differentiates it from other forms of imitation. Lucian can be called a poet, "[HHC — Italian not reproduced]. " (*Dc poetica libri tres* [Antwerp, 1579], p. 10). Giovanni Pietro Capriano divides the imitative arts into two classes, the noble and the ignoble. The former appeal to thenoble senses of seeing and hearing and have durable products, such as poetry, painting and sculture, the latter for which no examples are given appeal to the three lower senses and produce no lasting works (*Della vera poetica* [Venice, 1555], fol. A 3-A 3v. Cf. Spingarn, p. 42). Music is treated as a part of poetry (*ibid.*). Other writers on poetics whom I have examined, such as Fracastoro or Scaliger, have nothing to say on the other "fine arts," (转下页)

些作者注意到并强调了诗、绘画、雕塑和音乐作为模仿形式的相似之处。然而,大多数人认识到音乐在亚里士多德那里是诗的一部分,而且亚里士多德知道在“美的艺术”之外还有其他的模仿形式。但是,他们中无人尝试将“模仿性艺术”确立为一种独立的类别。

在文艺复兴时期,音乐理论保持了它作一种自由的艺术的地位,①一篇关于舞蹈的早期论文的作者试图抬高他的研究对象,他声称舞蹈是音乐的一部分,故而必须被视为一种自由的艺术。② 似乎,即兴演奏者的实践和古代典籍的研读对一些人文主义者来说,暗示音乐与诗之间具有更亲密的关系,而不仅是前一时期的惯例化关联。③ 这一趋势在 16 世纪末遭遇了一种新的促发,当时卡梅拉塔会社(Camerata)体系和歌剧的诞生带来了两种艺术的联合。甚至似乎古典批评家所反感的马里诺诗派(Marinismo)和巴洛克诗歌的一些特性也要归因于这一个事实,即诗是为了配置音乐和歌曲而作。④

文艺复兴的又一个特征是,绘画和其他视觉艺术的渐渐蔚然。这开始于意大利的契马布埃(Cimabue)和乔托(Giotto),并在 16 世纪达到巅峰。视觉艺术声望日增的较早表现出现在佛罗伦萨的坎帕尼亚区,在那里,绘画、雕塑和建筑似乎是介于自由的艺术和机械的艺术之间的独立种类。⑤ 这一时期的特征不仅在于艺术品的性质,而且在于视觉艺术、科学和文学之间所建立的亲密关联。⑥ 身兼人文主义者和道德作家的杰出艺术家的出现,如阿尔伯特(Alberti),在一个除了宗

(接上页) except for occasional comparisons between poetry and painting. B. Varchi also groups poetry with logic, rhetoric, history and grammar (*Opere*, ed. A. Racheli, II [Trieste, 1859], p. 684). Cf. Spingarn, 25.]

① A. Pellizzari, *Il Quadrivio nd Rinascimenta* (Naples, 1924), 63ff.

② Guglielmo Ebreo Pesarese, *Trattato dell'arte del ballo* (*Scelta di curiosità letterarie*, 131, Bologna, 1873), p. 3 and 6 - 7.

③ Raphael Brandolini, *De musica et poetica opusculum* (ms. Casanatense C V 3, quoted by Adrien de La Fage, *Essais de diphtherographie musicale* ... [Paris, 1864], 61ff.).

④ Lodovico Zuccolo, *Discorso delle ragioni del numero del verso italiano* (Venice, 1623), 65ff. (mentre si addatta non la musica a i versi, ma questi si accommodano a quella contro ogni dovere," p. 65).

⑤ Schlosser, "Giusto's Fresken," 70ff.; *Kunstliteratur*, 66.

⑥ Dresdner, 77ff. L. Olschki, *Geschichte den neusprachlichen wissenschaftlichen. Literatur*, I: *Die Literatur den Technik und der angewandten Wissenschaften vom Mittelalter bis stir Renaissance* (Heidelberg, 1919), 31ff.

教还有文学和古典学开始为画家和雕塑家奉献主题的时代,实非偶然。当透视知识、解剖学、几何比例被画家和雕塑家视为必要时,一些作家为各种各样的科学做出重要贡献,也同样不足为奇了。另一方面,自F.维兰(Filippo Villan)始,人文主义者以及他们在16世纪的记者继承人,开始青睐同时代艺术家的作品并不惜笔墨大加赞美。从14世纪到16世纪,艺术家与同情视觉艺术的作家的文字皆在重复这样的宣言,即绘画应被视作是一种自由的艺术而非机械的艺术。刚刚指出,始自普林尼、伽林和菲洛斯特拉托斯的古典时期的抬高绘画的证明,并不像文艺复兴时期作家那样的专断与强悍;文艺复兴作家援引古人为的是支持他们相信或佯信的论断。① 不过,文艺复兴时期作家将绘画认定为自由的艺术,虽从古典作家处所获支持甚微,但作为一种提高绘画和其他视觉艺术的社会、文化地位的尝试,以及争取音乐、修辞学和诗已然长期享有的声望的努力,却是有意义的。既然自由的艺术就其本质而言是科学或可传授的知识,那么,我们也就完全可以理解为何达·芬奇试图将绘画界定为一种科学或强调它与数学的密切关系了。②

提高视觉艺术的社会和文化地位的呼声为16世纪的意大利带来了新的发展(欧洲其他国家稍晚才出现):三种视觉艺术,即绘画、雕塑和建筑,第一次从技艺中分离出来,而在上一个世纪,两者还捆绑在一起。*Arti del disegno*(设计的艺术)一词,很可能是“美的艺术”的基础,由瓦萨里发明;他将它用作他的著名的名人传的主导概念。这一理论上的转变在1563年的佛罗伦萨发现了它的体制性表达,也是在瓦萨里的影响下,画家、雕塑家和建筑家切断了他们先前与手工匠行会的联系,形成“设计学院”(*Accademia del Disegno*),即日后意大利和其他国家同类机构的第一个典范。③ “艺术学院”遵循已有文学学院模式,而用一种规范教育包括像几何学和解剖学那样的科学课程,取

---

① Schiosser, *Kunstliteratur*, 50; 79f.; 98; 136; 138; 385. Anthony Blunt, *Artistic Theory in Italy* 1450-1600 (Oxford, 1940), 48ff. K. Birch-Hirschfeld, *Die Lehre von den Malerei* (thes. Leipzig, 1911), 25. For a French example of 1542, see F. Brunot, *Histoire de la langue française ...* VI, 1(1930), 680.

② *The Literary Works of Leonardo da Vinci*, ed. Jean Paul Richter, I, 2nd ed. (London, 1939), 31ff.

③ Schlosser, *Kunstliteratur*, 385ff. Olschki, II (*Bildung und Wissenschaft im Zeitalter den Renaissance in Italien*, Leipzig, 1922), 188ff. Blunt, 55ff. Pevsner, 42ff.

代旧的作坊传统。[1]

绘画企图获得文学的传统声望的野心,亦说明这一观念的流行:绘画与诗相通。这一观念首次出现在16世纪有关绘画的论文中,并直到18世纪依旧保持着吸引力。它的基础是贺拉斯的"诗如画"(*Ut picture poesis*)、普鲁塔克所复述的西摩尼德的说法,以及柏拉图、亚里士多德和贺拉斯的一些断片。人们已经精细地研究了这一观念从16世纪到18世纪的历史,[2]并且公正地指出,这种比较之用超出了古人的作法或意图。事实上,比较的内涵已然颠转,因为古人是在论述诗时拿画比诗,而现代作者则是在论述绘画时拿诗比画。至于这种比较到底有多么严肃,实可见于这一事实:贺拉斯的《诗艺》(*Ars poetica*)被当作是绘画专论的文学典范,许多诗学理论和概念被这些作家以或多或少刻意的方式运用于绘画。正如三种视觉艺术最终脱离技艺而独立,诗和绘画之间的持续比较为日后五种美的艺术体系的建立做下了铺垫,不过显然其还未预设或建构这种体系本身。甚至16世纪和17世纪早期论述诗和绘画的一些文章,似乎也并未超越略显外在的比较而进入共同原则的分析。[3]

16世纪还形成了美学领域日后发展方向的其他观点。正如这一时期对宫廷和公众典礼中的"优先"问题产生重要意义,从中世纪学校和大学继承而来的学院、教育界也影响了争论各种科学、艺术或其他人类活动之间的相对的好处和优越性的狂热之情。这种论争决不会

---

① Pevsner, 48.

② Rensselaer W. Lee, "Ut pictura poesis: The Humanistic Theory of Painting," *The Art Bulletin* 22 (1940), 197 - 269. See also W. G. Howard, "Ut pictura poesis," *Publications of the Modern Language Association* 24 (1909), 40 - 123. Lessing, *Laokoon*, ed. William G. Howard (New York, 1910), p. L ff. Denis Mahon, *Studies in Seicento Art and Theory* (London, 1947).

③ Due dialoghi di M. Giovanni Andrea Gilio da Fabniano, "[HHC — Italian not reproduced]." (Camerino, 1564). Antonius Possevinus, *De poesi et pictura ethnica humana et fabulosa coliata cum vera honesta et sacra* (1595), in his *Bibliotheca selecta de ratione studiorum* II (Cologne, 1607), 407ff. (this treatise is based on an explicit comparison between the two arts, cf. 470: "[HHC — Italian not reproduced]."). Filippo Nufies, *Arte poetica, e da pintura e symmetria, com principios de perspectiva* (Lisbon, 1615; not seen; the *Arte de pintura* was reprinted separately in 1767; cf. *Innocenzo Francisco da Silva, Diccionario Bibliographico Portuguez* II [Lisbon, 1859], 303 - 04).

仅仅局限于艺术，事实上还出现了医学和法学之间的古老的论争，[1]或是有关“武器和文学”之间的新现的论争。这种讨论也被用于各门艺术之间，并彰显了它们之间的亲缘感。绘画和诗之间的比较，就其导致吁求绘画高于诗歌而言，表明的正是这种一般的方式。[2] 绘画和雕塑之间的论争则不那么普遍。关于此，1546 年，B. 瓦尔齐（Benedetto Varchi）在同时代的艺术家之间展开了一项定期调查，他们的回答至今未佚失，因此造就了一份关于那个时期艺术理论的非常有趣的档案。[3] 这个问题也引起过伽利略的兴趣。[4] 不过其中最主要的要数达·芬奇的《比较论》（*Paragone*）。他指出，绘画高于诗、音乐和雕塑。[5] 在某种意义上，这个小册子包含了美的艺术的最完全的体系；这正是始自文艺复兴时期。不过，达芬奇的原稿并不具有这种形式，他的一位学生将他分散的笔记集中起来，现代的大多数编辑又对之进行了重组。不管怎样，建筑是遭到忽视的，诗乐之别也并非总被坚持，而比较之法似被拓展到数学；对达·芬奇而言，绘画作为一门科学，是与数学相联系的。

出现在 16 世纪、17 世纪的另一种思潮，即所谓业余爱好者传统，或许最先出现在卡斯蒂廖内的宫庭。[6] 这种实践以及诗之鉴赏、音乐和绘画，都属于宫廷人士、绅士或王室的正业。而且，从事“美的艺术”，并不意味着自绝于击剑，骑马，古典学，收集钱币、徽章和自然界的奇物或其他同样有意义的活动。不过，就各门艺术在其作用于业余爱好者的效果而言，其间似乎具有某种类同感；在 17 世纪上半叶，绘

---

① E. Garin, *La disputa delie Anti nel Quattrocento* (Florence, 1947).

② Schlosser, *Kunstiiteratur*, 154ff.

③ G. G. Bottari, *Raccolta di liettere sulla pittura scultura ed architectura* I (Rome, 1754), 12ff. Cf. Schlosser, *Kunstliteratur*, 200ff. See also Varchi's own lecture on this subject (*Opere*, ed. A. Racheli, II [Trieste, 1859], 627ff.).

④ Letter to Lodovico Cardi da Cigoli (1612), in his *Opere*, *Edizione Nazionale* XI (Florence, 1901), 340 – 43. On the authenticity of this letter, see Margherita Margani, "Sull'autenticità di una lettera attribuita a G. Galilei," *Atti della Reale Accademia delle Science di Torino* 57(1921 – 22), 556 – 68. I am indebted for this reference to Edward Rosen.

⑤ *The Literary Works*, *l. c.* *Paragone*: *A Comparison of the Arts by Leonardo da Vinci*, ed. Irma A. Richter (London, 1949). Lionardo da Vinci, *Das Buch von den Malerei*, ed. H. Ludwig, I (Vienna, 1882). Miss Richter changes the arrangement of the manuscript, which in its turn is not due to Leonardo himself.

⑥ B. Castiglione, *Il Cortegiano*, Bk. I. Giovanni Battista Pigna, *Il Principe* (Venice, 1561), fol. 4 v – 5. Peachham's *Compleat Gentleman* (1622), ed. G. S. Gordon (Oxford, 1916), chs. 10 – 13.

画、音乐和诗创造的趣味、愉悦,在某几位作者看来,本属同一种性质。① 看来,普洛提诺认为美存在于视觉、听觉和思想的对象之中的观点,并未在那个时代产生特殊的回响。②

我在文艺复兴文学中发现的诗、绘画和音乐之间的最明确比较,来自于波希米亚耶稣会会士 J. 蓬塔诺(Jacobus Pontanus)为他第三版的诗学论文加进的附录。③ 在强调作为模仿形式的三种艺术之间的亲缘性时,这位作者超越了古典资源。④ 他不仅像别的许多人那样承认绘画作为自由艺术的地位,而且将乐曲(而不是音乐理论)视作跟诗、画并列的独立艺术。这一段落值得瞩目。我想,它是有影响力的,因为这部作品经常重印,包括在法国;日后法国多次展开关于这个问题的讨论。⑤

文艺复兴关于美的研究也仍与艺术不沾边,这显然受到古人的影响。尼福(Nifo)的专论个体美的论文《论美》(*de pulchro*)在 18 世纪

---

① Lodovico Zuccolo (*Discorso delle ragioni del numero del verso Italiano*, Venice, 1623), speaking of our judgment concerning verse and rhythm in poetry, refers for a comparison to painting and music (p. 8: "[HHC — Italian not reproduced]." cf. B. Croce, *Storia dell'estetica per saggi* [Ban, 1942], 44f.). A comparison between painting and music is made also by Richard Asheley in the preface of his translation of Louis Le Roy (1594); cf. H. V. S. Ogden, "The Principles of Variety and Contrast in Seventeenth Century Aesthetics and Milton's Poetry" this *Journal* 10(1949), 168.

② *Enn.* I 6, 1. Marsilius Ficinus, *Commentarium in Convivium Platonis de amore*, Oratio 5, cap. 2 (*Marsilio Ficino's Commentary on Plato's Symposium*, ed. Sears R. Jayne, *The University of Missouri Studies* XIX, 1 [Columbia, 1944], 65-66). Cf. his *Theologia Platonica*, Bk. XII, chs. 5-7 (*Opera* [Basel, 1576], I, 275ff.). See also St. Thomas, *Summa Theologiae* II, I, 27, 1.

③ Jacobi Pontani de Societate Jesu *Poeticarum Institutionum libri III*. Editio tertia cum auctario ... (Ingolstadt, 1600), 239-50: "Auctarium. Collatio Poetices cum pictura, et musica" (I have used the copy of Georgetown University; the passage is lacking in the first edition of 1594, of which Columbia University has a [copy, and in the second edition of 1597 owned by the Newberry Library and kindly examined for me by Hans Baron; my attention was drawn to it by K. Boninski, *Die Antike in Poetik und Kunsttheorie* II [Leipzig, 1924], 37ff. and 328ff.]

④ "[HHC — Latin not reproduced]."

⑤ A. de Backer and Ch. Sommervogel, *Bibliothèque des écrivains de la Compagnie de Jésus*, new ed., II (Liege-Lyon, 1872), 2075-81, list several French printings of the work, of which at least one is clearly based on the third edition. See also the catalogue of the Bibliothèque Nationale, which lists a 3rd ed. issued in Avignon, 1600.

仍被引用。[①] 弗朗切斯科·达·迪亚塞托(Francesco da Diacceto)同名的哲学著作继续了普洛提诺和他的老师尼福的形而上学研究,似乎也没有产生持久的影响。[②]

文艺复兴虽然产生了这些显著的变化,但美的艺术的现代体系还远远没有建立起来;这在同时期提出的艺术和科学的分类上可以见出。这些体系部分地接续了中世纪传统,譬如 S. 安东尼奥(S. Antonino)或萨伏那洛拉(Savonarola)这样的托马斯主义者。[③] 不过,总体而言,比起前一时期来,观念更加丰富多样,其中一些思想家既非滞后于时代也非不具代表性。维韦塞(Vives)、拉穆斯(Ramus)和格斯纳(Gesner)主要遵循的是自由艺术的旧体系和自己时代的大学课程。[④] 不管是阿格里帕·冯·内特斯海姆(Agrippa of Nettesheim)[⑤]

---

① Augustinus Niphus, *de pulchro*, *de arnore* (Lyons, 1549). The work is quoted by J. P. de Crousaz, *Traité du Beau*, 2nd ed. (Amsterdam, 1724), I, 190. I have not seen Marcus Antonius Natta, *De pulcro* (Pavia, 1553; cf. *Catalogo ragionato dei libri d'arte e d'antichità posseduti dal Conte Cicognara* I [Pisa, 1821], 188f.).

② See my article, "Francesco da Diacceto and Florentine Platonism in the Sixteenth Century," *Miscellanea Giovanni Mercati* IV (Studi e Testi 124, Vatican City, 1946), 260 - 304, esp. 279ff.

③ Baur, *l. c.*, 391ff. Spingarn, 24.

④ Johannes Ludovicus Vives, *De disciplinis*, in his *Opera omnia* VI (Valencia, 1785). Petrus Ramus, *Collectaneae*, *Praefationes*, *Epistoiae*, *Orationes* (Marburg, 1599). Conrad Gesner (*Bibliotheca Universalis* II, Zurich, 1548) places poetry between rhetoric and arithmetic; music between geometry and astronomy; and lists architecture, sculpture and painting scattered among the mechanical arts such as transportation, clothmaking, alchemy, trade, agriculture and the like. Gesner is important as the author of a classification scheme designed for bibliographical purposes. The later history of such schemes has been studied, and it appears that the arts, meaning the visual arts and music, did not attain a distinct place in them before the eighteenth century, whereas up to the present day poetry, for obvious reasons, has never been combined with the other arts in these bibliographical schemes. Cf. Edward Edwards, *Memoirs of Libraries* (London, 1859), 747ff. W. C. Berwick Sayers, *An Introduction to Library Classification*, 7th ed. (London, 1946), 74ff. My attention was drawn to this material by Prof. Thomas P. Fleming.

⑤ Henricus Cornelius Agrippa ab Nettesheim, *De incertitudine et vanitate scientiarum* (no place, 1537), gives a random list of arts and sciences, in which poetry appears between grammar and history, music between gambling and the dance, painting and sculpture between perspective and glassmaking (specularia), architecture between geography and metal work. In his *De occulta philosophia* (*Opera* I [Lyons, s. a.], bk. I, ch. 60; ci. E. Panofsky, *Albrecht Dürer* I [Princeton, 1943], 168ff.), Agrippa distinguishes three kinds of melancholy (转下页)

还是斯卡利杰(Scaliger)[1],还是17世纪的艾斯特(Aisted)[3]或沃修斯(Vossius)[3],都不曾尝试将美的艺术从科学中分离出来;如同18世纪E.钱伯斯(E. Chambers)[4]的《百科全书》,F.培根将诗与想象力结合起来,将它们分散在各种的科学和专业当中,[5]但也并未论及其他艺术。维柯同样如此;[6]他被克罗齐视为现代美学的奠基人。[7] 博尼法乔(Bonifacio)强调诗画之间的联系,但是他也未将美的

(接上页) and inspiration which he assigns, respectively, to the manual artists such as painters and architects, to the philosophers, physicians and orators, and to the theologians. It is significant that he has the manual artists share in inspiration, but does not link them with the poets mentioned in the same chapter, and he clearly places them on the lowest of the three levels.

① In a rather incidental passage, he groups architecture with cooking and agriculture; singing and the dance with wrestling; speech with navigation (Julius Caesar Scaliger, *Poetices libri septem* [no place, 1594], bk. III, ch. 1, p. 206). Varchi has several random groupings of the arts and finally gives the prize to medicine and next to architecture (*Opere* II, 631ff.). Nizolius classes poetry with grammar, rhetoric and history (Robert Flint, *Philosophy as Scientia Scientiarum and a History of Classifications of the Sciences* [New York, 1904], 98f.).

② He includes poetry under philology, and music under theoretical philosophy (*Ibid*, 113-15)

③ Gerardus Johannes Vossius, *De artium et scientiarum natura ac constitutione libri quinque* (in his *Opera* III, Amsterdam, 1697). He lists four groups of arts: The vulgar arts such as tailoring and shoemaking; the four popular arts of reading and writing, of sports, of singing and of painting (this group is borrowed from Aristotle's *Politics* VIII 3, 1337 b 23ff.); the seven liberal arts; the main sciences of philosophy (with eloquence), jurisprudence, medicine and theology.

④ 5th ed. (London, 1741), III (first published in 1727). He classes painting with optics under mixed mathematics, music again under mixed mathematics, architecture and sculpture with the trades also under mixed mathematics, gardening with agriculture, and poetry with rhetoric, grammar and heraldry.

⑤ *Of the Advancement of Learning* (*The Philosophical Works of Francis Bacon*, ed. John M. Robertson [London, 1905], 79 and 87ff.). Cf. F. H. Anderson, *The Philosophy of Francis Bacon* (Chicago, 1948), 149.

⑥ Vico's theory of phantasy refers to poetry only. In an incidental passage he lists two groups of arts: the visual arts, and oratory, politics, medicine (*De antiquissima Italorum sapientia*, ch. 2, in *Le orazioni inaugurali* ..., ed. G. Gentile and F. Nicolii [Ban, 1914], 144).

⑦ *Estetica*, *l.c.*, 243ff.

艺术从科学中分离出来,[1]塔索尼(Tassoni)也是这样。[2] 甚至穆拉托里(Muratori),当他谈到与诗结合的 *arti* 就是演讲术和历史,换言之,人文学时,再次强调诗中的想象力并不时地做诗画比较。直到 18 世纪下半叶,当诸如贝蒂内利(Bettinelli)的作家开始追随法、英和德的作者时,美的艺术的现代体系才算在意大利登场。[3]

五、17 世纪的法国

17 世纪,欧洲的文化领导权从意大利转移到了法国,但意大利文艺复兴的许多独特的观念和趋势却继续传播着,并被法国古典主义和法国启蒙运动所转化,直至它们本身成为欧洲思想和文化的一部分。在法国古典时期,文学批评和诗理论如火如荼,似乎人们已无暇顾及别的美的艺术的种类了。[4] 仅有拉·梅纳迪埃(La

---

① Giovanni Bonifacio, *L'Arte de' Cenni*. . (Vicenza, 1616). He combines painting with poetry on account of their similarity, but places them between rhetoric and history (553ff.). Music appears between astrology and arithmetic (517ff.), architecture with sculpture between navigation and woolmaking (614ff.).

② Alessandro Tassoni, *Dieci libri di pensieri diversi*, 4th ed. (Venice, 1627). He places poetry between history and oratory (597ff.), puts architecture after agriculture and before decoration, sculpture, painting and clothing (609ff.), whereas music appears between arithmetic and astronomy (657ff.). Benedetto Accolti, another forerunner of the *Querelle des anciens et modernes* who lived in the fifteenth century, discusses only military art and politics, philosophy, oratory, jurisprudence, poetry, mathematics and theology (*Dialogus de praestantia virorum sui aevi*, in Philippi Villani *liber de civitatis Florentiae famosis civibus*, ed. G. C. Galletti [Florence, 1847], 106 - 07 and 110 - 28).

129a Lodovico Antonio Muratoni, *Della perfetta poesia italiana*, ch. 6: "[HHC — Italian not reproduced]. " (in his *Opere* IX, pt. I [Arezzo, 1769], 56). These three arts are called "figliuole o ministre della filosofia morale" (*ibid.*), and the analogy with painting, based on the concept of imitation, is applied to all three of them (*ibid.*, 59).

③ *Dell'Entusiasmo delle Belle Arti* (1769). The author lists as Belle Arti: poetry, eloquence, painting, sculpture, architecture, music and the dance (Savenio Bettinelli, *Opere* II [Venice, 1780], 36ff.). In the preface, apparently added in 1780, he cites the *Encyclopedic*, André, Batteux, Schatfibury (*sic*), Sulzer and others (11).

④ F. Brunetière, *L'évolution des genres dans l'histoire de la littérature*, 5th ed. (Paris, 1910). A. Soreil, *Introduction a l'histoire de l'Esthétique française: Contribution a l'étude des theories littéraires et plastiques en France de Ia Plêiade au XVIIIe siècle* (thes. Liege, Brussels, 1930).

Mesnardière)在他的《诗学》导论中评价过诗、绘画和音乐之间的亲缘性，同时却又嘲笑它们是拉丁文和意大利语的诗学论文的陈词滥调，①这让我们模模糊糊地回忆起诸如马丢斯(Madius)、明特诺(Minturno)和祖科洛(Zuccolo)等作家，但是对此我们并无确切依据，除非我们胆敢确定，那些作者是熟悉雅各·蓬塔诺(Jacobus Pontanus)的附录的。②

不过，路易十六世纪的辉煌成就并非仅仅囿于诗和文学之域。绘画和其他视觉艺术开始繁荣起来，普桑的出现使得法国拥有了一位在欧洲享有盛誉的画家。然后，在这个世纪，在意大利出生的吕里(Lulli)在音乐中发展出一种独特的法国风格。当在意大利扬名已久的他回到巴黎公众的怀抱而旗开得胜时，他在整个法国声名鹊起了。③

各门艺术的蔚然伴随着机构的崛起。法国的机构在许多方面追随意大利，同时又受到一种有意识的政府政策的引导，因此比意大利更加集中、稳定。④ 法兰西学院于 1635 年由黎塞留公爵(Richeieu)组

---

① "Mais entre les plus agréables (*i. e.*, arts and sciences), dont le principal objet est de plaire a la phantasie, on sçait bien que la peinture, la musique et la poësie sont sa plus douce nourriture" (Jules de La Mesnardiere, *La poétique* I [Paris, 1639], 3). "Plusieurs livres sont remplis de la grande conformité qui est entre ces trois Arts. C'est pourquoy, sans m'arrester a des redites importunes, dont les Traittez de Poësie Latins et Italiens ne sont desia que trop charges ..." (*ibid.*, 4). Cf. Soreil, 48. Helen R. Reese, *La Mesnardière's Poetique* (1639): *Sources and Dramatic Theories* (Baltimore, 1937), 59.

② See above, notes 92, 111, 113 - 15. It is also instructive to compare the subtitles in the Italian and French editions of Cesare Ripa's famous *Iconologia*. In Italian (Padua, 1618): *Opera utile ad Oratori, Predicatori, Poeti, Pittori, Scultori, Discgnatori, e ad ogni studioso, per inventar concetti, emblemi ed imprese, per divisare qualsivoglia apparato Nuttiale, Funerale, Trionfale*. In French (Paris, 1644): *Oeuvre ... necessaire a toute sorte d'esprits, et particulièrement à ceux qui aspirent a estre, ou qui sont en effet orateurs, poëtes, sculpteurs, peintres, ingenieurs, autheurs de medailles, de devises, de ballets, et de poëmes dramatiques*.

③ J. Econcheville, *De Lulli à Rameau*, 1690 - 1730: *L'Esthétique musicale* (Paris, 1906).

④ My attention was called to this problem by Dr. Else Hofmann. Cf. Pevsner, 84ff. La Grande Encyclopedic I, 184ff. L'Institut de France: Lois, Statuts at Réglements concernant les anciennes Académies et l'Institut, de 1635 *à* 1889, ed. L. Aucoc (Paris, 1889). Lettres, Instructions et Mémoires de Colbert, ed. P. Clement, V (Paris, 1868), LIII ff. and 444ff.

织成立，意在以秕糠学会(Accademia della Crusca)为典范来发展法国的语言、诗和文化。[①] 几年后，也就是在1648年，皇家绘画和雕塑学院在马萨林(Mazarine)引导下成立，效仿罗马的圣·卢卡学院(Accademia di S. Luca)，意在让法国艺术家脱离他们从前所隶属的工匠行会。[②] 科尔伯特在1660和1680年之间更是成立了多个学院。它们包括：地方上的绘画和雕塑学院，[③]位于罗马的致力于三种视觉艺术的法国学院，[④]以及建筑学院[⑤]、音乐学院[⑥]、舞蹈学院[⑦]。但是，构成这些机构之基础的艺术体系似乎要比现实机构更为明朗。这些学院建立于不同时期，即使我们着眼于科尔伯特时期，也应该注意到，有科学学院[⑧]以及与美的艺术无关的铭文和奖章学院[⑨]；为马戏团演出和其他公众表演而设的奇观学院的项目(至少有一个)；[⑩]音乐学院和舞蹈学院，如同奇观学院一样，并不拥有其他学院那样的卓越的专业艺术家或科学家的组织，其只是为定期的公众表演做准备的合法机构。[⑪] 还有，现存的一份科尔伯特时期的报纸提议把所有的学院纳

---

① Aucoc, p. XXI – XLIII.

② Aucoc, p. CIV ff. Pevsner, 84ff.

③ Founded in 1676. Aucoc, CXXXVIII ff.

④ Founded in 1666. *Lettres ... de Colbert*, p. LVIII ff. and 510f.

⑤ Founded in 1671. Aucoc, CLXVI if. *Lettres... de Colbert*, LXXII.

⑥ This Academy, which was nothing else but the Paris Opera, can be traced back to a privilege granted to Pierre Pernin in 1669; cf. *La Grande Encyclopedic* I, 224f. The Opera was definitely established in 1672 when a similar privilege was granted to Lulli, authorizing him "d'establir une académie royale de musique dans nostre bonne ville de Paris... pour faire des representations devant nous ... des pièces de musique qui seront composées tant en vers francais qu'autres langues estrangères, pareille et semblable aux academies d'Italie" (*Lettres ... de Colbert*, 5351.).

⑦ Founded in 1661. *La Grande Encyclopedic* I, 227.

⑧ Founded in 1666. Aucoc, IV. *Lettres ... de Colbert*, LXII ff.

⑨ Founded in 1663. It changed its name to Académie Royale des Inscriptions et belles-lettres in 1716. Aucoc, IV and LI ff.

⑩ The privilege granted to Henri Guichard in 1674 but not ratified authorizes him de faire construire des cirques et des amphithéatres pour y faire des carrousels, des tournois, des courses, des joustes, des luttes, des combats d'animaux, des illuminations, des feux d'artifice et généralement tout ce qui peut imiter les anciens jeux des Grecs et des Romains," and also "d'establir en nostre bonne ville de Paris des cirques et des amphithéatres pour y faire lesdites représentations, sous le titre de l'Académie Royale de spectacles" (*Lettres ... de Colbert*, 551f.).

⑪ This appears clearly from the charters, cited or referred to above.

入一个机构，这说明它没有清晰地区分艺术与科学，[①]同时也间接地表明，科尔伯特学院呈现的是文化学科和专业的综合体系，而不是关于具体的美的艺术的清晰概念。

随着学院的成立，与它们活动密切相关，一种关于视觉艺术的重要但宽泛的文献发展起来了。[②] 绘画和雕塑学院举行的会议充满了有趣的批评性观点，[③]迪·弗雷西诺(Du Fresnoy)、德·皮莱(De Piles)、弗雷亚尔(Fréart de Chambray)和弗利比安(Félibien)分别撰写了论文。[④] 迪·弗雷西诺的拉丁诗《画艺》(*De art graphica*)被翻译成法语和英语，成为争相注释和评论的对象，其在形式上有意识地模仿贺拉斯的《诗艺》，一开头就鲜明地引用贺拉斯的"诗如画"，尔后颠转这种比照。[⑤] 诗画之间的对比以及这两种艺术之间的争执，对这些作者而言是重要的，如同他们意大利文艺复兴的先辈一样，他们汲汲于为绘画获得一种形同诗和文学的地位。这一个已被充分研究过的观点，[⑥]直到 18 世纪依然具有生命力，[⑦]有意思的是，在文艺复兴中，绘画因为与诗相似而取得的荣誉，有时候也延伸到雕塑、建筑甚至雕刻这些相关联的艺术上。[⑧] 甚至"美的艺术"这一词，起初似乎对应于"设计的艺术"，而仅仅指向视觉艺术，现在对这些作者来说，也包

---

① A note prepared by Charles Perrault for Colbert in 1666 proposes an Académie générale comprising four sections: belles-lettres (grammaire, eloquence, poésie); histoire (histoire, chronologie, géographie); philosophie (chimie, simples, anatomie, physique experimentale); mathématiques (géometrie, astronomie, algèbre). *Lettres ... de Colbert*, 512f. Poetry appears thus among *belles-lettres* with grammar and eloquence, and the other fine arts are not mentioned.

② Lee, *l.c.* Soreil, *l.c.* A. Fontaine, *Les doctrines d'art en France ... De Poussin à Diderot* (Paris, 1909).

③ *Conférences de l'Académie Royale de Peinture et de Sculpture*, ed. Félibien (London, 1705). *Conferences de l'Académie Royale de Peinture et de Sculpture*, ed. H. Jouin (Paris, 1883). *Conferences inédites de l'Académie Royale de Peinture et de Sculpture*, ed. A. Fontaine (Paris, n. d.).

④ Cf. Lee, *l.c.*, and Schiosser, *l.c.*

⑤ Ut pictura poesis erit; similisque poesi sit picture ..." (C. A. Du Fresnoy, *De arte graphica* [London, 1695], 2).

⑥ Fontaine, *l.c.*; Lee, *l.c.*

⑦ P. Marcel, "Un débat entre les Peintres et les Poètes au debut du XVIIIe siècle," *Chronique des Arts* (1905), 182 - 83; 206 - 07.

⑧ Cf. *L'Art de Peinture* de C. A. Du Fresnoy, ed. R. de Piles, 4th ed. (Paris, 1751), 100. Félibien, *Entretiens sur les vies ...* 4 (Paris, 1685).

括了音乐或诗。① 绘画和音乐之间的比较也多有尝试，②居住在意大利的普桑本人试图将希腊的音乐模式理论运用到诗尤其是绘画上。③

发生在17世纪的最重要的变化之一就是自然科学的勃兴和解放。在17世纪上半叶，伽利略和笛卡儿的大作已经告成，科学院和皇家社团已经在行动。这些发展不可能没有震动文人学士和一般公众。人们确定无误地发现，在这个世纪最后二十五年惊动法国以及英国众多学者的著名的"古今之争"(*Querelle des Anciens et Modernes*)主要归功于自然科学的最新发现。④ 意识到这些成就的现代人，无疑会去摇撼古代经典——它曾压住文艺复兴，不亚于压住中世纪——的权威性，从而一步一步地形成了人类进步的观念。然而，这只是古今之争的一个方面。

古今之争的两种影响至今尚未被充分认识到。首先，现代人将文学的争论拓展为古代人和现代人在不同的人类活动领域内的体系性比较，从而发展出一种知识和文化的分类，这在许多方面是新颖的而且甚至比先前的体系更为具体。⑤

---

① *Conferences*, ed. Jouin, 240. R. de Piles, *Abrégé de la vie des Peintres*. (Paris, 1699), 23. Cf. Brunot, *Histoire de la langue française*, 6, 1681.

② *Conferences*, ed. Félibien, preface ("dans la musique et dans la poësie qui conviennent le plus avec la Peinture"). Félibien, *Entretiens sur les vies et sur les ouvrages des plus excellens peintres anciens et modernes*, pt. IV (Paris, 1685), 155. R. de Piles, *Cours de Peinture par principes* (Paris, 1708), 9. *Conferences*, ed. Jouin, 240; 277–78; 328.

③ N. Poussin, *Traité des modes*, in his *Correspondance*, ed. Ch. Jouanny (Paris, 1911), 370ff. Cf. *Conferences*, ed. Jouin, 94. Soreil, 27.

④ This aspect has been studied especially by Richard F. Jones (*Ancients and Moderns*, St. Louis, 1936). For a broader treatment of the *Querelle*: H. Rigault, *Histoire de la querelle des Anciens et des Modernes*, in his *Oeuvres complètes* I [Paris, 1859]. H. Gillot, *La Querelle des anciens et des modernes en France* [Paris, 1914]. O. Diede, *Der Streit der Alten und Modernen in der englischen Literaturgeschichte des XVI. und XVII. Jahrhunderts* (thes. Greifswald, 1912). J. Delvaille, *Essai sur l'histoire de l'idee de progrès jusqu'a la fin du XVIIIe siècle* (Paris, 1910), 203ff. J. B. Bury, *The Idea of Progress* (London, 1920), 78ff.

⑤ Brunetière (120) emphasizes that Perrault extended the discussion from literary criticism toward a general aesthetics, by drawing upon the other arts and even the sciences. The Italian forerunners of the *Querelle* had no system of the arts and sciences comparable to that of Perrault or Wotton, see above, note 128.

其次,逐个检视古人和今人在不同领域中的观点引致某些领域中的洞见。在那领域,一切都依赖于数学、计算和知识的积累,从而现代人较之于古代人的进步可被清晰地证实;而在其他依赖于个人才华、批评趣味的领域,古代人与现代人的相对优点无法确定,故只能付诸争论。①

这样,第一次,艺术和科学之间的明确区分的基础准备就绪。这一区分在古代、中世纪直到文艺复兴的讨论中是缺失的,即便它们用的是同一词。换言之,现代意义上的艺术和科学之间的区分,不仅为科学在17世纪的实际进步提供了先决条件,而且也为思考为何人类的其他智性活动即我们现在所谓的美的艺术,没有或无法参与这同一种进步,提供了先决条件。确实,古今之争的著述没有完全清晰地解释这些观点,但是这个事实本身确证了我们的观点,即艺术和科学的分离以及美的艺术的现代体系的形成正是在那个时候。如一些学者注意到的,丰特奈尔(Fontenelle)在他的《闲话古人今人》(*Digression*)的某一处谈及,他意识到艺术和科学之间的区别。②

更加重要而明确的是C.佩罗(Charels Perrault)的作品。他在其著名的《古人和今人》的不同章节中研究了不同领域,这正好映现了一种体系:第二部分的对话关于视觉艺术,第三部分是演讲术,第四部分是诗,第五部分是科学。③ 美的艺术与科学的分离几乎是彻底的,虽然不完全,因为音乐在科学部分被论及,而在他极受争议的诗《路易大帝

---

① Rigault (323f.) recognizes this distinction in Wotton, and Bury (104f. and 121ff.) attributes it to Fontenelle and Wotton. We shall see that it is also present in Perrault. For Wotton, see below.

② Fontenelle (*Digression sur lea Anciens et les Modernes*, 1688, in his *Oeuvres* IV [Amsterdam, 1764], 114 - 31, esp. 120 - 22) admits the superiority of the ancients in poetry and eloquence, but stresses the superiority of the moderns in physics, medicine and mathematics. Significant is the emphasis on the more rigorous method introduced by Descartes.

③ Charles Perrault, *Parallèle des Anciens at des Modernes*, 4 vols. (Paris, 1688 - 96). These are the subjects treated in the fifth dialogue (vol. 4, 1696): astronomie, géographie, navigation, mathématiques (geometry, algebra, and arithmetic), art militaire, philosophie (logique, morale, physique, metaphysique), médecine, musique; jardinage, art de la cuisine, vehicles, imprimenie, artillerie, estampes, feux d'artiflce.

的时代》中，佩罗似乎将音乐与其他艺术联系在一起。① 而且，在他的前言中，佩罗坦白论道：至少在一切皆依赖于才华和趣味的诗和演讲术领域，进步无法像在依赖测量的科学中那样确凿无疑。② 佩罗的《美的艺术的陈列馆》（*Le Cabinet des Beaux Arts*，1690）同样有趣，尽管与"古今之争"无关。这是对一位绅士——这部作品就是献给他的——的工作室中的八幅寓言画的描述和解释。在前言，佩罗将"美的艺术"的概念与他所拒绝的传统的"自由的艺术"相对立，③尔后列出并描述了八种"美的艺术"，那正是吻合绅士们的兴趣和趣味的东西：演讲术、诗、音乐、建筑、绘画、雕塑、光学、机械学。④ 这样，在18世纪的门槛上，我们已经非常接近于美的艺术的现代体系了，但是尚未完

---

① This is the grouping in the poem (*Parallèle*, vol. I (Paris, 1693), 173ff.): oratory, poetry, painting, sculpture, architecture, gardening, music. In the second dialogue also Perrault compares the visual arts repeatedly with music which he calls a *bel art* (146 and 149). Another work connected with the Querelle, Francois de Caffière's *Histoire poëtique de la guerre nouvellement déclarée entre les anciens et les modernes* (Amsterdam, 1688; first ed., Paris, 1687) deals primarily with poetry and eloquence, but gives one section (Book 11, p. 213ff.) to painting, sculpture and [music. This is brought out in the title of the anonymous English translation: Characters *and Criticisms*, *upon the Ancient and Modern Orators*, *Poets*, *Painters*, *Musicians*, *Statuaries*, *and other Arts and Sciences* (London, 1705). Cf. A. C. Guthkelch, *The Library*, 3rd ser., vol. 4 (1913), 270 - 84.]

② "Si nous avons un avantage visible dans les Arts dont les secrets se peuvent calculer et mesurer, il n'y a que la seule impossibilité de convaincre les gens dans les choses de gout et de fantaisie, comme sont les beautez de la Poësie et de l'éloquence qui empesche que nous ne soyons reconnus les maîtres dans ces deux Arts comme dans tous les autres" (*Parallèle* I [Paris, 1693], preface). "Les Peintres, les Sculpteurs, les Chantres, les Poëtes / Tous ces hommes enfin en qui l'on voit regner / Un merveilleux scavoir qu'on ne peut enseigner" (*Le genie*, verse epistle to Fontenelle, *ibid.*, 19Sf.). "Si j'avois bien prouvé, comme il est facile de le faire, que dans toutes les Sciences et dans tous les Arts dont les secrets se peuvent mesurer et calculer, nous l'emportons visibiement sur les Anciens; il n'y auroit que l'impossibiité de convaincre les esprits opiniastres dans les choses de goust et de fantaisie, comme sont la plupart des beautez de l'éloquence et de la Poësie, qui pust empescher que les Modernes ne fussent reconnus les maistres dans ces deux arts comme dans tous les autres" (*ibid.*, 202). Cf also vol. III, preface. In his general conclusion also (IV, 292f.) Perrault excepts poetry and eloquence from his proof for the superiority of the Moderns.

③ "Apres avoir abandonné cette division (of the seven liberal arts), on a choisi entre les Arts qui méritent d'être aimés et cultivés par un honnête homme ceux qui se sont trouvées étre davantage du gout et du genie de celui qui les a fait peindre dans son cabinet" (p. if.).

④ Eloquence, poetry, and music are put together in one group, as are the three visual arts (p. 2).

全抵达——光学和机械学的纳入说明了这一点。此体系的起伏波动显示,这个于我们如此自明的观点是如何渐渐地浮现的。

第二部分

《历史观念杂志》
第 13 卷,第 1 期
1952 年 1 月,第 17—46 页。

六、法　　国

在 18 世纪的上半叶,业余爱好者、作家和哲学家对于视觉艺术的兴趣日增。这一时期不仅产生了出自门外汉之手或针对门外汉而撰写的批评文章,[①]而且,比较艺术各门类以及艺术与诗的论文也层出不穷,美的艺术的现代体系从而最终固定下来。[②] 自从这一体系看似渐次浮现,并在那些并不重要但不乏影响力的作家的著述中屡经起伏跌宕之后,似乎美的艺术的观念和体系在巴黎、伦敦的文化界的争论和讨论中生成并凝定了;那些堂皇的著作与专论不过是映现了那些争论的结果。[③] 研究那些美好的期刊中的信件、日记和文章,委实可以补足我们这次简短的探索——它难免受限于最为人知的材料。

让·皮埃尔·德·克鲁萨(J. P. de Crousaz)关于美的论文,初现

---

① Dresdner, 103ff.

② Fontaine, *Les doctrines d'art*. Soreil, *i. e.* W. Folkierski, *Entre le classicisme et le romantisme: Etude sur l'esthétique et les i'esthéticiens du XVIIIe siècle* (Cracow-Paris, 1925). T. M. Mustoxidi, *Histoire de l'Esthétique francaise*, 1700 - 1900 (Paris, 1920). For music, see also écorcheville, *l. c.* Hugo Goldschmidt, *Die Musilcaesthetilc des 18. Jahrhunderts und ihre Beziehungen zu seinem Kunstschaffen* (Zurich-Leipzig, 1915). While these scholars discuss most of the relevant sources, none of them focuses on the problem which concerns us.

③ "Tel livre qui marque une date n'apporte, a vrai dire, rien de nouveau sur le marché des idées, mais dit tout haut et avec ordre ce que beaucoup de gens pensent en detail et disent tout has, sans s'arrêter a ce qu'ils disent" (Soreil, 146).

于1714年,并取得颇大影响。它被视为法国最早的美学论文。[①] 它的确道出了视觉艺术与诗之三昧,而且也为音乐留出一席之地。而且,它的重要尝试在于对美与善做出了哲学的区分,从而重述与发展了古代和文艺复兴柏拉图主义的概念。然而,这位作者并没有建立艺术体系,而且他竟然把关于美的观念不加界定地运用到数学科学、道德品性和行动以及艺术中去。他的"美学"思想的变动性实可见于这一事实,即:在该书的第2版中,对音乐的论述被有关宗教之美的章节取而代之。[②]

在接下去的几年中,艺术问题似乎已然支配了碑文学院(Académie des Inscriptions)的讨论,几篇后来出版并产生过很大影响的演讲,强调的是诗、视觉艺术和音乐之间的亲缘关系。[③] 这些讨论无疑影响了A.杜博斯(Abbè Dubos)的1719年的要著;这本书及其译本到这个世纪的下半叶已再版多次。[④] 杜博斯在美学史或艺术思想上的意义是公认的。很明显,他讨论的不仅是诗和绘画之间的相通性,而且还在于它们之间的别异,他不像先前许多作者那样仅仅感兴趣于艺

---

① *Traité du Beau*, 2 vols. (Amsterdam, 1724).

② "Le dernier chapître où j'avois entrepris d'établir sur mes principes les fondemens de ce que la musique a de beau ... on y en a substitué un autre ... C'est celui de la beauté de la religion" (preface of the second edition). On the treatment of music in the first edition, which I have not seen, cf. H. Goldschmidt, 35 - 37.

③ In a lecture given in 1709, Abbé Fraguier describes poetry and painting as arts that have only pleasure for their end (*Histoire de l'Académie Royale des In scriptions et Belles Lettres* ... I (1736), 75ff.). In a *Deffense de la Poësie*, presented before 1710, Abbé Massieu distinguishes "ceux [arts] qui tendent a polir l'esprit" (eloquence, poetry, history, grammar); "ceux qui ont pour but un délassement et un plaisir honneste" (painting, sculpture, music, dance); and "ceux qui sont les plus nécessaires a la vie" (agriculture, navigation, architecture) (*Mémoires de littérature tires de l'Académie Royale des Inscriptions* II (1736), 1851.). In a lecture of 1721, Louis Racine links poetry with the other *beaux arts* (*ibid.*, V (1729), 326). In a lecture of 1719, Fraguier treats painting, music, and poetry as different forms of imitation (*ibid.*, VI (1729), 265ff.). There are many more papers on related subjects.

④ Réflexons critiques sur la poësie et sur la peinture, 4th ed., 3 vols. (Paris, 1740). A. Lombard, L'Abbe' Du Bog: Un initiateur de la pensée moderne (1670 - 1742) (thes. Paris, 1913). Id., *La Querelle des anciens et des modernes*; *L'Abbé du Bos* (Neuchatel, 1908). Aug. Morel, *étude sur l'Abbé Dubos* (Paris, 1850). Marcel Braunschvig, *L'Abbé DuBos renovateur de la critique au XVIIIe siècle* (thes. Paris, Toulouse, 1904). P. Peteut, *Jean-Baptiste Dubos* (thes. Bern, 1902). E. Teuber, "Die Kunstphilosophie des Abbé Dubos" *Zeitschrift für Aesthetik und allgemeine Kunstwissenschaft* 17(1924), 361 - 410. H. Trouchon, *Romantisme et Préromantisme* (Paris, 1930), 128ff.

术的优越性。他的作品的意义在于,他是较早——虽然不是最早——作为业余作家讨论绘画的人,他的论点与众不同,即有教养的公众而不是专业艺术家才是绘画(如同诗)的最好裁判。① 他并没有发明"美的艺术"这个说法,也非最先将之运用到视觉艺术之外的人,但是,他无疑让诗是美的艺术之一种的观点流行开来。② 他同时明确提出,艺术和科学的不同在于前者依靠"天才"或天赋,而后者以知识的积累为基础。③ 我们发现,在这方面,他是继承了"古今之争"中"现代人"尤其是佩罗的著作。④ 有意思的是,他也熟悉像沃顿和艾迪生这样的英国作家。⑤ 最后,虽然他的作品的标题仅仅显示诗和绘画,他却经常反复提到与绘画相关联的其他艺术,尤其是雕塑和雕刻,⑥也频繁地讨论音乐,⑦以至于他的英文译者在他的书的标题中特意地指示这门艺术。⑧不过,虽然杜博斯观点丰富、有趣,但他的陈述和安排却是缺乏体系的,他也没有提供诗和画之外的艺术的精确列表,或者前后一贯地将它们从其他专业领域中区分开来。⑨

---

① II, 323ff.

② I, 4; II, 131.

③ "Qu'il est des professions oû le succès depend plus du genie quo du secours que l'art peut donner, et d'autres oû le succès depend plus du secours qu'on tire de l'art que du genie. On ne doit pas inferer qu'un siècle surpasse un autre siècle dans les professions du premier genre, parce qu'il le surpasse dans les professions du second genre." The ancients are supreme in poetry, history and eloquence, but have been surpassed in the sciences such as physics, botany, geography, and astronomy, anatomy, navigation. Among the fields where progress depends "plus du talent d'inventer et du genie naturel de celui qui les exerce que de l'état de perfection oû ces professions se trouvent, lorsque l'homme qui les exerce fournit sa carrière," Dubos lists painting, poetry, military strategy, music, oratory, and medicine (II, 558ff.).

④ Lombard, *La querelle*. *Id.*, L'Abbé Du Bos, 183ff.

⑤ Lombard, *L'Abbé Du Bois*, 189f. and 212.

⑥ I, 393;481. II, 157f.; 177;195;224;226; 228ff.

⑦ I, 435ff.; 451 ("Les premiers principes de la musique sont done les mêmes que ceux de la poësie et de la peinture. Ainsi que la poësie et la peinture, la musique est une imitation"). The third volume, which deals with the ancient theatre, contains an extensive treatment of music and the dance.

⑧ *Critical Reflections on Poetry, Painting and Music*, translated by Thomas Nugent (London, 1748).

⑨ Thus he once groups together grammarians, painters, sculptors, poets, historians, orators (II, 235). For another example, see above, note 176.

伏尔泰也在他的《品味殿堂》(*Temple du Goût*)(1733)中将几种美的艺术联结在一起,不过是以一种随意的而非决断的方式。这表明,他无法或无意于提供一个明晰的体系。① 对于这个问题的历史更为重要的 P. 安德烈(Père André)的《论美》(1714),其产生了很大影响。② 他的笛卡儿背景值得注目,虽然我们还不足以认为笛卡儿拥有一种美学。③ 这部书的主要部分讨论了可见之美,包括自然、视觉艺术、道德之美、精神作品之美——他指的是诗和演讲术——以及音乐之美。④ 由此,安德烈比克鲁萨或杜博斯更接近于艺术体系,但是在他的论文中,艺术依然是与道德相联结,并在广义上从属于美的问题。

向美的艺术的体系迈出决定性一步的,是 A. 巴托(Abbè Batteux)的著名的、具有影响力的论文《同一原则下的美的艺术》(*Les beaux arts réduits à un même principe*)⑤(1746)。实际上,他的体系中的许多因素来自于以前的作家,但不应忽视的是,他是在一篇关于这个问题的专论中建立起一个清晰体系的第一人。仅仅这一点就可以解释他的原创性声明以及他在法国和国外尤其德国所产生的巨大影响力。⑥ 可以说,巴托编制了美的艺术的现代体系的近乎最终的形式,而在他之前的作者仅仅是为此做铺路而已。他在前言中以亚里士多德和贺拉斯的诗学理论开始,期望将他的原则从诗和绘画延伸到其他艺术。⑦ 在他的第

---

① "Nous trouvames un homme entouré de peintres, d'architectes, de sculpteurs, de doreurs, de faux connoisseurs, de fiateurs" (Voltaire, *Le temple du gout*, ed. E. Carcassonne [Paris, 1938], 66). "On y passe facilement, / De la musique a la peinture, / De la physique au sentiment, / Du tragique au simple agrément, / De la danse a l'architecture" (*ibid.*, 84).

② *Essai sur le Beau* (Amsterdam, 1759; first ed. 1741). Cf. E. Krantz, *Essai sue l'esthétique de Descartes* ... (Paris, 1882), 311ff. 185 Krantz, *l. c.*

③ 原文缺——译者。

④ "Beau visible; beau dans les moeurs; beau dans les pièces de l'esprit; beau musical" (cf. p. 1).

⑤ *Les beaux arts réduits à un même principe*, new ed. (Paris, 1747; first ed., 1746). Cf. M. Schenker, *Charles Batteux und seine Nachahmungstheorie in Deutschland* (Leipzig, 1909). Eberhard Freiherr von Danckelman, *Charles Batteux* (thes. Rostock, 1902).

⑥ Trouchon, *i. e.* Schenker, *i. e.* For an English treatise based on Batteux, see below.

⑦ "Le principe de l'imitation que le philosophe grec (Aristotle) établit pour les beaux arts, m'avoit frappé. J'en avois senti la justesse poûr la peinture qui est une poesie muette ..." (p. VIII). "J'allai plus loin: j'essayai d'appliquer le même principe a la musique et a l'art de geste" (VIII f.). He also quotes Cicero, *Pro Archia*, for the unity of the fine arts (p. X).

一章中,巴托对各门艺术做出明确区分。

他区分了以愉悦为目标的美的艺术以及机械的艺术,将美的艺术罗列如下:音乐、诗、绘画、雕塑和舞蹈。[①] 他把将愉悦和实用相结合的艺术列为第三组,演讲术和建筑从属于这个范畴。在论文的核心章节,他试图指出,"模仿美的自然"是一切艺术的共同原则;在他的结尾,他提出戏剧是所有其他艺术的综合。18 世纪后期的德国批评家以及稍后的历史学家,是并不满意于他的模仿理论的,但是他们没有认识到,他只是把他们所认可的诸艺术构建为体系,而且他们自己也不过是想寻找不同的原则而已。他们同样忽视了这一事实:为了获得某种貌似古代权威的表象,备受诽谤的模仿原则恐怕是巴托之类的古典主义者对艺术进行归类时所能遣用的唯一原则了。因为"模仿性"艺术是"美的艺术"的唯一真正的古代先例,只有在美的艺术的体系可以无须经由古代模仿原则来联结之后,模仿原则才能被代替。人们过分看重狄德罗对巴托的批评,他其实仅仅牵涉到巴托界定和运用他的原则的方式,而非原则本身,更不用说他所创立的艺术体系了。

事实上,狄德罗和《百科全书》的其他作者不仅追随了巴托的美的艺术的体系,而且完成了最后一笔,并使得它在法国及其他欧洲国家风靡一时。孟德斯鸠在他为《百科全书》撰写的关于趣味的论文中,理所当然地使用了美的艺术。[②] 狄德罗涉猎音乐和视觉艺术,熟悉夏夫兹博里、艾迪生和哈奇生这样的英国作家,在《关于聋哑人的通信》(*Lettre sur les Sourds et Muets*)(1751)中,他批评了巴托。在这本书中,他要求对诗、绘画和音乐进行更好、更细致的研究,考虑各门艺术的不同表达方式;这些表达方式甚至会影响对于同一个主题的处理。[③] 在为《百科全书》撰写

---

① "Los autres ont pour objet le plaisir ... on les appelle les beaux arts par excellence. Tels sont la musique, poésie, la peinture, la sculpture et l'art du geste ou la danse" (p. 6).

② *Essai sur le gout* (*Oeuvres complètes de Montesquieu*, ed. E. Laboulaye, VII [Paris, 1879], 116): "La poésie, la peinture, la sculpture, l'architecture, la musique, la danse, les différentes sortes de jeux, enfin les ouvrages de la nature et de l'art peuvent lui [to the soul] donner du plaisir ..." Cf. Edwin P. Dargan, *The Aesthetic Doctrine of Montesquieu* (thes. Johns Hopkins University, Baltimore, 1907), 21.

③ *Oeuvres completes de Diderot*, ed. J. Assézat, 1(1875), 343ff. The preface is addressed to Batteux (*Lettre à l'auteur des Beaux-arts réduits a un même principe*, 347). Towards the end of his treatise, Diderot summarizes his criticism as follows: "Mais rassembler les beautés communes de la poésie, de la peinture et de la musique; en montrer les analogies; expliquer comment le poète, le peintre et le musicien rendent le même(转下页)

的关于艺术的论文中,狄德罗并没有讨论美的艺术,而是使用了自由的艺术与机械的艺术的区分,并强调后者的重要性。① 但是,在他关于美的论文中,他讨论美的艺术,提到克鲁萨和哈奇生并充分肯定了安德烈和巴托,声称这两部优秀的著作最好地论及了其所涉及的范畴,仅仅批评巴托未能更加清晰、明确地界定"美的自然"的概念。②

达朗贝尔的著名的《〈百科全书〉导论》(*Discours préliminaire*)同样有趣。据称,他以 F. 培根为基础,明确区分哲学——包括自然科学以及语法、演讲术和历史领域——和"那些由模仿组成的认识";列入后者的包括:绘画、雕塑、建筑、诗和音乐。③ 他批评那种自由的艺术和机械的艺术的旧式区分,接着又将自由的艺术再分为以愉悦为目的的美的艺术,以及语法、逻辑和道德这些更为必需或有用的自由的艺术。④ 他最后将知识大致分为哲学、历史和美的艺术。⑤ 这一论述有着摇摆性和旧观念的残留,但却确立了现代艺术体系的最终形式,与

(接上页) image ... c'est ce qui reste a faire, et ce que je vous conseille d'ajouter *à* vos Beaux-arts réduits a un même principe. Ne manquez pas non plus de mettre a la tête de cet ouvrage un chapitre sur ce que c'est que la belle nature, car je trouve des gens qui me soutiennent que, faute de l'une de ces choses, votre traité rests sans fondement; et que, faute de l'autre, Il manque d'application" (385). On Didorot's aesthetic doctrines, see: Werner Leo, *Diderot als Kunstphilosoph* (thes. Erlangen, 1918). R. Loyalty Cru, *Diderot as a Disciple of English Thought* (New York, 1913), 395ff.

① *Encyclopédie ou Dictionnaire Raisonné des sciences, des arts et des métiers* I (Paris, 1751), 713ff.

② "Son Essai sur le beau [*i. e.*, of Père André] est le système le plus suivi, le plus étendu et le mieux lié quo je connaisse. J'oserais assurer qu'il est dans son genre ce que le Traité des Beaux-Arts réduits a un seul principe est dans le sein. Ce sont deux bons ouvrages auxquelles il n'a manqué qu'un chapitre pour être excellents ... M. l'abbé Batteux rappelle tous les principes des beaux-arts a l'imitation de la belle nature; mais il ne nous apprend point ce quo c'est quo la belle nature" (Diderot, Oeuvres 10[1876], 17. *Encyclopédie* 2[1751], 169ff.). For the same criticism of Batteux, see also the *Lettre sur les sourds*, above, note 192.

③ "Des connaissances qui consistent dans l'imitation" (D'Alembert, *Oeuvres* [Paris, 1853], 99f. Cf. *Encyciopédie* I (1751), p. 1ff.).

④ "Parmi les arts libéraux qu' on a réduit a des principes, ceux qui so proposent l'imitation de la nature ont été appelés ' beaux-arts, parce qu'ils ont prince-[palement l'agrément pour objet. Mais ce n'est pas la seule chose qui les distingue des arts libéraux plus nécessaires ou plus utiles, comme la grammaire, la logique ou la morale" (105)

⑤ "La peinture, la sculpture, l'architecture, la poésie, la musique et leurs différentes divisions composent la troisième distribution générale, qui naît de l'imagination, et dont les parties sont comprises sous le nom de beaux-arts" (117).

之同时也反映了其起源。知识的三分法沿了培根的道路,但是重要的是,达朗贝尔讲到五种美的艺术,而培根却只提到诗。达朗贝尔意识到,美的艺术的新概念取代了他所批评的自由艺术的旧概念,他图谋通过将美的艺术当作自由艺术的分属而达成折衷,从而为行将消逝的自由艺术保留了最后一抹痕迹。最后,他自曝他在某些术语和模仿原则上依傍巴托,但是,他反对巴托及古典传统。他现在将建筑纳入模仿性艺术,从而移走了使得巴托体系隔绝于美的艺术的现代体系的最后一个不规则之物。这样,我们可以得出结论说,《百科全书》尤其是它著名的导言,追随并超越了巴托,进一步将美的艺术的体系编撰成典,并通过它的声望和权威,使这个体系最大可能地在整个欧洲流传开来。

18 世纪中叶和《百科全书》出版之后,在法国,关于美的艺术的研究在一段时间内似乎并未经历任何根本性的变化。这一观念经由拉孔布的涉及建筑、雕塑、绘画、雕版、诗和音乐的美的艺术的袖珍字典,以及其他类似的著作,流行并固定下来。[①] Beaux Arts(“美的艺术”)和“Art”,在一种新的意义上,寻找到了进入法语词典的方式;之前它们是被弃置于词典之外的。当这一革新将一些旧的学院融合成美的艺术学院时,它又赋予此词一种新的机构上的表现。[②] 渐渐地,德国美学的进一步发展开始影响法国的哲学和文学。《百科全书》第 2 版于 1781 年在瑞士出版。舒尔茨(Suizer)加进了一篇关于美学的论文,[③] 并且在论艺术的文章之后附上了关于美的艺术的一章。这些都是第 1

---

① Jacques Lacombe, *Dictionnaire portatif des Beaux-Arts ou Abrégé de ce qui concerne l'architecture, la sculpture, la peinture, la gravure, la poësie et la musique, avec la definition de ces arts, l'explication des termes et des choses qui leur appartiennent*, new ed. (Paris, 1753; first ed. 1752). The preface refers to “Le goût quo le public témoigne pour les Beaux-Arts” and to “la nécessité d'un livre qui renferme les Recherches et les Connoissances d'un amateur” (p. III). Pierre Estève, *L'esprit des Beaux Arts*, 2 vols. (Paris, 1753). P.-J.-B. Nougaret, *Anecdotes des Beaux Arts, contenant tout ce que la Peinture, la Sculpture, la Gravure, l'Architecture, la Littérature, la Musique etc. et la vie des artistes offrent de plus curieux et de plus piquant*, 3 vols. (Paris, 1776 - 80; the work actually covers only the visual arts).

② Aucoc, 6 - 7. The section for literature and the fine arts of the *Institut*, created in 1795, comprised: grammaire, langues anciennes, poésie, antiquité et monuments, peinture, sculpture, architecture, musique, déclamation.

③ *Eneyclopédie* 13 (Berne and Lausanne, 1781), 84 - 86: “Esthétique ... terme nouveau, inventé pour designer une science qui n'a été réduite en forme que depuis peu d'années. C'est la philosophie des beaux-arts.” [Aristotle did not have such a theory.](转下页)

版所没有的。① 在 19 世纪早期,哲学家 V. 库辛(Victor Cousin)追随康德和 18 世纪的苏格兰思想家,以及他所发现的柏拉图、普罗克洛及其他古典资源,将他的哲学体系围绕善、真、美这三个概念展开,"美"被理解为艺术和美学的领域。② 库辛对 19 世纪晚期的巨大影响力使得现代价值理论中的这三位一体确立了下来,并加固了美学在哲学学科体系中的位置。许多思想家和历史学家禁不住依据这一体系来解释许多古代和中世纪观念;这些观念虽然表面上与之类似,实则却拥有非常不同的含义和语境。与之同时,当库辛的学说在哲学家和历史学家之间流布之际,法国的文学和批评已然在吸吮浪漫主义的甘露了。他们开始提出与 18 世纪讨论无关的关于艺术及其阐释的现代问题和理论,从而为更加晚近的趋向准备了道路。

七、英　国

在追溯了 18 世纪法国的发展之后,我们或许应该研究一下英国的艺术思想史了。③ 直到 17 世纪末期及之后一段时间,英国作家皆强

(接上页)"M. Dubos est, si je ne me trompe, le premier d'entre les modernes qui ait entrepris de déduire d'un principe général la théorie des beaux-arts, et d'en démontrer les règles ... Feu M. Baumgarten ... est le premier qui ait hasardé de créer sur des principes philosophiques la science générale des beaux-arts, à laquelle il a donné Je nom d'esthétique."

① *ibid*. 3(1781), 484ff.

② V. Cousin, *Du Vrai, du Beau et du Bien*, 29th ed. (Paris, 1904; first ed., 1836, based on lectures delivered in 1817 – 18). Cf. P. Janet, *Victor Cousin et son oeuvre* (Paris, 1885). E. Krantz (*Essai sur l'esthétique de Descartes* [Paris, 1882], 312f.) emphasizes that Cousin was the first French thinker who gave a separate place to aesthetics and to beauty in his philosophical system.

③ James E. Tobin, *Eighteenth Century English Literature and its Cultural Background: A Bibliography* (New York, 1939), 11 – 16; 27 – 33. John W. Draper, *Eighteenth Century English Aesthetics: A Bibliography* (Heidelberg, 1931). B. Sprague Allen, *Tides of English Taste* (1619 – 1800), 2 vols. (Cambridge, Mass., 1937). F. Mirabent, *La estética inglesa del siglo XVIII* (Barcelona, 1927). Karl L. F. Thielke, *Literatur-und Kunstkritik in ihren Wechselbeziehungen: Em Beitrag sue englischen Aesthetik des 18. Jahrhunderts* (Halle, 1935). John W. Draper, "Aristotelian 'Mimesis' in Eighteenth Century England," *PMLA* 36 (1921), 372 – 400 Id., "Poetry and Music in Eighteenth Century Aesthetics," *Englische Studien* 67 (1932 – 33), 70 – 85. J. G. Robertson, (转下页)

烈地受到法国作家的影响,但是在18世纪,他们做出了自己最重要的贡献,反过来亦影响了大陆尤其是法国和德国的思想。对于诗之外的艺术的兴趣,在17世纪英国的文学中开始渐露端倪。也许,百科全书式的著作对于美的艺术的各门类的独立功能是毫无意识的。① 但是像H.皮查姆(Henry Peacham)那样接续文艺复兴业余爱好者传统的作者,却不仅能够撰文论画,并且还倡言,若要炼成一位完美的绅士,需具备绘画、音乐、诗、古典研究之涵养,还要收集钱币和其他古物,以及自然界的奇物。② 约翰·伊夫林(John Evelyn)是鉴赏家的典范,他兼怀科学和艺术的雅兴,③但是他关于皇家学会的鉴赏家的著作转眼之间却在艺术和科学之间树立了不可逾越的樊篱。④ "古今之争"至少部分源自于17世纪自然科学的独立,这时从法国蔓延到了英国。英国最重要的展示现代人观点的论文出自沃顿之手,其试图体系性地涉及人类的一切艺术和活动,如同佩罗所为,并像佩罗那样强调科学与艺术之间的本质区别;在他看来,科学自古代以来一直持续进步,艺术则是另一回事。⑤ 与此"争"相关的一部法国著作即卡利埃尔(Callière)

(接上页) *Studies in the Genesis of Romantic Theory in the Eighteenth Century* (Cambridge, 1923), 235ff. Elizabeth W. Manwaring, *Italian Landscape in Eighteenth Century England* (New York, 1925), 14ff. Herbert M. Schueller, "Literature and Music as Sister Arts: An Aspect of Aesthetic Theory in Eighteenth-Century Britain," *Philological Quarterly* 26 (1947), 193 - 205.

① George Hakewill (*An Apologie or Declaration of the Power and Providence of God in the Government of the World* ..., 3rd ed., Oxford, 1635), who compares the ancients and moderns in the arts and sciences (Bury, 89), puts poetry between history and the art military (278ff.), architecture and painting between philosophy and navigation (303ff.), whereas sculpture and music receive no separate treatment in his work.

② See above, note 110.

③ *The Literary Remains of John Evelyn*, ed. W. Upcott (London, 1834).

④ James A. H. Murray, *A New English Dictionary on Historicai Principles*, vol. 10, pt. 2 (Oxford, 1928), 240f. Several of the seventeenth-century passages given for "virtuoso" include a scientific interest. The limitation of the term to a taste for the arts is clear in Shaftesbury, see below-Cf. Manwaring, *i.e.*, 25.

⑤ William Wotton, *Reflections upon Ancient and Modern Learning*, 3rd ed. (London, 1705). "... of these particulars there are two sorts: one, of those wherein the greatest part of those learned men who have compared Ancient and Modern Performances, either give up the cause to the Ancients quite, or think, at least, that the Moderns have not gone beyond them. The other of those, where the Advocates for the Moderns (转下页)

的《古今之争的历史》的译本,直到1705年才问世,其标题已显示出美的艺术之间的日益增强的亲缘关系。[①] 甚至在17世纪末之前,德莱顿(Dryden)就翻译了迪·弗雷西诺(Du Fresnoy)的论绘画的诗以及德·皮莱的评论,并且附上了他关于诗画之间相通性的导言——这使得这一观点在英国大行其道。[②] 这一译本也吸引了约舒亚·雷诺兹爵士(Sir Joshua Reynolds)做了一些笔记。[③] 在18世纪早期,J.理查森(Jonathan Rechardson)赞扬绘画是一种自由的艺术,[④]丹尼斯(John Dennis)则在几篇关于诗学的评论中强调诗、绘画和音乐的亲缘关系。[⑤]

(接上页)think the case so clear on their side, that they wonder how any man can dispute it with them. Poesie, Oratory, Architecture, Painting, and Statuary, are of the first sort; Natural History, Physiology, and Mathematics, with all their Dependencies, are of the second" (p. 18, end of ch. 2). "The generality of the learned have given the Ancients the preference in those arts and sciences which have hitherto been considered: but for the precedency in those parts of learning which still remain to be enquired into, the Moderns have put in their claim, with great briskness. Among this sort, I reckon mathematical and physical sciences, in their largest extent" (p. 74f., ch. 7). In the first group, Wotton discusses Moral and Political knowledge, Eloquence and Poesie, grammar, architecture, statuary and painting. The second group includes, besides the sciences, philology and theology, also gardening which is treated with agriculture (ch. 22, p. 272) and music which is placed between optics and medicine (ch. 25, p. 307). The chapter on gardening is lacking in the first edition (London, 1694). Wotton does once compare music with painting ("For, in making a Judgment of Music, it is much the same thing as it is in making a judgment of Pictures," 311), but he treats music as a "physico-mathematical science, built upon fixed rules, and stated proportions" (309f.), and also in other respects his two groups do not coincide with the modern distinction between fine arts and sciences. Wotton is obviously moving towards that distinction, but I do not see that he goes beyond Perrault in this respect, as stated by Rigault (323f.) and Bury (121f.). No distinction between the arts and sciences is made by Sir William Temple, "An Essay upon the Ancient and Modern Learning" (1690), in *Critical Essays of the Seventeenth Century*, ed. J. E. Spingarn, vol. 3 (Oxford, 1909), 32-72.

① See above, note 163.

② C. A. Du Fresnoy, *De arte graphica*, tr. J. Dryden (London, 1695), p. I-LVIII: "Preface of the Translator, with a Parallel of Poetry and Painting." *The Critical and Miscellaneous Prose of John Dryden*, ed. E. Malone, vol. III (London, 1800), 291ff.

③ Sir Joshua Reynolds, *The Literary Works* II (London, 1835), 297-358 (first ed., 1783).

④ Jonathan Richardson, *The Theory of Painting* (first published in 1715), in his *Works* (London, 1792), 5ff.

⑤ *The Critical Works of John Dennis*, ed. Edward N. Hooker, vol. I (Baltimore, 1939), 201f. ("The Advancement and Reformation of Modern Poetry," 1701); 336 ("The Ground of Criticism in Poetry," 1704).

夏夫兹博里的著作尤其重要。他是 18 世纪最具影响力的作家,其影响不仅限于英国,而且波及欧洲大陆。① 他对文学和艺术的兴趣是著名的,他的著作中充满对各门艺术及其美的言谈。他所体现和倡导的理想鉴赏家不再像 17 世纪那样心怀科学,而是以艺术和道德生活来安身立命。② 既然夏夫兹博里是现代欧洲第一位在其著作中让艺术研究占据重要一席之地的哲学家,故而颇可认为他就是现代美学的创始人。③ 但是,夏夫兹博里主要受到柏拉图、普洛提诺以及西塞罗的濡染,因此同样没有对艺术美和道德美做出明确区分。④ 而且,他的道德感仍然同时指向伦理对象和审美对象。⑤ 虽然他的著作频频地提及某门特定艺术,⑥甚至完全致力于绘画或诗的主题,⑦但同时论及诗、视觉艺术和音乐的段落却非常少见,而且观点也不见得比早前的作者更加明确。⑧ 尤其是诗依然与演讲术甚至历史一同出现,这反映了"人文学"的文艺复兴宗祧。⑨ 同样在英国以及欧洲大陆,至少在文学界具

---

① His importance is stressed by all historians of aesthetics. See also E. Cassirer, *Die platonische Renaissance in Engiand und die Schule von Cambridge* (Leipzig, 1932), 115; 138ff. G. Spicker, *Die Phiiosophie des Grafen von Shaftesbury* (Freiburg, 1872), 196ff. Christian Friedrich Weiser, *Shaftesbury und das deutsche Geistesleben* (Leipzig-Berlin, 1916). L. Stuermer, *Der Begriff "moral sense" in der Philosophie Shaftesbury's* (thes. Königsberg, 1928).

② Anthony, Earl of Shaftesbury, *Characteristics*, ed. John M. Robertson (London, 1900), vol. I, 214f. ; II, 2521. *The Life, Unpublished Letters, and Philosophical Regimen of Anthony, Earl of Shaftesbury*, ed. B. Rand (London, 1900), 249 ("A virtuoso to propose poetry, music, dance, picture, architecture, garden, and so on"); 4161. ("Had Mr. Locke been a virtuoso, he would not have philosophized thus"); 478;484;496;506.

③ See Cassirer, *i.e.*, above, note 214.

④ *Characteristics* II, 128;138.

⑤ *Characteristics* I, 262; II, 136f.

⑥ Anthony, Earl of Shaftesbury, *Second Characters*, ed. B. Rand (Cambridge,1914).

⑦ *Characteristics* I, 101ff.

⑧ "From music, poetry, rhetoric, down to the simple prose of history, through all the plastic arts of sculpture, statuary, painting, architecture, and the rest; everything muse-like, graceful, and exquisite was rewarded with the highest honours ...", (*i. e.*, 'by the Greeks). *Characteristics* II, 242. Cf. *ibid.*, II, 330, where criticism of poetry is compared to the judgment of music or painting. I, 94 (beauty in architecture, music, poetry); II, 129; 252f.

⑨ II, 242. There seems to be a tendency in Shaftesbury to associate not only the beauty of the senses with the visual arts and music, but also the beauty of character and virtue, or moral 'beauty, with poetry. I, 136 ("moral artist"); 216 ("poetical(转下页)

有影响力的是艾迪生(Joseph Addison)。他关于想象的几篇文章刊载在1712年的《旁观者》(*Spectator*)上;其不同寻常之处不仅在于这几篇文章如此先知先觉地重视这种机能,更在于他把想象的愉悦归属于自然风景的同时也归属于各门艺术。他并未提供某种明确的体系,但总是论及建筑、绘画和雕塑、诗和音乐,并明确指出:想象的愉悦可以在艺术作品中觅得。①

夏夫兹博里学说的哲学内涵在一群苏格兰哲学家的手里获得新的发展。自视私淑夏夫兹博里的F.哈奇生(Francis Hutcheson),凭借对道德感和美感的区分改造了夏夫兹博里的学说。② 这个被休谟所接受③、也为狄德罗所引用过的区分,加快了伦理学和美学的分道扬镳,尽管哈奇生依然认为诗的趣味从属于道德感。④ 苏格兰学派晚期的另一位哲学家T.里德(Thomas Reid),则引入"常识"作为真理的直接标准。虽然他无疑受到亚里士多德的常识观念、斯多亚学派和"共同概念"(common notions)的现代观念的影响,但人们认为,他的常识

(接上页) and moral truth, the beauty of sentiments, the sublime of characters"); II, 318 ("to morals, and the knowledge of what is called poetic manners and truth"); 3311. ("a sense of that moral truth on which ... poetic truth and beauty must naturally depend"). This is not merely a residue of the old moralistic interpretation of poetry, but an attempt to correlate the emerging system of the fine arts with Plato's ladder of beauty. Cf. the statement of Castelvetro, above, note 92.

① Joseph Addison, *Works*, ed. Tickell, II (London, 1804), 354ff. (*Spectator*, no. 411ff.). Addison includes architecture, and perhaps gardening, along with natural sights, among the primary pleasures, whereas he lists as secondary pleasures the "arts of mimicry," *i.e.*, "statue, picture, description, or sound" (376). Significant also is a sentence from an earlier essay, published in the *Spectator*, no. 29, on April 3, 1711: "that music, architecture, and painting, as well as poetry and oratory, are to deduce their laws and rules from the general sense and taste of mankind ..." (*ibid.*, I, 78).

② Francis Hutcheson, *An Inquiry into the Original of our Ideas of Beauty and Virtue* (Glasgow, 1772; first ed., 1725), p. XI; 8; 100. Cf. Thomas Fowler, *Shaftesbury and Hutcheson* (New York, 1883). William Robert Scott, *Francis Hutcheson* (Cambridge, 1900). John J. Martin, *Shaftesbury's und Hutcheson's Verhältnis zu Hume* (thes. Halle, 1905).

③ D. Hume, *An Enquiry concerning the Principles of Morals* (1751), Appendix I: "Concerning Moral Sentiment." Cf. *A Treatise of Human Nature* (1739-40), Book III, Part I, Section II.

④ *L. c.*, 239 ("We shall find this sense to be the foundation also of the chief pleasures of poetry"). For the root of this idea in Shaftesbury, see above, note 222.

其实是哈奇生的两种感觉的对应物。[①] 这样,苏格兰学派的心理学导致探究心灵三种机能的学说的道路,这在康德那里获得最终的发展形态并被库辛所运用。

其他更多受到批评而非哲学兴趣之驱使的英国作家——很有可能受到法国作家的影响——使得诗、绘画、音乐之间相亲缘的观点流行起来,如 C. 拉莫特(Charles Lamotte)[②]和 H. 雅各布斯(Hidebrand Jacobs)等人。[③] 较具哲学性的是哈里斯的文章,他接续了夏夫兹博里的传统并对德国作家略有影响。他的三篇文章中的第一篇,是以一种优美的对话形式写成的,但充满古典作家的评注;在这篇文章中,哈里斯在亚里士多德基础上阐明了艺术的概念及其更早期的泛义。在第二篇文章中,他区分了必需的艺术与优美的艺术,尤其将后一范畴分为音乐、绘画和诗,并依照各自的优点将三者相互比较。第三篇论及幸福是人类行为的一种艺术。[④] 差不多在同一时期,诗人

---

① Thomas Reid, *Works*, 4th ed. (Edinburgh, 1854). Matthias Keppes, *Der Common Sense als Princip der gewissheit in der Philosophie des Schotten Thomas Reid* (Munich, 1890), 15. Cf. F. Ueberweg, *Grundriss der Geschichte der Philosophie*, III, 12th ed. (Berlin, 1924), 416. 0. Robbins, "The Aesthetics of Thomas Reid," *The Journal of Aesthetics and Art Criticism* 5(1942),30 - 41.

② Charles Lamotte, *An Essay upon Poetry and Painting* ... (Dublin, 1745; first ed., 1730).

③ Hildebrand Jacobs, *Of the Sister Arts; an Essay*, in his *Works* (London, 1735), 379 - 419 (first ed., 1734). "If it be allow'd with Cicero that all Arts are related, we may safely conclude, that Poetry, Painting, and Music are closely ally'd" (379). "Poetry is much nearer ally'd to Painting, than to Music. Lyric Poetry approaches more to Music than any other Species of it, as Dramatic, and Pastoral Poetry do to Painting" (380). "The same Rules which Aristotle lays down as necessary for the Poets to observe in the Formation of he (*sic*) Manners, or Characters, are equally instructive to the Painters" (401). "That the Ancients were more excellent than we in most Parts of these Arts of Ornament, is as manifest, as that latter Ages have invented many useful Things entirely unknown to them" (412). However, the moderns are said to be superior in music (392). These statements are so explicit and interesting that it would be worth while to explore the influence of this author in France and Germany.

④ J(ames) H(arris), *Three Treatises, the first concerning art, the second concerning music, painting, and poetry, the third concerning happiness* (London, 1744). "All arts have this in common that they respect human life. Some contribute to [its necessities, as medicine and agriculture; others to its elegance, as music, painting, and poetry" (53). These three arts are called mimetic (65;94).]

艾肯塞德(Akenside)继续了艾迪生的书写;①在18世纪中叶以前,杜博里和巴托的重要法文作品已与英文读者见面,前者有译本,②后者则是冠名为《政治艺术》的一个匿名版本,或者说是摘要。③

在18世纪的后半期,英语作家继续讨论各门类艺术。但是,他们与其说感兴趣于解释与提出一种美的艺术的体系——他们视此为当然之事——不如说感兴趣于艺术的一般概念和原则,如休谟、伯克和热拉尔(Gerard),或是各艺术之间的相互关联,如D. 韦布(Daniel

---

① Mark Akenside, *The Pleasures of Imagination*, in his *Poetical Works*, ed. G. Gilfihlan (Edinburgh, 1857), 1ff. In the preface of 1744, painting and sculpture, music and poetry are listed as imitative arts, and the poem is said to cover "all the various entertainment we meet with, either in poetry, painting, music, or any of the elegant arts" (p. 1). In the general argument added to the edition of 1757, the pleasures of imagination are said to proceed from natural objects or "from works of art, such as a noble edifice, a musical tune, a statue, a picture, a poem," and music, sculpture, painting and poetry are called "elegant arts" (77).

② See above, note 181.

③ *The Polite Arts, or, a Dissertation on Poetry, Painting, Musick, Architecture, and Eloquence* (London, 1749). The work is anonymous, and dedicated to William Cheselden. In the copy of the Yale IJniversity Library I have used, a contemporary manuscript note at the end of the preface identifies the author as follows: "Hippesley, son of the player, & bred under Mr. Cheselden & now surgeon abroad to the African company, 1753" (p. IX). This is obviously John Hippisley (d. 1767) son of the actor (d. 1748), to whom the following anonymous writings have been attributed: Dissertation on Comedy ... (London, 1750); Essays, 1. On the Populousness of Africa, 2. On the Trade at the Forts on the Gold Coast, 3. On the Necessity of erecting a Fort at Cape Appollonia (London, 1764). Cf. *Dictionary of National Biography* IX, 903. The essay on *The Polite Arts* appears to depend closely on Batteux. This is the division of the arts given in ch. 2: "Arts may be divided into three kinds. The first have the Necessities of Mankind for their Object ... From this the Mechanick Arts arose. The next kind have Pleasure for their Object ... They are called Polite Arts by way of Excellency, such are Musick, Poetry, Painting, Sculpture, and the Art of Gesture or Dancing. The third kind are those which have usefulness and Pleasure at the same time for their Object: such are Eloquence and Architecture" (5 - 6). A close comparison between the anonymous English essay and Batteux's treatise shows that the former follows the latter verbatim for large sections of the text, but alters its model through numerous transpositions, omissions and additions. The most important among the latter are two chapters on Eloquence and Architecture at the end of the English essay.

Webb)、J. 布朗(John Brown)(此处仅提其中几位大名鼎鼎者)。[①] 这个世纪的英国思想的大致趋向显示,所有这些英国、苏格兰作家都展示出对心理学的极大热情。他们对欧洲大陆产生了巨大影响,尤其是在德国出现了其著作的译本。有人指出,作家和文学批评家对于诗画之亲缘关系的强调在 18 世纪中叶后的追随者那里,迁变为对诗乐关系的不断加剧的坚持。[②] 其中一个原因可能在于,亨德尔的出现使得音乐在伦敦获得公众的关注,[③]犹如吕里的成功之于巴黎。另一方面,如果诗果真从与绘画为伴转变为与音乐为伴,那么这恰好反映了风格和趣味从描述性诗向情感性诗的转变——其对应于从古典主义到浪漫主义的转变。英国批评和艺术理论的新时代肇始于这个世纪末的柯勒律治;他从德国泊来康德和早期浪漫主义的审美观念。那些汲自柯勒律治的思想的进一步发展以及他在 19 世纪的英国继承人,则已非本书的讨论范围。

---

① Henry Home, Lord Kames, *Elements of Criticism* (New York, 1830; first ed., 1762). He lists poetry, painting, sculpture, music, gardening and architecture as "fine arts" (11). E. Burke, *A Philosophical Enquiry into the Origin of our Ideas of the Sublime and Beautiful* (London, 1770; first ed., 1757). Alexander Gerard, *An Essay on Taste* (London, 1759). He lists as the "finer arts": music, painting, statuary, architecture, poetry and eloquence (189). Daniel Webb, *Observations on the Correspondence between Poetry and Music* (London, 1769; cf. Hans Hecht, *Daniel Webb*, Hamburg, 1920). Dr. (John) Brown, *A Dissertation on the Rise, Union, and Power, the Progressions, Separations, and Corruptions, of Poetry and Musick* (London, 1763; cf. Hermann M. Flasdieck, *John Brown* (1715 - 66) *und seine Dissertation on Poetry and Music*, Halle, 1924). Thomas Robertson, *An Inquiry into the Fine Arts* (London, 1784; he quotes Batteux and Bettinelli, and lists as fine arts: music, speech, architecture, painting, sculpture, gardening, dance, eloquence, poetry and also history, cf. 14 - 17). Sir William Jones, *Essay II. on the Arts, commonly called Imitative*, in his *Poems*, 2nd ed. (London, 1777), 191ff. (he also quotes Batteux and discusses especially poetry, music and painting. James Beattie, *An Essay on Poetry and Music, as they affect the Mind*, 3rd ed. (London, 1779; written in 1762). Hugh Blair, *Lectures on Rhetoric and Belies Lettres* (London, 1787; first ed., 1783).

② John W. Draper, "Poetry and Music in Eighteenth Century Aesthetics," *Englische Studien* 67(1932 - 33), 70 - 85. Herbert M. Schueller, "Literature and Music as Sister Arts ...", *Philological Quarterly* 26(1947), 193 - 205.

③ Cf. H. Parker, *The Nature of the Fine Arts* (London, 1885), 18ff.

八、德　　国

17世纪的德国在整体上处于文化衰落期，关于艺术的讨论并未进入许多德国作家的视野。[①] 诗人奥皮茨(Opitz)似乎对诗画的相通之处稔熟于心，[②]但是，对于我们所试图描述的18世纪之前的发展，德国人毫无贡献。18世纪初期，对文学和文学批评的兴趣开始燃起，但并未引向对其他艺术的细致的或比较性的研究。不过，我们提到的一些法国和英国的作家已在这个世纪被广泛阅读，并被翻译成德文，诸如杜博斯、巴托、夏夫兹博里和哈里斯。瑞士作家博德默(Bodmer)和布赖廷格尔(Breitinger)的评论文章，从一开始就关注诗画之间的相通之处，这也反映了艾迪生甚至杜博斯的影响。[③] 甚至他们的反对者——古典主义者高特雪特(Gottsched)，也不时地提到诗与画、音乐

---

① For German aesthetics in the eighteenth century, see, besides the general histories of aesthetics: F. Braitmaier, *Geschichte der poetischen Theorie von den Diskursen der Mater bis auf Lessing*, 2 pts. (Frauenfeld, 1888 - 89). E. Gureker, *Histoire des doctrines littéraires et esthétiques en Allemagne*, 2 vols. (Paris, 1883 - 96). Robert Sominer, *Grundzüge einer Geschichte der deutschen Psychologie und Aesthetik von Wolff-Baumgarten bis Kant-Schiller* (Wurzburg, 1892). M. Dessoir, *Geschichte der neueren deutschen Psychologie*, 2nd ed. (Berlin, 1902). H. Goldschmidt, *Die Musikaesthetik des 18. Jahrhunderts ...* (Zurich and Leipzig, 1915). W. Dilthey, *Das Erlebnis und die Dichtung*, 4th ed, (Leipzig, 1913), 42ff. E. Cassirer, *Freiheit und Form*, 2nd ed. (Berlin, 1918), 97ff. Herman Wolf, *Versuch einer Geschichte des Geniebegriffs in der deutschen Aesthetik des 18. Jahrhunderts* (Heidelberg, 1923). K. Bauerhorst, *Der Geniebegriff ....* (thes. Breslau, 1930). B. Rosenthal, *Der Geniebegriff des Aufklärungszeitalters* (Berlin, 1933).

② C. Borinski, *Die Kunstlehre der Renaissance in Opitz' Buch von der deutschen Poeterey* (then. Munich, 1883), 44f.

③ *Die Discourse der Mahlern* (1721 - 22), ed. Th. Vetter (Frauenfeld, 1891). The analogy between poetry and painting is stressed in discourse no. 19 (p. 91) and extended to sculpture in discourse no. 20 (97ff.). The same analogy is stressed in the later works of Bodmer and Breitinger. See Johann Jacob Bodmer, *Critische Betrachtungen ueber die Poetischen Gemälde der Dichter* (Zürich, 1741), 27ff. Johann Jacob Breitinger, *Critische Dichtkunst* (Zurich, 1740), 3ff. and 29ff. (where the comparison with painting is extended to history and eloquence). Cf. R. De Reynold, *Histoire littéraire de la Suisse au XVIIIe siècle*, II (Lousanne, 1912): *Bodmer et l'Ecole Suisse*. R. Verosta, *Der Phantasiebegriff* (转下页)

和其他艺术之间的亲缘关系,[①]如同 J. E. 施莱格尔(Johann Elias Schlegel)。后者据说受到弗拉吉尔(Fraguier)等人回忆碑文学院的文章的影响。[②] 他的兄弟 J. A. 施莱格尔(Johann Adolf Schlegel),巴托的译者之一,在他自己的译本中增附上自己的文章,在其中,他批评模仿理论并提供了一种经改造的美的艺术的体系。[③] 但是,所有这些作家都主要感兴趣于诗学和文学批评,只是间或做比较时,才不得不扯上其他艺术。

这些诗人和文人的批评性研究为哲学家鲍姆嘉通和他的学生 G. F. 迈耶(George Freidrich Meier)的主要著作构造了背景。[④] 鲍姆嘉通因为新铸美学一词而闻名,但是,至于他是否是这个学科的创始人以

(接上页) bei den Schweizern Bodmer und Breitinger (*progr. Vienna*, 1908). *F. Braitmaier*, Die poetische Theorie Gottsched's und der Schweizer (*progr. Tübingen*, 1879). *F. Servaes*, Die Poetik Gottscheds und der Schweizer (*Strassburg*, 1887).

① Johann Christoph Gottsched, *Versuch einer Critischen Dichtkunst*, 3rd ed. (Leipzig, 1742), 98 (where poetry is compared with painting, sculpture, music and dance).

② Johann Elias Schiegels *Aesthetische und dramaturgische Schriften*, ed. J. von Antoniewicz (Heilbronn, 1887). In an essay composed in 1745, Schlegel compares poetry with architecture, painting and sculpture (97), in another essay dated 1742 - 43 with painting, sculpture and music (107ff.). On his French sources, see the introduction, p. XXXVI ff. and XCV ff.

③ Herrn Abt Batteux ... *Einschränkung der Schönen Künste auf einen einzigen Grundsatz*, tr. Johann Adolf Schiegel, 3rd ed. (Leipzig, 1770; first ed., 1751), II, 155ff.: "Abhandllung no. 5. Von der Eintheilung der schönen Künste nach ihrer verschiednen Absicht." Schiegel summarizes Batteux but insists that eloquence and architecture should be included among the fine arts (157) and also adds prose poetry as well as drawing and engraving to the list (180 - 81). Cf. Hugo Bieber, *Johann Adolf Schiegels poetische Theorie in ihrem historischen Zusammenhange untersucht* (Berlin, 1912).

④ Alexander Gottlieb Baumgarten, *Aesthetica*, ed. B. Croce (Bari, 1936; first ed., 1750 - 58). This edition also contains (1 - 45) his *Meditationes Philosophicae de nonnullis ad poema pertinentibus* (1735). B. Poppe, *Alexander Gottlieb Baumgarten* (thes. Münster, Borna-Leipzig, 1907), who publishes from a Berlin manuscript the text of Baumgarten's course on Aesthetics, delivered in German, probably in 1750 - 51 (65ff.). Georg Friedrich Meier, *Abbildung eines Kunstrichters* (Halle, 1745). *Id.*, *Anfangsgründe alier schönen Wissenschaften*, 2nd ed. (Halle, 1754 - 59; first ed., 1748 - 50). Thomas Abbt, *Alexander Gottlieb Baumgartens Leben und Character* (Halle, 1765). Georg Friedrich Meier, *Alexander Gottlieb Baumgartens Leben* (Halle, 1763). Th. W. Dannel, *Gottsched und seine Zeit*, 2nd ed. (Leipzig, 1855), 211ff. Carolus Raabe, *A. G. Baumgarten aestheticae in disciplinae formam redactae parens et auctor* (thes. Rostock, 1873). Hans Georg Meyer, *Leibniz und Baumgarten als Begründer der deutschen Aesthetik* (转下页)

及他在美学的历史和发展中到底占有什么样的位置，人们评说不一。鲍姆嘉通所新铸的美学一词的原初含义，如今几遭遗忘。它其实是关于感觉的知识的理论，正如逻辑学是关于理性知识的理论。① 鲍姆嘉通对美学的界定表明，他关心的是作为一种主要属性的艺术和美，但他依然在用旧词——自由的艺术，并且将它们视为是知识的形式。② 鲍姆嘉通是否真的提供了一种关于所有艺术的理论，抑或仅仅是改头换面的诗学和修辞学？这一问题争议很大，但答案显而易见。在他铸造美学之词的早期作品中，鲍姆嘉通独独关注诗学和修辞学。③ 在后来取名为《美学》的未完成著作中，鲍姆嘉通在导言中说道，他意在提供一种关于全部艺术的理论；④而事实上，他只是偶尔提到视觉艺术和音乐。⑤ 这一印象因为鲍姆嘉通最近才刊出的演讲⑥以及他的学生迈

（接上页）（then. Halle, 1874). Johannes Schmidt, *Leibnitz und Baumgarten*, *em Beitrag zur Geschichte der deutschen Aesthetik*（thes. Halle, 1875). E. Prieger, *Anregung und metaphysische Grundlagen der Aesthetik von Alexander Gottlieb Baumgarten*（thes. Berlin, 1875). M. Bojanowski, *Literarische Einflüsse bei der Entstehung von Baumgartens Aesthetik*（thes. Breslau, 1910). Ernst Bergmann, *Die Begründung der deutschen Aesthetik durch Alexander Gottiieb Baumgarten und Georg Friedrich Meier*（Leipzig, 1911). A. Riemann, *Die Aesthetik Alexander Gottlieb Baumgartens*（Halle, 1928). Hans Georg Peters, *Die Aesthetik Alexander Gottlieb Baumgartens und ihre Beziehungen sum Ethischen*（Berlin, 1934).

① "Sint ergo νοήτα cognoscenda facultate superiore objectum logices; [*HHC — Greek not displayed*] sive aestheticae"（*Meditationes*, ed. Croce, ＃116, p. 44). The distinction is reminiscent of the one made by Speusippus and related by Sextus Empiricus（*Adversus Mathematicos* VII, 145: [*HHC — Greek not displayed*]). *Aesthetica*, ＃1（ed. Croce, p. 55): "Aesthetica theoria liberalium artium, gnoseologia inferior, ars puicre cogitandi ... est scientia cognitionis sensitivae."

② *Ibid*. See also ＃3（p. 55）where the usefulness of aesthetics is thus described: "bona principia studiis omnibus artibusque liberalibus subministrare."

③ In the *Meditationes*（＃117, ed. Croce, p. 44 - 45), *rhetorica generalis* and *poetica generalis* are introduced as the main parts of *aesthetica*.

④ In ＃5（ed. Croce, p. 56）he raises this objection against himself: "eam eandem esse cum rhetorica et poetica," and answers thus: "latius pate... complectitur has cum allis artibus ac inter se communia."

⑤ ＃4, p. 55（musicus); ＃69, p. 76（musici); ＃780, p. 461 - 62（music, painting); ＃83, p. 82 - 83（music, the dance, painting, where painting is also assigned to one of the Muses.）

⑥ "Die ganze Geschichte der Maler, Bildhauer, Musikverständigen, Dichter, Redner wird hierher gehören, denn alle diese verschiedenen Teile haben ihre algemeinen Regeln in der Aesthetik"(ed. Poppe, 67). "Er [Aristotle] teilt seine Philosophie, wodurch （转下页）

耶的著作[①]而被确认。另一方面,很明显,正如当代批评家所指出的,鲍姆嘉通和迈耶只是就诗学和演讲术提出他们真正的理论,而他们的例子几乎统统来自文学。[②] 就他最先视艺术的一般理论为一种独立的哲学学科,在哲学体系中占有独特而界限清晰的位置而言,鲍姆嘉通是美学的创始人。但他没有发展出一种涉及诗和演讲术之外的学说,甚至也未提出有关其他艺术的一种体系的罗列和区分。在后一方面,法国作者尤其是巴托和百科全书派,先行并超过他,不过后者没能提出作为哲学体系一部分的艺术理论。正是因为有了 18 世纪后半期德国的思想和批评,关于美的艺术的更为具体的法国概念,才被运用到美学的哲学理论当中;这种哲学理论的一般范围和规划正由鲍姆嘉通所构想。

当迈耶试图回应对于其师鲍姆嘉通的批评时,他说道,鲍姆嘉通和他自己只是在谈论文学,因为他们对于其他艺术所知甚少。[③] 我们现在必须尝试追溯鲍姆嘉通之后的德国美学的壮大,指出这不仅是来自巴托、百科全书学派和其他法国和英国作家的影响,而且也因为作家、哲学家和普通公众对视觉艺术和音乐的兴趣的渐增。温克尔曼对

(接上页) die menschliche Kenntnis verbessert werden soll, in die Logik, Rhetorik und Poetik, die er zuerst als Wissenschaften vorträgt. Die Einteilung selbst ist unvollkommen. Wenn ich sinnlich schön denken will, warum soll ich bloss in Prosa oder in Versen denken? Wo bleibt der Maler und Musikus?" (69). ["... da die Erklärung auch auf Musik und Malerei gehen muss" (71). "... alle Künste, die man schön nennet, werden von der Kenntnis dieser Regein den grössten Nutzen haben" (75). "Die Aesthetik geht viel weiter als die Rhetorik und Poetik" (76). These lectures are also notable for the more frequent references to French, and English authors.]

① "So lange es Maler, Dichter, Redner, Musickverständige und so weiter gegeben hat, so lange ist Aesthetik ausgeübt worden" (*Anfangsgründe*, vol. I, #6, p. 10). He then lists as liberal arts and "fine sciences": "die Redekunst, die Dichtkunst, die Music, die Historie, die Malerkunst und wie sie alle heissen" (#16, p. 27). Cf. p. 21; 581, etc.

② "Wir werden in den Exempeln immer bei der Rede stehen blelben ... (Baumgarten, ed. Poppe, #20, p. 82). "Ob nun gleich die Aesthetick auch die Gründe zu den übrigen schönen Künsten enthält, so werde ich doch meine allermeisten Exempel aus den Rednern und Dichtern nehmen" (Meier, *Anfangsgründe*, pt. 1, #19, p. 31).

③ "Und wenn philosophische Köpfe, welche die Music, Malerkunst, und alle übrige schöne Kflnste ausser der Rede und Dichtkunst, verstehen, die aesthetischen Grundsätze auf dieselben werden anwenden: so wird der einzige Einwurf, der bisher mit Artigkeit und vielem Scheine wider die Aesthetic gemacht worden, gänzlich: wegfallen" (*Alexander Gottlieb Baumgartens Leben*, 43f.).

古典艺术的研究对于我们所研究的问题的历史格外重要，原因在于他在德国读者中激发了对古代雕塑和建筑的热情，而不是他对于视觉艺术和文学之间的关系发表过任何观点。[①] 莱辛的《拉奥孔》(1766)也不可小觑，这不仅因为它是关于诗和视觉艺术之题材的具体理论，而且还在于这位在当时德国最富才华、最受尊奉的作家对于视觉艺术的关注。[②] 但是，《拉奥孔》在这个问题的历史上是被错误判断的。说《拉奥孔》终止了关于诗画关系的古老传统——这一传统最终植根于古代艺术品，并在16、17世纪以及18世纪早期的作家中获得最强盛的发展——而使诗脱离对于描写的重视，是片面的。人们忘了，尽管到莱辛时代由于美的艺术的更为综合的体系已笃然而立，诗画共通已失去了联结这两种艺术的功能，但它却是美的艺术的现代体系形成之前存在的最重要因素。由于莱辛没有注意到美的艺术的更广阔的体系，尤其是音乐，他的《拉奥孔》在向美的艺术的综合体系的发展方面来看，绕了弯路或走进死胡同。有意味的是，《拉奥孔》因此受到同时期两位著名评论家的批评，莱辛本人在他身后出版的关于第二部分的札记中也思考了这一批评，尽管我们无法确定他是否真的打算将他的分析延伸到音乐从而形成一种艺术的连贯体系。[③]

在鲍姆嘉通和康德之间对于这一问题的历史作出最大贡献的，当数门德尔松(Mendelssohn)、舒尔茨(Sulzer)和赫尔德(Herder)。门德尔松熟悉法国和英国关于这个主题的著述，他在一篇著名的文章中要求把美的艺术(绘画、雕塑、音乐、舞蹈和建筑)和美的文学(诗和演讲术)归纳为某种比模仿更好的共同原则，[④]因而他是第一位构造美的艺术体系的德国人。不久，在一本书评中，他批评鲍姆嘉通和迈耶没

---

① G. Baumecker, *Winckelmann in semen Dresdner Schriften* (Berlin, 1933). Henry C. Hatfield, *Winckelmann and his German Critics* (New York, 1943).

② Lessings *Laokoon*, ed. H. Bluemner, 2nd ed. (Berlin, 1880). *Loakoon*, ed. William G. Howard (New York, 1910). Howard, "Ut pictura poesis," *l.c.* R. Lee, "Ut pictura poesis," *l.c.* Croce, *Estetica*, *l.c.*, 505ff. K. Leysaht, *Dubos et Lessing* (thes. Rostock, Greifswald, 1874).

③ Several passages in Lessing's notes for a continuation of the *Laokoon* refer to music and the dance and to their connection with poetry (ed. Bluemner, *l.c.*, 397; 434ff.).

④ Moses Mendelssohn, "Betrachtungen über die Quellen und die Verbindungen der schönen Künste und Wissenschaften" (1757), in his *Gesammeite Schriften* (*Jubiläumsausgabe*) 1 (Berlin, 1929), 165-90. Cf. G. Kannegiesser, *Die Stellung Moses Mendelssohn's in der Geschichte der Aesthetik* (thes. Marburg, 1868). Ludwig Goldstein, *Moses Mendelssohn und die deutsche Aesthetik* (KSnigsberg, 1904).

有展开他们的新科学即美学的宏图,他们的著述让人觉得他们仅仅是在用诗和文学的方式进行思考,而审美原则本应可以在视觉艺术和音乐中获得阐述。[①] 在他身后问世的关于莱辛《拉奥孔》的评注中,门德尔松坚持批评莱辛没有考虑到音乐和整个艺术体系;[②]我们现在发现,在为《拉奥孔》续写的破碎的笔记中,莱辛试图满足这种批评。门德尔松也阐述了对应于善、真、美三个基本领域的三种心灵能力的学说,从而延续了苏格兰哲学家的作品。[③] 他并没有拟出美学的一个明确理论,但是,在法国和英国作家之影响的潮流中,他表现的是德国美学从鲍姆嘉通到康德的发展方向。

对于门德尔松以一种概括的框架和规划而创立的东西,瑞士思想家舒尔茨以一种更为体系性的、更为详细的方式加以发展了。舒尔茨精通法国文学,在德国北部度过了人生中的大部分时光。他的文学活动始于一篇短小的哲学论文,在那篇文章中,他的美学兴趣昭然若揭,即倾向于认为心灵的审美机能的概念独立于理性机能和道德机能;[④]对于这一概念的发展,门德尔松和哲学家特滕斯(Tetens)功不可没。[⑤] 数年后,他受到拉孔布(Lacombe)那本美的艺术的小辞

---

① Review of G. F. Meier's *Auszug aus den Anfangsgründen alter schönen Künste und Wissenschaften* (1758), in his *Gesammeite Schriften*, vol. 4, pt. 1, Leipzig, 1844, 313 - 18. "*HHC — extensive German paragraph not reproduced*" (314). Baumgarten and Meier give the impression, "*HHC — extensive German paragraph not reproduced*" (316).

② *Laokoon*, ed. Bluemner, *l. c.*, 359; 376; 384; 386 (Dichtkunst, Malerey, Baukunst, Musik, Tanzkunst, Farbenkunst, Bildhauerkunst). Mendelssohn, *Gesammeite Schriften* 2(1931), 231ff.

③ *HHC: extensive German paragraph continued in notes on page 38 not reproduced*

④ Johann Georg Sulzer, *Vermischte Philosophische Schriften*, 2 vols. (Leipzig, 1773 - 81). In an article of 1751 - 52, he distinguishes between *Sinne*, *Herz*, *Embildungskraft* and *Verstand*, relating the second faculty to moral sentiments and the third to the fine arts (vol. 1, pp. 24 and 43; see also vol. 2, p. 113; A. Palme, *J. G. Suizers Psychologie und die Anfänge der Dreivermögenslehre*, Berlin, 1905). Otherwise, the distinction of the three faculties of the soul does not yet appear clearly or consistently in these early writings, but only in his *Allgemeine Theorie der Schönen Künste*, 2nd ed., II (Leipzig, 1778), 240, art. *Geschmak*) "*HHC — extensive German paragraphnot reproduced*" (cf. Wize, *l. c.*, 24).

⑤ Johann Nicolas Tetens, *Philosophische Versuche ueber die menschliche Natur und ihre Entwickelung*, 2 vols. (Leipzig, 1777). He distinguishes three faculties: Verstand, Wille, and Empfindsamkeit or Gefühl (I, 619ff.). Cf. J. Lorsch, *Die Lehre vom Gefühl bei Johann Nicolas Tetens* (then. Giessen, 1906). W. Uebele, Johann Nicolaus Tetens (Berlin, 1911), 113ff. A. Seidel, *Tetens' Einfluss auf die kritische Philosophie Kants* (thes. Leipzig, Würzburg, 1932), 17ff.

典的触动并如法炮制，编撰了一本近似的德语辞典，不过覆盖面更广。① 这本《美的艺术的一般理论》有过几个版本，其清晰、广泛和博学的教科书般的结构曾遭非难，但它在自己的时代却具有不可忽视的影响力。这部辞典涉及所有美的艺术，不仅包括诗和演讲术，而且还包括音乐和视觉艺术，这该是大规模地开展由鲍姆嘉通和门德尔松创设的宏图的首次出征了。归功于该书的广泛流传，舒尔茨最终让德国公众熟悉了这一观点，即一切美的艺术皆相互联通、关联。舒尔茨的影响还延伸到了法国，因为当时《百科全书》在瑞士发行第 2 版，而许多新增的东西则主要是以他的《美的艺术的一般理论》为基础的，包括那篇关于美学的文章和有关美的艺术的一节。②

在 1760 年后的十年，对于美学新领域的兴趣在德国勃兴。许多大学以鲍姆嘉通和迈耶的课程为样本讲授美学课，而且部分地以这些课程为基础的小册子和课本几乎年年出炉。③ 这些作者已名载青史，不过他们各自具体的成就尚有待探索。《百科全书》的影响被魏玛 1769 年出版的一幅奇异的版画所证实，这幅版画是附在《百科全书》的一个著名手抄本上的。④ 它表现的是达朗贝尔《导论》中的艺术和科学之树，把视觉艺术、诗和音乐以及细分置于想象这一般分支之下。在

---

① *Aligemeine Theorie der Schönen Künste*, 2nd ed., 4 vols. (Leipzig, 1777 - 78; first ed., 1771 - 74; new ed., 4 vols., 1792 - 99). For his dependence on Lacombe, see his *Vermischte Philosophische Schriften* 2, p. 70 ("*HHC — extensive German paragraph not reproduced*"). Johannes Leo, *Zur Entstehungsgeschichte der "Allgemeinen Theorie der Schönen Künste" J. G. Suizers* (then. Heidelberg, Berlin, 1906), 31ff. and 57. See also: Ludwig M. Heyrn, *Darstellung und Kritik der aesthetischen Ansichten Johann Georg Suizers* (thes. Leipzig, 1894). Karl J. Gross, *Suizers Allgemeine Theorie der Schönen Künste* (thes. Berlin, 1905). 263 See above, note 200 - 201.

② 原文缺——译者。

③ Sulzer, *Aligemeine Theorie*, new ed., I (1792), 47ff. I. Koller, *Entwurf zur Geschichte und Literatur der Aesthetik* ... (Regensburg, 1799). E. Bergmann, *Geschichte der Aesthetik und Kunstphilosophie* (Leipzig, 1914), 15ff.

④ This copy was exhibited in New York by the Services Culturels de l'Ambassade de France in January, 1951. The engraving has the title: "Essai d'une distribution généalogique des sciences et des arts principaux. Selon l'explication détaillée du Système des connoissances humaines dans le Discours préliminaire des Editeurs de l'encyclopédie, publiée par M. Diderot et M. d'Alembert, à Paris en 1751. Reduit en cette forme pour découvrir la connoissance humaine d'un coup d'oeuil. Par Chrétien Guillaume Roth. A Weimar, 1769." The section corresponding to imagination contains poetry, painting, engraving, sculpture, music and architecture with their respective subdivisions.

这一时期的为数不多的美学作家中,里德尔(Riedel)吸引了学界的某种注意,这大概是因为他是赫尔德批评的靶标。[①] 在他的在大学演讲基础上完成的美学论文中,里德尔充分讨论了诸种美的艺术并着手把哲学的研究对象分为真、善和美。[②]

提一下这些年轻一代的翘楚尤其是歌德和赫尔德对这些美学文献的回应,也许不失有趣。歌德在早年发表过一篇评论强烈否定舒尔茨。在他注意到舒尔茨观念中的法国背景之后,歌德挖苦那种将目标和表达方式各不相同的所有艺术门类进行笼统分类的方式,这种体系让他想起七种自由艺术之类的旧体系,并且指出,这或许对业余爱好者有点用途,于艺术家却实如敝帚。[③] 这一回应表明,美的艺术的体系是某种有待确立的新物;而歌德跟莱辛一样,都未能发展这一渐渐被普遍接受的观念。不过,在他晚年的《漫游时代》(*Wanderjahre*),歌德好像接受了美的艺术体系,因为他让这每一门艺术都在他的教育领地之内占有了一席之地。[④] 可是,他显然感知的是艺术的旧含义,在这部作品内嵌的一组格言中,他将艺术界定为知识,从而得出结论说,出自天才的诗不能被称作艺术。[⑤]

另一方面,赫尔德却积极参与美的艺术体系的建设,并运用他的文学权威而使得美的体系被普遍接受。在他的一部早年的但却重要

---

① Friedrich Just Riedel, *Theorie der schönen Künste und Wissenschaften* (Jena, 1767). Kasimir Filip Wize, *Friedrich Justus Riedel und seine Aesthetik* (thes. Leipzig, Berlin, 1907). Richard Wilhelm, *Friedrich Justus Riedel und die Aesthetik der Aufklärung* (Heidelberg, 1933).

② *HHC — extensive German paragraph not reproduced*" (*Theorie*, 6). Johann Georg Heinrich Feder in his *Oratio de sensu interno* (1768) quotes Riedel and lists: veritas, pulchritudo (bonitan idealis), honestas (pulchritudo moralis); sensus veri sensusque communis, sensus pulchri sive gustus, sensus iusti et honesti seu conncientiae moralis (Wize, 21 - 22). On Platner's unpublished aesthetics of 1777 - 78, see E. Bergmann, *Ernst Platner und die Kunstphilosophie des 18. Jahrhunderts* (Leipzig, 1913).

③ J. W. Goethe, review of Sulzer's *Die schönen Künste in ihrem Ursprung* (1772). "*HHC — extensive German paragraph not reproduced*" (*Goethes Werke*, *Sophien-Ausgabe*, 37 (Weimar, 1896), 206ff.).

④ *Wilhelm Meisters Wanderjahre*, Bk. II, ch. 8 (*Sophien-Ausgabe*, 25 (1895), 1ff.) where music, poetry and the visual arts are treated as sisters. See also Bk. III, ch. 12 (*ibid.*, 216ff.).

⑤ "*HHC — German paragraph not reproduced*" (*Aus Makariens Archiv*, in *Goethe's Werke*, *Vollständige Ausgabe letzter Hand*, vol. 23 (Stuttgart-Tubingen, 1829), 277 - 78. *Sophien-Ausgabe*, 42, pt. 2 (1907), 200).

的批评著作(《评论文集》,1769)中,他用了整整一章批评莱辛的《拉奥孔》。他论道,莱辛仅仅是通过将诗与绘画相比较而表明诗不是什么。为了明白它的本质为何物,我们应该将它与所有姐妹艺术,譬如音乐、舞蹈和演讲术,相比较。他引用亚里士多德和哈里斯来强调诗与音乐的关系,并得出结论说,这一问题恐怕需要另一个莱辛来完成。[①] 第四部分,他引用门德尔松以及更重要的英法作家,提出自己的美的艺术的体系——它几乎囊括一切最根本的要素,虽然在某些细节上不同于先人。[②] 至于赫尔德日后在美学上的贡献,则非本文的范围。

我想用康德来结束这一探索,因为他是第一位将美学和艺术哲学理论纳入其体系的重要哲学家。康德在其早年的论美和崇高的论文中已显露出美学兴趣,这篇论文的一般概念是受到了伯克的影响。[③] 他也在几门课程中不时谈及美学。现存的以这些课程为基础的笔记手稿不曾公之于众,但是一位康德美学课程的弟子用上了它们。看来,康德在这些演讲中提到的许多作家并没有在他出版的著作中露面,他对美学领域大多数英法德作家其实是非常熟悉的。[④] 与此同时,在他出版《纯粹理性批判》时,他依然是在不同的意义上使用该词,并且在一个有趣的脚注中解释道,他并未追随鲍姆嘉通的术语,因为他并不相信艺术的哲学理论存在的可能性。[⑤] 可是,在后来几年中,他改变了看法,在构成其哲学体系的第三部分即结束部分的《判断力批判》

---

① "*HHC — German paragraph not reproduced*" (*Herders Sämmtliche Werke*, ed. B. Suphan, 3 (Berlin, 1878), 133). "Hier (on the distinction of poetry and music) wunsche ich der Dichtkunst noch einen Lessing" (161). David Bloch, *Herders als Aesthetiker* (then. Würzburg, Berlin, 1896). Guenther Jacoby, *Herders und Kants Aesthetik* (Leipzig, 1907). Kurt May, *Lessings und Herders kunsttheoretische Gedanken in ihrem Zusammenhang* (Berlin, 1923). Emilie Lutz, *Herders Annchauungen vom Wesen des Dichters und der Dichtkunst in der ersten Hdlfte seines Schaff ens* (then. Erlangen, 1925). Wolfgang Nufer, *Herders Ideen zur Verbindung von Poesie, Musik und Tans* (Berlin, 1929).

② *Sämmtliche Werke*, ed. Suphan, 4 (1878), 3ff. Malcolm H. Dewey, *Herder's Relation to the Aesthetic Theory of his Time* (then. Chicago, 1920).

③ *Beobachtungen über das Gefühl des Schönen und Erhabenen* (1764), in *Immanuel Kants Werke*, ed. E. Cassirer, 2 (Berlin, 1922), 243 - 300.

④ O. Schlapp, *Kants Lehre vom Genie und die Entstehung der Kritik der Urteilskraft* (Gottingen, 1901).

⑤ "*HHC — extensive German paragraph not reproduced*" He then states that he will use the term aesthetics for the critical analysis of perception (*Kritik der Reinen Vernunft*, *Transszendentale Aesthetik* #1, ed. Cannirer, 3(1923), 56f.).

中,两个主要部分主要致力于美学,另外一部分则是关于目的论。如最后一卷所示的三大《批判》体系是以心灵机能的三分为基础的:纯粹理性和实践理性加上审美的和目的论的判断力。美学,如同美和艺术的哲学理论,要求与真的理论(形而上学或认识论)和善的理论(伦理学)平起平坐。[①]

在体系哲学的传统内部,这是一个重要的发明,因为无论是笛卡儿、斯宾诺莎或莱布尼茨或其他任何古代或中世纪的先辈,从未在他们的体系中找到艺术和美学的理论的独立位置,尽管他们对这些主题也偶尔发表看法。如果说康德是在某种犹豫之后跨出这决定性的一步的,那是因为他明显受到鲍姆嘉通的影响,受到他所处世纪产生的他所熟悉的法英德关于艺术的丰富文献的影响。在他的审美判断力批判中,康德也讨论了崇高和自然美的概念,但是他的侧重点在艺术中的美,他讨论了全部艺术共有的概念和原则。在第 51 节中,他划分了美的艺术:语言艺术(诗、演讲术)、造型艺术(雕塑、建筑、绘画和园艺)、感觉的美的游戏的艺术(音乐和色彩艺术)。[②] 这一体系包含了一些转瞬即逝的细节,而不为康德的继承者所存续。[③] 然而,既然康德美学在主要哲学学科中占据了一个永恒的席位,这一 18 世纪确立的美的艺术的体系的核心,也就被后来大多数论及这一主题的作家视为当然,除了细节或解释的变动之外。

---

① *Kritik der Urteilskraft* (1790). Juergen Bona Meyer, *Kant's Psychologie* (Berlin, 1870). Carl Theodor Michaelis, *Zur Entstehung von Kants Kritik der Urteilskraft* (progr. Berlin, 1892). A. Apitzsch, *Die psychologischen Voraussetzungen der Erkenntniskritik Kants* (then. Halle, 1897). A. Bäurnker, *Kants Kritik* [*der Urteilskraft* (Halle, 1923). W. Bröcker, *Kants Kritik der aesthetischen Urteilskraft* (thes. Marburg, 1928). H. W. Cassirer, *A Commentary on Kant's Critique of Judgment* (London, 1938), 97ff.]

② #51. "Von der Einteilung der schönen Künste" (ed. Cassirer, 5(1922), 395ff.).

③ The *Farbenkunst*, mentioned also by Herder and by Mendelssohn in his notes on Lessing's *Laokoon* (ed. Bluernner, 386) refers to the color piano invented by Abbé Castel, which was expected to produce a new art of color combinations. Cf. Bluemner, *l. c.*, 596 - 97. L. Goldstein, *Moses Mendelssohn*, 92 - 93. The commentators of the *Critique of Judgment* (J. H. v. Kirchmann, J. C. Meredith, J. H. Bernard, H. W. Cassirer) fail to explain this detail.

九、结　　论

我们不打算研究该问题在康德之后的历史，但是不妨从我们可以追踪的发展中得出一些一般性的结论。我们现已熟悉的将视觉艺术与诗、音乐一道纳入美的艺术的体系的分类方式，并不存在于古代、中世纪或文艺复兴。然而，古代人为现代体系贡献了诗画比较，以及在绘画、雕塑、诗和音乐之间建立关联的模仿理论。文艺复兴使得主要的视觉艺术从手艺中分离出来，各门艺术之间的比较也增多，尤其是诗画比较。这为业余爱好者对于各门类艺术的兴趣准备了基础，从而渐渐将艺术置于读者、观众、听众而不是艺术家的视野之下。17 世纪见证了自然科学的解放，从而为艺术和科学之间的更为明确的区分准备了道路。只有在 18 世纪早期，尤其是在英、法，才产生了由业余爱好者撰写或为其撰写的精密的专论；在其中，各门类艺术归于一类，并在建立在共同原则之上的体系性体系中相互比较与结合。18 世纪的后半期，尤其在德国，进一步将美的艺术的比较性和理论性的论述作为独立的学科纳入哲学体系。美的艺术的现代体系就其起源而言是前浪漫主义的，尽管所有浪漫主义者和后来的美学家将这一体系当作必要的基础。

很难指明这一体系在 18 世纪起源的诸因缘。其中最重要的因素是：绘画和音乐自文艺复兴以来的蔚起——其声望和吸引力，而不在于其实际成就；文学和艺术批评的兴起，尤其是，公众中致力于艺术品收藏、展览、音乐会、歌剧和戏剧表演的业余爱好者的兴起。各种美的艺术之间的亲缘关系，于业余爱好者较之艺术家本人而言更为可信；业余爱好者感受到的快乐丝毫不亚于艺术家本人，而艺术家则专注于其艺术的特殊的目标和技能。这一点最明显不过，歌德的反应可以为证。现代美学起源于业余爱好者批评，这也许可以解释为何直到最近美学家都在透过观众、读者和听众的视点而非生产作品的艺术家的视点来分析艺术品。

我们现在试图去理解的发展，也为一般的哲学史家和观念史家提供了一个有趣的研究对象。我们习惯于这样一个过程：伟大的、具有影响力的思想家率先构想的观念，渐而在二流作家那里流传，最后变成一般公众的共同财富。这似乎便是美学从康德到现在的发展过程。

它的前康德的历史则完全不同。作为现代美学基础的基本问题和概念,似乎并非源自体系哲学的传统或重要原创性作者的著作。它们在二流作者之间卑微的源起,虽在当时轰动,如今庶已遗忘。但或许这些有教养的门外汉的著作中仍反映着他们当时的讨论和争议吧。这些观念易于波动且发展缓慢,只有当其已然凝结成一种似乎普遍可信的样式时,才被重要的作家和体系性哲学家所接受。鲍姆嘉通的美学只是一个梗概,康德的美学则是对一系列经过一个世纪的非正式、非哲学的成长的观念所做出的哲学的详尽阐述。假若18世纪之前的美的艺术体系的缺席和这种体系在该世纪的波动变化,逃脱了大多数哲学家的关注,这正好证明对现代思想家和作家而言,这一体系已变得如此合理,并且是绝对的,难以抗拒的。

另外一种观点似乎可自封为我们研究的结果。各门类艺术无疑跟人类文明一样悠久,但是我们所习惯的对它们进行分类的方式和将它们安排在我们生活和文化体系中的位置的方式,则是晚近以来的事。这并不像表面上看起来那样蹊跷。在历史上,不仅各门类艺术的内容和风格处于嬗变之中,而且它们相互之间的关系、它们在文化的一般体系中的位置,如同宗教、哲学或科学那样,也一样嬗变着。我们所熟悉的五种美的艺术的体系不惟是起源于18世纪,而且亦反映了那个时期独特的文化和社会状况。若换作他时他地,各门类艺术的地位,它们的关联和细分会截然两异。在文化史上的一些非常重要的时期中,小说、器乐或油画是不存在的或无关轻重的。另一方面,十四行诗和史诗,硬化玻璃和马赛克,壁画和书籍装帧,瓶画和地毯,浮雕和陶罐,在不同时期曾是“主要”艺术,但在某种程度上也不复存于现时代。园艺则自18世纪以来丧失了美的艺术的地位。另一方面,电影是说明新技术如何带来新的艺术表达的最好例证,它在18世纪、19世纪的美学家的体系中自然无一席之地。各艺术自有兴衰乃至存亡,而“主要”艺术及其分支之间的区分则是任意而多变的。几乎没有什么确凿的批评传统或哲学上的优先性可以决定版画是否是一门独立的艺术(如18世纪大多数作者所相信的)抑或隶属于绘画,或者,诗和散文、戏剧和史诗、器乐和声乐是独立的艺术抑或隶属于某种主要艺术。

这种嬗变的结果是,在现代艺术产品和文化史其他阶段的研究中,美的艺术的传统开始显示出瓦解的迹象。自19世纪后半期开始,当音乐不时地趋近文学时,绘画却比之前任何时期都远离文学,绘画的技艺大踏步地回归到从前装饰艺术的地位。深刻意识到各门类艺术之间的不同,令艺术家和批评家对那种审美体系传统心怀不满。这种美学无望地掩盖这一事实，即美的艺术的基础体系几乎只是一种假设，它的大多数理论是从某种艺术——通常是诗——中抽象出来的，而无法适用于其他艺术。审美主义的泛滥已然引起了一种健康的回应，虽说远未普遍起来。当代某些哲学家认为，艺术和审美领域是人类经验的弥漫性方面，而不是传统的美的艺术的特定范围。这将会大大削弱以传统形式表现出来的后一种观念。① 但所有这些观点仍然是流动而模糊的，也许改变或颠覆美的艺术和美学的传统地位还需时日。无论如何，当代的这些变化也许可以帮助我们看清、理解美的艺术的现代体系的历史渊源和限制。相反，这种历史理解也许可以让我们从某种传统的先入之见中摆脱出来，并澄清我们关于艺术和美学的现状和前景的观点。

（译者单位：中国社会科学院文学研究所）

① John Dewey, *Art as Experience* (New York, 1934).

人物推介

沃尔夫冈·韦尔施小传

沃尔夫冈·韦尔施,1946年出生。曾在德国慕尼黑大学和维尔茨堡大学研习哲学、艺术史、心理学和考古学。1974年获博士学位。1982年获特许任教资格。1992年获德国马克斯·普朗克学术研究奖。

沃尔夫冈·韦尔施先后执教于汉堡大学、马德堡大学、耶拿大学,并先后在埃尔兰根-纽伦堡大学、柏林自由大学、柏林汉堡大学、斯坦福大学和埃默里大学担任客座教授。他曾是维也纳人文科学学院、日本科学发展协会、斯坦福人文科学中心、德-意文化交流中心的研究员。

沃尔夫冈·韦尔施是当今德国哲学界的新锐,也是享有盛誉的国际美学家。他的主要研究领域涉及美学和艺术理论、认识论和人类学、文化哲学、当代哲学、亚里士多德和黑格尔。在最近的著作中,他又提出有关人类进化,包括生理进化和文化进化的观念。

他的主要论著包括《感官性:亚里士多德的感觉论的基本特点和前景》(1987)、《我们的后现代的现代》(1987,有中译本)、《审美思维》(1990)、《理性:同时代的理性批判和横向理性的构想)》(1995)、《美学的边界》(1996)、《消解美学》(1997)(中译《重构美学》)、《永远只是人类?另一种人类学构想》(2011)、《目光的转换——美学新路径》(2012)、《人类与世界》(2012)、《美学及其超越》(2012)、《现世之人——超越现代人类学思想形式》(2012)、《哲学:亚里士多德的思想世界》(2012)等。

他独立编辑的著作包括《现代之道:后现代经典文本讨论》(1989)和《美学的现实性》(1993)。与人合编的著作包括:《冲突中的美学:介入利奥塔作品》(1991)、《媒介——世界——真实性》(1998)、《思想的兴趣——当今视野下的黑格尔》(2003)、《黑格尔的〈精神现象学〉:对现代经典作品的评论》(2008)、《跨学科的人类学:人的持续发展》(2011)等。

导 言

[德]沃尔夫冈·韦尔施

以下几篇文章呈现的乃是我关于美学在当代世界中的观点。美学不应该被当作一门自我封闭的学科而践行；它理应是向其他领域开放、向自然的和文化的普遍性生存开放的领域。美学不应只关注艺术，犹如我们关于艺术的观念不应只囿于“自律的艺术”。后者仅仅是18世纪之后才得以风行的一种现代主义的西方概念。在此之前，艺术活动并不意指生产“艺术”，而是从审美上提升生活世界中的对象和事件。它们意指让人类生活得更为精微、强烈。艺术并非为了艺术自身的目的而生产(仅仅为艺术世界创造昂贵的对象物)，而是为了提升人类的生存——带来一种生活的艺术。我很高兴地意识到，这种关于艺术的较为古老而开阔的理解，如今失而复得。

按此思路，第一篇《超越美学的美学——致力于该学科的一种新形式》(自1995)倡言开辟美学之域，让美学超越艺术世界的狭窄界限而进入丰富多样的审美现象和实践。它也强调几十年来，艺术本身已然将关于自律的旧观念抛到脑后，而转向对我们生活世界的审美介入。《哲学与艺术——多变的关系》(自1998)展现的是对传统哲学美学的批评。传统的哲学美学表面上似乎彰扬艺术，而实际上却试图降服、辖治艺术。对此，本文提出了一种更值得尊崇的方法——将注意和距离结合起来。《超越人类界限的艺术——通向超人类的姿态》(自2001)关注的是这一事实，即艺术经常试图引领我们超越人类世界——或完全从人类角度理解的世界——的界限。典型的现代态度是：“人是独一无二的概念，我们必须以它为起点，万物必须最终指向它。”这是狄德罗在1755年铸造的作为现代思想核心的“人类原理”。这种现代态度在我看来是谬误的、需要克服的。这也是我在最近出版的著作《目光的转换》、《人类与世界》、《现世之人》(皆于2012年问世)中细致而深入地论证的观点。世界不仅是我们的世界或我们的结构，或曰，人类世界应在我们所依傍、所投身的世界（宇宙）之语境中得到理解。许多艺术作品打开了我们的朝向世界——而不仅仅是人类——的状况开放的眼睛。末一篇《“后现代”内涵与前景构想》（自2004）从后现代问题方面提出了这一视点。尽管如我们所知，后现代是现代的另一变体，但是，真正的后现代立场会要求克服现代性的人类原理，要求采取一种不再是人类中心但与世界相关联的立场，从而引导我们全部的活动和理解。以我观之，这是我们未来的任务。

这许多方面在东方文化中已变得稀松平常，而在西方思想中却鲜为人知。我之提出这些思想，是得益于在亚洲的寻访、谈话与经验。故此，这些文章是来感谢这世界上的东方部分的。

超越美学的美学

——致力于该学科的一种新形式

徐德林 译

引言:问题的概述

1. 流行观点:美学以艺术为核心

什么是美学？百科全书给出的答案十分清楚。《美国学术百科全书》(*Academic American Encyclopedia*)指出:“美学是哲学的分支,旨在确立有关艺术与美的普遍法则。”①相应地,意大利的《哲学百科全书》(*Enciclopedia Filosofica*)定义美学为“讨论美和艺术的哲学学科”(disipline filosofica che ha per oggetto la bellezza e'arte)。② 法国的《美学词典》(*Vocabulaire d'Esthétique*)分别定义美学为“对美的反思性研究”(étude reflexive du beau)和“关于艺术的哲学与科学”(philosophie et scence de l'art)。③ 而德国的《哲学史词典》(*Historisches Wöterbuch der Philosophie*)则解释指出:“‘美学’一词已将自己确立为哲学分支的名称,旨在其间探求……艺术与美”(Das Wort “Aesthetik” hat sich als Titel des Zweiges der Philosophie eingebürgert, in dem sie sich den Künsten und dem Schönen [...] zuwendet)。④ 简言之,美学被视为艺术学,被视为对特别关注美的艺

---

① *Academic American Encyclopedia* (Danbury, Conn.: Grolier Inc., 1993),第1卷,第130页。

② *Enciclopedia Filosofica*(Florence: G.C. Sansoni Editore, 1967),第2卷,第1054条。

③ *Vocabulaire d'Esthétique*(Paris: PUF, 1990),第691—692页。

④ *Historisches Wöterbuch der Philosophie*, ed. Joachim Ritter (Basel: Schwabe & Co.),第1卷(1971),第555条。

术概念的一种阐释。

那么，本文标题所提出的“超越美学的美学”会是什么呢？为了有的放矢，措辞指向之物必须超越这种以艺术为核心的美学理解，必须超越艺术学。但是，这又怎么可能是一种美学呢？“美学”一词有助于某种超越艺术的含义吗？

从传统来看，这显然是事实。“aesthetics”（美学）一词联系着希腊语词根 α-σθησις, α-σθ́ανεσθαι 及 α-σθ́ηιος——换言之，它在具有任何艺术含义之前，通常意指感情与知觉的表达方式。该词在当下的用法也并不局限于艺术；在日常语言中，我们通过在艺术范畴之外使用“美学”一词的频率远远大于在艺术范畴之内，比如我们会言及审美行为或者有审美感的生活方式，或者媒体的审美独特性，或者世界的日益审美化。

然而，从传统来看，“美学”学科（强调为作者所加，下同——译者）并未如此程度地把感情与知觉作为主题，而是主要集中于艺术——尤其是艺术的概念问题，而不是其感官问题。学术性学科往往把自己限定于艺术学之内，而无论艺术这一概念本身可能已在此间变得多么不确定。

当然，在该支配性发端处存在着例外和逆趋势（counter-tendency）。比如，请记住，为美学命名的“美学之父”亚历山大·鲍姆嘉通（Alexander Gottlieb Baumgarten）曾主要把这门新学科设想为一门认知学科，旨在提高我们的感官认知能力。在基于鲍姆嘉通的美学乃“感性认知的科学”这一定义的美学范畴内，艺术并未被提及。①

然而，不久之后——在康德出版《判断力批判》的1790年，黑格尔写作《德国唯心主义的最初的体系纲领》（*The Oldest System-Program of German Idealism*）的1796年前后，谢林（Schelling）出版《先验唯心论体系》（*System of Transcendental Idealism*）的1800年之间——当时美学开始史无前例地提升自己到哲学的高度，开始被人理解为仅仅是艺术哲学。在随后的漫长时间中，这始终为人们对美学的支配性认识，成为黑格尔、海德格尔、英伽登（Ingarden）及阿多诺（Adorno）等不同哲学家的共识。

---

① 当然，鲍姆嘉通曾使用过源自艺术的例子，尤其是源自诗歌的例子，但仅仅是为了阐明何物可为审美完善——作为感性知识的完善。

逆趋势也同样存在。从席勒(Schiller)的首先从艺术的艺术转向政治的艺术，然后转向教育的艺术，最后转向“生活的艺术”(Lebenskunst)，一直到马尔库塞(Marcuse)的一种新社会感性的思想；或者从克尔凯郭尔(Kierkegaard)对审美存在的描述，尼采的对审美活动的原则化，一直到杜威(Dewey)的把艺术融入生活之中。但是，这些逆趋势并非真正要设法改变学科的目的。它们在一定程度上甚至分享着传统美学的基本假设，即艺术构成美学的核心；这些改革者同时也继续视艺术为审美实践的模式，以及转向他们所提倡的对美学进行超艺术理解的范式。

目前，“美学”学科仍然倾向于将自身局限于艺术学。尽管可能有承认超越美学的美学的诸多好的理由，但是在我努力培养这种趋势的若干年中，我在学科之外得到的理解与支持要多得多——源于其他领域的文化机构或者理论家[①]——我的种种努力主要是在学术上已确立的美学框架内遭遇到了阻力(至少在德语世界是如此)。依旧被视为不言自明的是，美学必须是艺术学；人们依旧是这一传统图景的俘虏。而且，人们可以继续追随维特根斯坦(Wittgensein)的意思，指出：“我们无法超越它，因为它位处我们的学科之内，而该学科似乎在不断向我们复制它自己。”[②]

2. **克服传统偏见**

(1) 作品的特性与普适性的艺术概念

但是，人们有设法抽离美学—艺术学等式的上佳理由，或者——再次借用维特根斯坦的话——“告诉苍蝇飞离苍蝇瓶的路”[③]。因为传统美学的核心问题之一是它甚至没有履行其职责。它不能公正地对待艺术作品的特性。美学的目的被转向了普世性的、恒久的艺术概念

---

① 参见 *Die Aktualität des Ästhetischen*, ed. Wolfgang Welsch (München: Fink, 1993)。该卷书以文献形式记录了 1992 年 9 月举办于德国汉诺威的一次题为“美学的现状”的国际大会。该大会汇集了来自不同领域的专家：哲学、社会学、政治科学、女性主义、媒体研究、设计、神经生理学、科学哲学、艺术实践和艺术史。由于参与者达数千人之众，该大会产生了广泛的影响。

② 维特根斯坦曾经说道：“图画俘虏了我们。我们无法超越它，因为它位处我们的语言之中，而语言似乎在不断地向我们复制它自己。”(Ludwig Wittgenstein, *Philosophical Investigation*, trans. G. E. M. Anscombe, New York: Macmillan 1968, p. 48e[115])

③ 同上，p. 103e[309]。——这就是维特根斯坦回答何为“哲学的目的”这一问题的方式(同上)。

的建立。因此,美学的开展可以是——甚至被认为是——无须通过独特艺术作品或者历史上不同艺术类型定位。比如,谢林坦承了这一点,当时他宣称艺术的哲学仅须处理"这般的艺术"以及"决非经验艺术",[①]以及宣称他自己的艺术哲学仅仅是其"哲学体系"的"翻版"——这一次从艺术角度得到了实现,一如另一次从自然或者社会的角度得到了实现。[②]

一如我们今天看来不合时宜那样,这一策略被艺术家视为不合时宜为时已久——比如罗伯特·穆齐尔(Robert Musil)嘲笑这样的美学是一种旨在寻找匹配于每件艺术作品,适合于竖起整幢美学大厦的普世性砖头的努力[③]——谢林毫不含糊地表达了对传统美学的一种基本信念:基本的、普世性的艺术概念之类的东西是存在的,对该概念进行阐释是美学的实际任务和唯一目的。这便是为什么美学家们并不把详细研究单个艺术作品视为必需,而是仅仅利用有关某些艺术作品的基本知识来应付的内在原因。它足以作为他们对一般艺术概念的直觉的起点。[④]

当然,这一传统策略是站不住脚的。艺术实践并不在于举例说明

---

① 详见 1802 年 9 月 3 日致施勒格尔(August Wilhelm Schlegel)的信,引自 *Aus Schellings Leben. In Briefen*, vol. 1, ed. G. L. Plitt (Leipzig: Hirzel 1869),第 390—399 页,此间引文见第 397 页。谢林在其《艺术哲学》(*Philosophie der Kunst*)中解释道:"更庸俗意义上的艺术无一不能占据哲学家的心灵:对哲学家而言,艺术是直接从绝对中流出来的一个必需的幻影,而且仅有在它能被以此显现和测定的时候,它才对哲学家具有真实性。"(Friedrich Wilhelm Joseph Schelling, *Philosophie der Kunst* [1802—1803 学年冬季学期耶拿讲座],1859 年版重印本, Darmstadt: Wissenschaftliche Buchgesellschaft 1976,第 384 页。)

② Schelling, *Philosophie der Kunst*,第 7 页、第 124 页。

③ 德语原文如下:Die wissenschaftliche Ästhetik sucht nach dem Universalyiegel, aus dem sich das Gebäude der Ästhetik errichten ließe。(Robert Musil, *Tagebücher*, ed. Adolf Frisé, Reinbek bei Hamburg: Rowohlt, 1976,第 449 页。)该注释起源于大约 1920 年前后。

④ 这一发端的结果是这类哲学对有关任何真正艺术的东西的评说之道一无所知。在谢林成为慕尼黑造型艺术学院(Munich Akademie der bildenden Künste)秘书长的时候,他受职位要求有了做艺术哲学讲演的义务。但是,他坚守沉默是金。在任职的十五年间,他一次讲演也未做。当其面对决断、遭遇艺术时,艺术哲学始终一言不发。对这类美学而言,算总账的时刻变为了公之于众的誓言——我已然笼统地讨论过传统美学的问题。详见 Traditionelle und moderne Ästhetik in ihrem Verhältnis zur Praxis der Kunst (*Zeitschrift für Ästhetik und Allgemeine Kunstwissenschaft*,第 28 卷,1983 年,第 264—286 页)。我的逆概念(counter-concept)是在我的《美学思想》(*Ästhetisches Denken*, Stuttgart: Reclam, 1990 年初版,1999 年第 5 版)一书中首次提出来的。

一个普世性的艺术概念，而是关涉新的艺术作品及概念的创造。虽然新概念肯定会在某些方面与以前的支配性概念有相同之处，但是在其他的同样重要的方面却显著不同。这在从一种风格或者范式到另一种风格或者范式的每一次转向之中，都是显而易见的。因此，艺术范式通过从一个概念到下一个概念的某种重叠，彼此相连（维特根斯坦意义上的“家族相似”[family resemblance]），但是绝对不是通过它们共有或者代表所有艺术作品的基本核心的某种普世性模式。艺术的本质一类的东西根本不存在。

这就意味着传统方法在原则上是错误的——甚至在仅仅关乎艺术的美学的狭隘范畴内亦如此。传统方法所依赖的是一种对艺术这一概念的根本性误解——这种误解甚至已然构成传统的美学概念的核心。另一方面，通过艺术概念本身对不同艺术概念的历史成因的洞悉、对这些概念的家族相似（而不是所谓的本质同一性）的洞悉，使得美学的这一传统的、全球化的发端的错误一清二楚，以及要求转向一种不同的、多元的美学。

（2）为学科的扩展式理解而战

但是，要对我们当下不得不正视的美学进行重组，我们就必须更进一步。因此，我迄今仅仅讨论了传统的美学框架内即艺术学范畴内的范式变化：我们不能继续充当艺术的本质论图景的俘虏。但是，可以进一步被证明必需的，是超越这一整体框架——美学与艺术学的传统等式。艺术学的内在多元化——从对艺术的单一概念式分析转向对艺术的不同类型、不同范式、不同概念的考察——应当辅以美学的外在多元化——通过把学科边境扩展至超越艺术的问题。这便是我希望借本文提出的观点。

我将在第一节中提出超越美学的美学的一些主要论题。在第二节中，我将努力阐明这样一种美学的可接受性，以及就如何重组美学的疆界提出一些建议。我主张美学向艺术之外的问题开放，开发学科的跨学科结构。当然，该结构依旧包括艺术的问题，但它也包含超越艺术的问题；一如首先要被证明的，这对艺术分析本身十分重要。借助并非仅仅局限于艺术分析的美学的视角，艺术会得到更为准确的考察。

第一节　超越美学的美学的一些主要论题及其适当性

一般而言，对美学的拓展有两组理由：第一组关涉当下对现实的形塑（fashioning of reality），第二组关涉当下对现实的理解（understanding of reality）。①

1. 对现实的审美形塑——修饰

（1）全球审美化

今天，我们生活在一个以前闻所未闻的对真实世界的审美化之中。② 修饰（embellishment）和造型（styling）随处可见。它们已然从个人的外部延伸至都市和公共空间，从经济学一直延伸到生态学。

个人正在置身于身体、灵魂与行为的全方位造型之中。在美容院和健身中心，他们追求对自己身体在审美上的完善；在坐禅课程和新时代研讨会（New-Age seminars）上，他们实践对自己灵魂的审美化；礼仪课程旨在训练他们进行符合审美理想的行为。“美学人”（Homo aestheticus）已然成为新的角色模型。在都市地区，几乎万物都在近年经历了一场“面部整容”——至少在富裕的西方国家是如此。经济也大获其利，主要是因为消费者并非真正意欲获得某种商品，而是通过购买手段让自己进入到广告策略以之联系商品的具有美感的生活方式之中。甚至生态也在审美的意义上是经济的伙伴。它正在成为一个修饰部分，本着复杂性或者自然美等审美理想的精神，促成对环境的造型。如果富裕的工业社会能够完全行如其愿，它们定会把都市的、工业化的、自然的环境，全然改造为一个超审美场景。连接个人与生态造型的遗传工程（genetic engineering）是又一证据。它根据我们的需求改变一切生命，使我们得以——根据我们的审美期待——提供我们所希冀的产品及子嗣类型。遗传工程是一种遗传化妆手术。

对这些旨在修饰及全球审美化——这些现象实在是显而易见

---

① 我在《审美化过程：现象、特征和展望》（*Aestheticization: Phenomena, Distinctions and Prospect*）一文中对这些思想进行了更为广泛的说明（载于 *Grenzgänge der Ästhetik*, *Stuttgart*: *Reclam*, 1996，第9—61页；英语版：*Undoing Aesthetics*, *London*: *Sage*, 1977，第1—32页）；我将在一定程度上以该文为基础。

② “审美化”（aestheticization）意指不具美感的东西被变得或者理解为具有美感的东西。

的——的趋势进行详细阐释，是肯定不必要的。相反，我希望考察这些发展与美学的相关性。

这些现象并不实实在在地为美学新领域提供基础。审美活动与审美取向总是对真实世界产生影响——无论多小；另一方面，美学学科可能已经考虑到了这一点。对于今天来说，新鲜的，是这些审美化活动的程度与级别。审美化已然成为一种全球性的和首要的策略。

(2) 对当代美学的影响

在我看来，这种趋势一定会在影响传统美学的同时，影响当代美学。对当代美学的影响存在于对这些现象的义不容辞的反思之中，因为它们不仅代表着美学的延伸，而且同时改变着其构型与"化合价"(valency)。因此，美学——作为审美的反思权威——也必须找到今天的审美在如下这些领域中的状况，包括生命世界与政治学、经济与生态学、伦理学与科学。简言之，它必须考虑审美的新构型。这并非意味着审美的全球化与本质化已完全得到了认可，而是它在今天的议程中有益于每一种充分的审美诊断与批评。

(3) 与传统美学的关系

在我们致力于考察传统美学是否赞同审美的全球化时，对传统美学的影响就变得一目了然了。这显然是事实。过去的一些重要审美工程决然地支持全球审美化，它们甚至指望从中最终完成我们在世间的任务，实现人类的终极幸福。例如请记住《德国唯心主义的最初的体系纲领》借审美的媒介力量的立誓方式：通过理性与感觉的结合，美学将例成"受开化与未受开化的人[……]联手"，所以"永恒的同一性盛行于我们之中"，这甚至是"人类最新和最伟大的工作"。[①] 同样，工艺美术运动(The Arts and Crafts Movement，又称手工艺运动)或者德意志工作联盟(Werkbund)与包豪斯(Bauhaus)这样的审美观念的调和者——就他们努力在日常生活中实现美学所宣传的审美价值而言的调和者——深信审美全球化会彻底改变世界。

因此，古老的美学梦想正在通过当下的审美化获得补救。但是，急需解释的令人不快的事实是，今天的结果与原初的期盼截然不同。它们丝毫也不令人遗憾。旨在赋予世界以美的东西，结果以纯粹的悦

---

① 《德国唯心主义的最初的体系纲领》，载于 *Hegal Selections*，ed. M. J. Inwood (London/NewYork：Macmillan，1989)，第 86—87 页。

人和爱出风头收场，最终制造出漠然甚至厌恶——至少在具有审美敏感的人当中是如此。无论如何，无人敢称当下的审美化直截了当地实现了。因此，对古老的美学梦想的这一补救一定出了什么差错。要么是旧有纲要的当下运用不够准确，要么是这些古旧纲要本身含有某种缺陷，这种缺陷潜伏至今，正在为人所揭露。有时候，补救可以等同于揭示。在我看来，这便是当下审美化的情形。

(4) 全球审美化中的一些缺陷

对当下的审美化感到失望的原因何在呢？对这些过程的美学反思所要凸显的关键之处是什么呢？我想对此做三点提示。

第一，形塑万物为美丽之物会毁损美丽的性质。无处不在的美会失去美的独特性，衰败为纯粹的悦人或者变得非常没有意义。让独特之物变成标准之物，人们就不得不改变其性质。

第二，全球化的审美化成为了其自身的牺牲品。它以麻木(anaestheticization)告终。全球化的审美让人体验为令人讨厌，甚至恐惧。因此，审美漠然成为一种明智的、几乎不可避免的态度，以期抽离这种无所不在的美的强求。麻木——拒绝继续感知受神性装饰的环境——变成了一种幸存策略。[①]

第三，恰好与此相反，一种对非审美的需求出现了——一种对干扰和破坏、对冲破装饰的欲望。倘若艺术今天仍旧对公共空间任务在身，那么它的任务并非是向已然过度修饰的环境引入越来越多的美，而是通过在超级审美之中创造出休耕区域和沙漠，阻止这一审美化机制。[②]

(5) 对传统美学回应

有关世界变强的古老美学梦想的当下补救的这些批评性体验，必然会反过来作用于我们对传统美学的看法。

美学总是颂扬美与美化，认为它有这样做的好理由。但是，它从未考虑过它所支持的、我们今天正在体验的全球化美化的后果。它甚至从未想象过全球化修饰可能会毁损世界的外貌——不是完善它，或

---

① 我在《审美与麻木》(*Ästhetik und AnÄsthetik*)一文中首次讨论了这一点（载于 *Ästhetisches Denken*，第 9—40 页）。

② 参见论文《公共空间的当代艺术——视觉盛宴抑或烦恼?》(*Contemporary Art in Public Space — Feast for the Eyes or Annoyance?*)，载于 *Grenzgänge der Ästhetik*，第 202—209 页，以及 *Undoing Aesthetics*，第 118—122 页。

者甚至不是补救它。并且,传统美学所赞同的对美的称颂,为当下的审美化过程不断提供语词上的支持。对美的传统热情阻止了我们考虑审美化的负面影响,即使在这些影响已长期一目了然时亦如此。传统美学的起支持作用的、起合法化作用的、起英雄化作用的力量,至少应部分地对现代的审美化趋势负责,以及为盲视审美化的负面影响负责。

因此,需要对传统美学进行三重批评。首先,对美的全盘颂扬应该遭到反对。为了这样做,或者人们可以区隔出更为普通的美和更为崇高的美——事实上,前者藉此非常接近于纯粹的愉悦,以致它可以被视为"受开化与未受开化的人"共有的一种行为,可以被认为通过当下的修饰策略得到了实施;但是,惟有后者才是例外的动人现象——正如里尔克(Rilke)言说美时所描述的那样,它是"令人恐怖之物的开端"[①]。或者人们可以认为美不过是代表一种与标准的非美相对的价值,然而,是一种因其传播而失去独特性的价值。

第二,传统美学的缺陷之一在于它仅仅(或者主要)宣传美,忽视其他审美价值。换言之,它忘记了美学自身便是发现,即户枢不蠹,流水不腐(variatio delectat)——而不是一种审美属性。在当下修饰之中,这一缺陷变得令人痛心的清晰。美学——可能实际上是多元性的学科——已错误地使自己单一化,没有能够认识到同质化从审美方面讲也具有体系性的错误。

第三,传统美学在我们的文化信仰与愿望的家庭中的效用需要批评性地予以质疑。这是一个开放先前的审美教条的问题。美学有充分的理由变得具有自我批评精神。

小结:当下的审美化不仅为当代美学带来了新的问题与任务,而且就这在一定程度上对审美化过程的缺陷有责任以及广义地讲有帮助而言,对传统美学产生了批评性作用。因此,超越美学的美学的种种问题不仅关涉到那些已然愿意拓宽美学范畴的人,而且对那些依旧坚持美学的传统框架的人而言,同样是代表一个强制性的主题。今天,超越美学的美学是不容忽视的,即使人们仅仅希望发展出一种在审美之内站得住脚的美学。

---

① Rainer Maria Rilke, *Duineser Elegien*, in: Rilke, *Sämtliche Werke*, 6 vols. (Frankfurt/Main: Insel 1955 - 66),第1卷,第685页(哀歌1)。

2. 对现实的审美理解

赞同转向超越美学的美学的第二组意见关涉到对现实的当下理解。一如我希望阐明的,这已然变得越来越具审美了。

今天存在着图象及审美模式的一种显在支配,这不仅存在于对现实的形塑中,而且也存在于与当下现实的接触之中。这一支配从对单一客体或者主体的表述,对我们日常新闻的性质的表述,一直延伸到我们对现实的基本理解。比如,请想想公司的广告及自我表述中的图像支配,或者我们自己在万维网(World Wide Web)中的视觉呈现。或者想想电视的图像需求;电视不但有所选择地决定什么可以算作新闻,而且最近影响到了印刷媒体等电视之外的新闻的表述。最后,想想我们对现实的理解之中的变化。在过去,为了能够被视为是真实的,凡物都必须是可以计算的;今天,它必须在审美方面是可以呈现的。审美已然在现实贸易中成为了新的主要通货。

再次指出的是,我无意对这些现象进行深度探讨。它们十分为人所熟悉,经常为人所分析。相反,我将考察这些发展对美学的影响,指出面对这些发展的美学的一些新任务。

我仅聚焦于一点——聚焦于我所谓的“现实的去真实化”(derealization of reality)——以及两种后果——对感性(aisthesis)的重构、经验在电子媒体之外的重新生效(revalidation)。①

(1) 现实的去真实化

借用“现实的去真实化”,我意指现实——正如当下首先被媒体所传导的那样——深受这类思想影响这一事实。② 现实正在呈现出失去引力、从义务变为儿戏的趋势,正在经历持续的失重过程。

这是由媒介美学的特征所致,因为媒体通常促成身体与图象的自由流动与失重。一切都可能是电子操控(manipulation)的对象,而且“操控”一词在媒体中不再是一个规范性的,而是实际上仅是描述性的术语。任何进入电视王国的事物都是在步入可变性的王国,而不是恒

① 关于去真实化与重新生效的问题,请参见论文《人造乐园?对电子媒体世界的思考——兼及其他世界》(*Artificial Paradises? Considering the World of Electronic Media — and Other Worlds*,载于 *Grenzgänge der Ästhetik*,第 289—323 页,以及 *Undoing Aesthetics*,第 168—190 页。(《人造乐园?》一文已收入本译本之中——译者。)

② “媒体”(media)一词,我将——在下文之中——始终意指电子媒体,并非是在暗示可能存在着独立于这种或者那种媒体的任何一种经验。

定性的王国。倘若在什么地方有着一种“存在之轻”(lightness of being)的话,那么它就是在电子王国之中。

更进一步,我们不仅认识和了解了万物皆可操控,而且拥有了实际操控的知识。比如,想想海湾战争的报道吧,它们有时候用技术拟像(technological simulation)蛊惑我们,而受害者的真相从未得到显现;或者以像素技术为例。到头来人们永远也不知道自己究竟是在目睹现实的一种回放还是一种拟像,这自然会影响我们对所谓的现实的信任。当然,虽然“眼见为实”不假,但是人们永远不会见到不该见到的东西;人们永远也不能肯定所见到的究竟是现实的馈赠还是仅仅为频道所提供。

此类经验首先导致我们对媒体—现实(media—reality)的信任的降低。现实的表征与拟像之间的差异正变得日益不明显,正趋向于失去意义。相应地,媒体自身越来越多借虚拟与儿戏的模式呈现其图像。[①]

另一方面,这并未使我们远离媒体。虽然我们知道图画可能撒谎,但是我们依旧收看电视图画。我们显然更喜欢另一种后果,即改变我们对现实的理解,选择去真实化之路。

第二,对媒体—现实的这种态度也正日益延伸至日常现实。这一情形的发生,是因为日常现实正日益基于媒体模式被建构、表征和感知。于其间,电视是现实的主要媒体和角色原型,处处都留有去真实化的痕迹。真相正趋于失去其坚持性、强制性及重力;它似乎在变得日益轻松,日益不具强制性,日益不具责任感。媒体对现实的表征的强求已然不再引发痛苦,而是恰恰相反:漠然。倘若人们同一晚上在不同频道看到相同的意象,或者数天之内反复看到——无论它们的编排或者设计多么令人印象深刻,那么它们的影响就被削弱了:感觉加重复引发漠然。紧随这样的机制,我们对现实的态度——在媒体内外——变得越来越宛若它就是十足的拟像。我们不再那么十分严肃地对待现实,或者不那么看重其真实性。并且,在对真相的这一悬置之中,我们的判断与行为也有所不同。我们的行为模式正变得日益具有模拟性与可替换性。当下日常世界中的诸多令人困扰的现象都与

---

① 对观众而言,随着先前对被传送之物的真相的信任的消失,对媒体娱乐的欲求正在同等程度上占据上风。——我在此间首先意指电视,虽然它在今天的电子世界中,由于某种原因是一种旧式的媒体。然而,它是大家都知道和使用的媒体。种种更为先进的技术的影响并非在数量上彼此不同,而是加剧去真实化的趋势。

我们对现实的理解的持续弱化有关——但是朝向自由的一些步伐亦如此，这是我希望保留的。

由于上述过程是由媒介美学的特征所引发的，所以对每一种并非意在忽略，而是分析当下审美状态，并因此恰当地处理其责任的当代美学理论而言，这些过程的考虑无不是一种强制性的议程。

最后，请注意当代科学也日益通过其模型与发现显示出审美特征。宇宙大爆炸(Big Bang)学说，有关夸克(quark)及弦(string)的有趣故事，本质上是在很大程度上具有审美性的定律。我在此间意指的一切审美化过程受支撑于一种认知的、认识论的审美化，它(自康德以降，尤其是在当下)影响着我们的思考空间——这样做是因为有不可辩驳的理由。①

(2) 对感性的重构

此外，对感性的重构在今天显而易见。比如，媒体支配的后果之一是对"视觉优先"(primacy of vision)原则的挑战；该原则形塑了古希腊以降的西方文化，在电视时代达到了巅峰。虽然对视觉中心主义(ocularcentrism)的当代批评还有其他原因，但是媒体经验构成了其间的一个重要因素。

视觉在传统上得到支持，是因为它是距离、准确及普世性的标记，是因为它的决定能力及其与认知的亲近。从赫拉克利特(Heraclitus)经列奥纳多·达·芬奇(Leonardo da Vinci)到梅洛—庞蒂(Merleau-Ponty)，视觉一直被视为我们最杰出、最高贵的感觉。

然而，与此同时，潜伏于这一特权背后的模式——感知与认知的支配性模式——已然受到海德格尔、维特根斯坦、福柯(Foucault)、德里达(Derrida)及伊利格瑞(Irigaray)等作者的批评。② 而且，我们此刻正体会到视觉实际上不再一如它过去被认为的那样，是与现实相连的可靠感觉——这在物理学于其间变得不能证明的世界里不再有效，在媒体的世界里也几乎无效。

同时，其他感觉已然引起新的关注。比如，听觉正再次为人所赏识，因为它与事件而非永恒存在的反形而上学式亲近，因为它在本质

---

① 参见本书中的论文"*Ästhetische Grundzüge im gegenwärtigen Denken*"。

② 参见马丁·杰伊(Martin Jay)的考察：*Downcast Eyes: The Denigration of Vision in Twentith-Century French Thought*(Berkeley: University of California Press, 1994)。

上具有社会性而非视觉的个人主义式实施，以及因为它联系着情感因素而非通过视觉对现象的无情感式把握。[①] 触觉以同样的方式找到了支持者，这既是因为马歇尔·麦克卢汉（Marshall McLuhan）和德里克·德·克尔柯霍夫（Derrick de Kerckhove）所分析的媒体技术之中的新发展，[②]也是由于触觉显在的身体特征——再次与视觉的"纯粹的"、没有丝毫牵连的特征形成对照。

紧随这样的发展，越来越多的起点源自传统的感觉阶序——视觉最高，听觉次之，嗅觉最低。敏感性之牌正被人重洗。人们要么倾向于对诸感觉的公正评价，要么（一如我所偏爱的）倾向于不同的、以目的为转移的阶序，而不是一个稳固确立的阶序。

对感性的这一重组同时联系着文化模式与需求中的一个重要变化。美学应当把感性的这些新状态及文化模式的相应变化作为其分析的客体。这样，也许它就会帮助我们以一种更为清晰、更为可靠的方式完成这些改变过程。另外，此间有一个机会，供美学从一门十分含糊的古老学科重新演变为一个当代分析与讨论的有趣领域。

(3) 非电子经验的重新生效

媒体经验及去真实化的另一个后果，是经验在电子媒体之外的重新生效。大致情形如下：不同于媒体—现实（或者媒体—去真实化）的特点，出现了对经验的非电子现实与模式的一种新欣赏——这种欣赏特别强调那些既不能由媒体经验所模仿，也不能为之所替代的特征。高度发达的电子世界并非仅仅简单地克服或者吸收传统形式的经验——正如某些媒体热心人士希望让我们相信的那样——相反，我们可以观察到补充媒体经验的日常经验的重新生效。这一点在近年来的讨论中很少受到关注。

因此，我们今天要学习如何重新评价与媒体世界的普遍流动性和可变性相对立的自然的可抵抗性与不可变性，并且以相同方式重新评价与信息的自由运动相对立的具体的持续、与图像性的悬浮相对立的"物质之重"（massivity of matter）。不同于任意的可重复性，独特性重

---

① 要了解更多细节，请参见论文《走向一种听觉文化?》(*On the Way to an Auditive Culture?*)，载于 *Grenzgänge der Ästhetik*，第 231—259 页，以及 *Undoing Aesthetics*，第 150—167 页。

② 参见 Derrick de Kerckhove，"*Touch versus Vision：Ästhetik neuer Technologien*"，载于 *Die Aktualität des ästhetischen*，第 137—168 页。

新获得了价值。电子的无所不在唤醒了对另一种在场的渴望，对此地此时(hic et nunc)的不可重复的在场的渴望，对奇特事件的渴望。不同于共有的社会电子虚数，我们再次开始更高度地评价自己的想象，一种他人不可得的想象。另外，我们正以同样的方式，重新发现身体的独立自主与毫不妥协。——比如，想想纳多尔尼(Nadolny)"对缓慢的发现"①或者汉德克(Handke)对疲倦的赞美吧。②

为了不被误解，我必须指出：我当然不仅仅把这些趋势理解为针对电子世界人造乐园的一个简单逆计划(counter-program)，而是相反，理解为补充它们的一个计划。这些反元素(counter-element)并不否认电子世界的魅力，但是这也不仅仅是一个回归感官经验的问题，一如它可能在前电子时代。相反，重新生效也受到了电子媒体的经验的影响。电子经验与非电子经验之间有着明显的联系。有时候自然经验也正是虚拟的爱好者的追寻之物。我所钟爱的例子是硅谷的电子学痴迷者，他们趁黄昏驱车去海滨，观看那些确实无可比拟的加州日落，然后回到他们的家用计算机上，潜入互联网的人造乐园之中。③

我们的感性一方面与盛行的媒体趋势一致，另一方面是非电子经验的重新生效，因而正在变成双重的。它同时追求媒体魅力与非媒体目标。这种双重性中没有什么不对。相反，我们在此间有一个正显现于当下的广泛转向双重性的有趣例子。我们正变得有能力穿梭于不同类型的现实与经验之间。也许当下的感性便是这一现象已最自然、最成功地发生于其间的领域。

(4) 小结

我已在开场白中建议美学学科超越美学与艺术的传统等式，我已在这一节叙述中评价了当下的审美化过程对当代及传统美学的影响，同时指出了超越美学的美学的三个具体领域。现实的去真实化、对感性的重组、约定俗成的经验形式的重新生效，构成了希望恰当地为其正名的当代美学的重要问题。如果把对这些问题的讨论全然交给社会学家、心理学家或者报纸的文艺批评专栏，美学就是伤害自己，对自己犯罪。

---

① Sten Nadolny, *Die Entdeckung der Langsamkeit*, Munich: Hanser, 1983.

② Peter Handke, *Versuch über die Müdigkeit*, Frankfurt/Main: Suhrkamp, 1989.

③ 参见论文《信息高速公路抑或一号公路?》(*Information Superhighway or Highway One?*)，载于 *Undoing Aesthetics*，第 191—202 页。

第二节 走近该学科的新形式

在我的思考的第二节中，我希望通过把我的重组美学疆域的建议扩展到传统美学之外的问题，讨论其余三个与之有关的问题。第一，为什么学科应理解审美(the aesthetic)的所有维度与意义这一要求在概念上是正确的？第二，美学的延伸在何等程度上为学科带来益处——即使是从其更为狭隘的艺术分析目标来看？第三，超越美学的美学的学科结构看起来是什么样子？

1. 概念清理

(1) 多义性与家族相似

一些同行反对一种超越美学的美学的可能性——"aesthetic'"一词在美学学科内外的意义的差异将产生一门试图涵盖所有意义的学科，它会毫无希望地模糊不清，模棱两可。

当然，"aesthetic'"这一表述展示出诸多不尽相同的意义。这一术语可以特指艺术与美，或者泛指感性；它可以表示一种并非强制性的存在，或者表示一种虚拟性、虚构性及悬置性的本体论。但是，一种表述的这种多义性语法(polyvalent grammar)真的注定它不可使用吗？

审美一词的语义模糊性问题与美学学科本身一样，历史悠久。鲍姆嘉通、黑格尔、菲德勒(Fiedler)、英伽登或者阿多诺等人的美学定义不能被简约为一个公分母。但是，另一方面，这种模糊性从未令美学家们对这一表述的可用性以及一个致力于对它进行研究的学科的意义感到绝望。

美学家们无须如此。通过证明一种表述的连贯性无须归于一个一元性本质，而是能够产生于一种不同的方式：借助一种用法与另一种用法的重叠，维特根斯坦指出了一条走出这一所谓概念性困难的道路。因此，不同的意义通过"家族相似"彼此相连。"aesthetic'"一词正是通过这种方式发挥作用——家族相似决定其语法规则。

(2) 该学科的包容性

这一点具有重要意义。首先，基于"aesthetic"一词的不同含义之间的家族相似，美学学科中的连贯性是完全有可能的。当然，人们必须充分区分不同的用法，但是，人们只要这样去做，他们就会借助对使它们得以连接起来的意义重叠的探寻，从这种多重性中得到丰厚的收获，而且从此变得有能力发展出一种设法涵盖“aesthetic”这一表述的全部范围的美学。

第二，美学应当利用这次机会。它并没有很好的理由把自己限定在艺术学的范畴之内。当然，人们在自己的研究中可以这样做——正如其他美学家可能以关注非艺术方向一样。但是，作为一门学科，美学应该包容这些努力的全部范围。

顺便一提的是，“aesthetic'”一词的多价性是表示其丰富性，而不是表示该词的无用性。具有多义性的常常正是一些重要概念，而非模糊性规则从不适用于这样的概念。比如，在“to on”（存在）这一表达几乎是令人绝望的模糊，但是还可能以其他方式存在一种本体论吗——正如亚里士多德自己以前所表现出的，尽管他第一个提出了一种有关本体论的清晰概念？[①] 或者人们应当因为“logos”（逻各斯）一词的不同含义——“语言”、“关系”、“理性”——放弃发展逻辑学吗？[②] 一种表述的多义性不能成为阻碍发展关涉其所有变异的学科的理由。

因此，一种真正具有包容性的美学——我支持它的发展——在概念上是可能的。所以，我们应该勇敢地面对这一任务，而不是律法般地把该学科限定于一种狭隘的美学轨道上。如果一个人因为无力面对现象与概念的复杂性而实行简约主义与概念压制，这就意味着他既在哲学上，也在美学上的失职。

2. **拓展该学科的好处**

既然具有概念上的可能性与实践中的必要性，那么把美学拓展到其传统边界之外会在何等程度上为学科本身带来好处呢？

(1) 跨学科性与体制性好处

---

① 亚里士多德在《形而上学》(*Metaphysics*)的重要章节第四卷第二章中指出，“to on”（存在）的多重用途仅仅表示一种不够充分的一元性：并非“普通概念”（kath' hen legomenon）的精确用法，而是仅仅为“核心含义”（pros hen legomena）的更为松散的用法——存在的范畴意义并非被用于回应基本含义，而是仅仅关涉这样的含义（即本质[ousia]）。在人们补充性地包括存在的超范畴意义——即“本身的”与“偶然的”、“真的”与“假的”、“可能的”与“真实的”——的时候，多重性就会进一步扩展（参见《形而上学》第七卷）。然而，这正是亚里士多德的观点，这样的一种不够充分的一元性完全足以实现一门关涉所有存在意义的存在科学。

② 或者难道我们不打算认为比如黑格尔式逻辑学——它在这方面几乎是具有代表性的完整的——是一种逻辑学吗？凭什么权力？

美学在变得更为复杂的过程中,也可能——不可否认地——会变得更为困难。但是通过不再局限于一组狭隘的问题,它可以与其他学科进行更为密切的接触与交流,获得新的研究领域。这将不仅会在议题的广度方面带来好处,而且也会在体制的层面上带来好处。我所提倡的那种美学将会因为其谱系的广度以及它对当下问题的贡献,得到人们更大的兴趣;它也可能得到更大的支持——包括对其研究活动的更多经费支持。

(2) 艺术分析方面的好处

最终,美学拓展到艺术之外的问题也将证明会有益于艺术分析本身。现在我希望对此进行详细阐释。艺术本身总是超越艺术,同时意指超艺术现象与审美状况。因此,即使是基于一种传统的美学核心的观点,为支持一种超越美学的美学而超越美学-艺术等式,也是艺术分析之必需。——换言之,艺术以什么方式超越自身,超越其间每一过度限定的概念?

A. 艺术超越传统美学的边界

参照艺术之外的审美状况

即使是在看上去自律之时,艺术也总是并且非常有意识地对其周围世界中的审美状况做出反应。过去,在一个美学方面更有节制的世界里,它证明了美的极乐世界(Elysium);当感受力在现代世界受到威胁的时候,艺术——密切关注着它与感觉的联系——已把自己理解为感觉的先驱与拯救者(一如马蒂斯[Matisse]、杜布菲[Dubuffet]那样);在修饰盛行的地方,一如今天这样,艺术可以在反对修饰、决绝严肃的举止之中看清自己的责任(一如在"贫困艺术"[arte povera]及概念艺术[concept art]之中那样)。

当代艺术对媒体意象的支配尤其敏感。它可能反对、仿效它们的强求,或者拿传统艺术模式与当下媒体感知之间的摩擦说事。无论关系可能详情如何,这样的艺术作品无不要求人们关注它们对其他设计、感知模式的参照,理解它们对审美的艺术及超艺术状态的特定介入。思考的选择也为媒体及审美的超艺术情势所铭刻。对于并非不得不融合超越艺术的美学的诸面向的艺术,充分的描述并不存在。

世界观

此外,作品的能量总是超越它们的画框、博物馆的门槛或者它们被观察的时刻。作品开启指向世界的视点——不仅通过它再现世界的方式,而且,最重要的是,产生新的世界观。艺术方面的关键经验(相反,是关于某人究竟是真正赋予艺术以效能还是通过赞扬其自律以除此效能)包括这一事实,即一个人在离开一个展览的时候,突然能够用艺术家的眼睛,通过他或者她的作品,根据它们所例示的美学,来感知世界。①

这是极其自然的、不偏不倚的举止:让艺术的感知形式也加入到对现实的感知之中,并不是让自己切断与艺术眼光的效能的关系,而是对它们进行操作和实验。基本的审美感受并非在于艺术乃封闭之物,而是它能够开阔一个人看待世界的眼界。② 尤其重要的是,艺术作品经常是延伸或者加强现实感知的工具。

艺术与现实之间的纠缠

现在我们进一步思考,今天看起来自然与不言而喻的感知形式,如何历史地源自艺术于其间发挥先锋作用的过程——比如浪漫艺术就曾在对山的世界的感知之中发挥了关键作用。我们日常感知的诸多部分都是若干代人的艺术经验的沉积物。类似之物与某些行为模式有关。③

---

① 歌德已经对之进行过描述,并且表示了赞颂。在进入一家皮匠铺的时候,他突然觉得他可以看到眼前有一幅奥斯塔德(Andrian van Ostade)的画,“如此漂亮,人们实在是应该把它挂在美术馆中。[……]这是我第一次如此高度地关注天赋,随后我对它有了更进一步的认知,即借我刚赋予了其作品特别关注的这个或者那个艺术家的眼睛看待自然。这一能力给予了我极大的快乐”(Johann Wolfgang von Goethe, *Dichtung und Wahrheit*, Part II, Book 8)。在《意大利游记》(*Italian Journey*)中,他讲到了他的“早已熟悉的天赋,即借其作品给我留下了印象的艺术家的眼睛看待世界的天赋”(*Goethe Werke*, vol. XI, Munich: Beck, 第8版,1974年,第7—349页,此间引文见第86页;1786年10月8日)。

② 这丝毫不令人吃惊,因为艺术感知本身是发展于接触之中,发展自对环境及其他艺术感知的渐渐把握。因此,它们也有能力介入我们的经验范畴,重组我们世界的美学联系。艺术作品以一种神秘的方式这样做。可以说它们是通过其内部的结晶化产生出一个磁场的强化结构,可以在人的心理及情感上产生神奇的效果。

③ 乔治·斯坦纳(George Steiner)指出,我们有关爱情的行为与修辞在很大程度上是由若干代人的艺术模式形成的:“我们试图用以传达我们生命之中的爱的萌芽、成熟与枯萎,我们试图用以传递这些基本经验——同时向我们自己的感知、向此刻其他者性关键于我们的‘他者’——的字词、短语、比喻、身心态势,无论是有意识与否,在很大程度上取自在我们之前的伟大演说家、画家、音乐制作者的作品。[……]根据我们的言语及文化掌握程度,我们对爱的感受与表示一如我们所面对的杰克(Jack)与吉尔(Jill),一如罗密欧(Romeo)与朱丽叶(Juliet)或者托尔斯泰(Tolstoy)笔下的娜塔莎(Natasha)。我们的嫉妒是奥赛罗(Othello)的嫉妒的翻版。[……]在勾引与交媾的花言巧语之中,若干代人耳语或者喘气而出的支离破碎的音节,无不是出自意大利诗人彼特拉克(Petrarch)的短语集。”(George Steiner, *Real Presences: Is There Anything in What We Say?*, London: Faber and Faber, 1989年,第194页。)

除这种感知形式及行为技能的生产之外，艺术作品亦能为生活方式提供模式。这已经属于古典艺术的标准需求之列，并且延续在现代性之中——在普遍标准的解体之后——在个人生活规划潜力的生产之中。里尔克对古老的阿波罗塑像的思考以“你必须改变你的生活”这句话收尾，提供了一种有关这一现象的令人难忘的描述。①

当然，艺术与艺术之外的现实之间的边界是不应该被简单地打破的，但是，二者之间的纠缠与转换将更少地被人忽视。一种艺术的美学始终必须一方面考虑艺术学的双重性，另一方面考虑一种美学的美学。这便是与众不同地了解、保护自律性的意义的阿多诺一直反对将艺术与现实相分离，将艺术简约为纯粹自律性的原因所在。“艺术的这些兴奋作用与艺术在现实中的位置的纠缠程度，可以在曾饱受轰炸的战后德国城市之中被本能地感知到。面对真实的混乱，审美感觉中枢长期拒斥的视觉秩序再次变得分外迷人。”②对审美经验而言，即使是在秩序已然长久地显现自己为有意识的理性的同义词的时候，秩序的被破坏（即使是在这一破坏缘起于这样的有目的的理性之时）依旧能够激起对秩序的审美渴求。看似纯粹审美的感知——阿多诺对此说得很清楚——显在地由对照决定。③ 倘若把审美经验和它对现实的参照相剥离，审美经验就会系统地受到误认。

B. **审美感知的复杂性**

我们已经讨论了艺术与艺术周遭世界中的审美状况的特殊关系的主题化，讨论了从感知世界的方式，经由存在的模式，一直延伸到特定相互影响的艺术与现实之间的种种纠缠，我现在希望指出，这样的超艺术联系并非是以某种方式从外部引入艺术之中的，而是内在于艺术的，是存在于单个艺术作品之中的。首先，我想用一些例子来拓展这一点。虽然这只能以缩略形式发生于此间，但是其含义将足以提供

---

① Rainer Maria Rilke，“Archäischer Torso Appolos”，载于 Rilke，*Sämtliche Werke* 第一卷第 557 页。乔治·斯坦纳简要地对此进行了评论：“任何值得接近的诗歌、小说、戏剧、绘画、音乐作品，概不例外。”（Steiner，*Real Presences*，第 142 页。）

② Theodor W. Adorno，*Aesthetic Theory* [1970]，trans. Robert Hullor-Kentor (Minneapolis：University of Minnesota Press 1996)，第 158 页。

③ 克里（Klee）早在 1915 年便以另一种方式指出了这种联系：“这个世界（一如今天这样）越令人震惊，艺术就越抽象；反之，一个快乐的世界则产生一种世俗的艺术。”（Paul Klee，*Tagebücher*，Cologne：DuMont，1957，第 323 页。）

使之清晰的空间。[①]

视觉艺术的例子

我们首先选择西班牙画家戈雅(Francisco de Goya)绘制于1815年的《1808年5月3日的枪决》(*The Shootings of* 3 *May* 1808)。[②] 这幅画不能简单地通过一种具有审美观照的方式得到接受。它所提供的不仅仅是一种令人激动的色彩活力、构图的创新,而且同时完成了对一个历史事件的阐释,其美学冲动意在对所描绘之物的某种理解,服务于唤起对所描绘类型的一种新态度。很显然,若干种感知模式交织在对作品的感知之中:画作的观察方式及其艺术—美学排列、其动态的表现方式、1808年5月3日事件的历史方式、一场令人震惊的典型阴谋的叙事方式、未来干预与禁止的命名方式。画作中的推陈出新旨在终结这样的行为,以及同时触发纯粹的"审美"表征与接受的过程。画作不能被简单地视为一个具有审美思考的结构,而是引发了诸多感知技艺。为了支持多维度的感知,它冲破了思考的桎梏,朝着交流与生活的语境超越了思考的桎梏。因此,画作是一座灯塔:像本次枪决一样的活动将不会再次发生,事件的这种模式将被打破。[③]

我们可以从中得出一个大体的发现:对艺术的感知并不局限于一种单一的审美才能。相反,诸多才能,源自审美感知模式组合的变化多端的行为,都可以属于对一件作品的感知。因此,一件作品的特点便是源自该范畴的审美才能的特定选择与组合。可以说,它规定种种感知模式的特定排列,作用为它们的交织支点。

一位传统主义美学家可能持有异议:当然,有多种感知方式在戈雅的画作之中发挥作用,但是,仅有其中的一种是专事审美的感知方式,而且正是这种方式将仅仅通过感性进行讨论。然而,这种观点接近于开诚布公的誓言。人们将会承认,在这一"审美"限定中可以为人所理解的,并非是整个艺术,而是至多为其间的一个因素。一种将自

---

① 我对下文观点的首次介绍,请见论文"*Erweiterungen der Ästhetik — eine Replik*"(载于 *Bild und Reflexion*, eds. Birgit Recki and Lambert Wiesing, Munich: Fink 1997,第39—67页)。

② Francesco Goya, *The Shootings of* 3 *May* 1808 *in the Manzanares Valley*, 1815, Madrid, Prado.

③ 在1930年代,巴黎的反法西斯主义示威者无不随身带着上面印有此画的标牌。它对博物馆的门槛的僭越并非仅仅具有比喻性。

已限定在这类“审美”范畴之中的美学将使自己被人视为一种狭隘的美学。

马奈(Manet)创作于1868年的《处决马克西米利安》(*The Shooting of Maximilian*)显然把戈雅的作品用作了陪衬;当人们把目光移向马奈的这幅画时,另一个对美学思考常常十分重要的感知维度变得清晰起来。[①] 感知马奈的画包括感知戈雅的先期之作。此间的感知必须是互为印象的(intericonic),否则就会有缺陷,认识不到马奈画作的复杂性。除先前提到的感知模式组合以外,与绘画史有关的感知技艺,即互为印象的认知,在此间是必需的。

我们的下一个例子是马塞尔·杜尚(Marcel Duchamp)在1919年对蒙娜丽莎的戏仿之作《带胡须的蒙娜丽莎》(*L. H. O. O. Q.*)。[②] 它的互为印象结构是明显的。另外,一个语义的维度被包含于其中:标题中字母的顺序应当被读作“elle a chaud au cul”——“她的屁股是热的”。在这个例子中,退回到纯粹的审美观照将会是多么荒谬!为了理解这样的一幅作品,人们必须不仅要看,而且要知道、怀疑和引申。此间的作品并非仅仅由自我指涉的定位予以解决。反思比静观更为重要。[③]

小结:艺术作品超越纯粹的观照的维度。历史的感知维度俨然以语义、寓言、社会、日常生活或者政治维度等属于它们的方式,属于它们——当然也一如情感与想象过程。并非所有这些及更深入的感知模式组合必然发挥作用于每一作品之中,而是这些感知模式中的若干或者几种始终参与其间。艺术作品分别以它们自己的方式介入我们的交流事务,组织审美技艺领域。

音乐的例子

类似现象可以见诸音乐之中。在巴赫(Bach)的一些赋格曲里,人

---

① Edouard Manet, *The Shooting of Maximilian*, 1868, Kunsthalle Mannheim.

② 马塞尔·杜尚(Marcel Duchamp)的《带胡须的蒙娜丽莎》(*L. H. O. O. Q.*)创作于1919年,现作为路易丝与沃尔特·艾伦森伯格(Louise and Walter Arensberg)藏品,收藏于费城艺术博物馆(Philadelphia Museum of Art)。

③ 反之,人们可能已经在这里感受到了危险;它鉴于这样的作品,发作于有人抱定沉思为唯一合法审美观点、试图使沉思成为普遍标准的时候。在这个时候,心胸狭隘就会近在眼前,审查也会并非遥远。任何没有把自己展示给纯粹的沉思方法的东西,在这个时候都会随着一句“那不再是艺术”为人挑剔、抨击及悬置,或者人们会说,它至多仅仅是“不值得关注”的“边际效应”。

们可以实实在在地听到拯救之声。内心音乐对此的先决条件可以很容易地得到表述：不和谐张力的每一次转变就是在提供被发展至拯救的机会。我们希望责难式地反对——在音乐不仅把拯救主题化，而且允许它变为现实的任何地方——音乐已漂入超审美的范畴，必须被切回到纯审美的幻影之中吗？对任何人而言，这样的心胸狭隘都过头了。巴赫希望创造音乐，而不是仅仅遵循某种简约主义的审美理论。

音乐于其间呈现出与道地的人性狭隘和嫉妒的极度对照的段落，不断地出现在莫扎特（Mozart）的《费加罗的婚礼》（*Marriage of Figaro*）之中。它不以任何方式进入这种人性的卑微，而是以一种几乎神圣的高傲略过它。在这样做的过程中，它使得对照鲜明：社会是一个骗子与被骗者的集合；然而，真理、尊严与人性仅仅存在于音乐之中。但是，惟有在借舞台事件的背景被感受的时候，这种耀眼的权威才能为人所听到。音乐不可捉摸地批评它所不可捉摸的东西。这样的双重感知——不仅仅是“在音乐上”冥听音乐——正是感知这种音乐的高傲与纯洁之所需。

阿多诺通过如下方式，再次以贝多芬为例凸显了艺术的不可分割的双重结构：“一个人如果不能理解所谓的纯音乐过程，那么，他就跟从中感知不到法国大革命的回声的人一样，不配听贝多芬的交响曲。这两个方面如何在这一现象中结合，这个问题属于哲学美学顽固不变的、同样也是不可避免的主题。”[①]这一认识促成了阿多诺得出“审美经验必须超越自身”的结论。[②] 这在本质上代表了我希望在此间大体指出的内容：美学也有超审美性的需求；对个体作品具有决定性意义的，是二者如何交织于其间。

现代艺术

前文所言的一切，对所有传统艺术都是有效的——对现代艺术更是如此。因为它通过以特殊方式验证、质疑及改变其边界。它并非是简单地消除被命名为“艺术”的一个表面上定义完备的纲要，而是通过它的每件作品重新提出何为艺术的问题并提供相应新的答案。艺术作品能够改变它们的短期及长期状况，可以变不习惯的标准为先决条

---

① Theodor W. Adorno, *Aesthetic Theory*，第 349 页。

② 同上。

件，或者消除艺术的边界。通过这种方式，杜尚质疑了可见度的原则，乔伊斯(Joyce)质疑了书的形式，波洛克(Pollock)质疑了绘画的极限，凯奇(Cage)质疑了音乐的地位。①

彼此极为不同的感知模式可以根据艺术类型变得具有相关性。一件艺术作品所要求的感知技艺可能对另一件艺术作品毫不相干。对马列维奇(Malewitsch)的一些作品而言，注意到实际所给之物是不够的，相反，感知必须延伸到宇宙之中(比如，马列维奇通过他使用黑色的方式在这方面帮助人们)。事实上，人们在听到呐喊之前，实际上不能见到挪威美术家蒙克(Munch)的《呐喊》(*The Scream*)——视觉感知必须一直向听觉感知进发。然而，在涉及到杜尚之时，感觉活动是完全不够的；如果不引入反思，人们所能认知的就只能是胡言乱语而已。波洛克惟有通过运动感觉才能得到理解。但是，只要有人希望在蒙德里安绘画风格中坚持这一点，那是可悲的。索尔·里维特(Sol LeWitt)要求一种视觉的分析建构。惟有伴随着广岛的可怕景象，河原温(On Kawara)才能真正被人感知。

因此，每次都会发生感知领域的特定重组。传统感知模式的组合被推翻或者重新布局，传统的等级制度被废止，新的等级制度被建立。恰好是对某一并非显在或者闻所未闻之物的感知——甚至是对传统意义上不可感知之物的感知——可能闯入最高等级。艺术毫不妥协地自行决定与之相关的感知类型的范畴。

艺术感知：多元审美

因此，不同的感知方式总是参与到对艺术的感知之中。对艺术的感知本质上是多元审美(poly-aesthetic)，而不是一元审美(mono-aesthetic)。如果没有日常感知能力的引导，人们甚至不能识别画中之物；另外，让感知经受自己所掌控的艺术经验的打磨是有好处的；如果人们知道何为补充性对照，或者何处是看似自然的核心感知的不自然，它就不会有危害——比如，惟有它会让人看到马萨乔(Masaccio)为绘制悬疑画不得不对人体等高构图法采取的措施。换言之：人们必须知道既定的模式，以期能够识别偏差与新的重点；知名画家(pictor doctus)也需要知名受体(receptor doctus)。

① 这便正是超越艺术学的有限地位，让自己向超越美学的美学开放的先锋艺术工程。希望通过审美—理论限定来抹煞或者消除这一点会是一种时代错误。

因此，感受者的感知能力必须探索各种形式的感知，发现作品所激发的具体的一系列事物。作为一个整体的审美经验通过沉思、想象与反思的结合区隔自己。甚至观照也不仅仅是观察性的，而且是过程性的、反思性的。而且根本如此：即使单是对线性集中与分歧的理解或者对色彩对照的理解，也都暗示感觉反思的技艺。分别被注意到的事实并非是“纯粹的呆板事实”(factum brutum)，而是为阐释过程所引导，依赖于后来的观看。通过这些阐释行为，图像的经验，甚至生活的经验也参与其间。如果没有感知者一方的某种成熟与感受，对一方伸手去捉拿，另一方避开的动作的感知是不可能的。卡拉瓦乔(Caravaggio)对图像的统治权的批评，可以首先通过他的前辈及同时代人这一背景，被恰如其分地看到。因此，对现实世界的参照属于图像过程，其方式正同于互为印象的暗示属于图像过程。

而且，体验艺术要求对所熟悉的范畴、门类划分及区隔有特殊的开放性。因为艺术享有以异乎寻常的方式划分世界的自由，或者揭示被视为相互独立的门类之间的一致、类似或者转换。比如，莫兰迪(Morandi)的静物并非是物体的简单静物，而是同时为社会关系分析图。物体的排列将被读作家族的排列。人们识别出等级制度、恐惧、自我肯定、闪烁其辞的花招、遣散、连结。作为艺术家，莫兰迪在实践微观社会学——正如蒙德里安(Mondrian)实践了宏观社会学一样：他的静观艺术不仅与绘画元素有关，而且同时代表了一种对生活责任进行平衡的模式，这正是必须在每个人的生活中要实现的，并且也类似地对社会教养有意义。在它们对实践维度的把握得到承认的时候，这些沉默的、看似不露锋芒的作品第一次为人所全面感知。蒙德里安本人也把它们理解为范式，表示代表民主社会的社会力量等式——可以再次看到的是，对艺术的体验可能被迫包括看似相左的视野。惟有在变得复杂起来的时候，它才会成功。

小结

再次指出：在对艺术的体验之中，不同的感知模式可能彼此相关——观照的、历史的、日常生活的、语义的、互为印象的、寓言的、乌托邦的模式，等等。审美感知领域是多态的(polymorphous)。

因此，单个艺术作品的特点源自审美感知模式这一整体性的一种特定选择。它们分别激活一套这样的模式，并且以它们自己的方式把这些因素联结起来。在这样做的过程中，它们毫不顺从地固定单个感知模式的等级，以及这些模式的等级制度。同一感知态度在不同的艺术作品之中可以有截然不同的地位。[①] 因此，对单个艺术作品的感知应当被实践和理解为不同感知模式的特定联系。

艺术让若干种感知类型发挥作用，暗示这些类型的某种特定构象，以及整个感知领域的某种不合惯例的组合。事实正好是无论是感知维度的范畴，还是维度间的关系，都不是一劳永逸地固定的，而是始终危如累卵，这便是审美感知的与众不同。

因此，能够公平对待作品的，当然仅仅是一种原则上的多元审美态度，一种关注单个构象的态度。另一方面，对普通审美观照的倾向或者对形式分析的限定系统地减弱与误认作品向外把握的潜力。如果有人意在否定审美感知的多价性及横向影响——因为只有观照被宣称相关，要求忽略一切日常生活的、社会的、语义的感知维度——那么危险便在于庄严的观照趋于接近纯粹的张嘴傻看。张嘴傻看与真正的看之间的差异被布莱希特(Brecht)独特地表现在了《伽利略传》(*Life of Galileo*)之中：当那位年轻小伙安德里(Andrea)说"但是，我亲眼看见太阳下山之处不同于它升起之处。因此，它怎么能够保持静止呢?"伽利略回答道："的确，你可以看！你可以看见什么呢？什么也看不见。你仅仅是在发楞。发楞并不是看。"[②]

C. 美学的综合性——也是为了有益于艺术分析

这会导致什么呢？如果艺术不断让各种感知的全部组合发挥作用，给予某种程度的组织，那么很显然，作为对审美的反思进行专门研究的美学就必须能够考虑各种各样的感知与不同的组合，并且公正地

---

① 举一个例子：众所周知，爱德华·马奈(Edouard Manet)的《草地上的午餐》(*Déjeuner sur l'herbe*)是按照互为印象结构的。它凭借莱蒙迪(Riamondi)往后联系上了拉斐尔(Raffael)及古代对河神的表征。但是，这仅仅是画作的一个无声的副标题；历史的感知维度在这里必须一直处于背景之中。如果有人要把它移入前景之中(这曾被悖论式地尝试过，以期该画可以表征一种毋庸置疑地尊重拉斐尔及古希腊罗马时代的资产阶级品位)，他就会因此牺牲掉画作的寓意与挑衅性手势；此画非常有价值，因为它在视觉上侮辱了资产阶级。吉里欧·帕欧里尼(Giulio Paolini)的雕塑群(比如《模仿》[*Mimesis*])是截然不同之物。它们也是互为印象地结构的，往后联系着古代的表征。但是，历史的感知必须占据此间的首位。因为帕欧里尼的人物——这些作品的代表性人物——的雌雄同体美、情感及讽刺完全是源自这一维度。因此，历史感知适于这二幅作品，虽然它们的地位迥异。

② Bertolt Brecht, *Leben des Galilei* [1938/39](Frankfurt/Main: Suhrkamp 1962)，第11页(第一幕)。

对待它们。换言之,对艺术的体验本身要求这样一种美学,它用眼睛同时查看内在的艺术多元审美及其超艺术纠缠,能够考虑感性的所有维度。美学必须延伸到审美的整个范围之上。

顺便指出的是,这类美学将不仅被证明对理解与阐释艺术的目的有效——换言之,不仅对观察者——而且可能最终也对艺术的创造有特别的重要性——换言之,对艺术家本人。它开启一种有关艺术到底是什么的新观点。一旦艺术家(比如,接着席勒的例子)发现艺术具有为席勒所谓的"生活的艺术"开发模式的能力,他就可能截然不同地以对艺术作品的本质完美的传统探究为起点——波伊斯(Beuys)便是此间的一个例子。或者在艺术家(比如,接着尼采)已然认识到审美特征在认知中的构成作用的时候,她可能会突然想到,"嘿,我的真实任务并非是为了艺术的利益创造艺术,而是在于发展与示范种种可能的感知观点与方法,具有选择性和发散性的感知与理解模式"——伊娃·海瑟(Eva Hesse)便是这方面的例子。通过这样的方式,我所提倡的那种超越美学的美学可能鼓励为艺术自身迈出新步伐。它是一种对艺术家本人有好处的美学,只要他们——因为好心的理由——非常不满意于传统的美学。

小结:美学超越美学延伸至感性的整个范畴,这不仅是全面把握审美之必需,而且也尤其是准确理解艺术之必需。对美学的延伸而言,这最终应该是有眼光的观点。①

另一方面,被限定于艺术的美学甚至不可能是关于艺术的美学。相反,它抑制、误认自己宣称要服务的艺术。它把艺术锁定在自主性的金色藩篱之中——无论如何,这是传统艺术与现代艺术所不希望接受的。同时,貌似在以一种友好于艺术的方式说话,一种审美—理论的强迫集中(ghettoization)再次被实践。如果探讨艺术的观点并非是源自包括超越美学的观点的美学,艺术就会不可避免地带有审美偏见。

---

① 我们已经在一个相似的意义上,从阿多诺那里读到:"经过修订的美学[……]不再一如传统美学视艺术的概念为其显然的关联物。在构思艺术的时候,今天的美学思考必须超越它[……]。"(Theodor W. Adorno,"Funktionalismus heute",载于 Adorno,*Gesammelte Schriften*,vol. 10. 1,Frankfurt/Main: Suhrkamp,1977,第 375—395 页,此处引文见第 395 页。)

第三节　学科重组

（1）学科的跨学科设计

最后，在这样的延伸之后，美学学科的结构会是什么样呢？我的答案一定不会让人吃惊：它的结构是跨学科的。我想象美学为一个研究领域，致力于所有关涉感性的问题——包括哲学、社会学、艺术史、心理学、人类学、神经科学等学科的贡献。感性构成学科的框架。艺术是但仅仅是其主题之一，尽管它可能很重要。

接下来的观点可能听起来更让人吃惊：我把关涉感性的学科的各个部分想象为美学学科的有效分支。它们融合在美学的体制性结构之中。美学本应是多学科的或者跨学科的——而不是仅仅在与其他学科相遇时，因受引发而展示出多学科性。按照我对它的设想，在美学系里，前文所提及的诸分支都应被教授；所有美学家都应拥有关于它们的丰富知识，至少能够教授这些分支中的一部分——不仅仅是，比如，某种艺术本体论或者趣味史。

（2）普遍的跨学科性

也许学科的跨学科结构这一建议看似不太符合习惯，但是在我看来，这种类型的一个结构几乎对今天的所有学科都是必需的。作为这一观点的基础的认识已然引发我们理解理性的一场根本性变化，不断要求调整研究领域及研究对象。

在现代性中，对合理性种类的区别与分离是被提倡的——这些合理性类型被视为外围清晰、本质不同。然而，最近的分析表明，这至多在表面上是正确的，根本上却是错误的。五花八门的合理性之间不可能以一种无懈可击的方式彼此划界，而是在核心处显示出削弱传统分类的相互纠缠与转换。这样的纠缠、转换与渗透已然成为了当代的议题。①

（3）展望

我不能在此间就这一点进一步延伸。然而，如果有人觉得该观点

---

① 参见拙著 *Vernunft. Die zeitgenössische Vernunftkritik und das Konzept der transversalen Vernunft*, *Frankfurt/Main: Suhrkamp*, 1995 年第 1 版，2000 年第 3 版。

或许有趣，但不确信有将其运用于各个领域的必要性——那么就美学而言，至少我因此希望，有人会发现学科的跨学科设计这一建议貌似有理。美学已经在其历史上经历过重大范式的转移。当然，这样的转移并非天天发生，但是有朝一日——因为好的理由——它们可能发生。对未来一代而言，超越美学的美学的跨学科结构可能十分自明。在学科之外，这似乎已成事实。

（译者单位：中国社会科学院外国文学研究所）

哲学与艺术——多变的关系

杨宏芹 译

简述主题和计划

先让我以一个艺术家对哲学美学的论述开始。卡尔·奥托·格茨(Karl Otto Götz)——德国不定形艺术(Informel)[①]的重要人物之一,在1972年写道:"早就说过,哲学美学从未正确地评价造型艺术和艺术实践,过去没有,今天也没有。哲学美学对造型艺术家的看法以及对他的艺术创作的评论,从未触及艺术的实质。"[②]

从这句话可看出两点:第一,艺术家明显地拒绝美学;不过第二点却是,他们认为一种正确评价艺术的美学却是可能的、有用的。为什么会有这种期待?艺术家为什么寄期望于美学——让他们又如此失望的美学?艺术为什么看起来如此需要美学这种东西?

下面,通过反思人们所说的"艺术哲学",我想解释这些问题。先提出我的观点,我看见其中有一种不幸的关联,并主张尽可能地消除这种关联。如果联姻失败,唯有分离能帮助彼此。认为哲学和艺术之间存在一种根本性的关联,这一看法是失败的。距离以及只是偶尔的相遇对双方可能更好。

在第一部分,我将描述哲学和艺术之间的典型的现代结合的意义和困境。在第二部分,我将考察后现代的对立:哲学和艺术之间的根

---

① 不定形艺术是1950年代和1960年代初的一种艺术风格,指一种涉及直觉的、自发的、不受任何约束和控制而进行创作的艺术。格茨(1914—):德国画家和版画家。——译者注。

② 卡尔·奥托·格茨:《绘画美学的问题:视觉思维的基础之入门》,杜塞尔多夫:孔塞普(Concept)出版社,1972年,第38页。

本不可比性。在第三部分，我将——上述两种观点都不能令人信服——提出自己的观点。

Ⅰ、“艺术哲学”这一特殊的现代概念

相信哲学和艺术之间存在一种内在的必然关系，这一信念是在18世纪后期形成的——就在美学成为一个独立的哲学学科之后。那时，人们才开始认为，哲学需要艺术理论的反思，艺术需要哲学的解释。为什么出现这种结合？结果为什么是艺术哲学的繁荣？

1. 哲学和艺术互不需要已千年之久

长达两千年，人们没有看到哲学和艺术之间的任何本质的联系。没有哲学的帮助，艺术照样欣欣向荣。比如古希腊的菲迪亚斯(Phidias)被人高度赞扬，就不需要哲学的支持。戏剧也一样。如果说戏剧需要什么，那或许是对偶尔的哲学-美学的攻击所做的哲学辩护——亚里士多德反对柏拉图的判决，帮助了悲剧和艺术，这很好。然而，总的来说，艺术如此不言而喻地被人认可和赞赏，以至哲学的攻击对它毫发无损，哲学的辩护也毫无必要。

即便在后来的文艺复兴时期，艺术被高度认可，但还是不需要哲学的帮助。即使有哲学的帮助，艺术家后来发展出来的他们自己的艺术理论和哲学，与标准观点却大相径庭——只要想一想列奥那多·达·芬奇和他的观点：绘画是更好的更真实的一种哲学。

当然，两千年来，哲学反过来也不需要艺术理论的反思。它可能使用这些反思，但没有它们，也行。亚里士多德的《形而上学》中就不存在与我们所说的艺术的任何关联；笛卡儿的《沉思集》和莱布尼兹的《单子论》也是如此。

2. 现代：美学被想象为推销艺术的文化代理

艺术需要哲学，这是一种**特别现代**的观点和看法。问题是：为什么现代的艺术忽然就**需要**一种美学，它为什么需要它的帮助？赞同什么？反对什么？为什么目的？

我想：这是因为艺术再也不像从前，自然而然地就能被认可。它于是就寄希望于来自哲学的支持和帮助：说明艺术的重要性以及

对艺术的认可是适当的、必要的。从艺术这方面来看，美学应该为艺术做品牌推广的工作（PR-Arbeit）。美学是推销艺术产品的文化代理。

a. **自律的辩证法：自由与囚牢（Ghetto）**

艺术的文化认可为何消失了呢？因为艺术自律了，而自律具有两面性。[①]

艺术在现代获得了辉煌的自由；如黑格尔所说，艺术成了“一种自由的工具”[②]，这一工具只遵循它自身的逻辑，排斥任何外在的要求，尤其排斥——黑格尔明确指出——任何道德的功利化。尽管或许“从每一件真正的艺术作品……都可以抽绎出一个很好的道德教训”[③]，然而，人们再也不能认为艺术品的实质是“实现艺术领域以外的一个自由独立意义的目的一个有用的工具”[④]。其实，艺术的“最终目的在其自身”[⑤]。艺术的这一自我目的性构成了自律理论的真正含义。重要的就是，摆脱道德责任。这就是为艺术而艺术这一概念的含义，正如泰奥菲尔·戈蒂耶（Thèophile Gautier）1843 年在《莫班小姐》（*Mademoiselle de Maupin*）的“前言”中所代表的。与市民对美的道德化（尤其通过性禁忌）相对，戈蒂耶提出美等同于无用：“只有毫无用处的，才真正是美的；一切有用的，都是丑的。”[⑥]

只是，美妙无比的自律也有不太受欢迎的反面。艺术不仅更自由，也更难，越来越难以理解。它逐渐成为专家的事情：是内行、艺术家和艺术爱好者，以及艺术界的专利。在 20 世纪，这一鸿沟越来越深。艺术如此高度专业化，不仅普通人，甚至文化人也越来越难以入门。它成了艺术圈的专利。

---

① 此外，人们还可以想到一种社会学的解释：在从贵族到市民的过渡中，艺术这一高贵领域成了大众的教育资源。由此就需要教育的、广告的努力。一种新的美学也就服务于此。19 世纪的博物馆的建立和筹建，尤其如此。

② 乔治·弗里德里希·威廉·黑格尔《美学》第 2 卷，见《作品集》第 14 卷，美因茨畔的法兰克福：苏尔坎普（Suhrkamp）出版社，1986 年，第 235 页。

③ 黑格尔《美学》第 1 卷，见《作品集》第 13 卷，第 78 页。译文参考了朱光潜先生翻译的黑格尔的《美学》第 1 卷，商务印书馆 1981 年，第 64 页。

④ 同上。译文参考了朱光潜先生翻译的黑格尔的《美学》第 1 卷，第 68 页。

⑤ 同上。

⑥ 引自埃克哈特·黑夫特里希（Eckhard Heftrich）《何谓为艺术而艺术？》，收入：《世纪末：论世纪末的文学与艺术》，罗格·鲍尔（Roger Bauer）等出版，美因茨畔的法兰克福：克罗斯特曼（Klostermann）出版社，1977 年，第 16—29 页，此处见第 22 页。

这就是自律的辩证法：它虽然把艺术从外在的束缚中解脱了出来，却使它与共通感（commen sense）隔离，把它关进了艺术世界的金笼子——或囚牢。我们作为知识分子，为自律艺术的创新如此震惊，但不可否认的是，艺术在这条道路上已经失去了与共通感的自然而然的联系，这一联系对古老的艺术却是如此典型和重要。

现代的艺术家当然为这一分离感到痛苦。他们不高兴禁锢在艺术世界的囚牢中。许多人还一直深受其苦。他们还希望大众的回应。这些渴望和悲伤，从18世纪一直延续到了20世纪——还在继续蔓延。

如保罗·克利（Paul Klee）在1924年就这样悲叹："无人理睬我们。但我们寻找一群人，我们开始寻找，在国立包豪斯学校（Bauhaus）。我们开始与一个团体结盟，我们把所有的一切都给予他们。我们能做的就是这些。"[①]——是啊，他们寻找一群人，但他们还能找到的，也只能来自艺术的小圈子。他们在现代似乎不能得到更多。即便现代的先锋们企图以越界来逃离艺术囚牢，这一尝试也只能重回那里。

b. 美学作为艺术的宣传代理

这就是新发明的美学登上历史舞台之处。哲学美学应该——在艺术因其自律化而丧失了与大众意识的联系这种情况下——重新说明，艺术对文化和社会是多么重要和有意义。它应该使艺术再次成为大众感兴趣之物。[②]

于是，美学的任务就是治疗艺术自律的负面结果和艺术脱离社会的孤独处境。艺术通过哲学贵族化之后，将再次摆脱文化上的禁闭状态。哲学美学是当作艺术的广告代理被发明出来而广受欢迎的。它

---

① 保罗·克利：《雕刻手段领域的概况和方向及其空间的秩序》，1924年1月26日在耶拿艺术协会的一个画展上的演讲，收入《雕刻的思索》，约尔格·施皮勒（Jörg Spiller）编辑出版，巴塞尔：施瓦贝（Schwabe）出版社，1971年第3版，第81—95页，此处见第95页。——国立包豪斯学校是德国的一所艺术和建筑院校，1919年由建筑师瓦尔特·格罗皮乌斯（Walter Gropius）创立于德国魏玛。保罗·克利自1921年起，在包豪斯任教。"最初阶段的包豪斯具有两大特点：首先，它决心改革艺术教育，想要创造出一种新型的社会团体；其次，为了这个理想，它不惜做出巨大的牺牲。"（弗兰克·惠特福德[Frank Whitford]：《包豪斯》，林鹤译，北京三联书店，2001年，第1页。保罗·克利在包豪斯的工作，见此书第93—97页的介绍。）——译者注。

② 康德将趣味（Geschmack）解释为共通感（sensus communis），就以这样的追求作为基础。

应该为艺术做品牌推广的工作，应该将这一工作再次固定在整个文化领域——那样的话，艺术就不会与宗教一样：变得对普通大众越来越没有意义，变成个人之事，或许最终就会消亡。

c. 哲学-美学的品牌推广的努力失败了——为何？

然而，如我们所知，哲学美学的成就微乎其微。在过去的两个世纪，它并没有使艺术重新进入普通大众的意识，或者对他们具有意义。或许它能让一些精英人士将对艺术的注意力转注于生活。大多数人却学会"在今天的艺术的旁边生活"[①]，如社会学家阿诺德·格伦(Arnold Gehlen)所说。

需要说明的是，哲学美学为何如此没有成效。——或许它并不适合为艺术去进行文化上的广而告之？它甚至非常不适合吗？

这就是我的观点，我将在下面阐述我拒绝古典-现代的艺术哲学的理由。依我看，原因就在这个——常常还被如此高估的——学科的内部。它们不仅使艺术哲学不适合为艺术重新创造文化认可，而且首先就使它根本不能与艺术有合适的交往。

人们必须认识到，艺术哲学根本就不是为了艺术，而是为着特殊的哲学的目的去研究艺术的。事实上，美学不是如人们认为的服务于艺术，而是服务于哲学。它**首先**为了哲学的目的把艺术功能化，为了再次实现统一，在这个统一因现代的分化进程而逐渐消失之际。**其次**，艺术哲学的本质，是说明哲学高于艺术，这一优势尤其通过这一论断表现出来：艺术只有在哲学的理解中才得到它的真正的最终的实现。一方面，在实现**统一**上，艺术被用作哲学的**帮手**，另一方面，它成了**展示哲学理解的优势的一个对象**。下面详细论述这两点。

3. 第一个策略：在统一问题上美学作为哲学的帮手

a. 康德：美学作为理性统一的帮手

首先是在统一主题上，艺术才被哲学当成重大的主题。在18世纪后期，理性的统一——传统哲学的支柱——已成问题，它似乎失落了。从康德的三大批判，人们就能示范性地看出问题之所在。康德在他的第一批判中界定了纯粹理性的适用范围，在第二批判中界定了实践理性的适用范围，这时他发现自己面临一个问题：两者之间

---

① 阿诺德·格伦：《时代画像》，美因茨畔的法兰克福：阿特纳姆 Athenäum 出版社，1965年第2版，第221页。

的鸿沟如何沟通?[①] 美学,如他随后在他的研究审美理性(Rationalität)的结构的第三批判中所研究的那样,就应该可以解决这一问题。它应该成为连接手段,将哲学的两部分结合成一个整体,应该“造成一个从纯粹认识能力即从自然概念的领地向自由概念的领地的过渡”[②]。

情况也就是:哲学寻求统一。但是在现代分化的条件下,在这个分工型的社会里,真善美一体的这一古老的哲学传说越来越难以为继。现在,艺术就该来帮助哲学。它应该再次确保既有问题的统一。在此意义上,它作为哲学的帮手——作为一种统一黏合剂——而被利用。

1790 年由康德提出的这个统一的视角,对于随后的年代和作家也是典型的。人们欢迎和发展美学作为哲学——康德的理性、席勒的人的存在、德国唯心主义中的社会以及谢林的哲学——的统一修复者。

b. 席勒:重新创造人的天性的完整性

席勒在 1795 年出版的《审美教育书简》中,提出美学的任务是恢复统一或完整——在他这里还只是指人的完整。美学应该用来“恢复我们天性中的完整性”[③]。其背景是对现代的分化进程的悲叹,这一进程导致了人的存在的四分五裂。[④] 美学应该将人们从困境中解救出来——只有它能够解救:只有审美的人,席勒说,才是完

---

① 至少对实践理性——康德眼中的基本理性——来说,这是一个不容推卸的问题。只有这个问题解决了,在一个由自然法则决定的世界中,道德行为才是可能的:“……因而自然界也必须能够这样被设想,即它的形式的合规律性至少会与依照自由规律可在它里面实现的那些目的的可能性相协调。”(伊曼努尔·康德:《判断力批判》[1790],A19 以下。)译文引自邓晓芒译、杨祖陶校的《判断力批判》,人民出版社,2002 年,第 10 页。

② 同上,A20 或 A22 以下,第 13 页,也可见第 32 页。

③ 弗里德里希·席勒:《审美教育书简》,收入《席勒文集》第 5 卷,格哈特·弗里克(Gerhard Fricke)和赫伯特·G. 格普费特(Herbert G. Göpfert)出版,慕尼黑:汉泽(Hanser)出版社 1980 年第 6 版,第 570—669 页,此处见第 588 页(第 6 封信)。

④ “现在,国家与教会、法律与道德习俗都分裂开来了;享受与劳动、手段与目的、努力与报酬都彼此脱节。人永远被束缚在整体的一个孤零零的碎片上,人自己也只好把自己造就成一个碎片。他耳朵里听到的永远只是他推动的那个齿轮发出的单调乏味的嘈杂声,他永远不能发展他本质的和谐。他不是把人性印在他的天性上,而是仅仅变成他的职业和他的专门知识的标志。”(同上,第 584 页。)译文引自冯至先生翻译的《审美教育书简》,收入《冯至全集》第 11 卷,河北教育出版社,1999 年,第 37—38 页。

整的人。[①]

席勒在其他方面是不同寻常的，尤其是他将美学的重心从寻常的艺术品欣赏转移到“生活艺术”[②]这一新的视角。但关于什么是统一，席勒还是追随康德率先提出的观点——只不过他将统一不再用于理性，而是用在人的存在上。

c.《德国唯心主义的最初的体系纲领》：一种由审美产生的社会统一作为“人类的最后最伟大的事业”

两年后，即 1797 年，所谓的《德国唯心主义的最初的体系纲领》(*Älteste Systemprogramm des Deutschen Idealismus*)将康德率先提出的统一论应用于社会。[③] 诊断的出发点是开明之士与愚昧无知者之间的巨大裂痕；希望却是：能够克服这一裂痕，重建社会的统一；美学应该成为实现这一目标的手段。因为，一方面，如果开明之士(尤其是哲学家)将他们的思想美学化，那么，这些思想对愚昧无知者将是容易理解的；另一方面，如果民间迷信被精致美化而与理性接近，那它们也是可以被开明之士接受的。以这种方式被应用于两方面的美学原则，就应该愈合裂痕，再创社会的统一。甚至是永远：“然后，永恒的统一

---

① “现在，国家与教会、法律与道德习俗都分裂开来了；享受与劳动、手段与目的、努力与报酬都彼此脱节。人永远被束缚在整体的一个孤零零的碎片上，人自己也只好把自己造就成一个碎片。他耳朵里听到的永远只是他推动的那个齿轮发出的单调乏味的嘈杂声，他永远不能发展他本质的和谐。他不是把人性印在他的天性上，而是仅仅变成他的职业和他的专门知识的标志。”(同上，第 584 页。)译文引自冯至先生翻译的《审美教育书简》，收入《冯至全集》第 11 卷，河北教育出版社 1999 年，第 618 页(第 15 封信)。

② 同上，第 618 页(第 15 封信)。

③ “真和善只有在美中才亲如姊妹”，这一观点显然来自康德。(《理性的神话学：黑格尔的〈德国唯心主义的最初的体系纲领〉》，克里斯托夫·雅默[Christoph Jamme]和赫尔穆特·施奈德[Helmut Schneider]出版，美因茨畔的法兰克福：苏尔坎普(Suhrkamp)出版社 1984，第 12 页。)——由刘小枫选编的《德语美学文选》(上卷)，收入了他自己翻译的《德国唯心主义的最初的体系纲领》，但将此文归于谢林名下，他解释如下：“《德国唯心主义的最初的体系纲领》是 F. 罗森茨维格发现的出自黑格尔手笔的断片。哲学史家公认它体现了黑格尔、谢林、荷尔德林三人的共同意图，但著作权至今没有解决，弄不清它究竟是出自黑格尔，还是出自谢林或荷尔德林，甚至也未敢否定出自于一个第四者。谢林《艺术哲学文选》的编者 W. 拜尔瓦尔特认为它出自谢林的手笔。这不仅因为文中攻击了国家，更重要的是它提出了审美直观是理性的最高方式以及神话学的特殊意义。这与谢林后来的思想是一致的。此外，1962 年出版的《谢林书信与资料集》也收入了这篇，算在谢林名下。”(刘小枫选编：《德语美学文选》(上)，华东师范大学出版社，2006 年，第 131 页注释 1——译者注。)

将存在于我们中间。"[①]通过审美,"开明之士和愚昧无知者最终应该握手言和"[②]:这将是"人类的最后最伟大的事业"[③]。

将审美定为最终统一的担保者,与此相关的是,美学——飞黄腾达——在短短十年内,从 1790 年到 1800 年,就上升到哲学的顶峰。《德国唯心主义的最初的体系纲领》不仅赋予了美学以重新统一社会的功能,而且还认为,"理性的最高行为"是"一种审美行为","精神哲学"是"一种审美哲学"。[④]

d. **谢林:把艺术降格为哲学的工具**

统一的功能以及哲学的顶峰,这两者的内在关联在谢林的 1800 年的《先验唯心论体系》(*System des transzendentalen Idealismus*)中获得了最明确的表述。那种表现初始原则、哲学由之发端的无意识活动与有意识活动的同一性,按照谢林的观点,不能再通过哲学获得,而只能通过美。因为思考和反思的我们,已经不可避免地站在了有意识活动的这一边。只有在审美直观中,我们才能感到那种原初同一体的一种反射。"唯有艺术作品能向我反映出任何事物都反映不出的东西,即那种在我之内已经分离的绝对同一体;哲学家在最初的意识活动中使之分离的东西,对每种观照通常已阙如,将通过艺术的奇迹从艺术品再次闪耀。"[⑤]

谢林的结论就是,"艺术是哲学的唯一的、真实的、永恒的 Organon";艺术通过持续不断地"证实"无意识和意识的原初同一性,"对哲学家来说,它是最高的,因为它仿佛向他敞开了至圣所,自然和历史中的分离之物以及生命、行动以及思考中的永远消逝之物,却仿

---

① "真和善只有在美中才亲如姊妹",这一观点显然来自康德。《理性的神话学:黑格尔的〈德国唯心主义的最初的体系纲领〉》,克里斯托夫·雅默(Christoph Jamme)和赫尔穆特·施奈德(Helmut Schneider)出版,美因茨畔的法兰克福:苏尔坎普(Suhrkamp)出版社 1984,第 14 页。

② 同上,第 13 页。

③ 同上,第 14 页。

④ 同上,第 12 页。

⑤ 弗里德里希·威廉·冯·谢林:《先验唯心论体系》(1800),汉堡:迈纳(Meiner)出版社,1962 年,第 294—295 页(第 6 章第 3 节)。参见之前的论述:"艺术作品向我们反映出有意识活动与无意识活动的同一性。"(第 288 页,第 6 章第 2 节,译文引自梁志学、石泉译:《先验唯心论体系》,商务印书馆,1981 年,第 269 页。)此处译文参考了梁志学、石泉译:《先验唯心论体系》,第 274 页。

佛在那永恒的原初同一中，闪闪发光”。[①]

谁如果还没有因这些夸张的表述而感到诧异的话，那么，简单地分析一下多次被引用的“艺术是哲学的唯一的、真实的、永恒的Organon”，就能让他清醒过来。“Organon”的含义究竟是什么？不就是“工具”。所以，艺术在这里也许被大肆夸赞，被捧上了天，其实它被降格成为哲学目的的一个工具，它被哲学工具化了。此时，艺术的意义不在它自身，而是为哲学的最高目的服务的工具，直观原初的同一性——这是哲学作为哲学自身所不能达到，而只能经由艺术的帮助才能达到的目的。哲学自身是无能的，艺术帮助它摆脱困境。

谢林的描述听起来是这么美妙动听(人们没有看透这一论述，直到今天还轻信它)，显而易见的却是，哲学——与同时代对艺术的其他吹捧如出一辙——不是为了艺术，而是为了它自己，为了哲学才让美学飞黄腾达的。哲学将艺术吹上了天，是为了借美的细胞疗法让它自己身居高位。如果它花言巧语地宣称，艺术敞开了至圣所，其实，哲学的视角才是占据统治地位的，艺术被降格为它的一个辅助工具。

首要的是哲学问题，在此范围内才考虑艺术，谢林将这一观点就这样狂傲不羁地说了出来。他说，他的“艺术哲学”只是他的“哲学体系”的“重复”，[②]是“一般的哲学……只不过以艺术潜在地表达出来”[③]。——如同它下一次通过自然、社会或其他材料被表达一样。不是单纯地分析哲学，而是特别地分析“艺术哲学”，这仅仅意味着对“哲学的一般概念”的限制，但并不是说，这里本质上不是与哲学——而是与艺术——有关。相反：“我们的科学应该是哲学。这是根本性的；涉及艺术时，它也应该是哲学，这是我们的概念的偶然性。”[④]——在谢林这里，人们可以清楚地看到，如此被颂扬的古典美学，按照它的基本地位，适合于它的是：艺术不被认为是要求一种真正美学反思的独立之物，而是人们将哲学意义上的真，运用在它那里。

对这种行为，最少的艺术知识就完全足矣，这是很典型的。谢林

---

① 弗里德里希·威廉·冯·谢林：《先验唯心论体系》(1800)，汉堡：迈纳(Meiner)出版社，1962年，第297页(第6章第3节)。此处译文参考了梁志学、石泉译：《先验唯心论体系》，第276页。

② 同上，第7页(引论)。

③ 同上，第124页。

④ 同上，第9页。

却骄傲地宣布，他的“当务之急”是获得“对造型艺术作品的一些体验”。[①] 认识四五个或十个作品，应该就足够了。其实：对于将艺术纳入现成的哲学规划而言，这些知识已经太多。根本就没有必要听取别人对艺术作品的艺术分析。对此的最后辩解就是：艺术哲学只谈论“艺术自身”，“与经验艺术无关”。[②]

e. 批评性的小结

至此可以清楚地看到，对古典-现代的艺术哲学和美学哲学的伟大开端，我提供了一种非常尖锐的批评。如此审慎的原因，我认为是令人信服的。这些苗头既不能正确地评价艺术的特征，也无力去评价。它们只想改善哲学的处境。——一旦人们今天或将来真正地研究艺术，那最好将它们弃之如敝帚。对它们的批评应该作为警告，最好用来忘记它们。

首先，这些苗头导致艺术被哲学功能化，被哲学贬低，而不是让艺术以其自身的光芒和权利展现出来。其次，这些苗头意在获得一个一般的艺术概念，为了这一目的，它毫不理会艺术作品的独特性——事实上，这些独特性才构成了艺术的存在，要想对艺术有一个相应的概念，它们是不可或缺的。艺术哲学极力想提出一个关于艺术的一般概念，它这样做(至少在谢林那里)不是通过观察艺术，而是通过将哲学的概念运用于艺术。这将是何等灾难性的，很容易就能看出来。当这种哲学苗头的一个追随者碰到一些东西，照通常的看法它们是艺术品，然而与他的榜样们提出的哲学化的艺术概念毫不相符，他会怎么做呢？别无它法。他会诚实地说：“这个作品好像是一个艺术品，其实不可能是。”

对这一传统看法的无用性，我将再提出一个理由。艺术的特征是自创概念，而且还不断变化。在历史和风格的进程中，艺术不断地变化其方向、方法、目标、文化地位和抽象样式。但我并不是说，以这种

① 弗里德里希·威廉·冯·谢林：《先验唯心论体系》(1800)，汉堡：迈纳(Meiner)出版社，1962年，第7页。

② 谢林在1802年9月3日致奥古斯特·威廉·施勒格尔的信，引自：《谢林的生平·书信》第1卷，G. L. 普利特(G. L. Plitt)出版，莱比锡：希策尔(Hirzel)出版社，1869年，第390—399页，此处引自第397页。——当然，这种艺术哲学对实际艺术和艺术品的艺术，也不知道说些什么。当谢林任慕尼黑造型艺术协会的秘书长，因职务之故有责任举办艺术讲座时，他在任期的15年中却从未谈过艺术。经受考验的时刻成了表白自己的美学知识的宣誓。

方式发展出来的各种不同的艺术概念彼此之间完全不同。其实,它们之间也有交叉;这些概念,用维特根斯坦的说法,通过"家族相似"联系在一起。但是,不存在一个适用于一切作品的一般的艺术概念。如果人们想以古典的艺术哲学的方式提出一个艺术的"一般概念",人们也许是错误地把**一种**艺术当作艺术。对此,艺术这个领域或许能警告我们提防这一错误,使我们不去犯这个错误。[①] ——认识和跟踪艺术的自创概念的特征以及不断变化的特征,是对每一种有效的艺术哲学和美学哲学的基本要求。古典的开端就在这个任务上一败涂地。

4. 第二个策略:艺术作为展示哲学理解的优势的一个对象(黑格尔)

古典艺术哲学的第二个很成问题的策略不在统一上,而是证明哲学高于艺术,艺术只有在哲学的阐释中才得到完美的实现。第二个策略更令人感兴趣,它——人们今天对第一个策略的兴趣仅仅是华而不实的——至今还以这种或那种形式存在着。

a. 艺术的内容真实,但艺术的感性是一个界限

第二个策略在黑格尔那里可以找到典型的描述。如前面所说,黑格尔承认,艺术的"最终目的在其自身"[②]。按照黑格尔的观点,艺术——与宗教和哲学一起——是绝对精神的表现形式之一。艺术和艺术品"由精神(Geist)诞生并创造"[③],描绘了"概念的自我发展"[④]。

但是在黑格尔那里,这一论题却成了哲学高于艺术的出发点。按照他的观点,艺术的最终目的是什么?"显现真实。"[⑤]不过,艺术只能以感性的形式("以感性的艺术形象的形式")呈现真实。[⑥] 与感性的这一联系标示了艺术的界限和不完美。

b. 哲学——抽象地实现艺术的真实

按照真实的本质,真实不是感性的,而是抽象的。因此,艺术的真实只能以一种异化的形式存在。艺术确实描绘了"概念的自我发展",却是以"异化成感性"的方式,以精神(Geist)"外化"为"情感和感性"[⑦]

① 参见笔者在《美学——美学的道德内涵和后果》中的观点,收入笔者的《美学的越界》,斯特加特:雷克拉姆(Reclam)出版社 1996 年,第 106—134 页。

② 黑格尔:《美学》第 1 卷,见《作品集》第 13 卷,第 82 页。

③ 同上,第 27 页。

④ 同上,第 27—28 页。

⑤ 同上,第 82 页。

⑥ 同上。

⑦ 同上,第 27—28 页。

的方式。这一异化必须被克服，只有“思维的精神的力量”对准被异化之物，将其“转化为思想，还原到自身”[①]，异化才可以被克服。于是，哲学的阐释将艺术从它的感性装饰中解放出来，才揭示了艺术想要表达，但由于与感性和物质相连而不能真正表达的内容。哲学的理解使存在于艺术中的真实脱离其感性-物质的束缚，过渡到它自身的形式，概念的形式。

c. 顺利地过渡到概念

哲学的理解并没有碰到界限，艺术能够完全地转化为哲学概念。因为艺术就是“由精神诞生”的，能领悟的精神“在艺术作品中只做它本身的事”[②]，它使它自身的那些形象，超越它们感性的异化状态，通过思维的渗透最终“真正地成为它自身”[③]。从另一方面来看，艺术作品也不反抗哲学的理解，反而邀请我们“对它进行思考”[④]，它们对“用概念的力量武装起来的理性思维，是完全开放的”[⑤]。艺术的目的是，“在科学中证实自身”[⑥]；它要求，“科学地去认识什么是艺术”[⑦]；它渴望抽象-哲学地实现自身。[⑧]

同样，“能思维的精神在研究自己的另一面时，很少背弃自身”，其实，“思想在其中呈现出来的艺术作品，属于理性思维的领域，精神在对艺术作品进行科学研究时，其实只是满足了它最本己的天性的需求”。[⑨] 所以，问题在于理解艺术时精神的自我满足：“因为精神的本质和概念是思考，所以只有当精神用思考深入钻研了它的全部创造，从而让它们第一次真正成为它自身时，它才终于感到满足。”[⑩]艺术哲学

---

① 参见笔者在《美学——美学的道德内涵和后果》中的观点，收入笔者的《美学的越界》，斯特加特：雷克拉姆(Reclam)出版社 1996 年，第 28 页。

② 同上，第 27 页。

③ 同上，第 28 页。

④ 同上，第 26 页。

⑤ 同上，第 127 页。

⑥ 同上，第 28 页。

⑦ 同上，第 26 页。

⑧ 艺术能够抽象地完全地实现，早就是谢林的观点。他肯定地认为：“除了哲学，除非通过艺术哲学，没有什么能以绝对的方式被认知。”——“没有什么意义能比哲学的意义科学地更深入地进入艺术的内部，哲学家甚至比艺术家能更清楚地认识艺术的本质。”(谢林《艺术哲学》，第 387 页。)

⑨ 黑格尔：《美学》第 1 卷，见《作品集》第 13 卷，第 28 页。

⑩ 同上。

实现了精神的自我满足。

总结:艺术由精神诞生,所以,艺术中只能以感性异化的形式呈现出来的艺术的真实,在哲学对艺术的阐释中就能毫无损失地、完完全全地实现。它不仅可以这样,而且应该这样。这就是艺术和精神的共同目标。只有在科学的理解中,艺术才能实现自身的完满。艺术——“还远不是精神的最高形式”①——只有在科学中才“证实自身”②。

d. “艺术的终结”

这也是黑格尔的“艺术的终结”的最深刻的含义。自反思的时代开始以来,我们就不再需要艺术,我们需要的是艺术的科学。③ “艺术让人完全满足的那些时代”④,已经一去不复返了。我们今天想要的,是“艺术的**科学**”⑤。艺术自己也要求“对它进行思考”——但“不是要把它再现出来,而是要科学地去认识什么是艺术”⑥——艺术的终结和艺术哲学、艺术科学的繁荣是联系在一起的。⑦

e. 内在的反圣像运动(Ikonoklasmus)

从艺术之为艺术来看,这一切意味着什么?艺术或许能真正地实现自己——但这样做,艺术的特性恰恰就要被消灭。物质性和感性就要为了概念而被取消——或者被扬弃为概念。艺术性的东西如渣滓掉落,纯概念就显现出来。比如说绘画,一旦这样被“扬弃”,脱离了它的物质性和感性,就会毫无色彩。从艺术来看,这是一个难以忍受的损失。可按照黑格尔的观点,我们应该把这看成收获。真实的原则上

---

① 黑格尔:《美学》I,见《作品集》第13卷,第28页。“对我们来说,艺术不再是真实地实现自己的最高形式。”(同上,第141页。)

② 同上,第28页。

③ “思考和反思胜过美的艺术。”(同上,第24页。)

④ 同上,第26页。

⑤ 同上,第25页。

⑥ 同上,第26页。——黑格尔对艺术的以上论述,可参考朱光潜先生翻译的黑格尔的《美学》第1卷中的“对一些反对美学的言论的批驳”,商务印书馆1981年,第6—18页。此处译文也参考了朱先生的译本,朱先生将“Geist”译为“心灵”,而目前学界多将此其译为“精神”。——译者注。

⑦ 黑格尔的这个判断的一个最使人恼怒、最典型的后果就是,艺术研究者常常发表宏篇大论,以至我们最后赞赏的是评论而不是作品本身。对艺术感兴趣的人,读了这些值得赞赏的评论,兴致勃勃地去博物馆参观被他们评论的艺术作品,却常常对作品失望万分。艺术作品与美妙的评论不再吻合。评论战胜了作品。

的抽象形态要求克服艺术的感性。我们看到：艺术哲学和与其相符的艺术科学，原则上是反圣像运动的行为。

f. 总结：古典艺术哲学的无用性

我已经列举了许多原因，来说明为什么古典美学——在它的强调统一和超越的成就上——从艺术的角度来看是错误之举。由于根本不能正确地看待艺术，艺术为了哲学的统一的目的而被功能化，以及艺术通过胜于它的哲学评论而被扬弃，都将导致艺术的篡位。传统的艺术哲学——看似赞扬艺术——实际上是一种**彰显哲学之荣光**（*ad maiorem philosophiae gloriam*）的行为。①

所以，艺术家和文化人寄托于艺术哲学的为艺术创造新的文化认可的希望落空了，就一点也不令人惊讶。美学的目的是哲学的贵族化，而非艺术的贵族化。如果我的诊断有一点儿切中要害，那就是，宣告哲学是艺术的维护者，就是把监狱的看守当成越狱的帮手，或把山羊当园丁。古典的艺术哲学在创造认可这一点上——以及在涉及艺术特性的方方面面——完全无效。这一艺术形而上学的绝大部分对于理解实际的艺术，理解艺术作品的艺术，由于系统化的原因毫无用处。

如果人们不愿意艺术哲学将来的工作也是超越和占有艺术，人们就必须放弃两种看法。其一是，艺术的真实与哲学的真实**具有相同性**，因此与后者具有通约性（Kommensurabel）。其二是，艺术的纯感性的真实通过**过渡到哲学概念**就能从这个异化中解放出来。黑格尔非常简洁地阐述了这两种看法——结果却是：艺术的衰落。

---

① 我第一次详细讨论古典美学的问题是1983年在《传统美学和现代美学与艺术实践的关系》中（《美学与普通艺术科学杂志》，第28期，1983年，第264—286页）。这里的论述大多以那里的批评为基础。一年后，即1984年，阿瑟·丹托（Arthur Danto）在蒙特利尔举办的国际美学会议上，宣读了一份类似的严肃批评。他表达了这样的怀疑，即：总的来说，哲学的目标是"剥夺艺术的权力"（阿瑟·丹托《哲学剥夺艺术的权力》，收入：《哲学剥夺艺术的权力》，慕尼黑：芬克[Fink]出版社，1993年，第23—34页，此处见第28页）。哲学体系是"监狱"，人们将艺术囚禁其中（同上，第29页）。对此，丹托列举了我在上面描述的两个策略：把艺术"归入瞬息即逝"的策略和"兼并"的策略。（同上，第30页。）——一次，艺术被认为是无关紧要的；一次，当它"与哲学具有相同的功能，只是极不熟练"时（同上，第29页），人们才承认它的有效性。关于"艺术哲学的有些卑劣的历史"，丹托的结论是，艺术哲学是"一个巨大的政治企图"，"不是剥夺艺术的潜力，就是取而代之"。（同上，第38页。）——阿瑟·丹托（1924— ），美国当下声望日盛的艺术批评家。——译者注。

Ⅱ、作为现代后期和后现代美学之焦点的不可通约性[①]

1. 美学早期的自我批评

由于古典美学的根本性的不足，于是就有清醒人士觉察到它的缺陷，把它说了出来。

十年前（在他的《审美教育书简》）曾对美学寄予如此厚望的席勒，在1804年就说，从艺术哲学“根本就没有道路通向对象”，即通向艺术，为什么艺术哲学在艺术家看来总是空洞无物；最后，席勒把整个艺术哲学描绘为“空洞的形而上学的夸夸其谈”[②]。席勒意识到了那个假设的根本性的错误：艺术和哲学具有通约性，艺术因此可以直接转变为哲学。那是与传统艺术哲学的通约性公理决裂的关键时刻。

早在1766年，莱辛（Lessing）在《拉奥孔》中——比他自己想象的更为敏锐——就已经注意到了抽象地而非经验地处理艺术问题时的困境：“单从一些一般性的概念出发，去对艺术进行推理，很可能导致一些任意武断的见解，迟早会为艺术作品所推翻，使我们感到羞愧。”[③]

而弗里德里希·施莱格尔（Friedrich Schlegel）这样评价：“在人们所说的艺术哲学中，通常会缺一个，不是缺哲学就是少艺术。”[④]新的任

---

① “不可通约性”的原文是 Inkommensurabilität，英文是 incommensurability，它在美国著名的科学史家和科学哲学家托马斯·库恩那里，是一个非常重要的概念。在《科学革命的结构》一书中，库恩提出范式不可通约的思想。在他看来，不可通约性也就是范式或理论之间的不可比性，即不同的范式中，科学家研究的对象、方法、术语以及概念等等，都完全不同，也指遵循各种不同的文学文化范式的共同体之间难以互相理解和交融的特性。《科学革命的结构》的中译本由金吾伦、胡新和翻译，北京大学出版社2003年出版。——译者注。

② 席勒在1804年12月10日写给克尔纳（Körner）的信。

③ 戈特霍尔德·埃弗兰姆·莱辛：《拉奥孔或论画与诗的界限》，收入《莱辛文集》，美因茨畔的法兰克福：岛屿（Insel）出版社1967年，第3卷，第7—171页，此处见第150页（26）。——尼采在几百年之后还在感叹：“在全部哲学中，至今仍缺艺术家。”（尼采《遗留的断片·从1885年秋到1889年1月初》，收入《尼采全集》校勘本15卷，乔治·科利[Giorgio Colli]和马齐诺·蒙蒂纳利[Mazzino Montinari]出版，慕尼黑：德国袖珍本出版社，1980年，第13卷，第357页[1888年春]。此处译文引自莱辛《拉奥孔》，朱光潜译，人民文学出版社2000年，第148页。）

④ 弗里德里希·施莱格尔：《〈美艺术学苑〉断片集》，收入校勘版，恩斯特·贝勒（Ernst Behler）出版，第2卷，慕尼黑：舍宁（Schöningh）出版社，1967年，第147— （转下页）

务就必须是，意识到艺术和哲学的不可通约性（Inkommensurabilität），面对由此而产生的可理解性之界限。

2. 阿多尔诺：艺术作品的不可理解性

在20世纪，阿多尔诺（Adorno）（有一段时间，他曾想把前面引用的施莱格尔的警句用在他的《美学理论》的扉页上）有一个重要的声明："艺术哲学的任务不仅仅是阐释不可理解的时刻，如沉思冥想必然所作的那样，而且也是理解不可理解性。不可理解性是事物的特征；如此才能使艺术哲学不去侵犯它。"①从这一洞见出发，阿多尔诺建议："艺术作品不能被美学当作阐释的对象；在对象的层面上，需要理解的，或许就是它的不可理解性。"②

这一要求是何等的革命性，只有明白了下列情况，才会真正理解：阿多尔诺在其他时候还带着黑格尔式的病毒，比如他完全在古老的通约论（Kommensurabilitätstheorem）的意义上这样说："哲学和艺术的内容是真实，在这点上，它们是交叉的：艺术作品的不断展现的真实就是哲学概念的真实。""作品的真实可用哲学来解释，无论如何，作品的真实被认为与哲学的真实一致。"③根据黑格尔的观点，这是随另一理论出现的："作品，尤其是最高贵的作品，期待它的阐释。"④最后在法令上达到高峰："真正的审美经验必须成为哲学，不然它根本就不是审美经验。"⑤

那个阿多尔诺从古典艺术哲学的这一包袱中解放出来，他——反对通常的阐释迷——声称，艺术作品不能被当作阐释的对象，更为合适的是，在对象的层面上，理解艺术作品的不可理解性。这个阿多尔诺控诉艺术不同于哲学的其他特性，控诉哲学理解的限制。他意识到艺术和哲学的不可通约性（Inkommensurabilität）。

（接上页）163页，此处见第148页。——人们或许可以同意约翰·杜威（John Dewey）的一句金玉良言："任何考察也不如对哲学如何对待艺术和美学经验所作的考察，如此确凿地揭示哲学的片面性。"（约翰·杜威：《作为经验的艺术》（1934），美因茨畔的法兰克福：岛屿（Insel）出版社，1980年，第321页。）杜威的看法是，至今还没有一种哲学正确地看待艺术。

① 特奥多尔·W.阿多尔诺：《美学理论》（1970），收入《全集》，第7卷，美因茨畔的法兰克福：苏尔坎普（Suhrkamp）出版社，1984年第4版，第516页。

② 同上，第179页。

③ 同上，第197页。

④ 同上，第193页。不过，阿多尔诺还更周全更谨慎地说："因此艺术需要哲学，哲学解释它（艺术），是为了说出它（艺术）不能说出的东西，然而，艺术说不出它，它却只能这样由艺术言说。"（同上，第113页。）

⑤ 同上，第197页。

3. 利奥塔:不可通约性和冲突

不可通约性近年来主要是由利奥塔(Lyotard)从后现代的角度加以强调的。按照他的观点,正是不可通约性构成了现代艺术,尤其是先锋派艺术的核心。比如说杜尚(Duchamp)所做的无非就是,“为一种不可通约的政治(展示)材料、工具和武器”[①]。“科学先锋、文学先锋、艺术先锋的一切探索,几百年来,就是要揭示各种语言彼此间的不可通约性。”[②]

利奥塔一般强调了不同话语(理论的、道德的、法律的、经济的话语等等)之间的不可通约性,提醒人们关注它们的“冲突”。[③] 这也适用于艺术和哲学的关系。利奥塔对两者之通约性这一传统观点,以及相对应的把艺术转化为“意义”的哲学企图,提出警告。依据利奥塔的观点,哲学家们更应该在“作品摆脱意义转化”的地方登上“‘批评’的舞台”。[④] 对艺术哲学的和解这一统一之幻想,他抛出来的是“战争对完整……我们发动冲突”[⑤]。——后现代的思考试图制止对传统的艺术哲学而言的如此典型的过度阐释。

---

① 让-弗朗索瓦·利奥塔:《转化大师杜尚》(1977),斯图加特:Edition Patricia Schwarz 出版社,1986 年,第 22 页。

② 让-弗朗索瓦·利奥塔:《智者的墓碑》(1983),格拉茨/维也纳,1985 年,第 86 页。

③ 参见让-弗朗索瓦·利奥塔:《冲突》(1983),慕尼黑:芬克(Fink)出版社,1987 年。我曾就这个开端写过一篇详细的论述,收入笔者的《理性·同时代的理性批判和横向理性的构想》,美因茨畔的法兰克福:苏尔坎普(Suhrkamp)出版社,1995 年出版,2000 年第 3 版,第 303—354 页。——“横向理性”的概念,可参见本文作者的另一本著作《我们的后现代的现代》的第 11 章“横向理论”,洪天富译,商务印书馆,2004 年,第 441—477 页。简单地说,一种“以联系和过渡的形式和整体建立联系的理性”就叫横向理性。“这种理性原则上不同于一切原则主义的、等级制度的或形式的理性构想,所有这一切理性构想试图理解和构建一个整体,并以此使理性适应知性。横向理性既较为有限又较为开放。它以一种合理性形态过渡到另一种合理性形态,表达区别,发生联系,进行争论或变革。它的整个程度是水平的和过渡的,始终和这种横向的类型学联系在一起。……当然,横向理性并不是一种特殊的理性,更不是一种新的理性,它是对理性的一种确切的——充其量是一种新型的——理解。……在今天的条件下,在合理性形式日益增多的这种‘后现代’情况下,理性的这种横向的类型学变得十分重要和必不可少。它将证明是后现代的现代的特殊的理性形式。”(此处见第 442—443 页。)——译者注。

④ 让-弗朗索瓦·利奥塔:《实验时代中的哲学和绘画》(1981),收入利奥塔《实验时代中的哲学和绘画》,柏林:梅尔韦(Merve)出版社,1986 年,第 53 页。

⑤ 让-弗朗索瓦·利奥塔:《回答:何为后现代?》(1981),收入《现代的出路》,沃尔夫冈·韦尔施(Wolfgang Welsch)出版,魏因海姆(Weinheim):VCH Acta humaniora 出版社,1988 年,第 193—203 页,此处见第 203 页。

4. 对不可通约性理论的批评

在我看来，反对传统的通约论是如此正确，可我也不能简单地同意绝对不可通约性这一相反的理论。它肯定也有错误之处——至少出于两个原因。

a. 灵感，然而无法比较？

事实上，后现代哲学的灵感源于现代艺术，尤其是源于先锋派艺术。人们甚至可以说后现代哲学诞生于现代艺术的精神。[①] 人们只要想一想前面引用的利奥塔对杜尚和先锋的论述。不过，如果哲学因艺术而生，那么，两者之间必定存在共同之处、重叠之处。所以，虽然在**某些**方面存在着不可通约性，但**不是所有**方面都是如此。

此外，后现代的哲学家大量地谈论艺术。人们只要想一想德里达(Derrida)的《绘画中的真实》(*La veritè en peinture*)、利奥塔的《画什么？阿达米、荒川修作、布伦》(*Que peindre? Adami, Arakawa, Buren*)[②]、德勒兹(Deleuze)的《弗朗西斯·培根》(*Francis Bacon*)或者莎拉·考夫曼(Sarah Kofman)的《艺术的忧郁》(*Mélancolie de l'art*)。就是这些论艺术的文章也证明了一种亲和性。

b. 当代的新形势：艺术家对哲学感兴趣——艺术内含哲学

今天还呈现出一种新形势。艺术对哲学采取了另一种态度。哲学，尤其是后现代的哲学，享有来自艺术方面的巨大需求。

aa. 艺术对美学的需求

米开朗基罗的论断"用脑而不用手绘画"[③]，早已成为许多艺术家的金科玉律。然而，当今的艺术家转向哲学-美学的反思，程度却是新型的。他们阅读这一学科大人物的著作，借用他们的思想，以他们为依据。

自18世纪中叶开始以及在19世纪初，艺术家知道的主要还是其他艺术家的思考，而不是美学先生们的思想。(那时在这一学科内几乎没有女性，虽然美学在某种程度上是哲学内的女性主义。)布伦塔诺

---

① 参见笔者的《后现代哲学诞生于现代艺术的精神》，收入笔者的《审美思维》，斯特加特：雷克拉姆(Reclam)出版社，1990年第1版，1999年第5版，第79—113页。

② 阿达米(Valerio Adami, 1935－)：意大利画家；荒川修作(Shusaku Arakawa, 1936－)：日本画家；布伦(Daniel Buren, 1938－)：法国当代艺术大师。——译者注。

③ 米开朗基罗于1542年10月写给阿利奥蒂阁下(Monsignore Aliotti)的信，收入《诗歌与文学》，都灵1992年，第496—502页，此处第496页(168)。

(Brentano)和克莱斯特(Kleist)评论卡斯帕·大卫·弗里德里希(Caspar David Friedrich),布莱克(Blake)研究弥尔顿(Milton)。在19世纪后期,才开始出现艺术家和美学家的亲密合作,人们可以想一想汉斯·冯·马雷(Hans von Marées)、阿道夫·希尔德勃兰特(Adolf Hildebrand)和康拉德·菲德勒(Konrad Fiedler)[①]之间的交往。

但是,近几十年来,这种交往径直蔓延,并因此具有了一种新质。一个较早的例子是阿多尔诺对音乐家和造型艺术家的影响。今天,可以举出科舒特(Kosuth)和维特根斯坦(Wittgenstein),屈米(Tschumi)和德里达,德里达和艾森曼(Eisenman)[②],等等。马克·特温塞(Mark Twansey)最后收集了后结构主义的所有论点及其全部的代表人物。即便比较老的哲学——与艺术根本无关的哲学——也能从中找到成为艺术家灵感的途径。[③] 过去25年中的每一个享有盛名的**文献展**(*Documenta*[④]),将艺术对哲学的吸收这一新型关系呈现得清清楚楚。

当代艺术似乎处处被哲学影响。艺术家汲取美学理论。而我们美学家则面临一个永恒的需求。我们要写评论,主持开幕式讲话,为艺术家目录撰写文章——艺术界再也不能没有我们的参与。

于是,哲学美学作为艺术广告部的目的似乎终于达到了。不过,不再是为艺术之为艺术颁发一个一般的价值证书,而是促进各个艺术

---

① 布伦塔诺(1778—1824)和克莱斯特(1777—1811)是德国浪漫派作家,卡斯帕·大卫·弗里德里希(1774—1840)是德国浪漫主义绘画前驱,布莱克(1757—1827)和弥尔顿(1607—1674)均为英国著名诗人。汉斯·冯·马雷(1837—1887):德国理想派画家;阿道夫·希尔德布兰德(1847—1921):德国雕刻家;康拉德·菲德勒(1841—1895):德国艺术理论家。——译者注。

② 科舒特(Joseph Kosuth, 1945 -):美国概念艺术的主要代表,致力于探讨艺术的本质;屈米(Bernard Tschumi, 1944 -):世界著名建筑评论家、设计师;艾森曼(Peter Eisenman, 1932 -):美国建筑师,以极端的设计和建筑学理论闻名。——译者注。

③ 大卫·拉比诺维茨(David Rabinowitsch)就说,“康德的第一‘批判’”(这里强调的是《纯粹理性批判》而不是《判断力批判》)已经“为造型艺术中的最具革命性的发展创造了基本条件”(大卫·拉比诺维茨:《论“引力飞行器”》,1990年6月9日在维也纳的圣斯特凡大教堂附近的画廊举办的“引力飞行器1965(Gravitational vehicles 1965)”展览上的开幕式演讲,第4页)。康德在他的批判中说,物理世界是“人体构造的产物”(同上,第3页),20世纪的艺术构成派以及拉比诺维茨自己的工作,就是由这个发现一路发展下来的。

④ Documenta是展示当代艺术的一个著名画展,1955年由画家兼教授阿诺特·波德(Arnold Bode 1900 - 1977)在卡塞尔举办第一届,以后每5年举办一次,每次画展历时100天,是世界公认的当代艺术展中最具权威性的一个展览。——译者注。

家的市场价值。哲学家和美学家的评论成了名为艺术界的投机买卖的一个组成部分。

但人们不要误会：一切只因为，我们要读要写。随便什么内容，本来就没有人在乎内容。人们也可以这样嘲讽：艺术界开明；它知道，美学的空话毫无用处；艺术市场从我们的文章中只提取最好的：文化刺激；舍弃差的：我们的宏篇大论的内容。

举一个例子：丹托(Danto)长期以来是纽约艺术舞台的最受欢迎的撰稿人。可他的美学理论说的是，根本就没有艺术品。[①] 他代表了对艺术市场而言绝对灾难性的一种理论，因为，如果没有艺术品，那人们就不能去卖艺术品，就不能用艺术品来赚钱。但是，如前所说，没有人认真对待我们所写的东西，名声和页数足矣。(我们的酬金也太低——对金融市场来说，艺术是没有人在乎的无价值之物。)我们是艺术界的一群有用的白痴——艺术界的聪明的小丑。

bb. 当代艺术被哲学浸透

回到艺术家的兴趣上。他们中的一些人精通哲学史甚于艺术史。在当今艺术家的书架上，我发现德里达、利奥塔、考夫曼、德勒兹、瓦蒂莫(Vattimo)、鲍德里亚(Baudrillard)[②]或者康德的著作赫然在目，而关于丢勒(Dürer)、提埃波罗(Tiepolo)或德拉克洛瓦(Delacroix)[③]的著作却很少。艺术理论的古老说法，如"诗如画(ut pictura poesis)"或"我不知道是什么(Je ne sais quoi)"，他们勉强知道一点。相反，"后现代"却仿佛成了他们的**通用语**(*lingua franca*)；他们脱口而出，如一个天主教徒向圣母祈祷那样流利。他们甚至比当今的许多哲学家更了解后现代哲学。——来自艺术家的这一巨大的共鸣，难道不足以让坚信哲学和艺术之间存在不可弥合的鸿沟的后现代不可通约性理论成为可疑的吗？

更重要的是以下一点：艺术家不仅大量地接受美学理论，这些理

---

① 《平庸的升华》(剑桥，马萨诸塞州：哈佛大学出版社，1981 年)的中心论题是，随便什么都能成为艺术品，不是诸如此类的"美学特性"或"作品个性"造就艺术品，单单评论就能使一物变成艺术品。

② 考夫曼(Sarah Kofman, 1934 - 1994)：法国女哲学家。瓦蒂莫(Gianni Vattimo, 1936 -)：意大利哲学家。鲍德里亚(Jean Baudrillard, 1929 - 2007)：法国哲学家，已有多部著作译成中文。

③ 丢勒(Dürer, 1471 - 1528)：德国绘画大师。提埃波罗(Tiepolo, 1696 - 1770)：意大利画家。德拉克洛瓦(Delacroix, 1798 - 1836)：法国浪漫主义画家。

论也影响到他们的创作，成为他们的艺术创造的一个因素。艺术家用他们熟悉的美学理论进行创作。他们让它们的观点成为作品的一个元素。结果就是，当今的艺术极大地被哲学渗透。艺术家不再对哲学具有抵抗力，艺术被哲学浸透。因此，哲学反思已为当今的艺术所固有。哲学不再是后来从外部附加给艺术的（当一个美学家选择艺术作为研究对象时），而是艺术本身固有的。哲学-美学的观点在作品创作之时就已经起作用了——作用还不小。

当然，这并不是说，艺术家简单地追随哲学家和美学家的学说；他们大多会从中制作出——很幸运——他们自己的学说。不过，艺术之为艺术，如此被哲学渗透，却是一个新的事实。

c. 对不可通约性理论的不满

这两个方面——后现代哲学因感受艺术而生，以及当代艺术被哲学渗透——说明，哲学和艺术之间的绝对不可通约性这一后现代理论是过分的。与两者具有完全通约性这一现代理论一样，不仅是片面的，也是错误的。

当然，宣布传统的艺术哲学的方法无效，是不可通约性论题的贡献。建立在本质可通约性假设之上的这一方法，企图将作品尽可能完全地转化为哲学概念——所谓的精神摆脱它的感性的艺术囚禁，这一方法已经表明是错误的、无用的。重要的是要意识到哲学思考与艺术行为的不同，并尊重这些不同。①

但是，人们不能，也不应该把孩子和洗澡水一起倒掉。哲学和艺术尽管如此不同，可还是呈现出重叠和共同点、相似和联系。② 哲学和艺术并非水火不相容，也不是完全各自为阵，它们也相互渗透，相互影响。这一情形在当今的状况下更为显而易见。

因此，后现代宣称的艺术和哲学之绝对不可通约性，只不过构成了传统的占有和吸收策略的另一极。看似悖论的是，后现代的信条通过后现代哲学被艺术吸收而被驳倒。这种吸收把抛弃传统的占有和吸收作为正确的合理的推动。可是，它最终同样否定了对立的态度——绝对不可通约性的论题。如果这一论题必然导致哲学与艺术

---

① 自维特根斯坦的《逻辑哲学论》（*Tractatus*）以来的当代哲学，也是普遍地感兴趣于界限，对想象出来的哲学理解的无所不能没有兴趣。

② 参见：对绝对差异理论的根本批判以及通过思考相互交织对这一理论的修正，见笔者的《理性》，尤其见第 527—540 页以及第 593—610 页。

之间的无话可说，它恰恰让两者之间的一种新型的交流暴露出来。这违背了它自己的意图吗？可能没有。不过确实违背了它公开宣称的意义。生硬的不可通约性论题需要减弱。它已经感受到了。两种态度的片面和错误暴露之后，才有可能在一边是完全通约性的斯库拉和一边是绝对不可通约性的卡鲁伯底斯[①]的状态下，去构想哲学与艺术的一种关系。

Ⅲ、今后的艺术和哲学：更为缓和的关系

1. 反对简单化的单行道的吸引

单行道的解决办法不再有用了。提出这一解决办法，虽然很流行也很受欢迎，但毫无意义。关系变化了。我愿意把下面的一张照片当作对这种简单的单行道之路的警告。在德国的一个最著名的哲学之地，即海德堡的哲人路上，有一个路标。路标上说，这条哲人路是一条单行道。隐喻地来看，这也是在警告我们，哲学的道路常常是这样的单行道。人们应该小心，单行道最后会通向死胡同。事情就是这样，我们从前面的通约性和不可通约性论题上已经看到了。

（照片：海德堡的哲人路）

---

① 斯库拉(Skylla)和卡鲁伯底斯(Charybdis)均出自荷马的《奥德赛》。奥德修斯返航途中要经过一条水道，水道的一边是生吞活人的魔怪斯库拉，另一边是吞吸海水的神怪卡鲁伯底斯，两边都潜伏着死亡的威胁。无论奥德修斯和他的伙伴们贴近哪边行走，灭顶之灾都近在咫尺。最后，他虽然避开了卡鲁伯底斯吞吸海水带来的危害，斯库拉却夺去了他的六个伙伴。这段描述，“诗人既为当时的听众和后世的读者提供了说明两难选择的佳例，也在一定程度上对人生中的这一类常见现象进行了颇有意义的提炼和精彩概括”。对这一两难险境的分析，见陈中梅：《神圣的荷马：荷马史诗研究》第7章“斯库拉的峭壁和卡鲁伯底斯的漩涡”，北京大学出版社，2008年，第243—258页，此处引文见第252页。——译者注。

2. 艺术和哲学之间的具体的特殊的相互交织(Verflechtungen)

我提出什么来取而代之?我如何正确地界定哲学和艺术的关系?我有一个居中的解决办法,它能顾及位于绝对的通约性和绝对的不可通约性这两个简单化的极端之间的哲学和艺术之间的联系。重要的是,首先,这些联系不是简单地在哲学和艺术这两个领域之间产生,而是产生于超越两者的一种体系;其次,这些联系在任何情况下都不是普遍的,而是特殊的,所以,随着人们所研究的艺术作品或哲学的特殊性,它们会呈现出不同的状态。

哲学和艺术是文化领域,不能简单地独立地形成或被理解。它们不是独立自主的——不像自我生成的珍珠。在一个非常宽广的文化体系中,它们具有自己的形态,包含了来自这个体系的因素。仅由此,它们之间就始终存在某些关联——不过是缘于这个体系,而不是由它们各自的领域产生的关联。即便一个艺术家或哲学家创作时从未考虑过哲学或艺术,但他们的作品,基于它们共同的文化空间,也会呈现出某些共同的因素。这些因素由文化空间以各种方式进入作品:通过对生活世界的感受,通过社会的政治的评价,或者通过与自然的关系,或者通过各种不同的知识——人文学的、自然科学的、历史的、与时代相关的知识。哲学家和艺术家发展出的世界观,决不是单纯来自哲学思考或艺术创造。相反,它们汲取了那个非常宽广的文化体系的因素,然后转化或浓缩它们。只有我们也觉察到这种影响和关联,我们才能充分地解释他们的世界观。

当然,一种哲学或艺术与另一种哲学或艺术之间的特殊的影响和关联,也会加入到产生于这一共同体系的这些联系之中。比如,现代哲学和现代艺术——一边是两者之间的直接影响——就共同遭遇到现代典型的分化(Ausdifferenzierung)过程,它们各以自己的方式应对:哲学学院化,艺术自律。这一间接的共同点然后又通过直接的关系加以完善——人们只要想一想戈达尔(Godard)的早期电影,其灵感就来源于哲学家对时代的分析,从马克思一直到法国的结构主义。

几乎可以说,哲学与艺术之间不存在自然的、本质的或永恒不变的关系。哲学家不是非要被艺术影响或注意到艺术,艺术家也不是非要被哲学影响或注意到哲学。两者的关系可以是非常松散的——只是它们位于相同的文化空间。既不存在一个要求艺术和哲学必须互相符合的普遍规则,也不存在一个禁止它们互相符合的普遍规则。

这一切把传统艺术哲学的企图排斥在外：宣布和确定哲学与艺术之间的一种必要的、本质的、永恒不变的关系。恰恰相反：这一关系不断在变化，既取决于历史的发展，也取决于个别情况。所以，关键是去发现在这种或那种情况下——在这种历史情况下以及由于这种哲学或那种艺术流派——关系是怎样的。最后，要考虑各种情况，各个艺术作品。维特根斯坦的警告，必须考察个别情况，[①]是一个宝贵的建议——无论在美学问题上还是在其他事情上。只有这样，才不至于倒退到“形而上学的夸夸其谈”。

我所主张的，是哲学和艺术之间的一种非常宽松的关系。在上文中，我既反对现代的合并计划，也反对后现代的分裂计划。我提出哲学和艺术之间的一种总体上更为缓和、更有弹性的关系——具体什么样的关系，必须随具体的作品而定。这一关系会随作品的不同而不同，并且会有惊人的变化。——这样看问题，我想，能让我们毫无哲学偏见地面对艺术作品。

（译者单位：中国社会科学院外国文学研究所）

① 这种情况通常极少出现，维特根斯坦只得一再地摇头：“不去考察特殊的情况，是一个古老的错误。”（维特根斯坦：《纸片集》[1967]，收入《文集》，美因茨畔的法兰克福：苏尔坎普[Suhrkamp]出版社，1984 年，第 8 卷，第 259—443 页，此处见第 375 页[438]。）

超越人类界限的艺术

——通向超人类的姿态①

徐德林 译

“我们必须把自己的观点非人化一点，变得信心十足，
正像造就我们的巨石与大海一样。”②

“人不是任何物的尺度。”③

开场白

恐怕等待我们的是一个马拉松式的任务：在五天之内读完论文数百篇。所以，我想建议从一开始就放慢速度。在我看来，审美是一种努力，要求给予通常被忽视之物以耐心与关注，因此需要时间。所以，做一次深呼吸放松自己——至少要时不时地这样做。

在下文中，我将讨论艺术拷问人类界限，带领我们跨越它以达到一种跨人类的姿态的趋向。我将设法同时参照东西方艺术，把大家的注意力吸引到这一话题。毋庸置疑，艺术试图借以超越人类界限的途径千差万别——东西方艺术之间有差异，东方或者西方艺术内部亦有

---

① 本文是作者提交给2001年在日本东京举行的第15届世界美学大会的发言稿。原文载《国际美学年刊》2001年第5卷第3—23页。文本一开始所讲的五天读数百篇论文，指的是会期有五天，提交大会的论文有数百篇。作者在2002年北京会议上的发言中，发展了本文所提出的思想。请参见沃尔夫冈·韦尔施：《如何超越人类中心主义？》，见高建平、王柯平主编：《美学与文化·东方与西方》，合肥：安徽教育出版社，2006年版，471—502页。——译者注。

② Robinson Jeffers, “Carmel Point”, 载于 *The Collected Poetry of Robinson Jeffers*, ed. Tim Hunt, vol. 3 (1938 - 1962) (Stanford: Stanford University Press 1991), part III: “Hungerfield” (1948 - 53)，第313—408页，此处引文见第399页。

③ Robinson Jeffers, “The Double Axe” (1942 - 47), *The Collected Poetry of Robinson Jeffers*, vol. 3, part II: “The Inhumanist”, 第256—312页，此处引文见第264页。

差异。因此，我必须把其间的数种尝试介绍于此。然而，我的列举是远远不是完整的，正如我想让大家感兴趣于这个话题的尝试（该话题迄今尚未得到人们足够的关注，我本人也是第一次就它在此做演讲）丝毫不具结论性。我期待着大家的评论。

一、西方艺术，尤其20世纪西方艺术

我们用一些欧洲的例子为起点吧。显而易见，欧洲的艺术经常被用于引领我们人类到人类之外的世界：想想巴黎圣母院左右两翼里的玫瑰窗吧，即那些甚至让今天的世俗游客瞥见天上的耶路撒冷（Heavenly Jeruselem）的神话般的提升装置。① 或者以音乐为例：如果人们需要知道某段音乐究竟是出自海顿还是莫扎特之手，人们只须问自己，是否觉得它来自天上宫阙——如果是，那么它就是出自莫扎特之手。②

20世纪艺术并未禁止超越人类界限，而是恰恰相反：引导我们走出重重藩篱的人类世界甚至曾是20世纪艺术的主旨。③

1. 说明

这一主旨已被人们在许多场合（并常常参照“非人”的概念）表述过。纪尧姆·阿波利奈尔（Guillaume Apollinaire）在1913年宣布：“首先，艺术家是希望变成非人的人。他们孜孜以求非人性（inhumanity）的蛛丝马迹。[……]”④大约在十年之后，奥尔特加·Y. 加塞特（Ortega

① 宗教艺术一般服务于引导我们超越人类世界的界限这一目的。但世俗艺术也能达此目的。想想达·芬奇的努力吧，他坚持不懈地致力于揭示和阐释司空见惯的人类感知和观念之外的世界的特征。

② 也许音乐是最具超越性的类型。尼采曾简要地指出过这一点，当时他（变通瓦格纳[Wagner]的句子）写道：“音乐之于文明，一如阳光之于灯光。”（Friedrich Nietzsche, *Nachgelassene Fragmente. Herbst* 1869 *bis Ende* 1874，载于 *Kritische Studienausgabe*, Munich: dtv/de Gruyter 1988, vol. 7, 284[1871]。）

③ 或许诸如此类的主旨在世俗化的世界里更为必需。

④ 法语原文如下：“Avant tout, les artistes sont des hommes qui veulent devenir inhumains. Ils cherchent péniblement les traces de l'inhumanité [...]”（Guillaume Apollinare, “Méditations esthétiques. Les Peintres cubistes” [1913]，载于 *Œuvres en prose complètes*, II, Paris: Gallimard 1991，第3—52页，此处引文见第8页[“论绘画”一节]）。

y Gasset)认定"艺术的非人化"(dehumanization)乃是现代艺术的特征。① 梅洛-庞蒂认为"塞尚的画"显现了"人类安居于其上的非人性的基础"。② 阿多诺(Adorno)说过一句著名的话:"惟有通过非人性,艺术才忠实于人性。"③

在转向对单个艺术作品的分析之前,我还想作最后一个说明。它源自著名的"加州太平洋"(Californian Pacific)诗人鲁宾逊·杰弗斯(Robinson Jeffers)。他宣布对我们人类而言,"一种从人到非人的意义与重心的清晰转变"是必须的,④并在他的一首诗中这样写道:

> "我们必须把自己的念头分散到一己之外;
> 我们必须把自己的观点非人化一点,变得信心十足,
> 正像造就我们的巨石与大海一样。"⑤

2. 范例

在我思考艺术超越人类界限这个话题的时候,首先浮现在我脑海中的几位艺术家是卡西米尔·马列维奇(Kasimir Malevich)、让·杜布菲(Jean Dubuffet)、瓦尔特·德·玛利亚(Walter de Maria)、约翰·凯奇(John Cage)及默顿·费尔德曼(Morton Feldman)。我在下文中要讨论的,正是这些艺术家。

---

① Ortega y Gasset,"The Dehumanization of Art"["La deshumanicíon del arte",1925],载于 *The Dehumanization of Art and Other Wirings on Art and Culture*(New York: Doubleday 1956),第1—50页。

② Maurice Merleau-Ponty,"Le Doute de Cézanne",载于 *Sens et non-sens* [1948](Paris: Nagel ⁵1966),第15—44页,此间引文见第28页。

③ "康德遮遮掩掩地视艺术为仆人。在艺术收回其服务的时候,它就变为了人。它的人性不与任何服务于人类的意识形态相兼容。惟有通过对它的非人性,艺术才忠实于人性。"(Theodor W. Adorno, *Aesthetic Theory* [1970], trans. Robert Hullor-Kentor, Minneapolis: University of Minnesota Press 1996, 197.)我已在"惟有通过对它的非人性,艺术才忠实于人性"(Art is loyal to humanity only through inhumanity toward it)一文中,详细讨论过阿多诺的观点(提交给题为阿多诺之后的"艺术与美学"[Art and Aesthetics After Adorno]会议的论文,Berkeley University, USA, April 5-7, 2001)。

④ Robinson Jeffers,"Preface to *The Double Axe and Other Poems*"[1947],载于 *The Selected Poetry of Robinson Jeffers* (Stanford: Stanford University Press 2001),第719—722页,此处引文见第72页。

⑤ Robinson Jeffers,"Carmel Point",*The Collected Poetry of Robinson Jeffers*,第399页。

（1）卡西米尔·马列维奇

马列维奇尽力让我们体验到一种宇宙的维度。他特别通过黑色的使用做到了这一点。因为在人们真切地视黑色为黑色的时候——不是作为一种有趣的表面颜色（正如在阿特·雷恩哈德[Ad Reinhardt]的画中，也许它是由一系列颜色的重叠所致），而是作为严格物理学意义上的黑色——人们的凝视会突然间失去其内容，骤然间陷入无限之中。——在我面对马列维奇于20年代末期绘制在一张石膏板上的上述黑色方格的时候，我第一次有了这种感受。

插图1：卡西米尔·马列维奇，《黑色方块》（*Black Square*，大约创作于1923—1930之间）

（2）让·杜布菲

杜布菲的情况大不相同。马列维奇尽力超越人类世界，进入到一种宇宙视野（他宣布“我们惟有在挣脱于地球的时候才会感觉到空间”①），而杜布菲则展示地球上的一个超人类的世界。②

尤其是在50年代末和60年代初，地球成为了他的优先主题（《水

① Kasimir Malevich，“Suprematismus”（载于*Europa-Almanach*，Potsdam 1925；转引自Walter Hess，*Dokumente zum Verständnis der modernen Malerei*，Reinbek：Rowohlt 1956，99）。

② 我曾用哲学视野讨论过杜布菲的作品，详见“An den Grenzen des Sinns-ästhetische Aspekte der Malerei des Informel（Dubuffet）”，*Philosophisches Jahrbuch* 86/1（1979）84－112。

果地》，插图 2)。[①] 但是并非我们平常所接受的地球——我们所熟悉的，栖身于其上的大地，而是自主的、高密度的物质性(《大地的盛宴》，插图 3)，或者一个迷人的微观结构世界(《消除痕迹的机制》，插图 4)，最终杜布菲把通常归于宇宙的特点展示为地球的特点。在平版画(《天籁之音》，插图 5)中，地球的庞大已然变成纯粹的亮、纯粹的光、纯粹的天空。

插图 2：让·杜布菲，《水果地》(*Fruits de terre*，1960 年)

插图 3：让·杜布菲，《大地的盛宴》(*Gala de terre*，1959 年)

① 相关系列包括《地形学》(*Topographies*)和《肌理学》(*Texturologies*)(1957—59)(二者的合集拥有一个极富启迪性的标题——《大地的礼赞》[*Célébration du sol*])，《现象》(*Phénomènes*，1958－63)与《材料学》(*Matériologies*，1959－61)。杜布菲的如下说法极具代表性："作为画家，我是物质世界的探索者，是这把钥匙的狂热探求者。"("Peintre, je suis explorateur du monde physique et fervent chercheur de cette clef"; Jean Dubuffet, "Empreintes"[1957]，载于 *L'homme du commun à l'ouvrage*, Paris: Gallimard 1973，第 229—253 页，此处引文见第 233 页。)

插图 4：让·杜布菲，《消除痕迹的机制》（*Le mécanisme de l'effacement des traces*，1957 年）

插图 5：让·杜布菲，《天籁之音》（*Sol céleste*，1958 年）

一如他所言，杜布菲希望"基于主题、人类及其凝视的非人化"进行绘画创作，[①]并且在这个意义上采取一种确定的"反文化立场"。[②]他试图激发对当下文化中占支配地位的人类中心视点所忽略的现象的意识。

（3）几何操作——瓦尔特·德·玛利亚

第三种类型的特点在于其几何学方法。众所周知，对几何学的文化评估是自相矛盾的：在现代，几何学已然被视为我们掌握自然的主要方法；在古代，几何学被视为对宇宙秩序的表征。下面我要提到的艺术家提出了第三种立场：在几何建构被人实践，其结果令人惊讶得无法理解的时候，人类通过几何学掌握自然的现代信念也就动摇了；通过几何操作，超越标准人类世界的缺口随之出现。[③]

---

① Jean Dubuffet, *Prospectus et tous écrits suivants*, 2 vols (Paris: Gallimard 1967), vol. II, 131.

② "Notre culture est un vêtement qui ne nous va pas-qui en tout cas ne nous va plus." (Jean Dubuffet, "Positions anticulturelles" [1951]，载于 *L' homme du commun à l'ouvrage*, Paris: Gallimard 1973，第 67—77 页，此处引文见第 68 页。)

③ 几何建构的这种潜力至少也已在某些情况下为其他一些艺术家通过几何出发点所实施，比如马克斯·比尔（Max Bill）、索尔·里维特（Sol LeWitt）、布鲁斯·马登（Bruce Marden）及马丁·普伊尔（Martin Puryear）。（后者迥然不同。他似乎是依赖于四维感知，而不是三维感知——宛若他能以一种四维方式，即一种胜过标准的人类感知的方式查看对象。）

插图 6:瓦尔特·德·玛利亚,《雕塑 2 000 件》,(*The* 2000 *Sculpture*), 1992(1)

插图 7:瓦尔特·德·玛利亚,《雕塑 2 000 件》,1992(2)

我希望更加详细地介绍的作品是瓦尔特·德·玛利亚开始创作于1992年的《雕塑2 000件》(插图6)。该作品由排列成20直行的2 000件雕塑品组成,每行50米长、雕塑品100件。作品宽度为10米。所有雕塑品均由石膏制成,并且等长(50厘米)。但是它们在外形上略有差异(插图7);共分三种类型,以边角处的号码5、7、9相区隔。每一行仅有三种类型中的一种。水平方向上,从左边到中间的顺序是:5—5—7—7—9—9—7—7—5—5。同样的顺序也见诸从作品的中间到右边:5—5—7—7—9—9—7—7—5—5。所以,整体的节奏是:升—降—升—降。该作品共有20个直行,每一行有100件同一类型的雕塑,其间有一个简单公式在决定它们的顺序——总之,是一件具有突出的几何学上的清晰性的作品。
现在,惊奇出现了。在人们环绕雕塑走的时候——因为人们不得不这么做——人们会发现雕塑的样子不断变化。这是很难描述的。[①]

在沿雕塑曳步而行的时候,人们不断地借助感知,借助对角线联系起种种元素;对角线构成一种人字形图案,从人们的视点向左右延伸,以及向前向后延伸到另一边(插图8)。这些线条的面貌不断变化:上一刻看起来像蛇,下一刻像波浪,或者链条,或者沙丘(插图9)。人们可以亲眼目睹这些面貌之间的不停转换。人们被鼓励让自己的凝视飘忽不定,而不是让其专注。

插图8:瓦尔特·德·玛利亚,《雕塑2 000件》,1992(3)

插图9:瓦尔特·德·玛丽亚,《雕塑2 000件》,1992(4)

① 我本打算带一盘录像带来展示这一印象,但我没有能够找到,甚至从艺术家本人那里也没有能够找到。

另一重点是光与影之间的永恒转换。虽然雕塑本身是白色,但是在它们移动的时候,人们会随着光线的投射角度与自己的位置的变化,看到雕塑呈现为各种浅灰色。既有上缘的光亮转换为下缘的灰影,也有某一元素的一缘此刻呈淡灰色,但下一刻却略带深灰,而且其他元素的对应的缘也同时发生同样的转换。光与影处于永恒的交错波动之中,制造出一种宁静神秘、壮观宏伟的氛围。[①]

总而言之,既没有稳定的单一视角,也没有占优势的视角——甚至我所描述的事实上的几何结构也不是如此:在人们环雕塑走时,它不断被涌现出来的各种视角超越。因此,人们永远也无法获得一个综合的视点,即这个作品所特有的视角。所存在的是不同视角的流动。从这个意义上讲,这件作品尽管具有极其清晰的几何形状,依旧具有神奇的不可理解性。石膏制成的作品立于一动不动的地板上,尽管它们在实体上是完全静止的,但在感知上却处于永恒的运动与变换之中。既不会有片刻的停息,也不会变得可以理解。

我尽力描述的惊人面貌内在地联系着作品的一个深层次特征:惟有通过感知——移动的感知,作品方能揭示、发展,甚至构成自身,而且是以一种无法单从其物理或者几何结构可以预知的方式。(虽然在感知中展开的当然是该几何排列。)

该作品并非仅仅是那立于地上的雕塑。它更是人们绕它而行,感知它时所浮现的一切。从这个意义上讲,我视该雕塑为感性和感知的范式之作。惟有通过感知,它才能展现;此间的感知远远超越对任何实际作品的观察,相反,它创造作品。作品并不存在,存在的不过是其材料而已;感知诞生作品。[②]

(4) 从诉诸非人姿态到获得一种超人类的姿态

回顾一下到目前为止所列举的例子:马列维奇尽力通过激活传统的

---

① 日本观众可能因此想起日本人偏爱混合光照(shade-*k_ge*),而不喜欢直射的阳光。参见 Jun'ichiro Tanizaki, *Lob des Schattens: Entwurf einer japanischen Ästhetik* (1933) (Zurich: Manesse 1987)。小林信之(Nobuyuki Kobayashi)最近为谷崎润一郎(Tanizaki)的观点提供了一种非常有价值的叙述("Eine ästhetische Besinnung über den 'Schatten' aus japanischer Perspektive",载于 *Komparative Ästhetik-Künste und ästhetische Erfahrungen zwischen Asien und Europa*, eds Rolf Elberfeld and Günter Wohlfart, Cologne: edition chora 2000, 239-247)。

② 当然,这在一定程度上符合于所有艺术作品。但我不知道这种现象于其间仅凭经验而无须通过复杂的学术思考就会变得非常清晰的任何其他作品。

超越方式——宇宙的视野——来超越人类视点。杜布菲借助揭示一条非同寻常的道路——地球——做到了这一点。瓦尔特·德·玛利亚——最出乎意料地——利用基于几何设计的手工艺品做到了这一点；他使我们得以体验到不可理解之物，并不是通过对非人类之物的指涉，而是通过对某一件人类的几何结构的感知。在我们的感知之中，出现了超越人类期待与理解之物。[①]

这些艺术创举的共同之处是引领我们超越封闭的人类世界。在这里，它们的重点在于批评现代立场。因为在现代，我们开始认为我们所指涉的世界基本上由人类思维构成并因此原则上受限于人类理解力。现代观点是深深的人类中心主义的。狄德罗(Diderot)曾精辟地写道："人是独一无二的概念，我们必须以它为起点，万物必须最终指向它。"[②][③]然而，艺术一次又一次地设法撞开人类自我参照的这个牢笼，抵抗人类思维的现代封闭性。

然而，这是通过不同的方法实现的。指向非人之物仅仅是一种可能性而已。另一种可能性——更为深远的一种可能性——在于把我们引至一种超越人类限制的姿态。诚然，第一种方式可谓在逻辑上是

---

① 瓦尔特·德·玛利亚似乎在进行阿多诺以前断言为"一切当下艺术乌托邦的目的"的东西："生产作品，但不知何为作品。"(Theodor W. Adorno, "Vers une musique informelle"，载于 *Quasi una Fantasia*, trans. Rodney Livingstone, London: Verso 1998，第269—322页，此处引文见第322页。)然而，就瓦尔特·德·玛利亚而言，这不仅适合于艺术家，而且也特别适合于他的感知过程。

② 法语原文如下："Une considération surtout qu'il ne faut point perdre de vue, c'est que si l'on bannit l'homme ou l'être pensant & contemplateur de dessus la surface de la terre, ce spectacle pathétique & sublime de la nature n'est plus qu'une scène triste & muette. L'univers se tait; le silence & la nuit s'en emparent. Tout se change en une vaste solitude où les phénomènes inobservés se passent d'une manière obscure & sourde. C'est la présence de l'homme qui rend l'existence des êtres intéressante; [...] L'homme est le terme unique d'où il faut partir, & auquel il faut tout ramener." (Denis Diderot, "Encyclopédie" [1755]，载于 *Œuvres complètes*, vol. VII: Encyclopédie III, Paris: Hermann 1976，第174—262页，此处引文见第212页及其以后页。)

③ 狄德罗在为1755年版《百科全书》考虑诸条款的恰当编排时，阐释了这一姿态；在其1781年出版的《纯粹理性批判》(*Critique of Pure Reason*)中，康德为这一姿态提供了一种完美的认识论合法性。根据康德的概念——对一切现代思想都非常具有发轫性，我们实际上制造我们所熟悉的一切客体(表象[appearances])的基本结构。因此，康德的概念意味着人类的一种认识论中心化——人是包括人与非人在内的万物的标准。康德以降，人类世界一直严格地自我封闭。

自然的：尽力通过指向人类世界之外的事物，非人或者非人类的事物，来打破封闭的人类世界(如马列维奇与杜布菲分别诉诸于宇宙和地球那样)。但是，这种尝试背后潜藏的问题是此间所谓的非人之物依旧受制于人类姿态，一如其对立面或者对手那样。在这个方面，这些尝试依旧固有地受制于人类的观点。转向一种依然由人类视角塑造的非人姿态，至多能够拓展和补充人类姿态，但是并不能够征服它。

比较而言，瓦尔特·德·玛利亚的方式似乎更为激进，或许也更有希望。其暗示要彻底超越惯常的人类姿态——既是人类思维的自我扼制式封闭，又是通过指涉非人类之物超越人类思维的尝试，然而，倘若仔细审视，非人类之物结果依旧为人类姿态的补充。——那么，什么是人类姿态的特征呢？

(5) 凯奇、费尔德曼

下面我将转向两个音乐方面的例子。第一个例子是由约翰·凯奇创作于 1992 年的那首 *Thirteen*。[①] 请听序曲。

这几秒钟的音乐可能足以让人想起凯奇晚期音乐的典型特征：它的开放与机遇特征并不是对恣意的臣服，而是开启一个有着自身连贯性的声音领域——无论该领域是多么的不同寻常。只不过是没有某一“主题”的逻辑发展而已，而无论它是音乐思想还是一种情感。声音并不是因为某一创作主题的建构而呈现，而是似乎不知打哪儿来——好像是自个儿出现的。如果我们继续聆听，我们就会感觉到自己被引入一个根据其自身节奏与特点推进的世界。随着这个世界的开启，我们变为其间的一部分，被吸引到音乐的流动之中，最终宛若元素一样随音乐而动，而不是作为所听之声的观察者。我们的态度发生改变。我们不再宛若判断和把握现象的现代主体那样行为举止，而是沉浸到一个不再以人类为标准的世界之中。[②] 一旦人们对存在的另一种方式有所了解，现代的人类中心主义便会显得陈腐。

第二个例子——默顿·费尔德曼创作于 1975 年的那首《钢琴与管弦乐》(*Piano and Orchestra*)——是大家非常熟悉的。请听序曲。

---

① 它是为曼弗雷德·莱希特(Manfred Reichert)及其《组合 13》(*Emsemble* 13)而作的——因此得名。

② 参见凯奇的观点：“也许进步意味着征服自然。艺术似乎是关于聆听自然。”(转引自 Richard Kostelanetz, *John Cage im Gespräch. Zu Musik Kunst und geistigen Fragen unsere Zeit*, Cologne: DuMont 1989, 158。)

这段音乐中有一个伴之以中断的单音进程乐段。[①] 人们完全不能猜测后面出现的乐段是什么:一种惊奇的元素持续着。如果有重复发生,它们的节奏与声音特征就会被微妙地改变。一些声音一如不熟悉的呼吸,通常导致一种宛若催眠的进程。

费尔德曼所揭示的音乐世界一如凯奇的音乐世界,并非是一个以人类为中心的或好像是人类建构的世界——从而人们可以沾沾自喜于认识到它的建构原理,并能够解释源于它的持续性与封闭性。费尔德曼说他的思想并非是"作曲",而是将声音投射进时间,不受作曲修辞的限制;他很高兴自己所创作的音乐不像客体,而是像演进之物。在他1970年代以来的作品中,我们的确感受到了被引入一个超越人类生产与标准的自我演进世界——最终感受到我们自己在一个比人类世界更大的世界中受欢迎并参与其中。

两位作曲家(还有瓦尔特·德·玛利亚)都深受亚洲思想、艺术及经验的影响,这绝非巧合。[②③] 如果西方世界观和东方世界观之间有本质的差异,那便是与世界的对立关系和参与关系之间的差异。后者正是上述西方艺术最后几个例子所建议的。这不仅是一个通过转向非人类之物补充人类观点的问题,而是最终彻底超越以人类中心的框架,采取一种没有人类限制的姿态的问题。这种姿态从一开始便把人类视作比人类世界更大的世界的一部分。

---

① 这些休止符让我想起了日本的美学原理"禁"(kire,又译"喜莲"),"禁"(尤其是在代表禅宗启发艺术的"禁连续性"[kire-tsuzuki]的展开形式之中)表示间隔与连接的联合。参见Ry_suke_hashi, *Kire-Das 'Schöne' in Japan. Philosophisch-ästhetische Reflexionen zu Geschichte und Moderne*(Cologne: Dumunt 1994)。

② 凯奇把中国的《易经》作为一种侥幸的策略而使用(比如在他创作于1951年的《变换的音乐》[*Music of Change*]中);1947年以降,他与铃木大拙(Daisetz T. Suzuki)一道演习禅宗佛教;在他的作品中也有对亚洲艺术经典之作的直接参照,参见他的*Ryoanji — for voice and percussion*(1985)。费尔德曼喜欢把他的长曲比作亚洲的地毯(参见Morton Feldman, "Crippled Symmetry",载于*Give My Regards to Eighth Street*,第134—149页)。瓦尔特·德·玛利亚也参照了《易经》,参见他于1981年开始创作的雕塑360°*I Ching*/ 64 *Sculptures*。

③ 杜布菲也很靠近东方思想特征(尽管很显然,他并未直接受到它们的影响;然而,就巨幅山水画而言,他觉得自己很靠近伊斯兰教的观点,参见*Prospectus*,第2卷,第79页)。比如,杜布菲并不认同西方的自我实现目标:"苏格拉底并不宣扬要认识自我,而是要忘记自我。"(Jean Dubuffet, "Empreintes" [1957], *L'Homme du commun à l'ouverage*,第229—253页,此处引文见第245页。)另外,他不断强调事物并非是彼此分离的物质,而是联系着更大环境的现象,并且旨在通过其作品揭示这一连通性(Dubuffet, "Positions anticulturalles", 70)。

二、亚洲艺术

在指明了我的阐述的指导原则之后，现在我要转向亚洲艺术。

1. 与自然及世界的共生关系

(1) 建筑

建筑的主要特点之一无疑在于它与自然的密切关系。比如，建筑不但尊重自然元素，而且旨在连接它们——有时候甚至伤害建筑物的视觉外观。[①] 房子被设计来为其居民服务，而不是为时尚的建筑杂志。为居民服务就要求与自然的交流。[②]

但是，从一种亚洲观点来看，与自然的交流并非是与非人之物的交流。相反，人类被视为是属于自然的，与自然同质，是自然的一部分。[③]

(2) 日本花园

这在日本花园中变得尤其明显。

举一个例子：在17世纪初的东京南禅寺禅宗花园里，无疑存在人造花园与其后面的自然之间的分野；花园借助一道有顶的浅灰色墙壁与其四周环境相分离(插图10)。但是，引人注目的效果是人们可以感受到花园的人造自然与其后面的真正自然的合为一体：借助它后面拔地而起的树木与山石(插图11)。[④] 对花园的感受辐射到对其后面的自然的感受。

---

① 参见 Ken-ichi Sasaki, *Aesthetics on Non-Western Principles. Version* 0.5 (Maastricht 1998)，第53页。

② 尊重自然，与自然元素连为一体，这似乎是当下闻名于世的日本建筑的特点。建筑(无论是由日本建筑家设计与否)把自然纳入考量之中，这甚至看起来是优良建筑不可或缺的标准之一。同时值得注意的是，与自然元素连为一体赋予建筑一种内在的伦理品质：良好生活的品质。美学始终——与"自主"的主流现代学说相反——致力于在美学范畴内蕴含一种伦理品质。我已对此进行过详细讨论，详见"Aesthet/hics: Ethical Implications and Consequences of Aesthetics"，载于 *Undoing Aesthetics* (London: Sage 1997)，第60—77页。

③ "自然之美的具体作用[……]也在于通过向我们耳语我们是相同的物质，对我们进行宽慰。"(Ken-ichi Sasaki, *Aesthetics on Non-Western Principles. Version* 0.5，第29页。)同时参见佐佐木健一(Ken-ichi Sasaki)向第十五届美学国际大会(东京幕张[Tokyo-Makuhari]，2001年8月27日)提交的论文"*Beautifying Beautify*"。

④ 我认为这种布局是"禁连续性"的一个值得注意的例子(参见注释26)。

花园代表一种对自然的集中布局——宛若世界的缩影。[①] 对自然的这种微观表征(借助“人工地”布局的自然)与自然背后的“非人工”自然连为一体并转变了对它的理解。在感知花园的过程中,我们对整个自然获得一幅更为深入、更为充分的图景,从其基本内核(如花园所表达)到自然的诸种现象的表象(如其背后所见)。对那些表象的通常感知发生了转变:变得显而易见的是,它们也是自然的本质的实现(如前景所示)。突然间,我们看到这一本质也出现在超越花园的自然之中。

插图 10:南禅寺禅宗花园(Zen garden of Nanzen-ji Temple)(1)

基于这一观点,花园与花园之外的自然之间的分隔不复存在。而且,我们自己的感知与情形显示为被真正视见的自然的一部分。在我们来到花园的时候,我们的世界观已经是关于我们自己以及一般的人类的,是区隔于、不同于,甚至对立于自然的。但是,对花园的体验改变了我们的观点,以及我们对自己的评价。因为对花园的思考把我们引向一种更深层次的自然图景,我们发现我们自己及我们的感知是自然的不可

① 人们可以视(一如就具有禅宗意味的岩石花园的单调景致而言经常被看到的那样)岩石为山脉,视野草为森林,视顽石为海洋。最为著名的例子是东京龙安寺(Ryoan-ji Temple)的岩石花园;但我更喜欢南禅寺的**连续性**或者**变迁性**布局,而不是龙安寺的更具分离性的布局。

插图 11:南禅寺禅宗花园(2)

或缺部分,属于自然。理解自然的本质,把一切视为自然的一种实现,会唤醒对我们自己与广大的生命领域融合的意识。——这些日本花园并非仅仅是供观瞻的美好景致,而是相反,它们是旨在转变我们观点,唤醒我们对深层次连通性的体验的微妙装置。

(3) 变为岩石

当然,这种连通性大大地超越了自然的"令人愉悦的"方面,或者有机体的有限领域。它包括整个自然,也包括从人类的较为狭隘的观点看显得并不令人愉悦或者不相容。这便是这些方面有时候——甚至以富有启发性的方式——为人所强调的原因所在,以撞开人类那有限的、以自我为中心的感知。

我想用两幅有关米芾(1051—1107)的中国画来对此进行阐释。他是著名的 11 世纪诗人、画家、评论家,深感自己与普通人类行为及自我感知不协调,代之以对奇形怪状的石头的崇拜——赞扬石头乃是真正人类的楷模。

请注意两幅画中(第一幅[插图 12]作于 17 世纪上半叶,第二幅[插图 13]作于 19 世纪),①石头与米芾的形式相符。没有什么是异于人类本性的——或者更为准确地讲,人类本性与一切都关系密切,认识到这一点使我们成为真正的人。②

---

① 陈洪绶生于 1599 年,卒于 1652 年;任伯年生于 1840 年,卒于 1896 年。

② 当然,石头在西方文化里也是受人珍爱的。记得米开朗基罗(Michelangeleo)曾说过这样的话:"我爱睡眠,但是我更爱石头。"("caro m'è'l sonno et piu l'esser di sasso", Michelangelo Buonarroti, *Rime*, Milan: Rizzoli 1954, 98 [CIX, 17]。)但是,米开朗基罗总是用玩石来表征人;他在这样做的过程中,肯定也说出了玩石的独特性,但是他从未创作出像这样赞美石头的雕塑。惟有后来,一种可以与石头在东方获得的尊敬相匹敌的对自然状态石头的尊敬,才在西方发展出来,比如歌德、埃默森(Emerson)、梭罗(Thoreau)、 (转下页)

插图 12:陈洪绶《米芾拜石图》
(17 世纪上半叶)

插图 13:任伯年《米芾拜石图》(19 世纪)

(4) 澄清

正是这种代表东方艺术与思想的别样的人与自然、人与世界的关系,最终令我神魂颠倒。从西方观点来看,人被视为是与世界根本对立的——“人对立于世界的其余部分”是原型式公式,至少在现代西方思想中是如此——东方意识强调的却是我们与世界的深层次连通性。

但是,为了澄清之故,我要指出,我在一种非常自然的意义上接受这一观点——没有沉湎于关于“空”(nothingness),或者关于一种所谓被要求的“自我的消除”(extirpation of Self)的思索之中。我认为体验与所有存在的连通性是一件极为身体的事情,丝毫不是要把感官经验置于脑后。它是一个打开我们的感官与我们的身体的问题——还有我们的灵魂与心智。即使有人通过冥思获得了关于连通性的观点(冥思自身与高度身体的过程相关①),它的效果在于打开我们的双臂与肠胃、我们的身体及我们

(接上页)叔本华(Schopenhauer)和尼采(Nietzsche)。参见 Graham Parkes,“The role of Rock in the Japanese Dry Landscape Garden”,载于 Francois Berthier, *Reading Zen in the Rocks: The Japanese Dry Landscape Garden*, trans. Graham Parkes (Chicago: The University of Chicago Press 2000),第 85—155 页。

① 参见 Ichiro Yamaguchi, *Ki als leibhaftige Vernunfi*(Munich: Fink 1997)。

的感官。事实上，它们是由这种经验所穿透、改变、激活及唤醒。它绝非仅仅是一种精神之物。倘若对连通性的经验被视为对我们的真正自我的唤醒，那么在我看来，它必须包括我们的整个存在，即我们的身体存在与我们的精神存在。[①]

我还希望指出，在很大程度上代表西方思想的主体—客体分离至少也在一定程度上见诸东方——不仅仅是在当下，比如紧随"全球化"而至。即使是根据东方思想，落入一种对立性的、纯粹以人类为中心的观点也是一种永恒的威胁，所以，从主体—客体分离的观点转移至世界连通性（或者统一性）的观点是一项持续的、必需的任务，而并非什么仅仅自然或者普遍的东西。

2. 变为一种与世界相通的存在——一个中国神话

我发现一个中国神话绝妙地表达了这一点。

这个神话讲的是一个画家久久凝视一幅画的故事。其杰作上的作品目睹他变得苍老与孤独。在他最终完成其作品的时候，他邀请了几位过去经常探望他的朋友。他们如约而至，细看画作，站立在神秘的画作周围，彼此就画作交流意见。画上是一个公园，其间的小径穿行在田野之间，直通山丘上的一座院落。就在他们形成自己的观点，希望将自己的观点揭示于画家的时刻，他们在人群中再也找不到他。他已然消失。

最后，他们在画家的画上发现了他，这时他正迈步前往山上的院落，打开大门，重新转过身来面向他们。他挥了挥手与忠实的朋友们告别，随后紧紧地关上了身后的小门。

很显然，这个故事关涉到对立的世界关系与内在性的世界关系之间的转换。艺术置身于这种张力之间。首先，在画家倾力于其最后画作的时候，他是与之对立的；同样的，在他的朋友们——审美裁判、美学方面的专家——观看画作时，他们与画作相向而立。但是，画家在这时成为了画作的一部分，他甚至进入其间，直至完全消失的程度。根据故事的进程，这样的内在性是更高的真实之路。该故事并非是关于某一种特定的作用，而是关于向真实存在的转换——最终被赋予画家的存在。这亦有发生在旁观者身上的可能吗？

对西方思想而言，很自然的一种假设是，这个故事说明了艺术家

---

① 有关"自我"问题的深度讨论，请见 Kogaku Arifuku, *Deutsche Philosophie und Zen-Buddhismus*(Berlin: Akademie Verlag 1999)。

通过作品实现自己，最后与作品永存这一传统主题。——但是，在其东方语境中，相关者是其他的东西。我尝试做如下解读：

这幅画显现的是一道风景。[①] 通过对画作的特别设计，画家试图表达他对风景的体验。他穿过诸多风景；在这样做的过程之中，他日益感到自己是那些风景的一部分，而不是一位旁观者。这便是他试图通过这幅画要表达的东西。它旨在使这一别样的共生存在方式——迥然不同于通常的主体—客体关系的一种方式——非常引人注目地在场，以便它对旁观者而言，也是可以体味的。

但是，这怎么可以实现呢？事实上一点也不费解。因为在我们观看这些画的时候，我们是与它们相向而立的，处于主体与客体的关系之中。通常的审美逻辑——作品及其预期的逻辑——是主体—客体方案的奴隶。无论一幅画在破坏主体—客体方案方面是多么微妙，一旦它作为一幅画发挥作用、被人观看，主体—客体方案就会再次占优：画作变成我们冥思的一个客体。（可以理解的是，画家随着自己超越这种状况的努力，变得苍老而孤独。）

从主体—客体关系到内在性关系的转换是无法被表征的。因为在接受中，最后，表征再次成为主客模式的牺牲品。就自我而言，这样的一种转换只能被体验，然后被经历。但是，经历这种方式的人的行为总会被外界误解——被社会，甚至被朋友。在主客模式被视为理所当然的地方，这些行为就会在这个模式的意义上为人理解——尽管那时它们必然显得不同寻常与陌生（相关人员变为孤独的怪人）。

惟有在作为一个事件——以最引人注目的方式为旁观者发生的事件——发生的时候，从对立到共生世界关系的转换才会凸现在画作之中。

这就是故事所要讲述的东西。首先，朋友们正在观看的画只是一道风景：一个公园、田野间的一条小径、通往山丘上的一座院落。但是这时，他们突然间在画中看到了画家——但是并非如我们通常在画中见到的人物，即被固定在某一确定的位置，而是相反，画家正沿着小径行走，奔向山丘。[②]

随着下一步的出现，这个事件的性质变得更加清晰起来：画家到

---

① 风景已在中国绘画中占据主要位置长达 1 500 年之久：首先是作为人类行为与事件的展出地，然后是最迟从 10 世纪以来，作为没有任何人类或者动物痕迹的纯粹风景。

② 比较：在一部名为《梦》（*Dreams*，1990）的电影中，黑泽明（Akira Kurosawa）略为不同地把故事运用到了凡·高（Van Gogh）身上。

达山顶之后，转身向他的朋友们挥手。这一手势连接起主体与客体之间、画与旁观者之间的距离。画家的手势不仅表示他已超越通常不可超越的距离，而且表示他呼吁他的朋友们要超越对立的世界关系，与他相契，找到通往一种共生性世界关系的道路。

画家的最后行为显示这如何是完全可能的：他关上身后通往远方的门，最终完全地进入到内在性的世界关系之中。

*

朋友们后来所做的事情没有流传下来。也许他们步了画家的后尘。很可能他们的作为比我现在解释的，还要多，还要早。也许故事的真相是通过仔细端详画作，朋友们越来越多地理解了画家，意识到了被表征在画作之中的并非我们通常看到的与我们相向的风景，而是一种笼罩我们的风景——首先笼罩了画家。也许在对画作冥思苦想的时候，朋友们意识到了他们的画家朋友已变为某位不再以寻常方式居住于人类之中的人（这就是据说他已经“消失”的缘故），而是与风景相融并必然地在其中活动的人。

也许故事表面上是在讲述不可能真正发生的事（即一个人穿过一幅画），而实际上则意指旁观者彻底明白画作实现了他们的画家朋友一直献身其中的共生存在方式。① 也许画作实际上拥有令旁观者也体验和进入这一别样存在方式的能力。②

三、结　　语

1. 回顾

我的叙述始于欧洲艺术超越人类世界的趋势，特别地聚焦于20世纪艺术所做出的种种努力，为打破人类思维的封闭，为冲破在很大程度上代表现代性的人类中心主义姿态的人类自我指涉的牢笼。非人类转向旨在服务于这一目的。

---

① 从字面上看，故事并未言及此意。在字面上，朋友们形成了一个判断，然后注意到画家不再处于他们之间，并且于画中发现了他。但是，哪个故事又会言及一切，而不利用字面言及之意来使我们进一步思索、寻得真正意思呢？

② 也许画家渐渐地基于松尾芭蕉（Basho）致其门徒的著名建议，对风景进行表征：“松树的事要问松树，竹子的事要问竹子。”

但是我们通过瓦尔特·德·玛利亚看到，打开人类世界这一活动的进行未必需要指涉非人类或者非人权威（一如马列维奇求助于宇宙或者杜布菲求助于大地），而是可以发生于人类世界之内：通过尽管开始时完全理性、结果却超越理解的极限的过程。从凯奇和费尔德曼那里可以看出，人与非人领域的对置最终失效。勿宁说，人的状况是更大的世界的不可或缺部分——惟有这么看，它才被正确理解。

亚洲艺术的例子表明，这样一种整体观在东方要比在西方远为自然。非常肯定的是：在东方，该观点也必须被不断地“重获”，以抗衡堕入人类与世界之间的对立的趋势；但无论是在文化准备方面还是普遍流传方面，这样做都不可比拟地胜过西方。

2. 克服西方人类中心主义——走向“理性的佛教”

因此，我的思考（这是三个结语的第一个）堪称一种聚合的展望。在西方思想，尤其是现代西方思想，在人种学意义上、认识论意义上，正如在社会及生态方面把我们引入死胡同的时候，我建议抛弃其基本的人类中心主义，选取一种具有世界连通性的观点。在此，人类及其文化被理解为一个比人类世界更大的世界之中的特征。在我看来，这就是上文所介绍的艺术作品的暗示。哲学思考（虽然我不能在此对之进行详细阐释，但是我已在它处详尽阐述过①）也支持这一转向——简言之，也许西方应当发展一种“理性的佛教”。

3. 从非人到超越人类限制

然而，关于非人的讨论会失去其诱发力，最终甚至会失去其意义。非人的范畴只有作为一种基本的人类中心主义的世界观的反范畴才是合适或有用的。这就构成了谈论“非人”的框架，并设定其限度。只要现代姿态依旧——至今尚未被克服，这一范畴就会发挥关键作用。②然而，在现代姿态被克服的地方（一如对某一非人之物的艺术指涉所暗示的），人与非人的对置轰然倒塌，非人的范畴失去其适用性与相关

① 参见我向题为“New perspectives in contemporary philosophy”（当代哲学的新思维）的大会所提交的论文“*Transcending the modern closure of the human mind*”（《超越人类思维的现代封闭》）（里约热内卢州立大学[Universidade do Estado do Rio de Janeiro]，2001年8月8—10日）。我进一步解释了我批评现代姿态的试验背景，以及我于2001年9月1日在东京早稻田大学（Waseda-University）所发表的演讲“*Reflecting the Pacific Ocean*”（《反思太平洋》）中提出的观点。

② 因此，它在亚洲思想中并没有发挥这样的作用，因为这从来就不是“人道主义地”开始的。

性。辩证地讲,一旦它的工作完成,帮助克服对人类的人类中心主义式理解,它也就渐隐消失。[①]

深深根植于以此方式到达的世界的观点可以被认定是"超人类的"。它已然克服毋庸置疑的人类或者以人类为中心的姿态,并非是借助转向其非人或者非人类的反面,而是依靠到达这样的一个场域:这种对立在这里不再适用,对人类状况与世界特征之间的深度连通性的洞察才是最重要的。再次重申,这样的一种超人类的姿态便是我在此所提倡的;选自西方艺术的诸多例子正日益转向它,[②]而那些来自东方艺术的例子从一开始便致力于它。[③]

---

① 换言之:因为囿于人类中心主义的姿态,对"非人类"或者"非人"的强调依旧囿于假设人类的一种排他本性,同时将其视为我们一切经验与理解的参照起点与终点。这一非常现代的公理依旧代表有关非人类或者非人的概念的框架。在我建议超越这个框架的同时,我也对所有那些善意的公式(经常具有宗教或者半宗教意蕴)持批评态度,它们宣称我们的真实存在既包括人的一面,也包括非人的一面,或者说后者甚至构成了最为内在的本质。这样的公式始于柏拉图与亚里士多德求助于我们的神圣性情,经过康德的强调我们的"智识特征",直到见诸海德格尔、舍勒(Scheler)或者利奥塔(Lyotard)等人那里对我们的"超越"本性的现象学强调。在所有这一切之中,人类排他性及优势的公理并未被抛弃,而是由一个特点补足,这一特点又在人类中心主义的框架内被构想。相反,我坚决支持超越这一本质上的人类中心主义框架,转向一种没有人类限制的姿态。关于进一步的细节,尤其是在当今电子技术及人工智能的发展强加给我们的对"人类"的理解的变化方面,请参见拙文"*Wandlungen im humanen Selbstverständnis*",载于 *Zukunft: Erfahrung, Erwartung Entwurf*, ed. Erhard Busek(Vienna: European University Press 2001),第 18—37 页。

② 在这方面,我也想提到塞尚(Cézanne)的一个观点,它清楚地表明他希望与自然融为一体:"我希望把自己迷失在自然之中,与之重新生长,宛若自然那样,拥有岩石的顽强风格、山脉的理性倔强、空气的流动、太阳的热量。通过绿叶,我的整个心智随树液而动。"(*Conversations avec Cézanne*, ed. P. M. Doran, Paris: Macula 1978, 124。)彭农恩(Giuseppe Pennone)也以相似精神创造了"成为河流"(essere fiume/being river)作为其艺术存在的箴言。在哲学家当中,一种相应的观点见诸梅洛-庞蒂,他用波浪把自己比作"浪峰之一,四周的海洋是由泡沫之脊组成"(Jean-Paul Sarte, "Merleau-Ponty Vivant",载于 *Les Temps Modernes*, numéro special: Merleau-Ponty; 17, no. 184 - 85, 1961,304—376,此处引文见 310 页及其以后页。)

③ 这并非是拓展有关艺术与艺术作品的地位的进一步差异的场合。相反,我必须在此间将自己限定于几个建议。首先,东方艺术具有一种本质上的实用主义意义:它旨在影响我们的世界观及我们的生活。虽然在受自主性驱使的西方,类似之物也是一个秘密的主题(参见比如,席勒的一种"生命的艺术"相对照于艺术作品的艺术的概念,或者尼采的宣布后者仅仅是艺术的真实相关性的一种纯粹"附属物"),但是它构成了例外。其次,东方艺术并非是讲述一种艺术个性、个人"成就"或者"创新",而是对一种世界观的耦合,这种世界观在所有作品中基本相同,其内容是人类、世界与万物的彼此相连。倘若艺术差异渐渐显露出来,那么它们的意义并非是在于个人的表现,而是不同的道路、这种耦合的强度。

4. 不同理解下的意向性——绝非“自我的消除”

然而,在一个问题上,我还是希望至少对东方思想的标准的理解保持差异。我的建议依旧是西方性质的,当我谈到必须实现从主体—客体视野到一种与受世界束缚的视野的转换——这是一项必须被完成的任务。我使用了意向性(intentionality)和做(doing)这样的语言。事实上,我所要求的仅仅是在理解自我方面的一种变化,而不是对自我的消除——在东方,这似乎经常被视为获得具有世界连通性的观点的一个要求,甚至阳关大道(via regia)。我之所以这样做,是因为我深信意向性同样属于世界——只不过它必须被想象为是受世界束缚的,而不是自我中心的意向性。甚至在于我,抛弃意向性似乎是一种损失,一次错误的转向。因为意向性一般来讲是一种极为身体和敏感的东西——是肉体而非精神的东西,所以它包括并实现我们的世界连通性,并且在此过程中表征世界的某个特征。

这个世界也是出现于我们经验之中的世界。这出现是世界作为或成为自身多种方式之一。然而,这不应当仅仅基于人类标准得到理解(我们对世界的理解并非仅仅是人为的,更不用说我们的建构),而是要根据延伸到一个人类世界之外的世界的标准。从一个比人类世界更大的世界的这种连通性理解我们自己,是我所列举的艺术方面的例子的寓意,因此在我看来,也是我们将来应该选择的道路。

(译者单位:中国社会科学院外国文学研究所)

“后现代”内涵与前景构想

王卓斐 译

什么是后现代？——对于这个问题的解答，仅从建筑角度考虑是不够的。因为建筑话语既非辩论的开端，亦非它的终点，而不过是其中一个（固然是著名的）片断，里面只有部分观点涉及对修正或克服现代性表示赞同或反对。

1. “后现代”术语的轨迹概述

a. 北美文学辩论（1959—1969 年）

经过对“后现代”术语（早在 1870 年便首次出现）的零星使用之后，1959 年，北美的文学理论与批评揭开了相关辩论的序幕。[①] 欧文·豪（Irving Howe）（哈里·列文紧随其后）断言，与伟大的现代文学（以叶芝、艾略特、庞德和乔伊斯为代表）相比，当代文学在思想力度与创新性上远远落后了；从这个意义上，他把当代文学视为“后—现代（文学）”。

十年后，莱斯利·菲德勒（Leslie Fiedler）（苏姗·桑塔格亦是如此）从这个消极论断中得出了积极的评价：当代文学（以维昂、巴特、科恩和梅勒为代表）旨在追求与传统现代性有所不同的东西，同时具有自身的优点。菲德勒首先通过精英文化与大众文化的崭新结合认识到这一点。他解释道：“我们正体验着文学现代性的垂死挣扎与后现代的分娩阵痛。以‘现代性’为自身命名的文学形态狂妄地认为，自己

① 在《我们的后现代的现代》中，我对“后现代”术语发展史进行了全面的梳理（万海姆：《VCH 人文学报》，1987 年；柏林：学院出版社，2002 年，第 6 版，第 9—43 页）；关于这个话题，还可参阅《源自现代性的出路：后现代论辩的关键文本》（沃尔夫冈·韦尔施主编：万海姆：《VCH 人文学报》，1988 年；柏林：学院出版社，1994 年，第 2 版）。

代表了感受力与形式上的最高水准，且唯有自己才能体现‘新颖’的含义。它在一战前夕开始了成功之旅，而二战刚结束便走到了终点，变得死气沉沉，换言之，它已成为历史，不再属于现实。”①在名为《越过边界，填平鸿沟》的文章中，菲德勒倡导高雅与粗俗、非凡与平庸、神话与现实、梦幻世界与机械世界的结合。他把后现代作家视为“双重间谍”②：“无论在工艺领域，还是在奇景世界，都能做到游刃有余。”③——可见，双重结构的特性既是社会学的，又是语义学的，体现了精英审美观与大众审美观、虚构与现实的结合。后现代作品本身是多元化的，它满足了各种彼此间充满矛盾的期待。

b. 建筑学的术语转换（詹克斯：1975 年以来）

1975 年，查尔斯·詹克斯（Charles Jencks）将后现代术语转用于建筑学领域。④ 詹克斯深谙北美的文学论争，而且他的后现代建筑概念与菲德勒的后现代文学概念有吻合之处。他断言：“现代建筑的缺陷是惟精英马首是瞻。后现代试图摒弃精英主张，但方式不是仅凭一种工作，而是多方面拓展建筑用语——使其渗透到当地特产、传统事物及街道商业术语中。可见，后现代建筑是双重编码，同时吸引着精英人物和街井市民。”此时，詹克斯似乎完全在以菲德勒的口气抒发个人观点。⑤

凭借思想巨擘之力及对胜利果实的装点，“越过边界，填平鸿沟”的目标得以确立；詹克斯的“双重编码器”（Doppelkodierer）俨然是菲德勒文学上“双重间谍”在建筑学领域的再现。在詹克斯看来，后现代

---

① 莱斯利·菲德勒：《越过边界，填平鸿沟》，载自《花花公子》（1969 年 12 月）；德译本标题为“*überquert die Grenze, schließt den Graben!*”，载自《源自现代性的出路》，第 57—74 页，此为第 57 页。

② 同上，第 69 页。

③ 同上，第 73 页。

④ 詹克斯的奠基性文章是《后现代建筑的崛起》（载自：《市政府内部的建筑风格》，埃因霍温，1975 年；另见《建筑协会季刊》，第 4 期，1975 年）。此前，只有约瑟夫·哈得纳特在 1949 年发表的题为《后现代住宅》的文章中使用过后现代术语（载自：《建筑学与人的精神》，剑桥，1949 年），但其中并未对这一概念进行研究和阐释。于是，人们猜想，他也许只是想让哈佛同事格罗庇乌斯度过几个不眠之夜。后来，英国建筑批评的权威人士尼古拉斯·佩夫斯纳也加入到后现代术语的论战中。通过这个概念，他有意指出那些有着现代叛逆色彩的“反先驱者”（《我们时代的建筑：反先驱者》，载自：《倾听者》，1966 年 12 月 29 日与 1967 年 1 月 5 日）。

⑤ 查尔斯·詹克斯：《后现代建筑的语言：另类传统的诞生》（1977），斯图加特：德国出版社，1980 年，第 8 页。

建筑应至少同时运用两种建筑语言，比如传统编码与现代编码、精英编码与大众编码、国际编码与地区编码。在现代社会深刻的多元性中，詹克斯看到了后现代潮流的真正动力：“对后现代而言，审美文化的非连续性既是理论基础，又是‘双重编码’。”①

c. 波多盖希：“历史的呈现”(1980年)

1980年，通过筹办首届威尼斯建筑双年展“历史的呈现”，波多盖希(Portoghesi)确立了不同的重心。② 他认为，现代化和国际化的风格已丧失了垄断地位，如今，建筑史应重返建筑思想的中心。结果，从此以后，提起建筑的后现代性，人们便瞬时想起反现代主义、传统主义与新历史主义。

d. 克罗茨：“不仅是功能的，也是虚构的”(1984年)

海因里希·克罗茨(Heinrich Klotz)对将“后现代”等同于“平民主义的寻欢场景”和“怀旧的历史主义”的作法表示反感，提出后现代“不仅是功能的，也是虚构的”定律。③ 后现代的结果应“不再只是功能容器与建筑奇观，同时也是象征性内涵与雕塑主题的表达”④。与詹克斯的“双重编码”一样，克罗茨“不仅是功能的，也是虚构的”双重定律仍是在菲德勒开辟的思想航道中运行——后者早已提出了重新引入“虚构性”的倡议。

*

这些琳琅满目的选择有着明显的共同点，即克服现代建筑效果的单一性，突出多元化的特点。不过，在这点上，人们可以有不同的理解和构想。其中一些人认为，如今的世界是一切皆有可能——通往随心所欲和五花八门的道路畅通无阻；以这样的方式，多样性非但没有得到保护或阐释，反而由于杂乱无章和攀比的合法化而遭到消解。待众人意识到这些问题之后，往往为时已晚；与之相反的是，另一些人则对

---

① 查尔斯·詹克斯：《后现代建筑的语言：另类传统的诞生》(1977)，斯图加特：德国出版社，1980年，第6页。

② 对此，还可参阅《后现代建筑》，罗马：拉特策出版社，1980年；德译本《现代建筑的终结》，苏黎世：阿蒂米斯出版社，1982年。

③ 海因里希·克罗茨：《现代与后现代：当代建筑(1960—1980)》，不伦瑞克—威斯巴登：菲韦克出版社，1984年，第16和423页。请参考克罗茨同年筹办的德国建筑博物馆开幕展览“现代性的修正：后现代建筑1960—1980”(展会目录，不伦瑞克—威斯巴登：菲韦克出版社，1984年)。

④ 同上，第17页。

过去始终念念不忘;第三条道路表达了更多的要求:相同的建筑拥有多种阐释模式,但这并不是把它搅成一锅粥,而是通过比较与对照的形式进行探讨。那些从未被归入“后现代”阵营的人似乎是暗中的激励者,比如,罗伯特·文丘里(Robert Venturi)在1966年发表了《建筑的复杂性与矛盾性》,并借此倡导一种“基于现代生活体验的丰富性与多义性”的建筑形式。[①] 文丘里当时的观点宛如遥控模型,成为后现代潮流的支撑。

2. 哲学的后现代立场

a. 利奥塔(1979年以来)

哲学的后现代辩论要晚于文学与建筑学领域,并且出现了不同的景象。奠基之作便是让-弗朗索瓦·利奥塔(Jean François Lyotards)1979年出版的《后现代状况》(*La Condition postmoderne*)。利奥塔从现代与后现代知识的区别出发,指出现代知识形态追求“元叙事”(Meta-Erzählung),即追求一种整体观念。它应涵盖所有个体知识并侧重于政治与社会的目标;典型例子是启蒙运动所倡导的解放模式。在此期间,这种现代性期待丧失了可信性:“简言之,‘后现代’意味着人们对元叙事失去了信任。”[②]不过,导致这种转变的,不是某种混乱的情绪,而是20世纪初以来,对知识的根本修正所引起的转型(其中的代表人物有海森堡、爱因斯坦和哥德尔)。利奥塔认为,后现代(postmodern)作为20世纪新的知识形态,不再追求整体性,而是关注多样性、互补性和不可穷尽性。因此,它没有抛弃20世纪的成就,而是使之成为了现实。在利奥塔看来,20世纪早期的先锋艺术运动同样旨在粉碎传统现代性的整体性憧憬:“一个世纪以来在绘画或音乐中发生的事情,某种程度上成为我所理解的后现代的预演。”[③]因此,从哲学的角度看,后现代与20世纪科学与艺术的先锋运动是彼此一致的。

---

① 罗伯特·文丘里:《建筑的复杂性与矛盾性》(1966),海因里希.克罗茨主编,不伦瑞克—威斯巴登:菲韦克出版社,1978年,第23页。

② 让-弗朗索瓦·利奥塔:《后现代状况——关于知识的报告》,巴黎:1979年,第7页。

③ 让-弗朗索瓦·利奥塔与他人合著:《非物质性与后现代》,柏林:默沃出版社,1985年,第38页。在利奥塔这里,20世纪早期的典型首先是杜尚,其次是凯奇。

后现代的"情感或思想状态"(Gemüts oder Geisteszustand)[①]——摒弃对整体性的痴迷,承认众多语言形态、思维模式与生活方式之间冲突的不可化约性,在前现代与现代时期也有存在的迹象。亚里士多德(Aristoteles)和狄德罗(Diderot)便是较为典型的例子。利奥塔使后现代主义理论摆脱了一味追求现代创新姿态(由此彻底保留了现代特性)的倾向,不再把同样的东西普遍视为新纪元或最新时尚("始于1970年"左右)。[②]

b. 与建筑的关系

但是,哲学后现代思想不仅从自己设想的时间形态(同20世纪先锋派一样,它以观念范畴置换了时间概念)出发,与流行的观点划清了界限,同时还引发了对建筑话语常见后现代特征的深刻批判。这些特征包括随意性、相对主义、折衷主义、怀旧情绪、冷漠的态度与甜腻的风格。很少有人能像利奥塔一样如此严厉地谴责这些现象。在他看来,它们不过是为了照顾"画报读者的习性"而张罗,且只是考虑"超市顾客的想法"。[③] 不同于这种消费至上、混乱无序的后现代主义,[④]利奥塔倡导的是一种"值得尊敬的后现代形态"[⑤]。该形态不是把语言形式、思维模式和生活方式搅得面目全非,而是让它们在异质状态中保护自身的权益,并完全肩负起捍卫公正性立场的职责。[⑥] 这种哲学后现代主义代表了随心所欲和玩世不恭的反面,即反对报刊中弥漫的陈词滥调,而这种报刊论辩(不只在德国)的水准远不能与哲学后现代思想相提并论。

在理论基点上,利奥塔还与文丘里有着深刻的一致性。这包括理论的出发点(复杂性/多元性、矛盾/争异)和最终的理论形态:文丘里曾提出"对整体负责",并强调这不应是"消解多元性",而应是"多元统

---

① 让-弗朗索瓦·利奥塔:《实验时代的哲学与绘画》,柏林:默沃出版社,1986年,第97页。

② 吉阿尼·瓦蒂莫也提出过类似的观点(《现代性的终结》[1985],斯图加特:雷克拉姆出版社,1990年)。

③ 让-弗朗索瓦·利奥塔:《非物质性与后现代》,柏林:默沃出版社,1985年,第100页、30页与38页。

④ 这便是社会学家鲍德里亚的后现代结论所涉及的全部内容。

⑤ 让-弗朗索瓦·利奥塔:《争异》(1983),慕尼黑:芬克出版社,1987年,第12页。

⑥ 顺便提一下,在利奥塔这里,"不可表现性"也是个重要话题。德里达有过类似的研究,在他与建筑家艾森曼和屈米的辩论中,该话题成为亮点。今天,里博斯金是这一主题的典型代表。利奥塔(1998年辞世)想必会对他的作品表示赞赏。

一”,就是说,涉及的是“不稳定整体”。该整体侧重于关注成员间“反复无常的”关系,而且并不排除“未解决的因素”。① 这与利奥塔主张的多样性、不可通约性及争异中的公正性显然有相似之处。

3. 小结:后现代成为赢家

反观两种后现代形态的差别,仍需指出的是,在多元化问题上,一种形态持有严谨的态度,而另一种形态则显得玩世不恭。在公开的辩论中,后者(攻击方)占据了上风。但是,谈到当今的自我认识标准,前者(文丘里的关键概念“复杂性”和“矛盾性”便是典型)则是胜者。

这恰好可以了解这样的做法:一度猛烈攻击后现代的现代辩护士们,如今怎样形容他们热爱的现代性——正是借助后现代范畴,他们做到了这点。因此,早在1989年,有个围绕当时新出版的现代建筑专著而展开的专题讨论曾点出了它的总趋势:“现代建筑史学家发现了多样性与矛盾性。”②根据最新出版的研究成果,多样性与矛盾性应同时表现现代性的精髓。1966年,当文丘里把这些范畴作为另一幢建筑的关键词进行宣传的时候,曾有人疾呼:这是否意味着对现代性的背叛?! 然而,大约二十年后,人们宣告:文丘里的范畴的确是整个传统现代性的核心定理。在此,后现代观点颇为迅速地得到了广泛的认同。此外,这种认同还延展到了建筑以外的领域。后现代观点成为当代思想不证自明的准则。

4. 瞻望

后现代是现代性的一种表现形态。尽管它卸下了现代性的某些职责(就建筑而言,主要指摆脱了国际化的风格),但仍忠实地恪守着

---

① 罗伯特·文丘里:《建筑的复杂性与矛盾性》(1966),海因里希·克罗茨主编,不伦瑞克—威斯巴登:菲韦克出版社,1978年,第24页、161页、136页、158页。

② 马蒂亚斯·施莱伯尔:《从规划到诗歌:现代建筑史学家对多样性与矛盾性的发现》,《法兰克福汇报》“文学版”,1989年9月16日。

其他的戒律：通过服务于大众体验社会以消费主义为导向的各类需求，大杂烩般的后现代形态表现出民主的姿态，而严谨的后现代形态依靠的则是20世纪科学与艺术先锋运动的奠基性成果。在两种情况下，人们只有与现代性的种种表现保持一定的距离，不偏袒其中的任何一方。告别现代性本身是根本不可能的，因为后现代继续充当了它的变种。

不过，在完成后现代解放实验并舒活筋骨之后，如今的发展趋势怎样呢？是否出现了新的范式——它比以往的后现代形态更为果断地抛弃了现代性的基本立场？

a. 现代性定律

什么是现代性的基本立场？它指的是一切以“人”为前提，并让一切回到“人”的基点。对此，狄德罗于1755年指出：“‘人’是独一无二的概念，是一切事物的出发点和归宿。”[①]显然，正是由于人的存在，其他事物的存在才有了趣味：没有人，“自然景观或许只是一幅可悲、缄默的场景”；只有人能够赋予其内涵和意义；人被视作万物的“中心”(Mittelpunkt)。[②]

在此后由康德引领的认识论转向中，这种思考方式得到了巩固。按照康德的观点，我们所涉及的对象，始终只能是由知识形态先天规定的东西。因此，我们处处遇到烙有人类印记的现象。根本而言，世界是人类的一个大舞台。归根结底，我们终究只是在与自身周旋。这便是现代思维方式的基本定律。就连当代结构主义、相对主义及当前的人类学与文化学研究也遵循这一定律。人被视为世界的尺度——当然，在明确度上多少存有差异。

现代建筑同样有意促使这一定律在自身领域成功地运行。勒·柯布西耶(Le Corbusier)一再指出，要想与过去的建筑划清界限，关键在于把建筑当成“纯粹的人的规划”，“该规划使人重新成为建筑使命的重心”，并根据“人的标准”安排一切。[③]

---

① 狄德罗：《百科全书》(1755)，载自《百科全书：〈百科全书〉的哲学与政治文本及最后几卷的概况与预示》，慕尼黑：德国袖珍本出版社，1969年，第79—175页，此为第121页。

② 同上，第120页。

③ 勒·柯布西耶：《献给建筑系的学生》(1957)，载自：《献给学生们：“雅典宪章”》(1957)，赖因贝克：罗沃尔特出版社，1962年，第7—52页，此为第19页；另请参阅《勒·柯布西耶的“雅典宪章”(1933)(评述版)》，蒂洛·希尔佩特主编，不伦瑞克—威斯巴登：菲韦克&索昂出版社，1984年，第162页。

对于现代性的这个基本定律，后现代建筑同样没有采取对抗的态度，而是在多数情况下继续奉行着。不论人们青睐高科技还是诗学——世界、城市和建筑的塑造“以人为旨归”，始终是个合法性公式。

b. 范式转变：现世之人

但如今，某种触及根基的修正悄然出现了。它涉及的仍是现代人类中心主义观点的最深刻前提。该前提曾基于这样的假设：人与世界有着完全不同的存在形态（思维体与广延体，res cogitans versus res extensa），人所体现的秩序在根本上与世界是不同的；因此，人与世界的一切联系只能依照人的方式进行，而最终的结果只能是以人的方式建构的世界。现在，针对这种造成人与世界真正隔阂的现代设想（“人与环境的对抗”）产生了范式上的转变，从而为人与世界的根本关联性认识开辟了道路。

根本的动力来自进化论、脑科学研究与人工智能。对于强调人类至上性与中心性的传统人类学观点，它们呼吁进行彻底的改变。今天，我们认识到，在人类起源问题上，有着比人类自身更深刻的原因。我们身上大多带有进化的和前人类的印记——甚至人类的文化成就也建立在这些印记的基础上。

通过这种途径，新型人类学理论使一切人类中心主义观点丧失了立足之地。它摧毁了人类中心主义的堡垒，以体现人对世界基本从属关系的新形象代替了人与世界对立的旧景观。“人”的恰当定义不再是“人类之人”（homo humanus），而是“现世之人”（homo mundanus）。[①]

c. 关于建筑的结论

对建筑与城市的思考和规划有了实质性的转变：人们不应首先从自身与自己的需求出发，而应立足于周围的环境及所在的区域。通过与人类以外的事物形成相互依存的关系，以此来关注这种人与世界的关联性，人类自身能够处于良好的生存状态。城市不应当作纯粹的人类空间来规划——只有废除这一前提，城市才会保证人类存在得到充分的发展。

---

① 在2001年第15届国际美学大会上（东京郊区的海滨幕张），我首次阐述了这一视角（请参阅《超越人类界限的艺术：通向超人类的姿态》，《国际美学年刊》卷5，2001年，第3—23页）。令我欣慰的是，该观点得到了与会人员的普遍认可，国际美学协会还将“超越人类中心主义”定为今后工作的重心，请参阅佐佐木健一的《序言》（同上，III f.）。在《超越现代人类中心主义》（2004）中，我详细地阐明了自己的思想。

简言之，我们的思考和规划路径不应是由内到外，而应是从外入内。超人类因素不应仅在事后才起作用，而是从一开始就参与了建筑形态的规定。[①] 规划与设计的目光不应只盯着建筑物，而首先应把它视为环境的组成部分，是更大背景中的要素——它对自身所在的领域起着调节作用(这如同自然界的任何成分均从广阔的自然环境中获取自身的形式与特性)。

在这方面，我认为，日本一些建筑师的做法颇具示范意义。当他们进行建筑设计的时候，首先考虑的不是建筑物本身，而是周围的环境，比方说风景、能量流、气候、风向、自然过程、色彩、元素和时间。他们尤其注意外部的情况，而这不单指自然状况，同时也包括文化环境的情况。他们的设计更多的是从外部而非内部出发，并且使建筑物的形态与周围的要素融合起来。建筑物的内、外部之间没有固定的界限：外部即内部，内部即外部。

查尔斯·詹克斯的最新见解很有启发意义。他探讨了“建筑的新模式”，并通过“城市秩序的新构想，……更紧密地依据那些自然界通过多变的现象形态为我们示范的东西”，[②]找到了这些模式的共同点。詹克斯主张“一种新的世界观，它将自然和文化视为共同扎根于宇宙进程中的东西”[③]。建筑师“在一个有机的或宇宙的意象世界中探索着，在此，城市是被当作景观来看待的”[④]。

早在20世纪，从弗兰克·罗伊德·赖特(Frank Lloyd Wright)开始，追求有机建筑的趋向便不时地出现。就连勒·柯布西耶有时也会采取这样的方式。只有在他这里，建筑工艺才会最终重新吸纳有机元素；他赞美贝壳、云层，甚至到后来对在飞机上看到的景色也赞叹不已。[⑤] 如果在最近时期，生物建筑理念再度流行的话，那么人们会再次发觉它的贬值(因为数字技术的一统天下往往对有机取向采取断然否

---

① 请参阅《人的地方?》，载《德国建筑文化》(2001年12月3—5日科隆会议文献)，运输、建筑与住房联邦部门编辑，柏林，2002年，第23—37页。

② 查尔斯·詹克斯：《艺术国度》，载《城市规划》，2003年第24期，第36—41页，此为第36页。

③ 同上，第37页。

④ 同上。这里，詹克斯主要是指盖里。另外，波多盖希最近也有了与詹克斯类似的想法。

⑤ 勒·柯布西耶：《献给建筑系的学生》(1957)，《城市规划》，2003年第24期，第42—44页。

定的立场)。不过,这样的趋势起码说明了,众多建筑师正在探索一种设计形式,它从生物、运动机能和感知方面更好地关注人的现世生存,而此前,立场强硬的理性主义建筑的影响在于,它把人的肉体性及相关的现世性完全贬低为"湿件"(wetware)。[①]

也许,我们选择的建筑道路是:在一个并非完全由人类主宰的世界中突出人类的存在特色。对这样的建筑而言,喘息机会、氛围、宽阔性与复杂性等标准均可以成为它的核心范畴。真正的人类建筑标准不是造个能容身的匣子,而是融入世界的怀抱中。[②] 要想克服人类中心主义,单将"人"甩到一边并寄希望于别的事物是不可取的,倒不如换个自我理解的角度——在此,"人"不再是首席提琴家,或更准确地讲,首席提琴不再被视为整个乐队的代表,勿宁说,非人的事物也加入了演奏并取得了好的效果。

这样的转变不仅会超越对现代性纲领(如"第二种现代性"的含义)的调整或革新,同时也将超越以后现代为重心所作的修订。真正的"现代性修订"或许迫在眉睫。在这条道路上,后现代将有自己的一番作为。不过,迄今为止,它尚未踏上新的征程。

(译者单位:德国卡塞尔大学)

---

① 此外,"生态建筑"的路径与之类似,只不过往往更倾向于从带有人文主义色彩的功能主义角度对待自然。

② 请参阅《空间塑造人》,见《空间站》,埃贡·舍姆贝克主编,雷根斯堡:普斯泰特出版社,2001 年,第 12—24 页。

艺术批评及其相关问题的探讨

——访美国著名美学家、艺术理论家诺埃尔·卡罗尔教授

刘桂荣

艺术批评之于艺术价值

刘桂荣(以下简称“刘”):非常感谢您抽出时间来接受我的采访。您在《艺术批评》这本书中曾谈到:艺术批评的作用就是要说明艺术品有何价值并阐释其原因,看来您非常重视艺术批评的价值取向。为什么如此强调艺术批评中的价值问题?

诺埃尔·卡罗尔(以下简称“卡”):非常感谢你的采访。在我看来,艺术批评是要讨论艺术品的价值何在,而不仅仅是描述作品,因为批评家是要给出一个评判。批评似乎是关于判断事物,那么,对一件艺术品而言什么是判断的对象?我认为对于批评家而言值得关注的是:什么是有价值的,并帮助读者理解这种价值,明白值得关注的是什么,给读者、观众和听众一些帮助,告知他们看什么,注意什么,以便他们从作品中获得全面的体验。

刘:艺术的价值也包括很多层面,您认为哪些层面更值得去关注,并需要艺术批评家给予更多的阐释评判?

卡:所值得关注的东西,以及艺术品的价值为何,即存在于艺术品自身之中。批评家所要做的应是帮助他人发现艺术品的价值所在。如果你不知道如何去观看一幅绘画,你就不能充分地理解它。例如,当你观看一幅中国画的时候,如果你不知道画家笔不离纸一气呵成的重要性,如果你不知道应该观看什么,那么你可能就会错过作品真正要表达的东西。我们来作一个类比,假设你正在观看一场足球比赛,知道看什么是很重要的,因为在场地上有很多的运动。所以,重要的是你知道什么是重要的,即球进了球门。场上的每个队员都想这么

做，他们要进球同时还要阻止对方进球。所以你要知道该看哪里。当你知道该看哪里的时候，你就知道了什么是有价值的运动，什么不是。所以你只有知道观看什么，才能理解球员的动作。一旦你抓住了比赛要领，你就能理解哪些运动更有价值。这也就是艺术批评家该阐释的地方所在。所以，对书面的英文诗歌来说，重要的是知道每一行诗是在哪里结束的。

刘：也就是说，批评家要告知读者艺术品的价值所在，这种价值是如何呈现的，以及如何领悟？

卡：是的，这点非常非常重要。举个例子来说，在弥尔顿的《失乐园》中，他总会给你惊奇。他突然结束，然后又会令人诧异地另起一行。在聆听这首诗歌时，惊奇的感受是重要的，因为弥尔顿所表达的主题就是使人类对罪恶感到惊奇。所以，批评家引导你的注意并告诉你“看这里”，然后进行评论，告知这里值得去看的原因所在，价值所在。批评家评论一件作品并说“这件作品是好的”，尽管有时候这并不是作者的创作值得关注之处，但是我认为大多数的艺术批评最好能够说出：看这里或注意这里，这里应该关注，这里为什么值得关注。这里之所以值得关注，因为这里是有趣味的、令人兴奋的或让人感动的。

刘：在实际的鉴赏中，鉴赏者有时会在艺术品中迷失自我，不清楚如何抓住那些有价值的层面，您认为批评家该如何使读者理解艺术品的价值所在？

卡：艺术品千差万别，不同的层面成就有其不同的价值，尽管如此，总有一个值得关注的层面，即作品的表达方式。让我解释一下，艺术品是有其目的的，艺术家创作艺术品是为一定目的的，就如表达孔子生活的某一景象，而目的是鼓励人们效法孔子。因此这个艺术品就会有一种非常可敬的孔子的形象，这就是作品的目的，但是作品必须要阐明或表达或使目的可见。所以，我们会看到艺术家为了使目的得到彰显而运用各种技术手段。或许艺术家会让孔子的追随者们围坐在孔子的身边，以这种方式表达对孔子的尊重。这可能是表达方式的一种。例如，在西方的宗教绘画中，艺术家想要强调善良的人们喜欢耶稣基督和玛利亚，因而把他们画得很漂亮，为了使耶稣基督和玛利亚能够吸引人而去更好地表达他们的内在美。所以说，艺术品有其目的，而艺术家的工作就是怎么用他/她的材料彰显这种目的，使其有血有肉。因此，批评家总是关注的一点就是艺术家表达或用他们的媒介彰显其目的的方式。批评家所作的是要指出:“啊,这是艺术家试图表达的方式。”然后接着说:“这是具有独创性的方式,这是聪明的或是笨拙的方式。”

批评家要看艺术家如何表达自己,然后注意或解释为什么这样的表达方式是明智的或娴熟的或是禁欲主义的。或者批评家会说这是艺术家的表达,她试图讲述一个故事,她不断重复以至于变得非常地单调,然后,批评家会说:“这不好。”所以,批评家要看艺术家试图表达的方式并尽力解释何以这种方式是值得关注的,因为其做得非常好、非常明智且见解深刻,或者批评家会说:“嗯,这就是艺术家表达的方式,但是很笨拙,不值得关注。”

艺术批评之于社会和文化

刘:您谈到中国的孔子和西方的基督,这很有意思。在艺术批评中,不单纯是知识性的理解和阐释,还有社会和文化的解读,这是艺术批评家关注的更为重要的层面,您认为是这样吗?

卡:这是很重要的问题。批评家必须了解社会和文化,因为艺术家归属于一定的社会和文化,所以,为了理解这一关联,你需要了解社会和文化。同样的,为了能够明晓中国的诗歌,我需要读懂中文;为了明晓美国小说,我需要了解相关的文化,因为小说是由来自这一文化的人创作的自身文化中的人的故事,它会告诉你什么东西是重要的以及什么不重要。批评家还必须知道作品所属的大文化和小文化,小文化就是艺术文化。艺术品或许是关于一个风景,那么批评家就必须知道风景画及其要点何在,并且,从历史上来看,风景画家是如何认识那要点的。但是批评家也要知道大文化,以及在大文化中风景画如何服务于一定的功能。例如,现代文艺复兴中荷兰的风景画经常有着巨大的文化功能,因为,你知道,荷兰是从海洋中获得土地,他们建造堤坝,宣扬他们的风景,所以荷兰人为其征服土地而感到自豪。因此,批评家应该知道在他们的风景画中有一种重要的意义。

批评家需要知道艺术品中出现的小的艺术文化世界,也要知道这种文化如何与大文化连结。所以,批评家需要了解作品的文化背景。这也是我们很难阐明像旧石器时代的拉斯科洞窟绘画那样的史前艺术的原因之一,因为我们对拉斯科文化知之不多,我们不怎么知道他们的宗教信仰是什么,有着什么样的家族关系。所以,很难阐明欧洲洞窟上的那些绘画在诉说着什么样的故事。因为我们对其文化了解不多。这告诫我们:我们能够对我们所知文化中的绘画和诗歌阐释很多,然而,因为我们对文化背景了解不多,我们对史前洞窟的图画知之甚少,所以我们无法深入下去。很多艺术品,尤其是距今一百五十年以前的作品,都有社会和宗教的创作目的。像中国民歌《白毛女》也是这样。批评家需要了解这种作品的社会文化价值。

艺术批评之于经济价值

刘:在艺术批评中,尤其是当下的艺术批评,您如何看待经济因素的介入?

卡:在我们刚才谈到的各种艺术价值里面,我认为最不重要的就是经济价值。这似乎对我不重要,但有时,很有必要了解经济因素,尤其是对当代艺术。例如,在先前的艺术中,如果你看到绘画中使用了有价值的颜料,那可能是画家为了表达情感的需要,这很重要。一些人认为在伦勃朗的绘画中大量黑色颜料的使用是为满足其绘画的需要。而有时,画家会出于经济原因做出选择,这样,在解释绘画时经济学就会起到作用。但问题是,蒙克的《呐喊》是否值 1.2 亿美元(最近这幅画卖出了 1.2 亿美元)。或许一些人创作艺术品是为了挣钱,他们瞄准的是经济价值。但我并不认为批评家大多数时间应关注于此,他们对经济价值不感兴趣。你知道,在一定程度上,经济价值是由市场力量决定的。没有理由来培训批评家使其知道什么画值钱并能占据市场。例如在中国,明显地,很多人买卖艺术品来洗钱,以此来逃税。所以,买家付给他人大笔的钱而与画无关。绘画只是钱从一只手转到另一只手的借口。我对此不感兴趣,我的意思是有人肯为一幅不太好的画出资 800 万美元,实际上是以此将 800 万美元倒手而不纳税。

刘:中国的艺术市场存在着很多的问题,有很多需要完善的地方,您说的这种情况现在仍然存在,艺术品的价值和价格并不成正比。不知美国的情况如何?艺术批评家在艺术市场中扮演着何种的角色?

卡:在 20 世纪 80 年代的美国,来自华尔街的股票经纪人、财政人士开始认为艺术是个好的投资项目,因为有些例子,如有人花 4 万美元买了安迪·沃霍尔的作品,三十年后收益数千万美元,那是很好的投资。所以很多商业人士投资于此,尤其是在 20 世纪 80 年代。我曾提到过的蒙克的《呐喊》，非常著名的作品，就卖了 1.2 亿美元。我想知道第一个人买这件作品花了多少钱，可能是 1 000 美元。从 1 000 到 1.2 亿，这是极好的投资。所以，尤其在 20 世纪 80 年代以来，人们开始真的认为艺术是一种投资渠道。这是推动价格上涨的一个例子。正如我所了解的，在中国，人们认为艺术是很好的投资，是投资的好地方。至于批评家的批评，买艺术品的人并不关心。批评家也许会对杰夫·昆斯的作品评价不高，但人们正用大笔的钱投资于此，所以市场不一定应和批评家的评价一致。电影也是如此，有时，电影获得差评成功，获得好评也成功。戏剧也是这样。在百老汇有一种说法，他们称一些节目为评论免疫，意思是说不管批评家说什么，即使他们会说这个节目是感伤的，是对人类智力的羞辱，这个节目仍会出售，它是评论免疫的。所以批评家之于经济价值的关系，首先是不可信的，因为有时批评家说这个作品很好而人们对此并不感兴趣。还有关于作家的例子，如斯蒂格·拉森的著作《龙文身的女孩》，所有批评家都说：哦，他是个可怕的作家。但他的书销量很好。有一本关于色情的书：《格雷的五十道阴影》，所有批评家都说很糟糕，但自从在这个国家解禁以来，几周的时间就售出千万册。批评家之于经济价值是完全不可信的。人们是否出资不受批评家的影响。这是一方面。另一方面，他们虽不可靠，批评家或许对这种事情应给与更多关注，毕竟，如果批评家因为某部电影或某本书很赚钱而建议去看，这听上去不很奇怪吗？那不像是艺术批评的理由。因为赚钱而去关注或许是社会学家而不是批评家应该做的。

刘：对于目前的艺术市场而言，艺术批评的作用很难衡量，这是个复杂的问题，会涉及艺术家、投资人、受众、媒体，以及批评的大众化、学术化等方面的因素，中美的情况也不大相同。在当代艺术的创作中，各种新奇的作品随时会产生，经济因素的考量也会难以避免。

卡：是的。在多数艺术作品中，我们刚刚讨论的经济方面的因素是不适合的。但是有一些艺术品适合从这方面关注。如戴明·赫斯特最近制作了装有各种珠宝的头骨，好像他要做的就是制作一件贵的惊人的作品并以此引人注目，艺术品已经完全成为交换关系中存在的商品化的对象。所以，我们知道有这种制作材料就花费数百万美元的例子。这是作品的一部分，如果他用的材料你能在艺术品商店买到，他就不会创作出同样的作品。如果他做的是泥土的头骨，里面放的是大理石而不是珠宝黄金，当然就不会做到这一点。有时，东西的花费是要关注的。我不认为有"绝不如此"的规则，要根据作品和作品的目的来考虑。我之所以特别强调了解艺术家创作目的的重要性，就是因为它会给你提供决定艺术品目的的框架结构。所以，有时，像戴明·赫斯特这样的艺术家，作为其目的的一部分，会使你意识到艺术品的商品化多么令人生厌，以金钱衡量艺术品多么危险。

艺术家与批评家

刘：刚才他们谈到了艺术批评和文化、经济方面的问题，艺术批评家和艺术家的关系也是关涉艺术批评重要的层面，这方面也存在着很大的分歧，一些人认为批评家不能真正地理解艺术家，所以，批评家的观点并不被艺术家关注或认同；另一些人认为艺术家搞创作可以，对于艺术理论则缺乏深度，艺术家不能同时是批评家。您对此怎么看？

卡：为什么艺术家不能同时是批评家？没有理由这样说。例如，在美国，很多主要的批评家也是诗人，如约翰·阿瑟伯里和霍顿·卡特，约翰是小说家，卡特在纽约音乐会上是诗人，写过很多艺术评论，所以，没有理由认为艺术家不能成为批评家。不过这不是铁定的规则，因为当今世界对职业的苛责，从事一种职业要付出很多，在多种领域都出类拔萃是很困难的，所以人们既是伟大的艺术家又是伟大的批评家很难，因为每种工作都要求很多。显然，如果你是从事写作的艺术家，像诗歌或小说，相对会容易些，因为你已经具有一定的写作专长，所以很多的小说家可能是小说批评家。但我认为一般很难出类拔萃，就如一个人同时是心理学家又是考古学家，这很难。你谈到艺术家之于批评家的关系，一些艺术家对批评家的所言感兴趣并予以思考，而其他的艺术家却讨厌这些，这是事实；但是一些艺术家和批评家关系很近，他们从批评家那里获得灵感。我知道这有点令人失望，但是如果我说艺术家和批评家之间有一种关系，这种关系更多的是不同，这将会更令人兴奋。一些艺术家是很好的批评家，不过我认为大多数艺术家不是最好的批评家。艺术的创作和艺术批评的写作不同，对二者的要求都很高。当然，有人在两方面都很出类拔萃。一方面是有些艺术家不关注批评家，也不了解他们谈论什么，另外也有很多艺术家对批评家保持谨慎的关系。也就是说，他们想要批评家关注他们，因为这对他们的职业有好处，但他们不想让批评家给他们分类，说这是某某的作品，因为这些艺术家想自由地探索。所以当你读很多批评家和艺术家之间的访谈时，艺术家经常似乎在托词，他们认为他们不知道你在谈论什么，或是当你问他们作品的意义时，他们会说：你知道作品是为任何一位观众所作。有些东西他们不想说，以免被批评家用来反对他们。这也是一个好的策略。

刘：在目前错综复杂的各种关系中，批评家如何保持自我的独立性？

卡：很复杂，因为有各种不同的关系。过去有这样的例子，我不知道是否一些杂志仍还这么做。其中一种方式就是各种出版物力图保持一定程度的独立性而自己买戏剧或舞蹈的票，我觉得《纽约时报》仍然在这么做。也有很大的不同，因为林肯中心的票是 250 美元，在百老汇，有些演出要花 475 美元，所以只要给张免费的票，也就等于给予某种东西了。所以，一些报纸尽力自己买票而避免这种问题。很多机构有批评家休息室，在中场休息的时候，批评家到特殊的休息室，那里有葡萄酒和其他东西，这可能会有影响，这也是事实。在艺术世界会更复杂，因为艺术家会给批评家很有价值的绘画，这是极其诱人的方式。另一方面，批评家和艺术家没有关系也并不意味着是健康的，因为通过和艺术家的联系可以学到很多重要的东西，了解人们的兴趣所在。所以，很难制定一种一般的规则。一些批评家不喜欢和艺术家有任何的关系以保持他们的独立性。其他人则认为，和艺术家保持联系只是为了了解现状，这很重要。人们需要小心不被腐化，腐败可能只是就给予一些具有物质性价值的东西而言，也可能指你对艺术家非常友善以致避免说一些冷静客观的东西。你提到的问题很重要，因为在批评家的道德方面我们的讨论不多。这是相当重要的领域，就像美国电影中的古老的西部那样。这是前沿的问题，你提出这个问题，我对之思考的不多，我认为很多人也没有。这是个很好的值得研究的话题。有很多关于接受艺术家作品的丑闻，在一些案例中甚至转换或改变了艺术作品。克莱门特·格林伯格就做过一件令人嗤之以鼻的事，雕塑是彩色的，他认为违背了他的美学，所以就去掉了雕塑的色彩，这是歪曲艺术的方式，但符合了他的批评方式，这是一个很大的丑闻。对你的问题我不能给与更多的回答，但我认为我们对批评伦理学关注不够，相比目前的情况，艺术批评家的思考应该更为深入，表述应该更为清楚。或许你应该写一部这方面的书。

刘：谢谢鼓励，我希望艺术批评能健康地发展，我会继续对这个问题给予关注。

卡:我认为艺术杂志和报纸的多数批评家没有得到艺术家的报酬,但是很多批评家靠为美术馆和画廊的回顾展写编目文章挣钱,这些包括报酬。情况变得有些复杂,因为你可能是一名评论家,杂志会付给你报酬,然后你被邀请写有关艺术家的编目文章而得到报酬,问题是如果你被雇佣写编目文章,即使不是写评论,你写编目收费了,那么也会干扰你写评论,所以,这是个问题。现在值得记住的重要一点是,一个批评家,至少在其行为上,他们能够有理由支撑他们的评价,这可能有腐败的危险,但最后你能够看到批评家的评价及理由,并看到这种理由是否在起作用。所以,即使我在写编目文章且获得报酬,你能够检验这种理由,就像你是位被药物公司雇佣的化学家,来开发一些感冒药,你仍能够检验它。所以,我当然同意你所说的,在批评方面有腐败,就像在科学领域有腐败一样。但批评论争和科学建议二者都是能够被他人检验的,目前仍缺乏客观质询的事实以打击腐败。批评家都不想得到一种美国所谓的"高射炮"的名声,即那种无论写什么都充满热情的人。因为,那种人不被看做是严肃的批评家,而只是出于自己的兴趣,也就不容易腐败。

刘:您自己也是位艺术批评家,您更喜欢什么样的批评方式?

卡:我认为有两种批评,一是批评家是为广泛的受众写作,其中一些人对学术批评相当熟悉,他们尽量吸取学术批评的方式以便能适合更广泛的受众,例如,有一些电影评论家,像《纽约时报》的道格拉斯,《芝加哥论坛报》的罗杰·艾柯,《泰晤士报》的戴夫·卡罗尔,他们非常熟知学术的关注点,但他们不以学术术语的风格进行写作。不过他们会尽量让自己的见解影响电影批评。每种实践都有自己的美德和恶习,学术批评就存在着这样的问题,不仅是把批评变成了只供其他学者看的东西,而且学术性的电影批评经常有堕入学究气的危险,以至于每件艺术作品的批评都变得相似,因为学术生活有一种由趋同主宰的倾向。我们说相互探讨有危险,但总是说着和他人相同的话语才是真的有危险。所以,学术批评是有危险的,因为它变得太过内向。新闻批评的危险是太外向。评论家尽力猜测观众的喜好来定位,所以,他们放弃了自己的权力成了民意调查人,或者人们会想:"这会成为最流行的电影吗?"我个人比较喜欢的批评是那种既可以使受过良好教育的读者理解,又像流行批评,但比新闻批评更深刻,这是学术批评的特征。我最喜欢的批评家现在退休了，他就是阿瑟·丹托，因为他是一位学术成就非凡且很博学的人，但他能以这种方式写作，而那些严肃的读者能够跟随他并欣赏他。

当代艺术及其艺术批评中的新问题

刘：在当代艺术展中，有很多新的艺术形式和新的作品出现，比如，我们在惠特尼艺术博物馆、纽约现代艺术博物馆、古根海姆博物馆、切尔西画廊区看到的艺术作品，以及现在国际双年展中的作品，可以说无奇不有。那么，这种新的艺术会对艺术批评有什么样的影响，对艺术批评会有挑战吗？

卡：正如你所知，当代艺术展中像视频艺术、装置艺术、表演艺术、行为艺术等新的艺术不断出现，这对批评家来讲是有挑战的，最基本的是批评家很兴奋，他们可以掌握新的艺术发展趋势和新的艺术语汇，但这里遇到的问题是艺术看上去是新的，却也与一定的过去相连，批评家应该解释二者之间有什么样的关联？新的艺术怎么从过去中产生的？当下又有着什么样的作用？还有另外一方面的问题，就是对于这些艺术作品，现在很多的批评还停留在描述或解释上，然而，艺术批评另外一点是评价，这是艺术批评的基本一点。评价就是批评家要告知艺术的目的是什么，艺术品的价值是什么，有价值的评判要告诉读者应该关注什么以及为什么要关注。

刘：一方面是艺术自身的变化对艺术批评带来挑战，另外一方面随着美术馆、艺术博物馆等艺术机构作用的凸显，策展人地位的提升，媒体的介入等新的现象的出现，艺术批评也发生了很大的变化，有的批评家就转身成为策展人了。因此，一些人谈到艺术批评的弱化或死亡的问题。您在新出版的著作《生活在艺术世界》这本书中也谈到一些批评家的疑惑，您对此怎么看？

卡：有人认为现在真正有权力的是馆长，如博物馆的馆长或画廊的经营者，他们那会有大型的展览，他们有更多的权力提高或降低艺术活动。批评家的影响没有那么大，原因之一也许是他们没有像过去那样的平台，如杂志、报纸，有一席之地，现在开始在网络和 facebook 等诸如此类的很多地方传播，但不像过去那样集中，所以，批评家的影响不如馆长或画廊的经营者，他们有更多的权力，能引起更多人的注意，也能提升艺术家的创作。现在媒体对艺术世界影响很大，尤其是流行艺术和后现代艺术，有时艺术家受制于媒体，如安迪·沃霍尔、伊丽莎白·泰勒等。艺术家的创造有时根据电视节目来进行，所以，沃霍尔以及后现代艺术的很多作品是关于媒体的。当然，中国的新的艺术有时是结合中国传统艺术风格的。媒体对艺术批评影响的另一方面，也是我以前讲到过的，面对那样的艺术，批评家经常要做的是怎么使读者能够明白这一艺术是关于什么的，是什么类型的艺术；中国当代艺术的批评家也是这样。沃霍尔的艺术反应了美国的流行文化，是流行文化的一面镜子。所以，我们从中看到什么是艺术及其发展趋势。批评家使我们能看到不同的观点。

如何重建艺术批评

刘：您在《艺术批评》这本书中曾提到要重建艺术批评，如何重建？

卡：我曾经提到的艺术批评重建是指理性的重建。这意味着区别于社会学家的做法。社会学家会走出去并看到批评家所做的一切，会有很多的描述，这是批评家认知的方式。我与之不同的是我会尽力说明他们是如何认知的。所以我不仅仅描述其规范，而且我会通过观察批评实践搞清楚他们得到些什么，所以我一直努力推动这些实践。既然我是哲学家，他会尽力使其有序并系统化。我并不是站在批评之外，而是从内部做批评家应该做的，我将尽力使其一致并有系统，就像给房子打地基或是开始建房，不是仅仅部分的开始，而是尽力使其建成为一个系统，所以说是重建并以理性的方式重建。在这个系统之中，我认为艺术批评的关键还是作品的价值问题。当然正如我在书中建议的，需要完成的有很多，如描述、解释和阐明作品，但所有这些都要被最终明确的作品的价值所统领而系统化。因此，当你作为一位批评家描述一本书的时候，你不是无限的去描述它，而是在一个具有层级结构的系统之中。因此，所有事情都是因批评的目的统领而系统化。

刘：我们又回到艺术价值这个问题上来了，也就是艺术批评的重建，核心问题还是艺术价值的确立和传播，这样，对艺术作品的批评就不是停留在艺术知识的理解和阐释上，也不仅仅是 How the work works 之中的 How，这里还有一个关键的 What，也就是说，艺术价值之于人类本身的生活，之于人的生命自身有什么意义？是个意义问题。您怎么看这点？

卡：这是个非常好的问题。回答这个问题有不同的层次，其一是我们可以回到艺术作为人类的实践有何价值这个问题上，正如你可能会问：体育的价值何在？宗教的价值何在？整个人类的价值何在？实际上，那不是批评家的工作，而是哲学家的工作。但是艺术品之于人类生活的价值何在？这个问题需要具体问题具体分析。一些作品之所以对人类的生活有价值，是因为它们以某种方式强化了社会价值；所讲述的某个人物的故事之所以有价值，是因为它传播了文化的价值。中国的很多革命文艺作品，像《白毛女》，给你一个社会主义妇女该如何表现的模式，从而实现服务社会的功能。毛的传记也是这样。这些作品有一种功能。其他艺术作品的功能也许是使人们更加清楚自己此刻的生活。很多现实主义小说就像一个望远镜，使你看到今天的生活是什么样的。还有其他的功能，如带给人们愉快，或许印象主义绘画会让你感受到夏日的美丽；一些艺术品的目的也许只是逃离人类的生活，因为有时我们需要从生活的重负中放松一下；一些艺术品会使我们离日常生活及其压力和责任更近。艺术品之于人类的生活有很多不同的功能，所以，不仅有一种答案，就像很多事情不只有一种解答一样。我们说语言的目的是交流，但是在我们的生活中语言的交流有很多不同的方式，有时是爱，有时是生气和愤怒，有时是点几杯咖啡。我的意思是艺术品有很多不同的功能，之于我们的生活有很多不同的关联。

刘：未来的艺术批评还要解决很多的问题，有很多的工作要做，您认为艺术批评是否有必要职业化和专业化？美国的批评家是否经历这种专业化的培养？

卡：在美国，很少有批评家完全依靠艺术批评生活，职业艺术批评家生活会很艰难，很多人还会依靠做其他的事情来生活，如在大学工作以维持生活。这对艺术批评也有着很重要的影响，其中一点就是使得美国和英国的很多艺术批评更学术化，因为批评家本身就学术化。很多批评家的训练背景是艺术史，或是艺术理论，也有一些批评家来自文学界或是记者。一些大学的艺术学院有艺术批评的课程，但这并不是培养批评家唯一的地方。艺术批评的学生应该学习艺术史、艺术哲学等课程，而不应该只学艺术批评的有限的课程。批评家来自不同的背景和不同的训练，他们就会有不同的文化和不同的观点。

刘：很好的建议。多谢您接受我的采访。

（作者单位：河北大学哲学系）

“新美学”与审美经验的重构

李媛媛

对于阿诺德·贝林特(Arnold Berleant),国内美学界并不陌生。但中国学界对于贝林特的了解,主要局限于其曾担任国际美学协会主席的显赫身份,以及他在环境美学、生态美学领域的贡献。事实上,贝林特在环境和生态美学方面的代表作《环境美学》(*The Aesthetics of Environment*)出版于1992年,另一本《生活在景观中》(*Living in the Landscape: Toward an Aesthetics of Environment*)出版于1997年,最新的一本《美学与环境,主题与变异》(*Aesthetics and Environment, Theme and Variations*)则出版于2005年,而在此之前,即1991年时,贝林特已出版了最为重要的代表作《艺术与介入》(*Art and Engagement*),这本书与1970年出版的《审美场》(*The Aesthetic Field*)一书共同奠定了其整个美学理论体系的基础,之后提出的基于自然主义立场的环境美学,是这两本书中所提出的综合性思想的自然衍展。

然而,惜“时不利兮”,《审美场》出版之初,并未引起重视。主要原因,是因为这本书中所倡导的将艺术对人类经验产生实际作用的方式作为美学理论起点的观点与当时流行的分析哲学格格不入。这种境遇,也令人联想到了1935年杜威的《艺术即经验》出版之时所遭受的冷落。虽然出版于不同时代,但面对的是同样的学术氛围,或者说,同一个学术上的论敌,尽管并未与之发生正面交锋。[①] 若干年后,杜威被重新发现,很多理论家将之作为走出分析哲学困境的理论资源。而贝林特则在“后分析时代”接续杜威的思想脉络,从各种哲学潮流中吸取

---

① 杜威和贝林特都未在论著中直接提及分析美学,但其思想中都明显表现出与分析传统格格不入的信念。例如,他们都不相信存在不偏不倚、绝对客观的事物;都强调观者作为一个至关重要的要素的介入,以使作品得以完成;都强调历史、地域等情境对于审美知觉的影响,等等。

灵感，关注当代艺术和审美的变革，夯实自身的理论地基。这样一种努力迎来了它的成果——《艺术与介入》的面世。贝林特对这本书的评价是：“在某些方面，《艺术与介入》既清晰而具体地发展了《审美场》中粗略形成的思想线索，又为其后的作品提供了一个基础。”①

所幸的是，与《审美场》的遭遇不同，《艺术与介入》作为贝林特本人最重视也最为推崇的代表作，一经出版便迅速风靡。《美学与艺术批评杂志》这样评论：“贝林特写了一部新美学的启蒙读物……（他）大胆地对艺术整体——它在我们生活中的地位、我们对它的反应及它的存在方式——做出宣言……贝林特的新方法显然比之前的理论更全面……《艺术与介入》的写作文笔优美、精雕细琢，甚至具有美感。读者会从成百上千的自新石器时代到当代的、自西方世界到非西方世界的颇有创见的贴切例子中获得乐趣。即使你不赞同这本书的某些具体章节，也会赞美如此一部巨著得以产生所需要的研究的广度和充满智性的勇气。”②《美国美学协会通讯》则认为：“《艺术与介入》代表了关于审美知觉的原初性和力量的有力论证。铲除了限制性的西方传统所树立的观念性障碍，揭示了融入我们最有效的审美相遇的介入条件，并表明了美学研究的一个新方向。”③

在《艺术与介入》中，贝林特的论证指向美学的三个教条，“艺术主要是由对象构成的；这些对象拥有特殊的地位；必须以一种独特的方式对待它们”④，这三个教条都源于18世纪。此时，随着哲学的中心从本体论转向认识论，人成为认识的起点和中心，哲学家们普遍认为心灵赋予万物以秩序。这些类似公理的认识在夏夫兹伯里、哈奇生和里德的论著中得到详尽的发展，并启发了康德提出审美“无利害”概念。它所要求的审美态度是只关注审美感知本身，而不考虑实用目的，并要求对象与周遭事物相分离，以便心无旁骛地静观。而贝林特认为，“无利害”这一观念受到亚里士多德关于理论知识的静观模式的启发，并直接来源于夏夫兹伯里和哈奇生的道德论，用于指涉道德评价的客观性，而审美毕竟不同于知识和道德判断，直接的挪用很可能会带来

---

① [美]阿诺德·贝林特：《艺术与介入》“中文版序”，李媛媛译，商务印书馆，2013年，第iv页。

② 同上，“封底”。

③ 同上，“封底”。

④ 同上，第21页。

“错置”。并且，“《判断力批判》的内容和结构都是由解决前两个‘批判’的不完整性的需要所决定的，而不是由审美经验本身决定的”[①]。对于理论完备性的刻意追求，导致与现实的审美经验的远离。而美学的基础恰恰是经验，是全身心投入的欣赏，而不是逻辑推演或形而上的先入之见。

通过这些戒律来理解艺术的审美方式狭隘而不得要领，用这种方式欣赏这个传统以外的艺术，如非洲音乐或舞蹈，常常会不知所措，误入歧途。而在过去的一个世纪，艺术界发生了翻天覆地的变化，艺术理论必须面对和研究这些艺术形式及其所带来的问题，传统美学理论在解释艺术界的这些革新时也时常陷入困境。例如：行动绘画、大地艺术、观念艺术都不以对象为中心，最终的物质性产品渐渐退隐，而人与对象互动过程中产生的知觉成为真正重要的东西。这颠覆了第一个教条：“艺术主要是由对象构成的。”日常之物在后现代艺术，如拾得艺术和达达主义艺术中的出现，也抨击了“这些对象拥有特殊的地位”的第二条戒律。大量邀请观看者参与和投入才得以完成的当代艺术作品，填平了观众和作品之间的心理距离，新的艺术形式要求一种全新的经验和知觉的模式，“必须以一种独特的方式对待它们”成为不合时宜的言论。正是这些变化刺激了美学理论的又一次革新：它们“鼓励高雅艺术从社会生活领域的尊贵而孤立的位置撤离，回归更具整合性、更重要的位置，在其他任何一种丰富多彩的文明中，这才是它们通常所在的位置”[②]。我们可以在非西方的文化和有文字记载之前的时代中发现艺术的本质和真理。

贝林特坚持认为，我们应该回到一个比启蒙运动更为古老的传统，因为18世纪至今不到三百年的时间，仅仅是人类历史的一个很小的片断，而在此之前，有一个更为悠长而强大的传统。在古希腊哲学中，柏拉图关于艺术通过“摹仿”塑造我们意识的能力的信念和亚里士多德关于“净化”的理念，都反映了一种积极的、介入的艺术观念。并且，即便启蒙哲学的影响力如此之巨，在现代美学理论中也还存在另外一条与康德哲学背道而驰的潜流。在《艺术与介入》的第一章中，贝

---

① 李媛媛：《审美介入——一种新美学精神》，载《哲学动态》，2010年第7期，第102页。

② ［美］阿诺德·贝林特：《艺术与介入》，李媛媛译，商务印书馆，2013年，第61页。

林特追溯了这个传统：从柏格森到立普斯，从杜威到梅洛-庞蒂和迈克尔·杜夫海纳，这些作者的论著表明西方美学对自身传统的反思以及跳出二元论窠臼的努力。并且，用这种强调距离的审美态度来欣赏艺术，常常以理性的名义而过滤掉丰富而多元的经验。毕竟，我们作为参与者进入艺术，而不是通过解释来虚构世界。

“审美介入”彻底挑战了18世纪以来的强调距离和分离的二元论传统：“它主张连续性而不是分裂，主张语境的相关性而不是客观性，主张历史多元论而不是确定性，主张本体论上的平等而不是优先性。”①“审美介入”至少包含以下几种特质，而这几种性质，都是针对启蒙时代以来的美学教条的。在贝林特看来，这些理论的最大弊端在于遮掩了审美经验中真正重要的东西。一破一立之间，一种新美学破土而出。

1. 主客体之间的统一性。主要针对笛卡儿哲学所开启的二元论及建立在二元论基础上的形而上学：“尽管黑格尔和后来的柏格森、杜威及梅洛-庞蒂等人都付出了努力，然而这些二元论对于大多数哲学家来说仍然是主要的哲学戒条。它们与其他的基础性的信念，如科学中的认知优先原则、真理的普遍性和排他性、知识的客观性、存在物的等级秩序一道构成了现代西方理性文化的基础。”② 我们的文艺理论教科书，常常这样分类：艺术活动包括三个要素，即艺术家、艺术对象和欣赏者，彼此分立。艺术家负责艺术对象的创造，而欣赏者的角色定位是作壁上观的观众。但贝林特认为，在审美经验中，主体与客体之间并非各自独立的孤立存在，而是作为感知者的人和艺术对象以及自然界的对象之间的一种相互交融、胶着、密不可分的浑然一体的状态。这种观点体现在环境美学中，人与环境之间具有无法分割的连续性，相互作用，互利互惠。这样一种主客体的整一性已为现代科学所证明。

2. 积极的参与性。“审美介入”摒弃了启蒙时代所开启的以旁观者视角看待事物的方式，以及康德美学的无利害、静观性的审美态度，认为只有观众的积极参与，才能真正地经验，才能全方位地投入；这种投入既包含情感上的，也包含理智上的，既包含身体，也包含感官。以此态度反观传统艺术，会使之获得一种全新的意义。而当代先锋派艺

①② ［美］阿诺德·贝林特，《艺术与介入》“前言”，李媛媛译，商务印书馆，2013年，第3页。

术本身便是对割裂身心的二元论传统的反抗，要求积极的介入。因此，这样一种理念既适用于传统艺术，也适用于当代艺术；既适用于西方艺术，也适用于非西方的艺术；同样也适用于对自然的欣赏。而具备这样一种优势的根本原因，是因为它触及了艺术和审美的本质。

3. 知觉的一体化。在《艺术与介入》中，对于审美"介入"的发生机制进行了深刻而具体的挖掘，并研究了在不同门类的艺术中，艺术家如何使作品吸引人以及我们怎样欣赏艺术。在贝林特看来，艺术欣赏的中心是知觉，而非知识。所有感觉都同时在审美中起作用，不再以对象为中心，也丝毫不做任何形式性的要求。审美经验存在于直接的知觉，而不是反思性的判断之中，但这种知觉是综合性的，它既源于历史，又来自现实的情境。在此意义上，贝林特重提"审美场"的概念，在其中，对象、感知者、创造者和表演者这四个要素共同起作用。在"场"中，空间和时间、历史和地域、力量和运动等综合性的因素构成了审美经验得以发生的情境，并丰富了我们对世界的理解和感知的方式。

在贝林特的思想中，呈现出明显的兼容并包、海纳百川的特点，既有浓厚的英美哲学的气息，又吸收了大陆哲学的思想精华；既借鉴了亚洲思想(如借日文中的"間"(ま)和"緣"的概念说明时-空的连续性和整一性)，又仍在西方的话语和思想体系中讨论问题。例如，"审美经验统一体"这个概念很显然源于杜威，他借这个概念抨击西方美学传统中的"二元论"的思想，重新建立艺术与生活之间的关联，并思考艺术如何揭示世界与我们自身。但与杜威不同的是，贝林特不仅经历了分析美学的兴盛，也经历了它的衰败，因而获得了一种更为清晰的视角。在《艺术与介入》中，他肯定了杜威的贡献，但是认为《艺术即经验》之后，艺术界出现了太多的变化，杜威的理论不足以解释这些发展。杜威出于古典趣味对于先锋派艺术的排斥，在某种程度上造成了其理论在面对当代艺术时的解释能力不足。贝林特则对艺术界的革命采取欣赏的态度，并且试图对这些变化做出解释。在他看来，无论艺术采取怎样抽象或非理性的形式，它都关系到人类世界的模式、性质和维度，而这正是它产生力量的基础，在反叛的形式背后，是对艺术和生命本质的探寻。如密利克大学(Millikin University)的乔·艾伦·雅可布(Jo Ellen Jacobs)所言："(贝林特)并不是简单地重复杜威、布赫勒、威廉·詹姆士和亨利·詹姆士的思想，而是将他们的思想作为他自己思想的跳板。"在《艺术与介入》中，贝林特用詹姆士的心理学来研究音乐本体论，用布赫勒的本体论来理解文学，用亨利·詹姆士的小说来理解风景画，通过不同艺术之间的相互映照来增进理解，获得更为综合的知觉。范德比尔特大学(Vanderbilt University)的克里斯潘·萨特维尔(Crispin Sartwell)认为："《艺术与介入》凝萃了各种不同的哲学倾向，它们促使艺术重新与人类的全部经验合为一体。它促使我们从自己的文化和其他文化出发去了解艺术作品，这些文化有能力以传统美学忽视或贬低的方式吸引我们。"

贝林特本人是一位活跃的作曲家和钢琴家，自身的经历使他坚信一种有效的美学理论必须建立在艺术实践之上。在《艺术与介入》中，他对具体艺术门类，如绘画、建筑、文学、音乐、舞蹈、电影等进行了细致而独具特色的分析，每种艺术都突出体现了"介入"的独特方面，这些分析为审美介入理论提供了经验性的支撑。如在对风景画的分析中，贝林特要求我们改变以往站在一定距离外看风景的"全景"模式，而代之以"参与式"，即真正地走进风景画，在画中行走和生活。例如中国的卷轴画，边展开边看，就像是人在山水间慢慢行走，移步换景，产生了一种身体和意识的连贯感，在此过程中，诸多感官积极地投入，共同起作用。

《艺术与介入》的意义并不在于提供一种美学理论，勿宁说，它通过强烈的实践品格和对审美态度、审美方式的影响而构造了一个全新的美学体系。贝林特本人曾郑重声明："我从未说过'审美介入'提供了一个关于审美经验的完整的、最终的说明。更恰当地说，它明确地表达了与无利害的静观这样一个主流传统完全不同的选择，它明确了欣赏者在审美过程中的必要和补充性的贡献。"①贝林特引导我们回到原初的欣赏艺术的状态，一种更为接近人的本能、更为本然的状态。艺术走下圣坛，重新回归日常生活，艺术世界与生活世界之间的相互映照和彼此渗透，使我们更好地认识和理解自然和社会，从而产生了一种全新的生活态度和审美方式。

(阿诺德·贝林特：《艺术与介入》，李媛媛译，商务印书馆，2013年4月。)

(作者单位：中央党校文史部)

① 李媛媛：《审美介入——一种新美学精神》，载《哲学动态》，2010年第7期，第103—104页。

古德曼美学研究：一份迟到的敬意

高建平

安静的这部《个体符号构造的多元世界——纳尔逊·古德曼艺术哲学研究》书稿即将出版了。这也许是中国人第一部完整地研究古德曼的美学思想的著作，是对古德曼的一份迟到的敬意。我说迟到，包括了三个意思：第一，此人的美学思想值得研究；第二，中国人到现在为止还没有认真研究；第三，研究他可以解决我们当代美学中的一些重要问题。有了这三条，"迟到"说才能成立。否则，无所谓"迟到"，"敬意"也属多余。

纳尔逊·古德曼（Nelson Goodman）的主要著作是在上个世纪 50 至 70 年代出版的。从那时到今天，两代人的时间过去了，他的思想已经离我们很遥远，遥远得仿佛我们应该忘记他。2009 年的秋天，我在天津组织过一次会议，请来阿列西·艾尔雅维奇（Ales Erjavec）、泰勒斯·米勒（Tyrus Miller）等几位国外学者。会议结束后，我与他们一道从天津乘火车回北京。在火车上，艾尔雅维奇认真地叫住我，说是要与我谈谈。他问：你为什么要让你的学生做分析美学？这大有责怪我把学生引入歧途，甚至有规劝我不要对中国美学的发展产生不利影响之意。我想，他是与安静和我的另外两位参加会议的博士研究生聊了以后，才这么问的。恰好，这三位学生博士论文所研究的课题，都与分析美学有关。

在当今的美学世界中，艾尔雅维奇是反分析美学派的代表。1998 年，他在卢布尔雅那主持召开了第十四届世界美学大会。这次会议大有奥巴马式的 change 之风，许多与会的知名学者都呼吁要走出分析美学，寻找新的做美学的方式。其中包括阿诺德·贝林特以"后现代"和"环境美学"相号召，沃尔夫冈·韦尔施作了一个"体育运动也是艺术"的奇特演讲，格雷夏·玛齐亚诺以"同在一片天空下"为主题主持了一个圆桌讨论，表达了对东方美学的关注，还有索尼娅·塞尔沃玛倾注对自然的诗性热爱。曾被认为是分析美学重要代表人物的约瑟夫·马戈利斯和理查德·舒斯特曼在演讲中所展现出的实用主义转向,则更加引人注目。从1998年到2009年,艾尔雅维奇对在自己和许多国外的朋友们往这个方面努力了十多年以后,我竟然还让自己的学生继续做分析美学研究,当然感到不满。

他有他的理由,我有我的考虑。当然,学生的论文选题,我一般都让他们自己定。不过,安静的这一选题,我是赞同的。我一向认为,中国美学有着自己的语境,应根据自己的需要来选择美学发展道路,也根据自己的需要选择对国外美学的接受。

20世纪50年代,当西方美学开始了语言学的转向,发展出了分析美学之时,中国美学家们将主要的精力放在"美的本质"问题的研究上。他们通过对"美的本质"的论述以寻求一种唯物主义的立场,再通过"形象思维"说的坚持以寻找艺术相对独立的可能性。到了80年代"美学热"之时,中国美学家中有人通过对康德、席勒和黑格尔美学的回溯,试图重建美学理论基本模式,有人借助于叔本华和尼采,形成一种美学上的突破,又经由海德格尔,走向对既成体系的解构。与此相反,分析美学的严谨的科学方法和建构性的努力,却长期被忽视。从这个意义上讲,我多次呼吁,中国美学还须补"分析美学"的课。

近年来,在人文领域,反科学主义之风很盛。我是赞成反科学主义的,我也赞成不要称人文科学,而称人文学科。前几天,有朋友约我写文章,呼吁和强调美学的人文性,我欣然答应。但是,人文学术领域目前流行的一些风气,却使我深感忧虑。一些学者借反科学主义为名,在人文学科的研究中倡导神秘主义。一些视野狭窄的学者纠结于当年的科玄之争,一头扎进玄学之中。在这种情况下,我觉得,与其把学术巫术化,还不如将之科学化。中国美学在发展过程中,需要来一次科学的洗礼。多一点深入的思考,少一点故弄玄虚,多一点辛苦的科学辨析,少一点宗教式的玄想,对于当今的人文学术研究,对于中国美学的发展,都是迫切需要的。

中国有中国的语境。对我们来说,不一定最新潮就是最需要。不要跟风,听说国外哪种流派流行,就去谈这种流派;还是要取"拿来主义"的态度,哪些对发展我们的学术研究有意义,有价值,就去研究。

关于纳尔逊·古德曼的美学在中国美学界的意义,我想从一个古老的话题说起,这个话题还是"形象思维"。中国美学界曾经为这个话题进行了多年的讨论，被严重地政治化，并陷入到沉重的思辨性苦斗之中。近年来当人们重提之时，又被轻蔑地以“过时”为由一笑置之。其实，脱去这种思考的政治外衣，其中的内核仍是一些严肃的学术问题，这些问题并没有过时，仍会以各种形式重新浮现出来。这个内核就是：艺术与认识的关系。

学术界关于艺术与认识关系的理解，曾经经历了三个阶段：第一，艺术是认识；第二，艺术是一种特殊的认识；第三，艺术不是认识。这三种理解，都与“形象思维”有着密切的关系。

当“艺术是认识”时，人们不认为需要一种独特的，与“逻辑思维”不一样的“形象思维”。认识的共同规律被看成是从感觉、知觉到表象，再经概念、判断到推理，由表及里，由粗变精，由浅入深的过程。艺术家只是将这种通过逻辑思维获得的认识用艺术形象表达出来而已。他们在对世界、社会、人生的认识方面，与其他各行各业的人，采用的是同样的认识方法、手段和途径。他们的特别之处，仅在于具有依据这种认识重新挑选和组织表象的能力。

当“艺术是一种特殊的认识”时，人们认为，艺术家们在使用一种与科学家们不一样的思维方式，即“形象思维”。艺术家们用形象来思考，与哲学家和科学家用逻辑来思考一样，可以达到对生活的本质性认识。这种运用形象的思考，不像逻辑思维那样脱离情感，而是自始至终充满着情感。艺术家与科学家们通过不同的途径，但最终殊途同归。

当“艺术不是认识”，而只是与价值、情感有关时，形象思维也就不再有存在的必要。艺术与认识无关，而只是将认识到的道理表述出来或者不追求任何道理的表述。于是，“形象思维”就终结了。这一句号，是由李泽厚的一篇著名的论文《形象思维再续谈》一文画出的。文章认为，形象思维不是思维，就像机器人不是人一样，这里的思维，只具有比喻的意义。这篇文章在中国，有着深远的影响。

对此，我在一篇文章中曾经提出，我们还可能有一个第四阶段存在，即“艺术还是认识”。这第四阶段，才反映了人的思维的真实情况。

人的思维，并不仅仅是一种概念演算过程，而是依赖于各种形象媒介而得以实现的。有什么样的媒介，就有什么样的思维。我们可能会大量地使用语词作媒介，哲学家是如此，历史学家是如此，文学家也是如此。他们阅读前人或他人所写的语词，运用语词捕捉和抽引自己的思绪，进而写出自己的语词。哲学家、历史学家与文学家对语词的使用，也有不同的情况，有的具有思辨性，有的具有描述性，有的是讲道理的能人，有的是讲故事的高手。说他们中有人用逻辑思维，有人用形象思维，其实并不正确。他们只是用语词思维而已，区别在于有的更具有思辨性，有的更具有描述性。

然而，语词并不是人的思维的唯一媒介。音乐家用声音，画家用线条、形体和色彩，舞蹈家用人体动作，都可能进行思维。甚至可以说，雕塑家是用石头、用青铜思维，书法家是用笔和墨思维的。思维依托物质性媒介进行，思维的结果通过物质媒介体现出来。这些艺术家在思维过程中，没有语词介乎其中，也无须化约为语词。音乐家、画家都会有说不清，但可以用音乐或绘画才能表达出来的意思。书法家看到书法作品，会不自觉地用手去比划，通过手的动作来理解别人的作品。舞蹈家有着动作性的思维，他们常会感到传达艺术感受时，言辞不够用，于是，在与你说话时，说着说着也许就会站起来，用肢体动作来表达那不可言传的感受。这些都说明，存在着一些语词不能表达的意义，用古代中国人的话说，就是“言不尽意”。无论书面的，还是口头的“言”，都不能完整准确地表达人们的许多意义。意义依赖于多种媒介而存在，不能完全化约为“言”。

将语词看成是唯一的媒介的观点，来源于一种概念中心主义，即概念为中心的认识观。这种观点认为，只有获得了概念才叫认识。概念进而与语词联系在一起，于是，只有用语词所讲述的道理，才是认识，而以其他形式展现出来的认识，被看成是已经获得的认识的不同展示方式。这样一来，只有通过科学研究，才能获得对于真理的认识，艺术只是把这种获得的认识以不同的、人们喜闻乐见的形式展示出来而已。

在前面所说的第一阶段，将艺术看成是认识，认为艺术必须展示这种认识；在前面所说的第三阶段，将艺术看成不是认识，认为不必对艺术作出这种限制，艺术不一定要展示认识，或者说，展示认识的目的，并非由艺术的内在规定性所决定。这两种观点虽然截然相反，在概念中心主义这一点上，实际上是相似的。

这种以概念为中心的认识观，在 20 世纪中叶被心理学和符号学家们发现是错误的。实际上，人们的认识，并不是以概念为中心的。人们借助于各种物质性的媒介，包括语词（语音与书写）、形象（线条与色彩)、声音(旋律与节奏),以及其他各种物质媒介,以及人的动作来思考,从而形成对世界的领悟与把握。人们并非仅有语词的思维,也可以有形象和声音的思维、动觉和触觉的思维,这就是构造世界的不同方式。

其实,即使是从事一些抽象思维的人,所使用的思维媒介,也不是概念。他们可以用一些语词,也可以用一些抽象的符号来思维。数学家们不是用概念思维,而是用数学符号及其演算方式来思维的。熟悉科学史的人都知道,人们用罗马数字来进行加减乘除计算是一个复杂的事,而后来人们发明了用阿拉伯数字来列算式进行计算之后,就一下子变容易了。在数学史上,代数式的发明,各种数学符号的发明,都使数学的发展向前推进了一大步。这都是符号的力量。

新康德主义者卡西尔认为,人们是通过符号来把握世界的。人们使用着不同的符号系统,形成对世界的多重理解。这些理解之间,具有不可通约性,我们也很难说,某一种理解更加真实。

我们看到一幅画,构成了对画的视觉理解。我们听到了一首乐曲,构成了对乐曲的听觉理解。这种理解,并不是指我们需要把它们转化成语词或概念,才有可能实现。音乐家、画家、舞蹈家的意思,已经通过他们的作品获得、清晰化,并展现出来了。他们在作品中的意思,就是他们的意思,是他们运用自己的媒介,进行独特媒介思维的结果。但我们过去的理论模式,总是引导人们问:这个是什么意思?有什么意义?表达了什么内容?这些询问,都是诱导人们去从作品中总结一些可用语词表达的意义,从而完成语词的化约。这种化约,也许是通行的做法,但现代符号学告诉我们,化约就是改变。艺术家们并不是先获得语词的意义,然后再追寻这种意义的表达的。各种不同的符号,都与其意义有直接的对应关系,并非都通过语词的中介。

对此,古德曼是赞同的。古德曼用自己的语言,发展出了非常相似的思想。科学与艺术都是对世界的认识。它们只是运用不同的媒介来认识而已。艺术家用语词、图像、声音来捕捉和固化他们对世界、社会和人的理解。通过不同的人的努力,世界向人们呈现出不同的侧面。

但是,如果说到这里为止,古德曼只不过是成为卡西尔的信徒而已。古德曼的伟大之处在于,他从这里出发,系统地发展了他的符号理论体系。

他的理论的核心概念，是“指涉”(reference)。人们借助符号指涉对象。所有的认识，都是借助于这种指涉关系来实现的。一物代指它物，一个符号代指一个的意义，如此等等。所谓认识，实际就是建立联系。这种联系是多种多样的，其中最基本的联系有两种，这就是“指涉”(denotation)与“例示”(exemplification)。“指涉”是给对象贴上标签，如给一人、一物、一地、一事、一种特性命名，就是指涉。这个人名叫大卫，那件物体叫石头，这个苹果是红的，那架飞机飞得很快，都是指涉。“例示”提供样本，你愿意你的书用什么纸做封皮，印刷商可以给你一个纸样看看。你不清楚衣服用布的质料如何，裁缝可以给你一个布料的小样，你可以摸一摸，找找感觉。一架飞机是“飞机”这个语词的例示，一个人是“人”这个词的例示。“指涉”与“例示”在指涉的方向上正好相反。

这是两种简单的指涉关系。在这两种关系中，无论是“指涉”，还是“例示”，都可进一步区分为“直陈的”与“隐喻的”。古德曼所举的例子是，用“蓝宝石”这个词指蓝宝石这个实物，是直陈的指涉；用“蓝宝石”这个词指一个漂亮的湖，就是隐喻的指涉。就像我们用“白宫”这个词指位于华盛顿的那座建筑是直陈的指涉，但当人们说“白宫发言人”说了什么时，指的是美国政府发言人，而不是此房屋管理人在说话。当人们用竖琴的实物例示“竖琴”这个词之时，是直陈的例示；用竖琴的实物例示希腊音乐神俄尔甫斯，就是隐喻的例示。同样，镰刀和斧头的实物既可以例示这两个词，也可以例示工农联盟，前者是直陈的例示，后者是隐喻的例示。

进一步说，指涉与例示都有一些更为复杂的关系。例如，虚拟符号的指涉对象是如何存在的？就是一个问题。狮子是存在的，“狮子”这个词可以有实在的指涉对象，人是存在的，“人”这个词也有实在的指涉对象，但狮身人面的怪兽，就是一个“空指涉”。空指涉并不代表着它的指涉对象不存在，它们实际上存在于各种结合、对比和对照之中。神话和文学作品中的人物，都是虚拟的，但又是存在的。人们给这些人物画图画，做雕像，强化它们的存在感，但实际上，这都不能改变它们是空指涉的本性。它们不是在实际上存在，而是通过某种结合而获得了虚拟的存在。

由此进一步深入下去，我们就进入到各种符号关系之中。各种各样的“指涉”的复杂结合，构成“指涉链”。这其中有“句法关系”，有“语义关系”,而这两种关系之中又有其不同的“密度”之分。他据此研究音乐的记谱体系,研究艺术的各种“症候”,并通过这种“症候”,探讨审美的客观性特性,音乐与绘画的差别在艺术作品本体论上的意义,等等。

古德曼的符号理论,为我们提供了一些重要的思考框架,依据这些框架,我们接触到了许多过去接触不到,也无法解决的问题。例如,绘画的复制或再作,就是赝品,但音乐依据乐谱重演,就不是赝品。作家送朋友一本书,送的是一件书的复制品,文学是一种提供复制品供人欣赏的艺术;但画家送人一幅画,送的就是真品,绘画固然可以复制,但真迹才是绘画,是艺术品,而复制品本身不是艺术,只是艺术的复制。像这一类的问题,怎样才能从理论上获得解释,过去是模糊的。古德曼对此作了认真的努力。经由他的努力,一些问题如果不是解决了的话,至少也是浮现出来,被美学家们关注了。当然,古德曼的另一个得到普遍关注的理论,是他要把“什么是艺术”的话题转变为“何时是艺术”。这是一个理论的富矿,目前还没有被人们深入开采。

作为一位哲学家,古德曼的思维方式,与我们所熟悉的一些哲学家们的思维方式有着一种巨大的区别,即他对过程的关注。无论是中国的还是西方的哲学著作,都常常给我们一个印象,即探讨所谓的“归根结底”的问题。这种探讨给人以一种印象,仿佛哲学只关注最终本质。古德曼所做的,是对过程的描述。只有通过过程的描述,才能构成体系,古德曼的价值,也体现在其中。

对于中国美学界来说,古德曼是一个难题。读古德曼的书,无论是语言,还是理论本身,都很费思考。读了这本书稿,我有一个强烈的感觉:安静很适合做这方面的工作。

记得第一次与安静见面,是2008年春天。我陪国际美学协会的会长柯提斯·卡特(Curtis Carter)到北京师范大学作演讲。安静那时在北师大读硕士三年级,正在准备考我的博士研究生。于是,她要抓住这个机会,问我几个问题。

先前,在考博的规定书目中,有一本门罗·比厄斯利的《西方美学简史》。我对此书很推崇,对所有考博的考生都说,要精读这本书。对此书,读得最精的,就要算是安静了。她手中拿着的那本书,已经翻得很破旧的,书上画满了各色线条,做了很多的记号。

好在这本书我前后曾读过多遍,又译成中文,不然,还真的可能被她问住。在回答完一些很细碎的问题后。我感慨地说了一句:“你把书磨得这么破?”她的回答使我大吃一惊:“这是第二本!”

凭着这么一股劲,她当年一次成功,如愿考上博士生。

那次会见,也给了她一个与卡特见面的机缘。此后,她与卡特多次通信,从他那里得到了很多指导。卡特是研究古德曼的专家,在安卡拉的世界美学大会上讲过古德曼。凭着安静的这股钻研精神,再加上卡特的指导,这本书的质量当然得到了保证。

研究分析美学,需要的就是这么一种刻苦精神,读一些很难读的书,读深读透,钻进去,在里面游走,再跳出来总结,才能做成。读安静的这本书,她的确做到了。如果说这本书有什么优点的话,优点在于此,她把读很难读的一些书的理解写出来了;如果说这本书还有什么缺点的话,缺点还在于此,她需要更深入地写出自己的体会。

说起来有意思的是,这也是一个轮回。我译一本书,折磨学生读几个月。现在学生写出书让我评论,也够我费劲的。要读完她的书,再读古德曼的一些书,读一些评论古德曼的文章,读完了再写成此文。中国有一句古话,叫做“教学相长”,意思就是说,老师与学生相互出难题,从而读懂一些很难懂的东西。我不知道我对古德曼的理解是否正确,但至少,读古德曼对我来说,很有收获。

安静:《个体符号构造的多元世界——纳尔逊·古德曼艺术哲学研究》,中央民族大学出版社,即出。

(作者单位:中国社会科学院文学所)

《外国美学》征稿启事

《外国美学》集刊自创刊至今已经有二十多年的历史。1983年，朱光潜先生在为《外国美学》集刊创刊所写的贺词中写道："今天已不再是闭关自守的时代，坐井观天者就难免诬天渺小。……在汝信同志的领导之下办好这个《外国美学》专刊，我相信它既有助于提高美学著作的质量，同时也有助于培养出一批杰出的美学方面的科学家。"二十多年来，《外国美学》没有辜负朱光潜先生的期望，在培育人才、积聚研究力量、推动中国美学的发展方面，做了很多工作，刊出了一批好文章，形成了自己的传统。

研究外国美学，借鉴外国美学，与国际美学界对话，发展中国美学，这是中国美学家们的共同心愿，也是我们这个集刊的宗旨。近年来，中国美学界与国际美学界的对话和交流有了长足的发展。一些重要的国际美学会议在中国召开，中国学者参与国际美学活动的意愿和能力也有了很大的提高。外国美学研究的一些新的成果，也陆续被介绍到国内。经过了一段时间的沉寂，美学这个学科在近年来受到了越来越多的研究人员、青年学生和社会各方面人士的关注。

《外国美学》将继续继承这个集刊已经形成的坚持马克思主义指导、学风严谨、信息量大、覆盖面广的传统，努力做到古典美学和当代美学并重，研究论著与外国重要论著的翻译并重，专论与当代西方美学研究情况介绍并重。

本集刊将邀请当代世界最重要的美学家、国际美学协会的主要负责人、一些国家的美学学会的主要负责人，以及国内对外国美学有专门研究的学者担任编委，形成一个中外结合的编委会，同时，充分发挥编委会的作用，将《外国美学》办成一个高质量的介绍和研究国外美学的重要平台。

《外国美学》由中国社会科学院文学研究所文学理论研究室和中华美学学会外国美学学术委员会负责编辑，由江苏教育出版社出版。《外国美学》敬请各位专家赐稿。稿件范围包括国内学者首次发表的有关国外古代和现当代美学的研究论文、研究动态，国外学者首次发表的论文及经典性论文或重要论著选段的译作(请自行解决版权)。

论文请附200字左右的内容提要和3—5个关键词，文章标题需要译成英文。来稿格式务必符合国家统一标准，注释一般采用脚注，每页重新编号，以①②③……顺序自动编排；特殊稿件，可采用尾注。来稿作者请在文末注明真实姓名、学历、职称、工作单位、联系方式等。若系译稿，请附原文。来稿请注明"《外国美学》稿件"。

本刊地址：北京建国门内大街5号中国社会科学院文学研究所《外国美学》编辑组

(邮编：100732)

电邮地址：waiguomeixue@aliyun.com 或 waiguomeixue@hotmail.com

《外国美学》编委会